Ignacio Alfonso Martínez Jiménez (Ed.)

Sustentabilidad en México 2015

Ignacio Alfonso Martínez Jiménez (Ed.)

Sustentabilidad en México 2015

Realidad en México

PUBLICIA

Impressum / Aviso legal
Bibliografische Information der Deutschen Nationalbibliothek: Die Deutsche Nationalbibliothek verzeichnet diese Publikation in der Deutschen Nationalbibliografie; detaillierte bibliografische Daten sind im Internet über http://dnb.d-nb.de abrufbar.

Información bibliográfica de la Deutsche Nationalbibliothek: La Deutsche Nationalbibliothek clasifica esta publicación en la Deutsche Nationalbibliografie; los datos bibliográficos detallados están disponibles en internet en http://dnb.d-nb.de.

Coverbild / Imagen de portada: www.ingimage.com

Verlag / Editorial:
PUBLICIA
ist ein Imprint der / es una marca de
OmniScriptum GmbH & Co. KG
Bahnhofstraße 28, 66111 Saarbrücken, Deutschland / Alemania
Email / Correo Electrónico: info@editorial-publicia.com

Herstellung: siehe letzte Seite /
Publicado en: consulte la última página
ISBN: 978-3-639-64959-8

SUSTENTABILIDAD EN MÉXICO 2015

Coordinador:

Dr. Ignacio Alfonso Martínez Jiménez

Co-Autores:

Mtra. Claudia García Santos
Mtra. Flor de María Sánchez Zúñiga
Mtra. Roxana Reyes Ríos
Mtra. Guillermina González Escobar
Mtra. Erika Ayala Ríos
Mtro. César Augusto Ruiz Álvarez
Mtro. Prometeo Sánchez Islas
Mtro. Moisés Rangel Silva
Mtro. Iván Arturo Quintero Peinado
Mtro. Julio César Aguilera Beristaín
Mtro. Juan Francisco Bautista Treviño

Editorial Publicia

ISBN: 978-3-639-64959-8

ACERCA DE LOS CO-AUTORES

El **Dr. Ignacio Alfonso Martínez Jiménez**, originario de la ciudad de Oaxaca de Juárez, Oaxaca, es catedrático investigador de diversas universidades. Defendió con Mención Honorífica su Tesis de nivel Doctorado en Administración Gerencial en 2013. Es consultor municipal para los proyectos de legislación en el estado de Oaxaca. Es experto en planes municipales de desarrollo. De formación contador público y maestro en computación, se ha certificado en diversos cursos de tipo pedagógico-educativo y disciplinar desde el año 2006. Ha sido asesor, revisor y jurado calificador de por lo menos 40 tesis de grado y posgrado. Ha sido investigador de por lo menos 6 publicaciones realizadas en diferentes líneas de la administración y el turismo. Ha sido catedrático facilitador de por lo menos 43 cursos, talleres y ponencias (presenciales y en línea) en diferentes universidades de Oaxaca, Puebla, Chiapas, Hidalgo y México. Fue coordinador y supervisor de brigadas a nivel estatal, en el Régimen Estatal de Protección Social en Salud en Oaxaca. Fue coordinador administrativo de la Facultad de Medicina y Cirugía de la Universidad Regional del Sureste, campus Alemán, en Oaxaca. Fue coordinador académico de la Facultad de Ciencias Administrativas de la Universidad Regional del Sureste, campus Rosario, en Oaxaca. Fue supervisor tipo "B" en la fábrica Alvarado Street Bakery, Rohnert Park, en Estados Unidos. Fue coordinador de Infoproductos y Webmaster del sitio www.cpware.com en el Instituto de Desarrollo Cibernético, en Oaxaca.

La **Mtra. Claudia García Santos**, es Licenciada en Informática y Maestra en Administración con formación en Organizaciones. Es Docente de tiempo completo y tutor en la Universidad Veracruzana, adscrita a la Facultad de Contaduría y Administración, Campus

Ixtac. Desde 2008, se ha Certificado de competencia laboral, Desarrollo de aplicaciones WEB y Desktop bajo el lenguaje C#, Estándar PMBOK, Métodos estadísticos aplicados a norma ISO 9001:2008, Formación basada en competencias profesionales integrales, POO con JAVA, Diseño de estructuras organizacionales, Diferenciación, integración, Seis Sigma, Generación de Modelos de Negocios con Android, Estrategias para elevar la producción científica, Certificada en MTA. Experiencia profesional en DC Sistemas y Servicios (2008 a 2013) y RC Computación (2007 a 2014). Experiencia docente en la Universidad del Valle de Orizaba (1993 a 2003) y la Universidad Veracruzana (1999 a la fecha). Dentro de la UV campus ixtac, ha participado en la Comisión interna EGEL de CENEVAL desde 2004, en los Procesos de Acreditación de CACECA desde 2004 y CIEES desde 2013, en la Coordinación de la Academia Sistemas de Información desde 2006, en la Coordinadora del Centro de Informática de Apoyo a la docencia, desde 2007 a 2014, Trabajo colaborativo en los PLADEA desde 2009, Trabajo Colaborativo en la coordinación de Experiencia Recepcional, Coordinadora de las carreras de LSCA y LI. Respecto a la investigación en la UV, ha sido directora y jurado de trabajos recepcionales de Licenciatura (desde 2007) y de Posgrado (desde 2015), ha elaborado Artículos en Academia Journals y Revista Polis, desde Mayo 2014.

La **Mtra. Flor de María Sánchez Zúñiga**, originaria del Estado de Veracruz, México, es Licenciada en Educación con especialidad en Ciencias Sociales, por la Escuela Normal Superior Veracruzana "Dr. Manuel Suárez Trujillo" de la ciudad de Xalapa de Enríquez, Veracruz. Es Maestra en Educación con acentuación en el proceso enseñanzaaprendizaje por el Instituto Tecnológico y de Estudios Superiores de Monterrey. Igualmente realizó en el ITESM el Diplomado en Competencias Docentes. Actualmente cursa el Doctorado en Dirección e Innovación de Instituciones en el Instituto de Estudios Universitarios (IEU). Su experiencia de trabajo se ha desarrollado en torno al campo educativo en el área docente dentro del nivel medio superior, con una experiencia de 23 años. También ha tenido la oportunidad de trabajar en el área de gestión, servicio sindical y política educativa al interior del Colegio de Bachilleres del Estado de Veracruz, institución en la cual se desempeña como profesor de tiempo completo en el plantel número 8, ubicado en la ciudad de Cosoleacaque, Veracruz, donde le apasiona el trabajo con los jóvenes y la mejora de la práctica docente.

La **Mtra. Roxana Reyes Ríos**, es Licenciada en Cirugía Dental y Maestra en Ciencias Biomédicas, por la Universidad Autónoma de Guerrero, con Especialidad en "Formación de Formadores" Centro de Cooperación Regional para la Educación de Adultos en América Latina y el Caribe "CREFAL". Ha participado en el Proyecto de Investigación "Identificación y tipificación de T. Cruzi a partir de triatominos en Guerrero, México". En 2012, publicó "Actividad Proteolítica en extractos de hojas de frijol común (Phaseolus vulgaris) en la revista Academia Journals (ISSN 1946-5351 Online y 1948-2353). En 2015, publicó "Algunos aspectos de la educación basada en competencias. Experiencia en la Unidad Académica de Ciencias Naturales-UAGro.2015", en la revista Tlamati (vol. 6, núm. especial 1).

La **Mtra. Guillermina González Escobar**, desde 1983 ha trabajado en la SEP como Docente en diferentes Asignaturas a nivel Secundaria, desde 1997 ha sido Directivo del Colegio Oxford de Ecatepec. Es licenciada en Educación Preescolar (en 2006 por

Examen CENEVAL). Es Licenciada en Pedagogía (en 2008 por la Universidad de Ecatepec), con especialidad en Docencia Universitaria (en 2008 por la Universidad de Ecatepec). Es Maestra en Formación Docente graduada con Mención Honorífica (en 2009 por la Universidad de Ecatepec). Es Maestra en Administración de Instituciones de Educación Básica (en 2011 becada por el ITESM campus Estado de México). Actualmente cursa el Doctorado en Innovación de Instituciones Educativas (Instituto de Estudios Universitarios). Ha cursado el Diplomado en Formación de Tutores de la SEP, el Diplomado Coaching por el ITESM y diversos cursos de la SEP. Actualmente cursa la Certificación como Evaluador Educativo del INEE. Maneja Windows, Http, Excel, TIC´s. Es bilingüe del español e inglés y cuenta con facilidad en el trabajo colaborativo, tiene iniciativa, trabaja por objetivos y rinde resultados encaminados a metas planteadas.

La **Mtra. Erika Ayala Ríos**, es Licenciada en Contaduría y Maestra en Administración de Instituciones Educativas con acentuación en nivel superior. Es Profesora del Colegio de Bachilleres del Estado de Veracruz (COBAEV) desde 1996. Actualmente, está cursando el programa de Doctorado en Dirección e Innovación de Instituciones por el Instituto de Estudios Universitarios.

El **Mtro. César Augusto Ruiz Álvarez**, es una persona seria y con un espíritu emprendedor. Con formación académica como licenciado en Administración y Finanzas, en la Universidad de Occidente, Unidad Los Mochis, Sinaloa. Ha generado muchas oportunidades de superación, ocupando importantes puestos a lo largo de 28 años de egreso. En 1989 fue Coordinador General de Gestiones y Secretario Particular del Rector de la UdeO. En 1994 fue Director de Personal y Recursos Financieros de la Dirección General de CONALEP-Sinaloa. Fue responsable de validación en INEGI-Censo 2010. En 2011 está incorporodo a la SEPyC de Sinaloa, como Vocal Administrativo del Programa Emergente de Alfabetización. Es profesor en la UdeO desde 2007, adscrito al departamento administrativo. Imparte catedra en las carreras de Ciencias de la Comunicación, Mercadotecnia, Administración, Derecho y Turismo, en las asignaturas de Comunicación Política y Cultura emprendedora. Es maestro en Administración Pública y Transparencia Gubernamental en el Instituto de Administración Pública del Estado de Sinaloa, durante el periodo 2013-2014, y obtuve en 2013 la certificación Aenor Social Responsability Manager and IQNet Global Auditor. En 2012, obtuvo el Diplomado en Políticas Públicas para el Desarrollo. Ha impartido cursos y conferencias en varias Instituciones (en 2014, la conferencia "Importancia de la Intuición Estratégica en las Organizaciones, para la UAIM).

El **Mtro. Prometeo Sánchez Islas**, es Ingeniero Arquitecto por el Instituto Politécnico Nacional, desde 1975. Es Maestro en Administración por el Instituto Tecnológico de la Construcción. Es Maestro en Estudios Humanísticos por el Instituto Tecnológico de Monterrey. Ha cursado Diplomados en Programación Estatal de Inversiones con beca de la OEA; en Formulación y Evaluación de Proyectos por Nacional Financiera; en Políticas Públicas, Gerencia y Gobierno Local por el Colegio Nacional de Ciencias Políticas y Administración Pública; en Planeación del Desarrollo Sustentable desde la Perspectiva de Género por la UNAM, y en gestión del Fenómeno Metropolitano también por la UNAM. Es Miembro del Colegio de Arquitectos del Estado de Oaxaca, de la Construction History Society of America, del Instituto Mexicano del Edificio Inteligente, del Seminario de Cultura Mexicana, del Comité "Agenda 21" de Oaxaca y Zona Arqueológica de Monte Albán, de la asociación Aportación Cultural Comunitaria donde colabora con la revista y el programa de radio Acontragolpe y de la Fundación Nuevos Horizontes donde es coordinador editorial de la revista científica Horizontes de Arquitectura. Fue Presidente de la CANAGRAF-Oaxaca y es Fundador de la revista de arquitectura Aurea. Es Administrador de la Fundación Amigos de la Hemeroteca Pública "Néstor Sánchez Hernández" de Oaxaca, para la conservación de acervos periodísticos y fotográficos. Ha sido Profesor durante 36 años en diversas universidades; Funcionario estatal en programación de inversiones públicas; Profesionista independiente desde 1976. Viajero constante, dictando conferencias sobre los países de Europa, Asia, Oriente Medio, Norte y Sudamérica que ha visitado.

El **Mtro. Moisés Rangel Silva**, es Maestro en Innovación y Desarrollo Empresarial y Maestro en Administración de Tecnologías de Información por el ITESM. Cursa el Doctorado en Dirección e Innovación de Instituciones por el IEU. Actualmente es Director General del Instituto Superior de Innovación y Gestión Tecnológica, organización dedicada a desarrollar proyectos de innovación y sistemas de gestión. En su experiencia incluye haber sido Gerente de Aseguramiento de Calidad de Texas Instruments de México, Director fundador de la Universidad Tecnológica de Aguascalientes, Coordinador de Mejores Prácticas Gubernamentales y Programas de Innovación del Gobierno del Estado de Aguascalientes. Instructor y consultor de empresas y gobiernos municipales, estatales y federales en temas relacionados con la innovación de procesos y productos, los sistemas de gestión de calidad y ambiental. Es Catedrático Universitario para el ITESM, UTA, UAA. Conferencista en temas de calidad, innovación, gobierno electrónico. Ha conducido programas de formación en Puerto Rico y Guatemala. Ha realizado diversos viajes de estudios en EUA, países de Europa y Sudamérica y a la República Popular China.

Cuenta con especializaciones y diplomados sobre negocios con China. Diplomados sobre Gobierno Electrónico Gestión de Tecnología por la OEA, ITESM y Premio Nacional de Tecnología. Ha desarrollado y coordinado la construcción de modelos de gestión de calidad y ambientales para dependencias estatales y municipales. Coordina proyectos de innovación para empresas y gobiernos. Instructor certificado en diversas normas internacionales ISO capacitando a más de 100 empresas. Su formación inicial es como ingeniero industrial por el ITA.

El **Mtro. Iván Arturo Quintero Peinado**, es Licenciado en Administración de empresas, Maestro en Innovación para el Desarrollo Empresarial, Formador de Formadores de alto desempeño, Certified Master Coach por Wainwright Global, Inc., Community Manager International, Consultor Certificado por Harvard University Global System Tools, Consultor Profesional en Network Marketing, actualmente cursando un Doctoral en Dirección e Innovación de Instituciones. Ha desempeñado funciones gerenciales y directivas vinculadas a áreas Comerciales, Ventas, Mercadotecnia, desarrollo de Negocios e Innovación empresarial, especialización en el desarrollo de negocios de alto desempeño, coaching empresarial, innovación con resultados, negociaciones robustas con grandes cuentas, formación de líderes, creación de conceptos y modelos de negocios. Ha sido Conferencista de liderazgo en Innovación y desarrollo empresarial, coaching y superación personal, Co-Fundador de Conecta RED Empresarial, Director para México de www.brmanager.com portal centro de negocios mundial, Director de Desarrollo de Negocios para México y Latinoamérica www.b1sales.com CRM profesional para PYMES, Miembro de diferentes asociaciones y cámaras empresariales en México y EUA, Catedrático en Universidad La Salle Campus Saltillo en la carrera de administración y mercadotecnia. Ha colaborado en empresas de talla mundial, como son Grupo Nestlé, Grupo Industrial Saltillo, Grupo Salinas y Grupo

Davisa. En el año 2012 inició su propia firma www.b1coach.com donde es Director General, dedicándose a la creación de oportunidades y desarrollo de negocios, capacitación y entrenamiento empresarial como ventas y negociación, institucionalización de empresas familiares y PYMES, gestión de la innovación empresarial, formación integral de líderes, Coaching Empresarial, Sales Coaching y atracción de talento.

El **Mtro. Julio César Aguilera Beristaín** es originario de la ciudad de Xalapa, Veracruz y a sus 30 años de edad su formación académica consta de: la Licenciatura como Cirujano Dentista, egresado de la Universidad Veracruzana, Campus Xalapa en 2008, fue certificado por la Federación Nacional de Colegios de Cirujanos Dentistas A.C. y el Consejo de Certificación de la A.D.M. abalada por la Federación Dental Internacional en 2009 y Recertificado en Mayo de 2015. Cuenta con posgrados como: la Maestría en Docencia Universitaria, realizada en la división de posgrados de la Universidad de Xalapa, Campus Xalapa en 2012. La Maestría en Administración de los Servicios de Salud, realizada en la división de Posgrados del Instituto Universitario Veracruzano, Campus Xalapa en 2014. Actualmente cursa el Doctorado en Dirección e Innovación de Instituciones en el Instituto de Estudios Universitarios. Se ha desempeñado como Catedrático y Secretario Académico de la "Especialidad en Ortodoncia y Ortopedia Dentofacial", en la Universidad Nacional Autónoma de México, Campus Xalapa en 2013. Labora actualmente en la Secretaría de Salud de Veracruz (desde 2009), colaborando en la Coordinación de Salud Bucal de la Jurisdicción Sanitaria N°VIII, así como en la Secr etaría de Marina – Armada de México (desde 2013), con el grado de Teniente de Corbeta del Servicio de Sanidad Naval Cirujano Dentista. Ha sido ponente en eventos de carácter Nacional e Internacional y colabora en el Comité Estatal de Bioética en los proyectos de Investigación Hospitalaria.

El **Mtro. Juan Francisco Bautista Treviño** es originario de la ciudad de Monterrey, México.
Ingeniero en Sistemas Computacionales y Maestro en Alta Dirección e Inteligencia Estratégica.
Consultor en las áreas de Tecnologías de Información y Comunicación y Negocios.
Especialista en innovación, estrategias y desarrollo de negocios, planificación y gestión proyectos de TI, seguridad informática, gestión de la información, servicios de comunicaciones y redes.
Actualmente, está cursando el programa de Doctorado en Dirección e Innovación de Instituciones en el Instituto de Estudios Universitarios.

ÍNDICE

PRÓLOGO

En un discurso ante la Asamblea General de la ONU, en el Palacio de Vidrio, el pasado viernes 25 de Septiembre de 2015, uno de los máximos líderes mundiales, el Papa Francisco, llamó a dar pasos concretos contra varios cánceres de la humanidad, entre ellos, la falta de verdadera sustentabilidad, diciendo: "Los organismos financieros internacionales han de velar por el desarrollo sustentable de los países y la no sumisión asfixiante de éstos a sistemas crediticios que, lejos de promover el progreso, someten a las poblaciones a mecanismos de mayor pobreza, exclusión y dependencia".

La presente obra trata el tema de la Sustentabilidad y cómo la ha manejado la ONU, los Gobiernos Mundiales y, específicamente, México, aterrizando en los requisitos que debe tener una empresa para llamarse "Empresa Sustentable", considerando Estrategias de Rentabilidad y Crecimiento, el Retorno de la Inversión y Proyectos de Sustentabilidad dignos que contemplen Certificaciones Sustentables, como la ISO 14000:2015, la ESR 2015, así como lo establecido en el Pacto Mundial de la ONU. El presente volumen trata acerca de las Empresas Sustentables en México y las 25 ecológicamente responsables, que contemplan Proyectos de Gestión de Sustentabilidad.

Es por ello la suma importancia de presentar un **esfuerzo conjunto de 12 investigadores de nivel doctoral** que se comprometieron a cumplimentar una obra que maneja temas reales de protección a nuestro planeta, sin arbitrariedades y con la mejor intención de comunicar el "derecho del ser humano al ambiente", porque es bien sabido que "cualquier daño contra la naturaleza es un daño a la humanidad y nadie debe abusar de ella y mucho menos estar autorizado a destruirla". La crisis ecológica, junto con la destrucción de buena parte de la biodiversidad, pone en peligro la existencia misma de la especie humana, siendo esta obra un llamado a una severa reflexión sobre el hombre.

Felicitando enormemente la labor de nuestros investigadores de nivel doctoral, lo invito a Ud., señor lector, tenga a bien leer el presente libro, exhortando a la reflexión y meditación acerca de nuestros hábitos humanos, familiares, sociales, empresariales, industriales y de gobierno en esta pequeña aldea que llamamos Tierra.

Atentamente,
El Rector del IEU México.

INTRODUCCIÓN

El presente trabajo tiene como propósito elaborar un compendio de información generada por medio de la Organización de las naciones Unidas (ONU), en relación a la sustentabilidad.

Se consideran de inicio los antecedentes en la ONU, para incluir el tema del Desarrollo Sustentable dentro de los temas de interés, además de la conformación de programas que promueven el cambio y conecta a los países con los conocimientos, la experiencia y los recursos necesarios para ayudar a las sociedades a construir una vida mejor.

Estudiamos el programa de las naciones unidas para el desarrollo (PNUD), el cual coordina sus actividades con las agencias y organismos especializados del sistema de la ONU. Está presente en 166 países, y se especializa en 5 áreas temáticas: la Gobernabilidad Democrática, la Reducción de Pobreza, la Prevención y Recuperación de las Crisis, la Energía y Medio Ambiente y el VIH/SIDA.

Posteriormente describimos el programa es el Programa de las Naciones Unidas para el medio ambiente (PNUMA), el cual actúa como catalizador, defensor, educador y facilitador para promover el uso sensato y el desarrollo sostenible del medio ambiente global.

Se estudian demás, temas como la agenda de energía y medio ambiente, el medio ambiente y el desarrollo sostenible, los temas de interés de la ONU, respecto al medio ambiente, incluyendo con lo relacionado al día mundial del medio ambiente y concluyendo con las conclusiones sobre el tema.

Nuestro planeta lleno de riquezas naturales, que ofrece a la humanidad un ambiente benigno para el desarrollo pareciera que ha sido olvidado en los libros, en fotografías o videos que son el recuerdo de cuando visitamos un museo, acuario o zoológico y disfrutamos un día de campo. Esos días han pasado a la historia, nuestra generación se preguntará ¿Qué paso?, ¿Qué fue lo que hicimos?, ¿Quién lo hizo?; en fin tantas y tantas preguntas que se podrán contestar en su momento y señalaremos culpables, el gobierno, la industrialización, la explosión demográfica entre otros.

Pero y ¿acaso no cada uno de nosotros también somos actores de todo esto?, la respuesta la sabemos pero no somos capaces de reconocer que nuestras decisiones tienen consecuencias; quizá hace unos 20 años era más tarde que temprano, pero actualmente es al contrario, vivimos una situación alarmante en cuanto a la sustentabilidad en nuestros hogares, comunidad, país y el mundo entero. Cada persona debería ser capaz de tomar un rol en esta materia y proponer o ejercer medidas más que efectivas, permanentes.

En palabras de Tijerina (2005): sostenible porque necesitamos garantizar la continuidad de las actividades económicas y sociales, y sustentable porque al mismo tiempo que nuestras necesidades son satisfechas, también debemos garantizar que haya recursos naturales para satisfacer las necesidades de las generaciones futuras. Así, llama la atención sobre la necesidad de mantener proporciones adecuadas entre ambas; lo que en palabras de la Organización para el Crecimiento y Desarrollo Económicos se ha denominado "crecimiento verde" (OCDE, 2012). Afortunadamente, de acuerdo con el World Economic Forum (WEF, 2013), hay empresarios con un fuerte deseo por comprometerse a más acción en tema ecológico; reconociendo que sus compañías pueden y deben actuar en tema de sustentabilidad.

Dado lo anterior, este documento está organizado en tres apartados principales. Posterior a esta introducción, se presenta el desarrollo, el cual a su vez contiene tres rubros: las preocupaciones que tiene la ONU en relación con la sustentabilidad; sugerencias de temáticas sobre las cuales se debería poner más atención; y mi propuesta de medidas que deberían implementarse en torno a la problemática en cuestión. Finalmente, se expone una conclusión final basada en el conocimiento generado tras este análisis, y se enlistan las fuentes de consulta empleadas en la elaboración de este documento.

Las áreas en las que tienen una incursión fundamental son la paz y seguridad, los derechos humanos, el desarrollo económico-social y la educación. Es a través de estas áreas como la ONU establece sus preocupaciones principales y es en ellas donde busca construir

una atmósfera de sustentabilidad, que garantice no solo la paz sino la subsistencia de la humanidad.
De igual manera, después de establecer y explicitar estas preocupaciones mediante las cuales impulsa la sustentabilidad, se incluye un análisis crítico que pondera la manera en que opera la ONU y el presupuesto que maneja frente a los que se asignan a otros organismos con menor inclusión de naciones, con lo cual se concluye que existe una disparidad y contradicción entre la estructura y fines de la ONU y los mecanismos financieros que utiliza para alcanzarlos.
Dichos presupuestos son bastante limitados si se comparan con otros presupuestos que se asigna a temas que contradictoriamente representan un riesgo y una amenaza a los fines y propósitos de la ONU. Finalmente se incluye un apartado de conclusiones en donde se explicita el aprendizaje logrado en torno al tema.
El desarrollo sustentable se presenta como una alternativa a los modelos que han propiciado la degradación del ambiente, a partir de la búsqueda de respuestas creativas para corregir las fallas y evitar nuevos problemas; si bien enfrenta dificultades derivadas de su aplicación a muy complejos contextos regionales que exigen soluciones específicas.
Las Naciones Unidas han sido unos de los principales defensores del medio ambiente y uno de ellos mayores impulsores del "desarrollo sostenible". A partir de la divulgación del concepto de desarrollo sustentable en el Informe Brundtland en 1987, se despertaron grandes expectativas sobre sus alcances, aunque también complejas controversias en relación con sus dimensiones y, sobre todo, con sus posibilidades de instrumentación en un marco internacional caracterizado por marcadas asimetrías y tendencias de la globalización.
Estas diferencias regionales no pueden ser abordadas con estrategias uniformes, que volverían a ofrecer falsas expectativas que, en plazos cada vez más cortos, se revierten frenando los esfuerzos y dando lugar a justificadas resistencias de la gente para participar en los proyectos institucionales. La "variable ambiental" se muestra como necesaria en la toma de toda decisión que haga al

desenvolvimiento de una comunidad organizada, también es verdad que las empresas transnacionales, antes de decidir su radicación en un país determinado, sopesan el "costo ambiental"; averiguan detenidamente el estado de la cuestión de la tutela ambiental, y muchas veces eligen aquellos países de menor protección, más económicos, donde se puede trabajar sin extremar las precauciones.

Es muy importante la toma de conciencia para todos los ciudadanos del mundo sobre la fragilidad del estado del ambiente en el mundo, sobre el carácter destructible de los recursos naturales y, en general, sobre las consecuencias nefastas que acarrea la contaminación para el futuro de la existencia humana en el planeta, por el otro, no pueden olvidarse las exigencias de la industrialización, de la extracción de combustibles líquidos y gaseosos, de la incorporación de nuevas tierras a la agricultura, del transporte, etcétera, todo lo cual hace al "desarrollo", sostenible o sustentable, mencionar que si no se toman estrategias para el cuidado del medio ambiente tarde o temprano lo lamentaremos.

Esta obra trata sobre la sustentabilidad, el objetivo de este ensayo es Analizar la situación actual de la sustentabilidad desde la perspectiva de las Naciones Unidas, las características sobre los temas a tratar son cualitativos y cuantitativos, esto nos ayudara a crear una panorama claro sobre el tema de sustentabilidad y la visión de la ONU respecto al tema, este ensayo es importante para los aspirantes a ser Doctorantes en el tema de dirección e innovación de instituciones para que sus niveles de experiencia y conocimiento cuenten con un respaldo integral y aplicable.

Es importante generar un contexto sobre el Centro de Información de Naciones Unidas CINU para describir posteriormente las principales preocupaciones que tiene la ONU en relación con la sustentabilidad.

En 1946, la Asamblea General de Naciones Unidas establece la creación del Departamento de Información Pública de la ONU.

Los Centros de Información de Naciones Unidas (CINU), son una red de oficinas auxiliares con el objetivo de “cerciorarse que todos los pueblos en todas partes del mundo reciban información lo más exacta posible acerca de las Naciones Unidas" (CINU, 2014j).

La oficina central tiene su sede en la ciudad de Nueva York, con un total de 63 oficinas coordina las actividades de 150 naciones que dependen y representan directamente al Secretario General.

El CINU en México, además de tener la responsabilidad de su país, cubre a los países de Cuba y República Dominicana, fue fundado el 22 de octubre de 1947, además coordina una red de nueve centros de información en América Latina y el Caribe.

El CINU, a través del Departamento de Información Pública difunde regularmente noticias veraces y actualizadas sobre la actividad desarrollada por la ONU y por sus oficinas regionales.

Cabe mencionar que algunas oficinas además de cubrir su país, cubren regiones enteras. El CINU, colabora con instituciones del sector público, privado y ONGs, para sensibilizar a las personas en los temas relacionados con la ONU y demás problemas mundiales.

En los temas referentes al medio ambiente y el desarrollo, el CINU informa sobre 12 temas concretos que la ONU desarrolla en el área geográfica de responsabilidad que recae en México: Medio ambiente y desarrollo sostenible, Programa 21, Pequeños estados insulares, Financiación del desarrollo sostenible, Desertificación, Bosques, Biodiversidad y pesca excesiva, Protección del medio marino, Cambio climático, Ozono, Meteorología, clima y agua, Seguridad nuclear (CINU, 2014j).

Este documento describe con detalle estos doce temas, su influencia y repercusiones a nivel global.

Como es evidente la Organización de las Naciones Unidas no ha pasado desapercibido el tema de la sustentabilidad. En diversas fuentes, la ONU comparte de manera conceptual que el desarrollo sostenible puede ser definido como "un desarrollo que satisfaga las necesidades del presente sin poner en peligro la capacidad de las generaciones futuras para atender sus propias necesidades". Esta definición fue empleada por primera vez en 1987 en la Comisión Mundial del Medio Ambiente de la ONU, creada en 1983. Sin embargo, el tema del medio ambiente tiene antecedentes más lejanos. En este sentido, las Naciones Unidas han sido pioneras al tratar el tema, enfocándose inicialmente en el estudio y la utilización de los recursos naturales y en la lucha porque los países - en especial aquellos en desarrollo- ejercieran control de sus propios recursos naturales.

Se percibe actualmente que la humanidad contemporánea comprueba cómo se desarrollan la técnica y el progreso; pero, también alrededor de ella, existen preocupaciones por el progresivo deterioro del ambiente. El problema ambiental está profundamente relacionado con el vínculo que tienen los hombres con su entorno y depende también de la relación de los hombres entre sí. El factor demográfico y el uso y consumo de todos los recursos naturales e industrializados que utilizamos los humanos a todo lo largo de nuestra vida, además de la infraestructura social, económica y cultural que esto implica, son factores determinantes en la emisión de contaminantes, afectación del ambiente y la salud del hombre.

De manera concreta la sustentabilidad se refiere a la administración eficiente y racional de los bienes y servicios ambientales, de manera que sea posible el bienestar de la población actual, garantizando el acceso a éstos por los sectores más vulnerables, y evitando comprometer la satisfacción de las necesidades básicas y la calidad de vida de las generaciones futuras.

Desafortunadamente, los esfuerzos para la conservación de los recursos naturales y ecosistemas suelen verse obstaculizados por proyectos que, bajo el argumento de la competitividad empresarial y el desarrollo económico y social, resultan incompatibles con la protección cabal del ambiente. Esto lleva a una situación de deterioro progresivo, que incluye pobreza, agotamiento de los recursos naturales, degradación ambiental y más pobreza.

Cada día la atención acerca del medio ambiente, los deterioros causados por la actividad humana y por los efectos causados por las acciones de misma naturaleza, están en el pensamiento y preocupación de la sociedad; de una forma o de otra, en mayor o menor medida; dependiendo del conocimiento, del involucramiento o del compromiso con el medio ambiente. A muchos habitantes del planeta tierra, sin tener plena conciencia de cómo están impactando las acciones de algunas sociedades o grupos, reciben los efectos de los cambios en el medio ambiente, en la mayoría de estos casos, de forma adversa. En otras palabras, los deterioros en la naturaleza ponen en riesgo la sobrevivencia del ser humano, lo que se ha ido convirtiendo en una preocupación de primer nivel.

Esta preocupación, desde hace varias décadas, ha subido al nivel de las naciones o de organizaciones internacionales, como es el caso de las Naciones Unidas (ONU). Así, en 1987, la Comisión Mundial sobre el Medio Ambiente y el Desarrollo, constituida por la Asamblea General de las Naciones Unidas en 1984, en el informe titulado "Nuestro futuro común", acuñó un término que desde entonces se ha convertido en el principio rector para el desarrollo mundial: desarrollo sostenible; el cual se ha definido como la capacidad de la satisfacción de «las necesidades de la generación presente sin comprometer la capacidad de las generaciones futuras para satisfacer sus propias necesidades».

De acuerdo con la expectativa de la Comisión acerca del verdadero desarrollo sostenible, éste debe estar compuesto de tres elementos en equilibrio: el desarrollo económico, el desarrollo social y la protección del medio ambiente. Esto por supuesto trae el reto de que el desarrollo económico, como ha ocurrido por años, no esté por encima de los otros elementos de tal forma que ponga en riesgo ese equilibrio.

Incluso ha habido la necesidad de una diferenciación en el término sostenible y sustentable, que en ocasiones se emplea de forma indistinta, pero que en esencia sí tiene importantes diferencias de conceptualización, sobre todo para el establecimiento de planes y programas relacionados con el desarrollo económico, social y medio ambiental. Tijerina (2005) hace referencia a la importancia de distinguir el significado de cada término, así propone que el término sostenible se reserve a los aspectos económicos y sociales; y el término sustentable se reserva a las situaciones en que se conserva la capacidad de los recursos naturales satisfaciendo las necesidades de las generaciones futuras. Diferencia de enfoque nada sutil, y que a muchas organizaciones o sociedades, incluso a nivel personal, no se toma en cuenta.

En el documento Estrategia de Educación Ambiental para la Sustentabilidad en México (SEMARNAT, 2006), se señala que durante años los países han competido por su supremacía mundial basados en la mejor posición alcanzada a través del Producto Mundial Bruto (PMB). El mismo documento hace referencia a la subordinación gradual de todos los aspectos de la vida social a las formas dictadas por la economía; así, frente a lo económico se devalúan todas las demás formas de existencia social y tanto se subordinan todas las manifestaciones de vida que no sean humanas. Esto conlleva, desafortunadamente, a que en algunas regiones, países o empresas, el desarrollo social y la preservación de los recursos naturales no sea precisamente la prioridad, antes que los beneficios del desarrollo económico.
Consciente de esta situación, la ONU, organismo integrador y representativo de 193 Estados quienes han ratificado la Carta de la ONU; haciendo uso de las facultades que le confiere dicha Carta, pueden tomar medidas sobre los problemas que enfrenta la humanidad, entre ellos el cambio climático, el desarrollo sostenible. Por ello es que desde la ONU se han ido realizando diversas acciones para la protección del medio ambiente y apoyar al desarrollo sostenible y sustentable. Entre ellos fue la creación del Programa de las Naciones Unidas para el Medio Ambiente (PNUMA), que actúa como catalizador, defensor, educador y facilitador para promover el uso sensato y el desarrollo sostenible del medio ambiente global; y el desarrollo de al menos otros 12 programas o temas relacionados con la protección del medio ambiente y el desarrollo sustentable de la humanidad.
El tema de la sustentabilidad ha evolucionado desde 1962, cuando la bióloga Rachel Carson publicó el libro Primavera Silenciosa en el que describía "un escenario de un futuro silencioso sin los cantos de los pájaros" y con otras "terribles consecuencias si se continuaba con el proceso degradativo producido por la contaminación ambiental" (Calvente, 2007). En aquellos años se comenzaba a sufrir las consecuencias de los pesticidas –especialmente el DDT- y la desaparición acelerada de muchas especies vegetales y

animales, entre las que destacó, por su publicación masiva, la del águila calva, emblema de Estados Unidos de América.

A lo largo de los años se gestaron en diversos lugares del mundo movimientos a favor del cuidado del medio ambiente, los que condujeron a que se realizara la Conferencia de las Naciones Unidas sobre el Ambiente Humano, en Estocolmo, Suecia, en 1972, que "marcó un punto de inflexión en el desarrollo de la política internacional del medio ambiente" en la que "se acordó una Declaración que contiene 26 principios sobre el medio ambiente y el desarrollo, un plan de acción con 109 recomendaciones, y una resolución". Aquella reunión fue bautizada como "Cumbre de la Tierra", y sirvió de pauta para realizar las siguientes en Río de Janeiro en 1992, en Johannesburgo en 2002, y nuevamente en Río de Janeiro en 2012.

Las preocupaciones de la sociedad y de los científicos impulsaron reformas políticas en la Comunidad Europea desde la década de 1970 y igualaron el camino para comprender el fenómeno del calentamiento global, que a su vez condujo a gestar el Protocolo de Kyoto en 1997. Éste es el documento central de la Convención Marco de las Naciones Unidas sobre el Cambio Climático (CMNUCC) que tiene como objetivo reducir las emisiones de seis gases de efecto invernadero. Sin embargo, su ratificación sucedió hasta 2009, sin que Estados Unidos lo hay firmado, a pesar de ser el mayor emisor de esos gases a nivel mundial.

En forma paralela, ante las evidencias de la pérdida de la capa de ozono que protege a la Tierra, se desarrolló el Protocolo de Montreal, mediante el cual muchas naciones se comprometen a reducir la producción y el consumo de numerosas sustancias que impactan ese manto. La primera negociación del acuerdo se firmó en 1987, revisándose en siete ocasiones en diferentes puntos del mundo, hasta logar un ejemplar pacto de cooperación internacional en 1999, mediante el cual se aceptaron "objetivos que conducirían a recuperar la capa de ozono en 2050".

Todas las reuniones a nivel mundial vienen a ser la respuesta de las instituciones a la preocupación de los seres humanos, organizados en asociaciones conscientes de la necesidad de proteger su entorno, su futuro y la vida misma como la conocemos en el presente. El resultado es que la palabra sustentabilidad se escucha ahora en todos lados y, aunque no siempre es bien comprendida, se va construyendo una sociedad reflexiva y responsable en cada nicho de actividad.

Al respecto, los especialistas en biología y ecología de la actualidad aceptan como definición del concepto de procesos sostenibles, el siguiente: "es sostenible cuando ha desarrollado la capacidad para producir indefinidamente, a un ritmo en el cual no agota los recursos que utiliza y que necesita para funcionar, y no produce más contaminantes de los que puede absorber su entorno" (Calvente, 2007).

Las Naciones Unidas son una organización de Estados soberanos. Los Estados se afilian voluntariamente a las Naciones Unidas para colaborar en pro de la paz mundial, promover la amistad entre todas las naciones y apoyar el progreso económico y social. La Organización nació oficialmente el 24 de octubre de 1945.

La Organización de las Naciones Unidas es un foro o lugar de reunión que prácticamente incluye a todas las naciones del mundo y proporcionan el mecanismo que ayuda a encontrar soluciones a las controversias o problemas entre países y a adoptar medidas en relación con casi todas las cuestiones que interesan a la humanidad. Estas cuestiones son analizadas de acuerdo a una serie de propósitos y principios establecidos en el capítulo 1 de la "Carta de las Naciones Unidas", teniendo como finalidades: 1) Preservar a las nuevas generaciones del flagelo de la guerra; 2) Reafirmar la fe en los derechos fundamentales del hombre; 3) Crear condiciones para mantener la justicia y el respeto a los tratados internacionales, y; 4) Promover el progreso social y elevar el nivel de vida.

El desarrollo sostenible o sustentable puede ser definido como "*un desarrollo que satisfaga las necesidades del presente sin poner en peligro la capacidad de las generaciones futuras para atender sus propias necesidades*". Según lo afirma la Comisión Mundial del Medio Ambiente de la ONU, en 1987, la sostenibilidad o sustentabilidad, se construye sobre los subtemas del capital natural, la degradación del capital natural, las soluciones, los compromisos y cómo es que los individuos importan.

La sostenibilidad es la habilidad de diversos sistemas de la tierra, incluyendo las economías y los sistemas culturales, de sobrevivir y adaptarse indefinidamente a las condiciones ambientales cambiantes. El ámbito del desarrollo sostenible puede dividirse conceptualmente en tres partes: ambiental, económica y social. Se considera el aspecto social por la relación entre el bienestar social con el medio ambiente y la bonanza económica.

El sistema económico basado en la máxima producción, el consumo, la explotación ilimitada de recursos y el beneficio como único criterio de la buena marcha económica es insostenible. Un planeta limitado no puede suministrar indefinidamente los recursos que esta explotación exigiría. Por esto se ha impuesto la idea de que hay que ir a un desarrollo real, que permita la mejora de las condiciones de vida, pero compatible con una explotación racional del planeta que cuide el ambiente, es el llamado desarrollo sostenible.

Desafortunadamente, los esfuerzos para la conservación de los recursos naturales y ecosistemas suelen verse obstaculizados por proyectos que, bajo el argumento de la competitividad empresarial y el desarrollo económico y social, resultan incompatibles con la protección cabal del ambiente. Esto lleva a una situación de deterioro progresivo, que incluye pobreza, agotamiento de los recursos naturales, degradación ambiental y más pobreza.

La sustentabilidad ambiental debe incluirse como principio rector y eje transversal de las políticas públicas. De este modo, pueden integrarse y articularse más efectivamente las distintas instituciones y sectores de la sociedad, con el objetivo común de lograr un equilibrio armónico entre el desarrollo y los procesos productivos, y la conservación del ambiente.

Actualmente no existe una definición única de Responsabilidad Social Empresarial y el concepto es usualmente confundido con paternalismo, que suele aniquilar la voluntad y la superación personal, o con filantropía, actitud generosa y dadivosa de las empresas, pero que no constituye una obligación moral de las mismas.

Las empresas de clase mundial han reconocido ya los beneficios que genera erigirse como una Empresa Socialmente Responsable, y por ello, la Responsabilidad Social, es actualmente uno de los temas de mayor interés entre la comunidad empresarial, y cada vez se le da mayor relevancia.

De manera conceptual Empresa Socialmente Responsable es aquella cumple con un conjunto de normas y principios referentes a la realidad social, económica y ambiental que se basa en Valores, que le ayudan a ser más Productiva.

Una Empresa Socialmente Responsable establece como principales estándares en su cultura organizacional, la ética, la moral, y todo lo que se refiere a valores. Es la que cuentan con políticas, programas y estrategias que favorecen a un pleno desarrollo humano, para dar ejercicio a una Responsabilidad Social.

Una empresa es realmente mejor cuando además de lograr sus objetivos empresariales, aporta beneficios a sus colaboradores, a sus proveedores, a las familias de sus trabajadores, a su entorno, al medio ambiente.

En la actualidad, para las grandes empresas la sustentabilidad es un nuevo concepto, un nuevo paradigma en su gestión, pues integra dos conceptos muy claros: el desarrollo sustentable y la responsabilidad social empresarial, que al integrarlos en su gestión se convierte en una empresa sustentable (Portales y García, 2013).

En México, cada segmento de las empresas llamadas Pymes (pequeñas y medianas empresas) se determina, según información del IMSS (instituto Mexicano del Seguro Social) en (FondoPymes, 2012): 1) Microempresas. Unidades económicas con entre 0 y 10 trabajadores, con un total de 5'217,356 empresas; 2) Pequeñas empresas, Unidades económicas con entre 11 y 50 trabajadores, son 77,030 empresas, y; 3) Medianas empresas. Unidades económicas con entre 51 hasta 200 trabajadores.

En este segmento de las Pymes, la inconsistencia en la aplicación de los conceptos de la sustentabilidad en su gestión tiene una historia impredecible y poco consistente. Existen aproximaciones según su tamaño y giro que poco ayudan para sistematizar, definir y abordarla desde sus diferentes enfoques, pero el interés ha aumentado de manera consistente, sobre todo de aquellas las Pymes que son proveedores de servicios y productos de las grandes empresas declaradas sustentables o que pretenden serlo en el futuro.

Es un hecho que las grandes empresas sustentables han "convertido" a las empresas proveedoras y asociadas hacia la sustentabilidad, ya sea otras de similar tamaño o del tipo Pymes, y las han convertido no por cuestiones de algún interés económico como su principal aliciente, sino más bien al comprobarse que al adoptar normas internacionales sobre la sustentabilidad, las empresas se ven beneficiadas al obtener una ventaja competitiva sobre su competencia, traduciéndose al final en un aumento de sus beneficios económicos.

En los últimos años, la perspectiva de los negocios ha cambiado. Ahora, para calificar a una empresa, además de considerar los datos financieros, los inversionistas también toman en cuenta otros factores que están implicados en los temas de desarrollo sustentable. Así, no es exagerado considerar que en los próximos años las cuestiones de sustentabilidad y cambio climático serán el nuevo escenario competitivo de los negocios y un fuerte elemento por el que los indicadores financieros valuarán a las organizaciones (ProMexico, 2014b).

La sustentabilidad se ha ido convirtiendo en un elemento estratégico en las empresas como base de su crecimiento, compromiso ambiental y también como generadoras de valor, esto en varios aspectos, valor hacia la sociedad, valor hacia los dueños o accionistas y valor para el mercado.

En México hay al menos tres iniciativas para impulsar y catalogar a las empresas como sustentables y comprometidas con el medio ambiente.

Una de las iniciativas proviene de un organismo llamado el Centro Mexicano para la Filantropía (CEMEFI), que es una asociación civil fundada en 1988, no lucrativa, sin ninguna filiación a partido, raza o religión. Su sede se encuentra en la Ciudad de México y su ámbito de acción abarca todo el país. Su misión es "Promover y articular la participación filantrópica, comprometida y socialmente responsable de los ciudadanos, sus organizaciones sociales y empresas para alcanzar una sociedad más equitativa, solidaria y próspera."

Para ello CEMEFI ha institucionalizado un reconocimiento llamado Distintivo ESR para promover la participación y la responsabilidad social de los diversos grupos que conforman la sociedad mexicana, empresas, gobiernos, asociaciones, instituciones y otros organismos.

Otra de las iniciativas para determinar el nivel de compromiso ambiental de las organizaciones de reciente creación es el Distintivo de Calidad Ambiental Empresa Ecológicamente Responsable, es un sello otorgado por la sociedad civil organizada, a través de la Fundación Salvemos el Agua AC, a todas aquellas organizaciones que demuestren, mediante un procedimiento de diagnóstico y evaluación, que sus procesos productivos, de servicios y prestaciones, respetan el entorno ecológico y contribuyen a la conservación del agua y el medio ambiente. Este distintivo surge a partir de la preocupación por los grandes problemas ambientales que amenazan y comprometen el futuro de la humanidad como son: Calentamiento global, Destrucción de ecosistemas y la Pérdida de la biodiversidad. El distintivo tiene sustento en la Ley General del Equilibrio Ecológico y Protección al Ambiente.

Este es un distintivo que surge por la preocupación por los grandes problemas ambientales que amenazan y comprometen el futuro de la humanidad: 1) Calentamiento Global; 2) Destrucción de ecosistemas, y; 3) Pérdida de la biodiversidad.

También se crea: 1) Para reconocer las acciones ambientales que están realizando algunas empresas más allá de lo normado; 2) Porque a través del distintivo se estarían logrando beneficios adicionales para la conservación del medio ambiente; 3) Porque todos sabemos que se tiene que hacer algo por el medio ambiente reconociendo las acciones de quienes actualmente lo hacen.

La tercera iniciativa para impulsar y reconocer a las empresas que son sustentables o que desarrollan y adaptan prácticas de sustentabilidad fue desarrollada en 2011 cuando se creó el Índice de Sustentabilidad en la Bolsa Mexicana de Valores (BMV), conformado hasta ahora por 28 empresas que han sido calificadas por tres criterios: 1) Manejo y uso de los recursos naturales; 2) Responsabilidad social, y; 3) Gobierno corporativo.

La BMV solicitó el apoyo de dos instituciones especializadas en la materia: Ecovalores, representante en México de ERIS (Experts in Responsible Investment Solutions); y el Centro de Excelencia en Gobierno Corporativo de la Universidad Anáhuac del Sur para desarrollar la metodología y aplicarla para hacer esta calificación de las empresas más sustentables, que se incluyen en la BMV.

El concepto de Empresas Socialmente Responsables (ESR), se refiere a un planteamiento aparentemente novedoso, que intenta integrar dentro de la dinámica de las empresas, aspectos sociales y medio ambientales. (González, 2011).

Podemos decir que todo comenzó con La firma del Tratado de Ámsterdam en 1997 sin embargo No fue sino hasta tres años después, en Lisboa, en donde se sentaron las bases para la renovación económica y social de la Unión Europea, se plantea allí como objetivo principal, el "Convertirse en la economía basada en el conocimiento más competitiva y dinámica del mundo, capaz de crecer económicamente de manera sostenible creando mejores empleos y con mayor cohesión social." (Gonzales, 2011).

Con la misma orientación, la Comisión Europea presentó en 2001 el Libro Verde de la Responsabilidad Social Corporativa (RSC), con el fin de fomentar un marco europeo para la responsabilidad social de las empresas, y de apoyar así, un amplio debate en Europa sobre las relaciones empresa y sociedad. El Libro Verde de la RSC, trata de trasladar la empresa a un nuevo escenario socioeconómico en el que la teoría del desarrollo sostenible muestra una mayor importancia. En este sentido, la Unión Europea sugiere a las empresas que "incorporen las preocupaciones medioambientales y sociales" en su gestión, con el objetivo de "elevar los niveles de desarrollo social, protección medioambiental y respeto de los derechos humanos". (González, 2011)

El éxito de la Responsabilidad Social de las Empresas (RSE), por tanto, es el resultado de su implantación dentro de la cultura empresarial desde la política y como una estrategia institucional. De forma que esté presente en los procesos de toma de decisiones como un compromiso que va más allá de lo que establece el marco legal. (González, 2011)

La problemática mundial relacionada con un complejo sistema socio-económico-político, en el que interactúan factores tan enmarañados el cambio climático, las condiciones laborales de los trabajadores, las olas migratorias masivas, la asimetría en los ingresos y la violencia generalizada, ha obligado a los líderes mundiales a plantear un "Pacto Mundial", el cual fue gestado "como respuesta a la Conferencia de Medio Ambiente y Desarrollo de las Naciones Unidas celebrada en Río de Janeiro en 1993", el cual, aunque no es de aplicación obligatoria, sí constituye un marco de referencia para que los gobiernos, las empresas, las instituciones y la sociedad en general, se alineen en una lucha coherente y justa en contra de la desigualdad social, y a favor de la casa común que es el planeta Tierra.

El resultado práctico fue el desarrollo de la familia de normas ISO 14000 encauzadas a la preservación del medio ambiente, que son complementarias a las normas de calidad ISO 9000, las cuales "proporcionan herramientas prácticas para atender las tres dimensiones del desarrollo sostenible (económico, ambiental y social) mediante convenios que a la fecha han sido signados por 160 países".

En nuestro país, la mayoría de las empresas más firmes han reconocido las ventajas que pueden adquirir si prolongan sus beneficios hacia la sociedad. Para ello han desarrollado una amplia gama de programas sociales, educativos, ecológicos y de salud pública, que en su conjunto dan soporte al término "Empresa Socialmente Responsable (ESR) [para lo cual se ha creado] la certificación del Centro Mexicano para la Filantropía" (CEMEFI, 2015b).

De estas empresas se rescatan algunas consideraciones que sirven como referentes para ser tomados en cuenta como aprendizaje y puedan aplicarse con su adecuación pertinente en otro tipo de empresas tales como lo son las pequeñas y medianas empresas (PYMES), pero que dentro de este marco de renovación y transición hacia un nuevo modelo de negocio deben cosniderarse el aspecto económico, el aspecto social y el aspecto ambiental, y con esta interrelación se constituye una oportunidad para seguir siendo competitivo, rentable y amigable con el medio ambiente.

No existe dicotomía al plantear un diseño organizacional y operativo de una empresa bajo lineamientos económicos, sociales y ambientales, sino por el contrario se instituye en un nuevo modelo empresarial, el cual en una realidad global que se caracteriza por la existencia de un déficit ecológico, es menester con carácter de urgente, requiere replantear las actividades productivas tradicionales, las cuales se han caracterizado por el uso desmedido de recursos, situación que debe cambiarse para ser autosuficiente y autosustentable.

Actualmente las empresas que se preocupan por el medio ambiente, la sociedad sus productos o servicios, se preparan para lograr permanecer en su mercado; algunas otras han sobrepasado sus expectativas y han sido identificadas como aquellas que tienen una responsabilidad comprometida y son el ejemplo de otras para seguir.

El papel que juegan los empresarios y directivos en la sustentabilidad es muy importante, ya que de ellos depende el buen funcionamiento de las organizaciones y el alcance de sus metas por medio de planes y programas bien definidos. El compromiso es de vital importancia ya que cada esfuerzo y cada idea alimentan y mejoran los sistemas de gestión, los cuales permiten a la empresa continuar en la misión que tienen para alcanzar su visión; que en algunos casos es con le enfoque verde.

Todo sistema está compuesto por tres elementos: entrada, proceso y salida, lo que indica que todos aquellos insumos o entradas al sistema se deben procesar o trabajar para lograr uan salida o un resultado satisfactorio a la organización. Sin embargo cuando una salida no es la esperada se tiene que volver a realizar el proceso y

esto puede implicar un retrabajo y costos, y as vez implica una mejora continua.
El surgimiento de la orgnización ISO, donden una de sus funciones es la de buscar la estandarización a través de normas o estándares de productos y servicios para las empresas.
La norma ISO 14001 es una de tantas normas o estádares que ofrece ISO; esta norma va enfocada a todas aquellas empresas de cualquier tamaño o sector que pretenden reducir el impacto negativo en el ambiente y al ser sujeto de una legislación en materia ambiental poder cubrir y cumplir.
La sustentabilidad replantea los objetivos tradicionales de las empresas, pretendiendo que estas no solo busquen los criterios de rentabilidad en el caso de las empresas, o de la formación teórica de los estudiantes en el caso de las instituciones educativas, sino que además den apertura al interés por contribuir a resarcimiento de la problemática ambiental, esta como una de las cuestiones que están acarreando crisis económicas por el hecho de que los recursos con los que se cuentan, están siendo utilizados más allá de la capacidad de la naturaleza, sobreviniendo crisis en otros ámbitos.
La sustentabilidad es uno de esos términos conceptuales que se han planteado en los organismos internacionales como la ONU, como una propuesta para lograr un cambio en éste déficit ecológico.
Se busca que haya un nuevo modelo de negocio, en donde a la búsqueda de sostenibilidad de las empresas, se pueda lograr también la función social y el cuidado ambiental, promoviendo cambios en la planeación y procesos productivos.
Una propuesta es aprovechar las posibilidades de que al difundir a través de brigadas en las colonias se informe acerca de la manera en cómo cuidar el medio ambiente por medio del acopio y reciclado de los materiales más desechados por los consumidores como es el plástico de politereftalato de etileno (PET), el cual representa una oportunidad de negocio.
En esta época de crecimiento económico sin precedentes y con muchos intereses ocultos, que no toman en cuenta a la propia naturaleza, el querer una vivienda ecológica sustentable, la

consecución de este objetivo puede parecer más una aspiración que una realidad. A medida que se globalizan las economías, surgen nuevas oportunidades que tratan de generar prosperidad y calidad de vida a través del comercio, del acceso a la tecnología y de la puesta en común de conocimientos. Como agentes clave de la sociedad, las organizaciones de todo tipo tienen un papel importante en la consecución de este objetivo.
Se llama desarrollo sostenible a aquél desarrollo que es capaz de satisfacer las necesidades actuales sin comprometer los recursos y posibilidades de las futuras generaciones; intuitivamente una actividad sostenible es aquélla que se puede mantener, por ejemplo, cortar árboles de un bosque asegurando la repoblación es una actividad sostenible, por contra, consumir petróleo no es sostenible con los conocimientos actuales, ya que no se conoce ningún sistema para crear petróleo a partir de la biomasa.
El ambiente es todo aquello que nos rodea, que forma parte de nuestro entorno, ya sea biótico (animales y plantas) o abiótico (agua, aire energía solar, suelo), sumado a lo que nosotros mismos somos y creemos. Ambiente socioeconómico (elemento tan intangible como la cultura, creencias, religiones, ocupación laboral o trabajo, exposición a agentes químicos, físicos, entorno urbano, desarrollo económico, desastres (guerras, inundaciones), esté entorno rige y condiciona las circunstancias de vida de las personas o la sociedad en un lugar y un momento determinado.
Hoy sabemos que una buena parte de las actividades humanas no son sostenibles a medio y largo plazo tal y como hoy están planteadas. La transparencia acerca de la sostenibilidad de las actividades de las organizaciones tiene un interés prioritario para una amplia gama de grupos entre los que se incluyen organizaciones empresariales, de trabajadores, ONG, inversores y auditores, entre otros.
Un ejemplo de desarrollo sustentable es la construcción de viviendas para personal que laborara en áreas alejadas de las comunidades en donde no hay una infraestructura adecuada a las necesidades humanas, en donde la prioridad es el uso y reciclado

de los recursos al alcance y la utilización de los medios ecológicos renovables.

Para estar en posibilidades de elaborar una propuesta integral sobre un proyecto de gestión de sustentabilidad, es necesario concebir de manera conceptual que la gestión sustentable es propiamente la utilización de los componentes de los recursos de un modo y a un ritmo que no ocasione la disminución a largo plazo de los mismos, con los cuales se mantienen las posibilidades de dichos recursos de satisfacer las necesidades y las aspiraciones de las generaciones actuales y futuras.

El concepto de sustentabilidad se funda en el reconocimiento de los límites y de las potencialidades de la naturaleza, así como en la complejidad ambiental, inspirando una nueva comprensión del mundo para enfrentar los desafíos de la humanidad en el tercer milenio. El concepto de sustentabilidad promueve una nueva alianza naturaleza-cultura fundando una nueva economía, reorientando los potenciales de la ciencia y de la tecnología, y construyendo una nueva cultura política fundada en una ética de la sustentabilidad —en valores, en creencias, en sentimientos y en saberes— que renueva los sentidos existenciales, los mundos de vida y las formas de habitar el planeta Tierra.

La gestión sustentable entonces son las medidas, políticas, acuerdos que vayan en dirección de la sustentabilidad.

Cabe añadir que la gestión sustentable implica la incorporación de los tres ejes de la sustentabilidad: social, económico y ambiental en el accionar de una institución. El eje económico consiste en la rentabilidad, pero se agregan a la gestión dos nuevos ejes tan centrales, y trascendentes como el anterior, los cuales son el respeto por el entorno social y el entorno ecosistémico o ambiental.

La Responsabilidad Social Empresarial es "una poderosa herramienta para mejorar del modelo productivo de toda empresa, ya que unifica los criterios de eficiencia, sostenibilidad y prosperidad con el valor de la diversidad, la igualdad de oportunidades, el respeto, la tolerancia y la convivencia" (F&SEI, 2011).

Un sistema de gestión de la Responsabilidad Social Empresarial o RSE es un sistema que dirige y controla a una empresa desde una visión de sostenibilidad.

El sistema de gestión RSE proporciona herramientas a los directivos para identificar, controlar y mejorar los impactos económicos, sociales y medioambientales de las operaciones de su organización que tienen sobre los accionistas, empleados, clientes, proveedores, comunidad, y sobre el medio ambiente, al minimizar los riesgos de reducción de valor y al maximizar las oportunidades para crear y aumentar valor (Altamirano, 2011).

El tema de sustentabilidad es parte del RSE y es una tendencia mundial en el sector empresarial, pues está comprobado que es una gran herramienta ya que aumenta los beneficios en todos los sentidos y por consecuencia, la posibilidad de perpetuarse en el tiempo (Geon, 2013).

Es importante mencionar que las empresas del sector Pymes deben tener a la mano proyectos que los puedan impulsar hacia la sustentabilidad, para esto se requiere de un amplio y profundo conocimiento sobre los principios de sustentabilidad empresarial, así como las distintas formas de aplicarlo y posteriormente sostenerlo.

Por lo general el tema de RSE inicia en la dirección general de la Pyme, cubrir los vacíos de conocimiento sobre la sustentabilidad en este puesto clave detonará la sensibilidad sobre toda la organización y en sus círculos comerciales.

La visión como una estrategia de transformación para obtener una ventaja competitiva y su implementación, de tal forma que la empresa se convierta en sustentable.

El uso de automóviles está incrementándose alrededor del mundo y esto conlleva a atender los asuntos ambientales relacionados con la industria automotriz. En los 90's, el número de carros alrededor del mundo creció tres veces más rápido que la población humana. Sólo en Estados Unidos, en 1999, se tenía registro de más de 200 millones de carros y camionetas. Actualmente, aunque en las naciones en desarrollo la adquisición de un auto es demasiado alto para la mayoría de la gente, esta situación puede cambiar con el

incremento en el estándar de vida en países como India y China (Sutherland y Gunter, 2004).
Los recursos maderables en el mundo y en particular en México se han visto reducidos dramáticamente en las últimas décadas. De acuerdo a la información proporcionada en el Plan Nacional Forestal (2014-2018), México cuenta con 138 millones de hectáreas (ha) con vegetación forestal, equivalentes al 70% del territorio nacional. Los principales ecosistemas que componen esta superficie son (Figura 1): los matorrales xerófilos (41.2%), los bosques templados (24.24%), las selvas (21.7%), manglares y otros tipos de asociaciones de vegetación forestal (1.06%) y otras áreas forestales (11.8%).
Los bosques mesófilos de montaña abarcan más de 1.7 millones de ha, los manglares ocupan una superficie de 887 mil ha y la vegetación comprendida en la categoría de otras asociaciones (palmares, sabana, selva de galería, entre otros) es de 575 mil ha de la superficie forestal del país. México se ubica en el cuarto lugar entre los 17 países denominados megadiversos, que conjuntamente albergan cerca del 70% de las especies conocidas de la Tierra.
Mediante un análisis de la dinámica de cambio de los recursos forestales del país, realizado por la CONAFOR, con información de las Cartas de Uso de Suelo y Vegetación del INEGI, se estimó que en el periodo 2000 a 2005, la deforestación neta anual fue de 235 mil ha por año, en tanto que para el periodo 2005 a 2010 fue de 155 mil ha por año. Durante el periodo 2005-2010, la superficie forestal se pierde a una tasa de - 0.24% anual.
El proyecto propuesto de este documento es desarrollado para una empresa la cual usa recursos de madera para la elaboración de tarimas y otros contenedores de madera que son sus productos principales. Actualmente un porcentaje mayor al 60% de la materia prima usada por la empresa es madera reciclada y el 40% madera nueva. La madera reciclada seleccionada para la manufactura de los productos debe pasar por un proceso de eliminación de plagas, el cual puede ser hecho mediante un tratamiento químico usando bromuro de metilo que es un compuesto altamente volátil y altamente tóxico; o mediante un proceso de tratamiento térmico,

que usa energía eléctrica o energía derivada de combustibles fósiles para realizarse; y la otra opción es usar madera nueva, lo cual impactará negativamente al generar deforestación.

Este proyecto tiene dos vertientes o aspectos ambientales significativos, le uso de la madera y el uso del compuesto químico o el uso de energía para el tratamiento térmico.

Luego de un análisis detallado de su mercado, que exige productos de calidad pero sustentablemente desarrollados, y de los procesos y tecnología actual y disponible para su tamaño y recursos, la empresa ha decidido seguir dos estrategias: 1) Seguir usando madera reciclada incrementando el porcentaje de este material y reduciendo el uso de madera nueva; 2) No usar procesos químicos (nunca los han usado a pesar de ser una opción posible), y; 3) Usar el tratamiento térmico con equipos eficientes y con tecnología renovable y tecnología convencional (gas) en proporciones reducidas.

En una época de crisis, no puede faltar la planetaria. Cada ser humano se da cuenta de la situación ambiental que vive en su entorno y en otros distantes. Llevar el control de los riesgos al medio ambiente es una tarea ardua y que requiere mucha responsabilidad de las empresas y el gobierno. Obviamente sin descartar el papel tan importante que juega la sociedad.

La gestión de la sustentabilidad en las organizaciones parte de la necesidad de cuidar los recursos que se utilizan, reducir costos y proteger el medio ambiente. Crear programas ambientales de impacto a la sociedad, no es suficiente, se requiere de mucho más esfuerzo. El compromiso debe impactar en lo económico, ambiental y social, para cada área no sería suficiente un programa, se deben diseñar sistemas de planificación para la sustentabilidad que implique estos rubros.

El diseño de un sistema de gestión es realmente lo que va a lograr que los sistemas de planeación se lleven a cabo, definir objetivos que sean alcanzables y no sólo que tengan con una buena intención. Las organizaciones deben buscar asesoría en temas de sustentabilidad, apoyarse en el gobierno, otras empresas y de igual manera con la universidad.

El gobierno nacional en sus ámbitos federales, estatales y municipales tiene programas de apoyo a la sustentabilidad, así mismo existen reglamentos que toda empresa está sujeta a cumplir y recibir sanción en caso de incumplimiento. Empresas no gubernamentales que de igual manera ofrecen asesoría y consultoría, diseñando, creando e implementando sistemas de planificación y gestión de la sustentabilidad.

Por otro lado la universidad al ofertar programas educativos en ciencias ambientales, aportando su participación y compromiso con la formación de individuos preparados para hacer frente a problemas ambientales locales y globales, promoviendo, diseñando y llevando a cabo proyectos de gestión ambiental, desarrollo sustentable y uso razonable de recursos.

El presente trabajo presenta algunos aspectos relevantes en el diseño de un proyecto de gestión de la sustentabilidad, como son: 1) Problemática ecológica identificada y Diagnóstica; 2) Objetivos del plan con monto y duración, y; 3) Alcances, resultados y beneficios esperados.

Se llama desarrollo sostenible a aquél desarrollo que es capaz de satisfacer las necesidades actuales sin comprometer los recursos y posibilidades de las futuras generaciones; intuitivamente una actividad sostenible es aquélla que se puede mantener.

El ambiente es todo aquello que nos rodea, que forma parte de nuestro entorno, ya sea biótico (animales y plantas) o abiótico (agua, aire energía solar, suelo), sumado a lo que nosotros mismos somos y creemos. Ambiente socioeconómico (elemento tan intangible como la cultura, creencias, religiones, ocupación laboral o trabajo, exposición a agentes químicos, físicos, entorno urbano, desarrollo económico, desastres (guerras, inundaciones), esté entorno rige y condiciona las circunstancias de vida de las personas o la sociedad en un lugar y un momento determinado. (Quintana et. al., 2011)

La crisis ambiental actual es consecuencia de las actividades humanas (urbano-industrial, agropecuarias y recreacionales) en los componentes del sistema tierra. Se manifiesta como un síntoma de una crisis de civilización marcada por el modelo de modernidad, regido bajo el predominio del desarrollo tecnológico por encima de la organización de la naturaleza.

La cuestión ambiental problematiza las bases de la producción apunta hacia desconstrucción del paradigma económico de la modernidad y a la construcción de otros nuevos fundados en las leyes de la naturaleza. (Quintana et. al., 2011)

Lo anterior ha provocado un cambio gradual en la sociedad y la forma de relacionarse con la naturaleza, hecho que abarca todos los ámbitos y el turismo no es la excepción.

En este ámbito la relación individuo (turista) y las empresas prestadoras es el eje central en este, el ser humano buscando acercarse de manera directa a la Naturaleza y las empresas dando un servicio con fines económicos y/o con interés ambientalista. Actualmente se busca una relación más armoniosa entre el bienestar del ser humano, aprovechamiento de los recursos Naturales y culturales, el cuidado del medio ambiente conducidas y cimentadas en los principios del desarrollo turístico sustentable. (Zepeda, 2009)

Pires destaca que los impactos ambientales que el turismo puede causar son amplios y multifacéticos, y pueden ser considerados según los efectos adversos o benéficos que producen en los destinos turísticos al implementar el funcionamiento de la infraestructura (equipamientos turísticos y recreativos) y recibir visitantes.

Según el autor, los efectos benéficos del turismo para el medio ambiente surgen al considerar que el turismo se basa en el aprovechamiento y en la fruición del patrimonio natural y cultural. Por lo tanto, tiene una condición privilegiada dado el interés en su protección por parte de los protagonistas de esa actividad, además de asumir un importante papel en el aumento de la consciencia ambiental y en la educación para el consumo sustentable, teniendo en cuenta su amplia red de distribución de servicios; y proveer incentivos económicos para la protección de hábitats naturales que sufren presión por el uso ecológicamente insustentable.

Guerrero es un estado donde la actividad turística se encuentra principalmente enfocada a la ciudad y puerto de Acapulco, sin

embargo existen diversos lugares en el estado que tienen recursos naturales que pueden ser utilizados para este fin.
La población de Tierra Colorada limita con los municipios siguientes: al norte con Mochitlán y Chilpancingo de los Bravo, al sur con San Marcos y Tecoanapa, al este con Tecoanapa y Quechultenango, y al oeste con Acapulco de Juárez. Su cabecera municipal, Tierra Colorada, se encuentra a 63 km de la capital del estado y tiene una altitud de 280 msnm (GG, 2015).
Recursos naturales: Los principales: la flora y la fauna, que son muy variadas, así como sus recursos hidrológicos, destacando los ríos, arroyos, presas y los recursos provenientes de éstos. Además de la explotación de sus maderas tropicales, también cuenta con recursos minerales, tales como piedra de mármol, granito y mica, cuyos yacimientos se ubican cerca de Omitlán y de la cabecera municipal (GG, 2015).
El municipio posee diversos atractivos turísticos, tales como el río Omitlán y algunos balnearios privados; en el río Papagayo, una empresa privada ofrece paseos en lanchas de motor (GG, 2015).
El objetivo del presente proyecto es la realización de una propuesta de gestión integral de turismo sustentable en la población de Tierra Colorada, Gro. México, que permita el aprovechamiento indirectamente de los recursos naturales, en este caso en los ríos que pasan por esta población, el río Omitlán y el río Papagayo, como un elemento integrador que facilite la generación de recursos económicos para la población y para el rescate y conservación de los ríos.
La propuesta buscará que tanto la población de Tierra Colorada y comunidades aledañas participen en la planeación, ejecución y generación de recursos económicos.
El siguiente trabajo tiene como objetivo realizar un proyecto para la implantación de un Sistema de Gestión Ambiental en la Universidad de Occidente del estado de Sinaloa, contemplando la instrumentación de la norma ISO 14000.
Es importante señalar que esta propuesta se ajusta a las políticas institucionales, objetivos y estrategias delimitados en el rubro

"Gestión competente, transparente y de calidad acreditada", inscritos en el Plan Académico Visión 2016, de dicha Universidad.
Considerando lo anterior, se establece una reseña histórica de las normas ISO, sus conceptos, su historia y los modelos de aplicación de las mismas. Seguido de ello, se analizará la aplicación de las Normas ISO 14000 institucionalmente, estableciendo los estándares básicos para la certificación y mostrando el desarrollo del proyecto en la UdeO.
Finalizando con una conclusión que contempla aspectos de la importancia de instrumentación de esta norma en la Universidad de Occidente.
El hábitat humano ha pasado, junto con el avance de la civilización, de la utilización armónica de los elementos naturales del entorno, hacia el abuso en la industrialización de los materiales de construcción, el desperdicio del agua y el dispendio energético, para la satisfacción de las necesidades de espacio habitable.
Entre los muchos factores que inciden en las prácticas arquitectónicas y urbanas que se alejan del respeto a la naturaleza, se encuentra la educación.
Aunque es verdad que los materiales industrializados básicos (cemento, lámina, clavo, varilla y vidrio) se volvieron baratos y fáciles de usar como resultado benéfico de la Revolución Industrial que comenzó en el siglo XVIII, su uso en forma indiscriminada, dos siglos después, provocó enormes cantidades de desechos -algunos no reciclables- además de consumir enormes cantidades de energía para su fabricación, traslado y colocación. El problema se agravó con la aparición de los plásticos y las fibras de asbesto, no solo en lo ecológico sino en la salud de la población en general.
Ante esa problemática, los acuerdos internacionales impulsados desde la ONU, como el Pacto Mundial, la Agenda 21, el PNUMA y los Objetivos del Milenio han buscado formas de revertir los problemas y re-conducir a la humanidad hacia un destino mejor. Según el Informe sobre Desarrollo Humano 2014, "el nivel de desarrollo humano sigue avanzando aunque a menor ritmo que en los comienzos de la década y de una forma muy irregular entre países y regiones [y que] casi 1,500 millones de personas en los 91

países en desarrollo analizados, siguen siendo pobres y cerca de 800 millones sufren el riesgo de regresar de nuevo a esa situación si se producen situaciones de crisis" (ONU, 2015h).

Es en ese escenario donde la educación, a todos los niveles y de todos los tipos, cobra una importancia fundamental, pues muchas regiones pobres podrían resolver sus problemas de hábitat sin erogar demasiados recursos financieros, incentivando la economía local, rescatando sus antiguos sistemas constructivos tradicionales y aprendiendo a vivir de forma armónica con la naturaleza. Sólo hay que enseñarles cómo.

La postura de la ONU a este respecto quedó clara tras la declaración de la Directora General de la UNESCO, Irina Bokova, durante la Conferencia Mundial de Educación para el Desarrollo Sostenible realizada en Japón en 2014: "para lograr el desarrollo sostenible, no bastan la tecnología, los reglamentos y los incentivos financieros. Debemos modificar también nuestro modo de pensar y de actuar como individuos y como sociedad, y ese es precisamente el objetivo de la educación para el desarrollo sostenible" (CINU, 2014c).

En base a ese postulado, el presente documento propone la creación de un organismo dedicado a la educación edilicia, orientado hacia las clases económicamente más débiles y/o los organismos con vocación social, para construir vivienda y equipamientos urbanos utilizando como base la tierra, ya sea cruda o cocida, en las múltiples formas que cada cultura ha desarrollado, a la que habría que añadir algunos productos tecnológicos como la cal, el acero de refuerzo y los vidrios, más las instalaciones propias de la modernidad, como los calentadores de agua, las instalaciones eléctricas y el agua entubada. No se trata de una escuela de arquitectura tradicional, sino de un centro de capacitación para ciudadanos, autoridades locales, obreros de la construcción, estudiantes del hábitat y activistas de ONGs.

CAPÍTULO 1. LA SUSTENTABILIDAD

1.1. Sustentabilidad y la ONU

1.1.1. Antecedentes de la ONU

La "Carta de las Naciones Unidas" es el documento por medio del cual se constituyen las Naciones Unidas. Su historia se remonta al 12 de julio de 1941 con la "Declaración de Londres", firmada por los representantes del Reino Unido, Canadá, Australia, Nueva Zelandia, y Sudáfrica, además de los gobiernos en exilio de Bélgica, Checoslovaquia, Grecia, Luxemburgo, Noruega, los Países Bajos, Polonia, Yugoslavia y Francia representada por el general De Gaulle. Este documento se pronunciaba a favor de la concertación de la paz de forma conjunta, estableciendo que la única base de una paz duradera es la cooperación voluntaria de todos los pueblos libres para evitar la amenaza de una agresión.

Podría decirse que el movimiento ecologista empezó hace siglos como respuesta a la industrialización. En el siglo XIX, los poetas románticos ingleses ensalzaban la belleza de la naturaleza, mientras que el escritor estadounidense Henry David Thoreau elogiaba la vuelta a una vida más sencilla, guiada por los valores implícitos en la naturaleza. Fue una dicotomía que continuó en el siglo XX.

Tras la Segunda Guerra Mundial, el comienzo de la era nuclear trajo consigo el temor a un nuevo tipo de contaminación procedente de la radiación mortal. El movimiento ecologista fue ganando velocidad en 1962 con la publicación del libro de Rachel Carson «Primavera silenciosa», que advertía acerca del uso agrícola de plaguicidas sintéticos. La científica y escritora Sra. Carson, subrayó la necesidad de respetar el ecosistema en el que vivimos con el fin de proteger tanto la salud humana como el medio ambiente.

Al finalizar la agitada década de los sesenta, sus más altos ideales comenzaron a ponerse en práctica. Entre ellos, el enfoque medioambiental — ahora, casi literalmente, un fenómeno global. Dado que la preocupación universal acerca de la salud y la utilización sostenible del planeta y sus recursos era cada vez mayor, las Naciones Unidas, en 1972, convocó la Conferencia de las Naciones Unidas sobre el Medio Humano en Estocolmo.

Fue un hito cuya Declaración final contiene 19 principios que representan un manifestó medioambiental en la actualidad. El trabajo de base para el nuevo programa ambiental del sistema de las Naciones Unidas residió en afrontar la necesidad de ofrecer «a los pueblos del mundo inspiración y guía para preservar y mejorar el medio humano».

«Hemos llegado a un momento en la historia en que se debe orientar nuestros actos en todo el mundo atendiendo con mayor cuidado a las consecuencias que puedan tener para el medio. Por ignorancia o indiferencia podemos causar daños inmensos e irreparables al medio terráqueo del que dependen nuestra vida y nuestro bienestar. Por el contrario, con un conocimiento más profundo y una acción más prudente, podemos conseguir para nosotros y para nuestra posteridad unas condiciones de vida mejores en un medio más en consonancia con las necesidades y aspiraciones del hombre...». Extraído de la Declaración de la Conferencia de las Naciones Unidas sobre el Medio Humano (Estocolmo, 1972), párrafo 6.

En los años ochenta los Estados Miembros mantuvieron negociaciones históricas sobre cuestiones ambientales como las relativas a los tratados para la protección de la capa de ozono y el control de los traslados de desechos tóxicos. Gracias a la labor de la Comisión Mundial sobre el Medio Ambiente y el Desarrollo, creada en 1983 por la Asamblea General, se comprendió que era necesario lograr urgentemente un nuevo tipo de desarrollo que asegurara el bienestar económico de las generaciones actuales y futuras protegiendo a un tiempo los recursos ambientales de los que depende todo desarrollo. En el informe presentado por la Comisión a la Asamblea General en 1987 se introdujo el concepto de desarrollo sostenible como enfoque alternativo al desarrollo basado

simplemente en un crecimiento económico sin restricciones (ONU-HABITAT, 2011).
En el marco de la sustentabilidad ambiental, México hospedo la Conferencia Internacional "Repensando el Desarrollo: "Ética e Inclusión Social" convocada por la Organización de las Naciones Unidas para la Educación, la Ciencia y la Cultura (UNESCO), en colaboración con la Secretaría de Educación Pública.
En ella se discutió sobre los desafíos globales que enfrenta la comunidad internacional en materia de sustentabilidad y equidad, así como la posibilidad de introducir una dimensión ética a la búsqueda de soluciones., se buscó la elaboración de políticas basadas en la sustentabilidad ambiental, la justicia social y la inclusión, que se adapten efectivamente a las transformaciones de nuestras sociedades.
También se analizaron las implicaciones sociales y ambientales del desarrollo económico de la Organización de las Naciones Unidas para la Educación, la Ciencia y la Cultura, UNESCO.
En los últimos años de san revisado Temas como abasto de agua y saneamiento ambiental, calidad del agua, gestión integral de cuencas hidrográficas, diseño y construcción de obras hidráulicas, nuevas tecnologías aplicadas a la Ingeniería Hidráulica y uso eficiente de este recurso en diversos sectores sociales y productivos acaparan la atención de los participantes (CINU, 2014h).
El hecho que pocas personas se preocupen por la sustentabilidad de sus comunidades e incluso su país, indica que no estamos ciegos a lo que está sucediendo desde hace muchos años en nuestro planeta.
Organismos no gubernamentales sin fines de lucro, que se han unido para difundir con datos e información han logrado impactar a nivel mundial.
El hecho es que todos vivimos, convivimos y comemos en el mismo planeta, que todos los recursos que existen en el mismo renovables o no renovables, la industrialización y la explosión demográfica los han ido consumiendo a pasos agigantados. Que hemos consumido en ocho meses lo que el planeta tarda en producir en año y medio,

debería ser una preocupación constante, diseñar y llevar a cabo estrategias que nos ayuden a proteger y mantener un medio ambiente sustentable y sostenible, crear un ambiente social responsable y una economía justa.

La ONU preocupada por la sustentabilidad y sostenibilidad de un planeta que incluye población, naturaleza y formas de generación de riquezas, ha propuesto algunas acciones al respecto. Sin embargo es importante describir este concepto la Sustentabilidad.

De acuerdo a Olmos y Wilson (2013) se tiene que "los orígenes del concepto de sustentabilidad, en el año 1962 la bióloga Rachel Carson escribió el libro Primavera Silenciosa (Silent Spring), detallando escenarios de un futuro con terribles consecuencias debido al proceso de degradación producido por la contaminación ambiental" (p. 92).

Otros autores como López y Cervantes (2002) la definen: "La sustentabilidad es el estado o calidad de la vida en la cual las aspiraciones humanas puedan ser satisfechas manteniendo la integridad ecológica, es decir, que las acciones del hombre permitan la interacción con el medio ambiente y el desarrollo humano se mantenga a través del tiempo" (p. 43).

De igual manera (Tijerina, 2005) indica: "el término sustentable se reserva a la situación en que se conserva la capacidad de los recursos naturales y sus sustitutos para satisfacer las necesidades de las generaciones futuras" (p.15).

La sustentabilidad tiene que ver por lo tanto con tres aspectos relacionados entre sí, económico, medio ambiente y social. Conocer las características de cada uno de estos elementos, nos lleva a identificar a su vez aquellas variables implícitas que pueden alterar, beneficiar o promover cambios en todos.

De acuerdo a López y Cervantes (2002) identifican los elementos de la sustentabilidad describiéndolos a continuación:

1. Ecológico, que representa el estado natural (físico) de los ecosistemas, los cuales no deben ser degradados y tienen que mantener sus características principales esenciales para supervivencia a largo plazo;

2. Económicos, donde una economía productiva que proporcione ingresos suficientes para garantizar la continuidad en el manejo sustentable de los recursos, y;
3. Sociales, donde los beneficios y costos deben distribuirse equitativamente (p. 43).

Lograr un equilibrio o interrelación entre ellos dando la importancia que es debida, se podría llegar a un estatus de sustentabilidad armónica, sin perjuicio de la humanidad ni del medio ambiente en donde nos desarrollamos. Pero esto quizá hace 100 años no se imaginaba que tendríamos que hacer algo para lograrlo, la población era menor, la innovación tecnológica aún no se daba, había abundancia de recursos naturales. Pero actualmente es lo contrario y ahora se debe estar preocupado.

En el portal del CINU, es posible encontrar noticias de interés público en la variedad de temáticas manejadas por las ONU desde Nueva York, Estados Unidos. Por ejemplo, una que llamó mi atención es una que sostiene que el impacto del clima extremo se sentirá cada vez con más frecuencia debido al cambio climático, y se alerta que el aumento en las temperaturas, las cifras récord de gases de efecto invernadero, y el calentamiento y acidificación de los océanos están teniendo graves consecuencias para la humanidad. Por fortuna, en la misma noticia se afirma que todavía hay tiempo de prevenir el daño irreversible y se alienta a los países a actuar con rapidez y tomar medidas al respecto (CINU, 2014a).

El ímpetu y la necesidad de superar conflictos de poder y enfrentamientos bélicos en los siglos XIX y XX entre las naciones, llevó a crear un organismo multinacional que tuviera no solo la capacidad sino el poder de regular el actuar de las naciones y normar las relaciones de unas frente a otras, de tal modo que el riesgo de generar diferencias y nuevos conflictos se minimizara y existiera la posibilidad de que estos pudieran resolverse por la vía diplomática, así lo señala Calduch (1991), quien lleva a cabo una descripción sobre la creación de las Organización de las Naciones Unidas (ONU).

1.1.2. Programa de las Naciones Unidas para el Desarrollo (PNUD)

El Programa de las Naciones Unidas para el Desarrollo (PNUD), es la red mundial de las Naciones Unidas para el desarrollo que promueve el cambio y conecta a los países con los conocimientos, la experiencia y los recursos necesarios para ayudar a las sociedades a construir una vida mejor.

Basado en una gestión por resultados, el trabajo del PNUD se concentra en el diseño e implementación de programas o proyectos para el Desarrollo Humano Sustentable en:

1. Gobernabilidad ambienta;
2. Gobernabilidad democrática;
3. Cambio Climático: mitigación y adaptación;
4. Equidad de género;
5. Equidad de género;
6. Encadenamiento productivo;
7. Indicadores Desarrollo Humano (CINU, 2013b).

Durante los años 2009 y 2011 la oficina UNESCO-México analizó las estrategias educativas en torno al uso sustentable del agua.

Esta labor produjo un documento referencial que destaca tres puntos vitales:

1. Educación intercultural: busca la suma de saberes, la reunión experiencia-conocimiento académico, el acopio de herramientas y el respetuoso diálogo entre habitantes de la comunidad y especialistas foráneos, y
2. Participación de la comunidad ampliada: considera los intereses, las preocupaciones, los vínculos con el medio ambiente, las actividades económicas y;
3. La prospectiva de los habitantes de la localidad.

1.1.3. Programa de las Naciones Unidas para el Medio Ambiente (PNUMA)

El PNUMA, establecido en 1972, es la voz del medio ambiente en el sistema de las Naciones Unidas. El PNUMA actúa como catalizador, defensor, educador y facilitador para promover el uso sensato y el desarrollo sostenible del medio ambiente global.

La misión del PNUMA es “Ser la autoridad ambiental líder en el mundo, que fija la agenda ambiental global, que promueve la aplicación coherente de las dimensiones ambientales del desarrollo sostenible en el marco del sistema de las Naciones Unidas, y que ejerce de defensor acreditado del medio ambiente global”.

Su misión es “Proporcionar liderazgo y alentar la participación en el cuidado del medio ambiente inspirando, informando y facilitando a las naciones y los pueblos los medios para mejorar su calidad de vida sin comprometer la de las futuras generaciones” (PNUMA, 2015b).

Áreas Prioritarias de Trabajo del PNUMA: 1) Cambio Climático; 2) Desastres y Conflictos; 3) Manejo de Ecosistemas; 4) Gobernanza Ambiental; 5) Productos Químicos y Desechos; 6) Eficiencia de Recursos, y; 7) Medio Ambiente bajo revisión.

Las consecuencias del cambio climático para disponibilidad de agua, seguridad alimentaria, predominancia de enfermedades, fronteras costeras y distribución de población pueden agravar las tensiones existentes y generar nuevos conflictos entre naciones, grupos sociales, grupos étnicos (ONU, 2015c).

El manejo de los ecosistemas por el PNUMA tiene un enfoque de gestión de recursos naturales que busca resaltar el valor de la diversidad biológica y los ecosistemas para la economía y las sociedades, así como el costo de su degradación y pérdida; el manejo se enfoca en el cuidado y mantenimiento de los ecosistemas y la biodiversidad para satisfacer las necesidades futuras, tanto ecológicas como humanas (Tijerina, 2005).

Con estas acciones el PNUMA procura apoyar para el desarrollo progresivo y la implementación del derecho ambiental en regiones y naciones, como respuesta a los desafíos ambientales; en particular,

apoyando a fortalecer la capacidad para desarrollar e implementar marcos legales; y apoyar la implementación de los Acuerdos Multilaterales Ambientales (AMUMAs) por las partes y facilitar las interrelaciones y sinergias, respetando la autonomía legal y las decisiones tomadas por los respectivos grupos gobernantes (SEMARNAT, 2015).
Otro de las actividades del PNUMA es el apoyo para prevenir la gestión inadecuada de productos químicos y desechos que constituyan una amenaza para la salud de las personas y el medio ambiente (ONU, 2015c).

1.1.4. La Agenda en Energía y Medio Ambiente

El medio ambiente como elemento de la competitividad, el desarrollo económico y social Estrategias contra cambio climático y combate a la pobreza.
Durante la Conferencia sobre Desarrollo Sostenible Río+20, celebrada el 21 de agosto de 2012, se sentaron los cimientos para la construcción de un mundo más sostenible, se afirmó que en la medida en que aumentan las desigualdades y la contaminación, los Gobiernos tenderán a ver los sistemas de protección sociales y medioambientales no como lujos a tener cuando un país es rico sino como una necesidad. En esta reunión participaron unos 100 jefes de Estado y más de 40,000 representantes de la sociedad civil y empresas (CINU, 2013b).
Educar mediante las tecnologías de la información y la comunicación
Cambiar los modos de vida de la juventud en Occidente Inducir a los jóvenes y futuros adultos a adoptar modos de vida adecuados y consumir de forma responsable gracias a la transmisión de información concreta en un lenguaje accesible: ésa es la meta del Programa de las Naciones Unidas para el Medio Ambiente y de la UNESCO (2007).

1.1.5. Medio Ambiente y Desarrollo Sostenible

El desarrollo sostenible puede ser definido como "un desarrollo que satisfaga las necesidades del presente sin poner en peligro la capacidad de las generaciones futuras para atender sus propias necesidades

En este sentido, las Naciones Unidas han sido pioneras al tratar el tema, enfocándose inicialmente en el estudio y la utilización de los recursos naturales y en la lucha porque los países - en especial aquellos en desarrollo- ejercieran control de sus propios recursos naturales (CINU, 2014p).

En el informe presentado por la Comisión a la Asamblea General en 1987 se introdujo el concepto de desarrollo sostenible como enfoque alternativo al desarrollo basado simplemente en un crecimiento económico sin restricciones (CINU, 2014i).

Las Naciones Unidas han sido unos de los principales defensores del medio ambiente y uno de los mayores impulsores del "desarrollo sostenible" (CINU, 2014p).

Asimismo, en la Conferencia de las Naciones Unidas sobre el Medio Humano de Estocolmo, 1972 se incorporó a los temas de trabajo de la comunidad internacional la relación entre el desarrollo económico y la degradación ambiental. (CINU, 2014p).

En 1973 se estableció la Oficina de las Naciones Unidas para la Región Sudanosaheliana (ONURS) con el fin de impulsar la lucha contra la expansión de la desertificación en África occidental. Pero los esfuerzos por integrar las cuestiones ambientales con la planificación económica y la adopción de decisiones a nivel nacional se mueven con lentitud. En general, el medio ambiente ha seguido deteriorándose y se han agravado ciertos problemas como el recalentamiento de la Tierra, el agotamiento de la capa de ozono y la contaminación del agua, mientras que la destrucción de los recursos naturales se ha acelerado rápidamente (CINU, 2014p).

En 2014 en México se firmó un convenio entre Joan Clos, Director Ejecutivo de la Organización de Naciones Unidas para el Programa para Asentamientos Humanos (ONU-HÁBITAT) y Secretario General Adjunto de la ONU y Jorge Carlos Ramírez Marín, Titular de la Secretaría de Desarrollo Agrario, Territorial y Urbano (SEDATU), de colaboración cuyo objetivo es contribuir a la sustentabilidad ambiental, social y económica del desarrollo urbano en México. José Antonio Meade Kuribreña, Secretario de Relaciones Exteriores, fungió como testigo de honor en dicho acto (ONU-HABITAT, 2014).

"La planeación urbana es una importante fuente de desarrollo y herramienta para la reducción de la desigualdad, y un instrumentos para el acceso a una vida digna: es un motor para el desarrollo, un incentivo para el desarrollo", señaló el Dr. Joan Clos en su intervención. Asimismo, indicó la importancia de reivindicar y re-involucrar a las personas en la ciudad, reintegrarlos lazos comunitarios y priorizar la cohesión social para el aumento de calidad de vida en zonas urbanas (ONU-HABITAT, 2014).

Las áreas de cooperación entre las partes incluyen temas de gobernanza y legislación urbana, ordenamiento territorial, planeación urbana, vivienda digna y sustentable, regeneración e imagen urbana, reducción de la pobreza urbana, prevención de riesgos sociales a través de intervenciones socio urbanas, adaptación y mitigación al cambio climático y gestión integral de riesgos (ONU-HABITAT, 2014).

Además, las acciones están encaminadas a la mejora significativa de la vida de por lo menos cien millones de habitantes de asentamientos precarios para el año 2020; con la instrumentación de políticas en materia de vivienda, cambio climático (ONU-HABITAT, 2014).

El concepto de Desarrollo Sustentable fue Utilizado por primera vez en el reporte, denominado "Nuestro Futuro Común", publicado en 1987 por la Comisión Mundial sobre Medio Ambiente y Desarrollo, también conocida como Comisión Brundtland (Solanas, 2013).

En el documento analizado se identifican los elementos de la interrelación entre ambiente y desarrollo y, se define que "el Desarrollo Sustentable es aquel que puede lograr satisfacer las necesidades y las aspiraciones del presente, sin comprometer la capacidad de las generaciones futuras de satisfacer sus propias necesidades y aspiraciones". A su vez, se hace un llamado a todas las naciones del mundo a adoptarlo como el principal objetivo de las políticas nacionales y de la cooperación internacional (Tijerina, 2005).

En términos generales, el medio ambiente sigue deteriorándose, agravado la destrucción de los recursos naturales, provocando el recalentamiento de la Tierra, el agotamiento de la capa de ozono y la contaminación del agua, entre muchos otros.

El término desarrollo sostenible apareció en la década de los ochentas a través del Informe Brundtland propuesta por la Comisión Mundial del Medio Ambiente de las Naciones Unidas, donde los aspectos económicos, sociales y ambientales de cualquier actividad están vinculados (OCDE, 2008).

En este apartado, las Naciones Unidas se enfocan en el estudio para que los países ejerzan control sobre sus propios recursos naturales bajo un contexto global.

Temas sobre los derrames de petróleo, el deterioro de la naturaleza a escala mundial, la ecología del planeta y el bienestar de la humanidad son parte de este apartado.

Las Naciones Unidas es una de las organizaciones que más defienden el medio ambiente y uno de los mayores impulsores del "desarrollo sostenible".

En 1972, durante la Conferencia de las Naciones Unidas sobre el Medio Humano de Estocolmo, se incorporaron a los temas de trabajo la relación entre el desarrollo económico y la degradación ambiental. Posterior a la conferencia, se creó el Programa de las Naciones Unidas para el Medio Ambiente (PNUMA), que sigue vigente hasta el día de hoy, tiene el objetivo de crear mecanismos, medidas concretas y nuevos conocimientos para dar soluciones a los problemas ambientales mundiales.

En 1983 la Asamblea General creó la Comisión Mundial sobre el Medio Ambiente y el Desarrollo con el objetivo de asegurar el bienestar económico de las generaciones actuales y futuras para proteger el mismo tiempo los recursos ambientales de los que depende todo desarrollo.

Preservar y mantener el medio ambiente son trabajos a desarrollar por las Naciones Unidas, vincular la ONU con los gobiernos, las organizaciones civiles, científicas y el sector privado para generar nuevos conocimientos y medidas concretas para solucionar los problemas ambientales globales están dando resultados.

Por otra parte, y enlazándolo a lo anterior, la Conferencia de las Naciones Unidas Sobre Comercio y Desarrollo (UNTAC) propuso una definición de negocio sustentable como "aquel que deja el ambiente, al final de cada periodo contable, igual o mejor que al principio del mismo".

De manera concreta, este concepto de desarrollo ha cobrado tal importancia, que actualmente se puede afirmar que las empresas líderes en la observancia de parámetros ambientales son también líderes en su ramo (APA, 2010).

En ese entorno, el Instituto Internacional para el Desarrollo Sustentable fue más allá en la definición y sentenció que el desarrollo sustentable para una empresa significa "adoptar estrategias de negocio que cumplan con las necesidades de la organización y sus accionistas, al tiempo que protegen, mantienen y mejoran los recursos naturales y humanos que se necesitarán en el futuro".

Para el correcto entendimiento del concepto "sustentabilidad" y su consecuente transformación en proyectos de enseñanza y acciones de aplicación a la vida real, es conveniente partir de los tres componentes esenciales para el desarrollo sustentable de la especie humana, identificados como sociedad, economía y medio ambiente.

Igualmente, se debe poner énfasis en la forma en que interactúan dichos componentes, pues de dicha comprensión surgirá el pensamiento holístico que permitirá al educando o al aprendiz deducir acciones que sean efectivas, económicas y con visión de largo plazo.

Tales interacciones son, principalmente: 1) Entre la sociedad y la economía, hay trasiego de bienes y servicios, así como relaciones de trabajo y gestiones institucionales; 2) Entre la sociedad y el medio ambiente se deben entender los impactos y ocupar los servicios medioambientales, y; 3) Entre la economía y el medio ambiente se encuentra el aprovechamiento de los recursos naturales y los impactos asociados a su explotación y transformación.

Dado que los temas educativos, al tener a la sustentabilidad como concepto transversal, suelen provocar divagaciones y/o confusiones, es recomendable establecer diversos alcances por niveles (desde niños de primaria hasta maestros de la investigación), así como por especialidades (oficiales, artesanos, industriales, académicos, políticos, administradores, campesinos, etcétera). Tal fragmentación permitirá focalizar asuntos concretos con el fin de inducir el proceso cognitivo hacia las mejores soluciones.

La ONU acepta la siguiente definición de sustentabilidad: es “un desarrollo que satisfaga las necesidades del presente sin poner en peligro la capacidad de las generaciones futuras para atender sus propias necesidades” (CINU, 2014a).

Ese organismo se enfocó, de inicio, “al estudio y utilización de los recursos naturales y en la lucha porque los países –en especial aquellos en desarrollo- ejerzan control sobre sus propios recursos naturales”.

Tras la Conferencia de Estocolmo, se creó el Programa de las Naciones Unidas para el Medio Ambiente (PNUMA), desde donde se han creado, a partir de 1973, nuevos mecanismos, diferentes conocimientos y medidas concretas para solucionar los problemas ambientales del mundo (García, 2013).

En 1987 se presentó ante la ONU el informe de una comisión encabezada por la doctora Gro Harlem Bruntland, Primera Ministra de Noruega, en donde se utilizó por primera vez el término “desarrollo sostenible”, cuyos objetivos fueron: 1) Establecer dos tipos de restricciones al desarrollo: ecológicas (conservación del planeta) y morales (racionalizar los niveles de consumo); 2) Fomentar el crecimiento económico en lugares donde no se satisfacen las necesidades anteriores (básicamente los países pobres); 3) Control demográfico (incidir en las tasas de natalidad); 4) No poner en peligro los sistemas naturales que sostienen la vida en la Tierra; 5) Conservación de los ecosistemas subordinada al bienestar humano, y; 6) Eficiencia en el uso de los recursos no renovables.

En la actualidad, casi todo el mundo está convencido de que la cuestión del medio ambiente es consustancial a los desarrollos económico y social, y que aunque la implementación de los acuerdos sea lenta, no deberán soslayarse de cada proyecto, sea cual sea su tamaño, además de insistir en la incorporación del concepto de sustentabilidad en los planes de desarrollo, junto con sus instrumentos financieros y normativos.

Ante el muy diverso contexto económico mundial, en el que no es suficiente medir el producto interno bruto (PIB) ni el índice de desarrollo humano (IDH), se han creado otros indicadores como la "huella ecológica", la "biocapacidad" y el "déficit ecológico". Los tres están interrelacionados y se les considera los más indicados como "indicadores de sostenibilidad" y como fuente indispensable para diseñar políticas públicas equilibradas.

La huella ecológica se define como "el total de superficie ecológicamente productiva necesaria para producir los recursos consumidos por un ciudadano medio de una determinada comunidad humana, así como la necesaria para absorber los residuos que genera, independientemente de la localización de estas superficies" (Rees, 2011). Se trata de un indicador biofísico, en el que integran los diversos impactos que ejerce una comunidad humana sobre su entorno, tomando en cuenta los recursos tomados y los residuos generados, para mantener cierto modelo de consumo.

La filosofía que sostiene los cálculos de la huella ecológica parten de que: 1) para producir cualquier bien o servicio se requieren materiales y energías provenientes de sistemas ecológicos, más el sol; 2) Los residuos intermedios y finales de cualquier proceso requieren ecosistemas que los absorban; y 3) Las construcciones e infraestructuras reducen la superficie de los ecosistemas productivos.

Este indicador está aún sujeto a debates, pues no se encuentra en un estado perfecto por la falta de métodos apropiados que dejan fuera aspectos como: 1) factores cualitativos como la polución de suelo y agua, la erosión, la pérdida de biodiversidad y la degradación del paisaje; 2) Se asume que las prácticas agrícolas, ganaderas y forestales no disminuyen la capacidad productiva del suelo a lo largo del tiempo; 3) no se considera el impacto asociado al uso del agua, excepto por infraestructura hidráulica y energética; y 4) Para los aspectos dudosos se elige la opción más prudente.

En términos generales, si a la huella ecológica le restamos la biocapacidad, se obtiene el déficit ecológico (Rees, 2011). Esto quiere decir que si a los impactos que produce la actividad humana (huella) se le sustrae algebraicamente la superficie biológicamente productiva disponible (biocapacidad), se obtiene el déficit de recursos disponibles.

La protección y conservación de la variada gama de especies de animales y plantas y de su hábitat es la meta del Convenio de las Naciones Unidas sobre la Diversidad Biológica, firmado por 180 Estados en 1992. El Convenio obliga a conservar la biodiversidad y garantizar su desarrollo sostenible, y velar por que se compartan de manera justa y equitativa los beneficios derivados del aprovechamiento de los recursos genéticos. En el año 2000 se aprobó un protocolo sobre la utilización sin riesgo de organismos modificados genéticamente (Alley, 2015).

En la Cumbre para la Tierra de 1992 uno de los acuerdos aprobados fue el "Convenio sobre la Diversidad Biológica", el cual establece tres metas principales: 1) La conservación de la diversidad biológica; 2) La utilización sostenible de sus componentes; y 3) La distribución justa y equitativa de los beneficios derivados de la utilización de los recursos genéticos.

1.1.6. Temas de Interés de la ONU respecto al Medio Ambiente

En este capítulo se mencionan los principales programas que se han diseñado en el seno de la Organización de las Naciones Unidas (ONU), relacionados con la sustentabilidad y, muy especialmente, con el medio ambiente y el desarrollo, los cuales son once: 1)

Desertificación, 2) Bosques; 3) Biodiversidad y Pesca Excesiva; 4) Convenio sobre la Diversidad Biológica; 5) Protección del Medio Marino; 6) Cambio Climático; 7) Agotamiento de la Capa de Ozono; 8) Meteorología, Clima y Agua; 9) Seguridad Nuclear; 10) Pequeños Estados Insulares y; 11) Programa 21.

La desertificación es generada al eliminar la cubierta de árboles, arbustos y plantas que dan cohesión al suelo, ya sea para obtener leña o madera, para el cultivo o para alimentar a los animales, dando como resultado la erosión de la capa superior del suelo, de modo que el terreno se convierte en una mezcla de polvo y arena de muy escasa fertilidad. La desertificación es entendida como la degradación de las tierras áridas, semiáridas y zonas subhúmedas secas, causada principalmente por variaciones climáticas y actividades humanas intensivas y sin programas de recuperación, tales como el cultivo y el pastoreo excesivo, la deforestación y la falta de riego.

Un tratado de las Naciones Unidas se ocupa de este problema: la Convención Internacional de lucha contra la desertificación en los países afectados por sequía grave o desertificación (en particular en África). Así mismo, varios organismos prestan asistencia en la lucha contra la desertificación, como por ejemplo el Programa de las Naciones Unidas para el Medio Ambiente (PNUMA), la Organización de las Naciones Unidas para la Alimentación y la Agricultura (FAO), el Fondo Internacional de Desarrollo Agrícola (FIDA) y el Banco Mundial.

En cuanto a temática forestal, cabe señalar que entre 1995 y 2000, los principales foros intergubernamentales para el desarrollo de la política forestal fueron el Grupo Intergubernamental sobre los Bosques y el Foro Intergubernamental sobre los Bosques, ambos dependientes de la Comisión sobre el Desarrollo Sostenible de las Naciones Unidas.

Lo amplio de dichos foros se debe a que los bosques son complejas entidades, no solamente desde una visión biofísica, sino también desde las perspectivas social, económica y política. De acuerdo con la Organización para la Cooperación y el Desarrollo Económicos (OCDE), las naciones con mayores bosques, incluyendo las selvas, son quienes tienen el capital ambiental mayor. Sin embargo, siguen siendo blancos de depredadores. Por ello la ONU y algunos gobiernos siguen impulsando fuertemente las iniciativas operativas y legales para la conservación y desarrollo de los bosques. En la Cumbre para la Tierra se estableció una declaración sobre los principios relativos a los bosques, que promueve y vigila la aplicación de las propuestas hechas por el Grupo Intergubernamental sobre los Bosques, relativas a la conservación, el ordenamiento y el desarrollo sostenible para los bosques como fuentes de vida, ya que proporcionan los medios para la reducción del calentamiento global, la transformación del CO2, la acumulación y retención de aguas, la generación de insumos como la madera y otros frutos de los bosques.

Por su parte, la Biodiversidad se refiere a la variedad de seres vivos sobre la tierra y los patrones naturales que la conforman. En dicha definición se incluye la amplia variedad de seres vivos (plantas, animales y microorganismos) sobre la Tierra y los ecosistemas donde habitan. Por lo tanto, el ser humano, al igual que el resto de los seres vivientes, es parte integrante de ese sistema y también depende de él. La biodiversidad implica muchas variables, siendo las más importantes: la purificación del aire y el agua; la destoxificación y descomposición de los desechos; la estabilización y moderación del clima del planeta; la moderación de inundaciones, sequías, temperaturas extremas y fuerza del viento; la generación y renovación de la fertilidad del suelo; la polinización de las plantas; el control de las plagas y enfermedades; y la capacidad de adaptación al cambio.

Si bien la pérdida de especies siempre ha ocurrido como un fenómeno natural, las actividades humanas han acelerado este proceso, lo cual puede traer graves consecuencias para la propia vida humana. La forma más visible de ese daño ecológico es la extinción de animales como los pandas, los tigres, los elefantes y las ballenas. Sin embargo, otras especies menos llamativas pero igual de importantes también se encuentran en peligro, como la amplia gama de insectos que ayudan a polinizar las plantas.

Otro factor que influye directamente en la extinción de especies de animales y plantas, es el enfoque de la agricultura comercial moderna que se centra en relativamente pocas variedades de cultivos. Si bien la pérdida de especies llama nuestra atención, la amenaza más grave a la diversidad biológica es la fragmentación, degradación y pérdida directa de los bosques, humedales, arrecifes de coral y otros ecosistemas. Todas estas cuestiones son agudizadas por los cambios atmosféricos y climáticos mundiales que afectan directamente a los hábitats y los seres que las habitan.

La pérdida de la diversidad biológica con frecuencia reduce la productividad de los ecosistemas y de esta manera disminuye la posibilidad de obtener diversos beneficios de la naturaleza, de la cual sacamos provecho constantemente. Ello desestabiliza los ecosistemas y debilita su capacidad para hacer frente a los desastres naturales.

Por otro lado, con el fin de combatir la pesca excesiva y los cada vez mayores y más violentos enfrentamientos relacionados con la pesca en alta mar, en 1995 fue firmado por más de 60 países el Acuerdo sobre las poblaciones de peces transzonales y las poblaciones de peces altamente migratorias. Dicho acuerdo dispone de cuotas para asegurar la supervivencia y explotación sustentable de los peces que migran a través de inmensas zonas del océano o a través de zonas económicas exclusivas de más de un país.

La pesca excesiva y la práctica aniquilación de muchas especies de peces con valor comercial, junto con la creciente incidencia de la pesca ilícita, no reglamentada y no declarada en alta mar, llevó a los gobiernos a pedir que se adoptaran medidas para la conservación y la ordenación sostenible de los recursos pesqueros, especialmente de los peces que migran a través de amplias zonas del océano o se mueven por la zona económica de más de un país.

Dado lo anteriormente discutido, el Convenio de las Naciones Unidas sobre la Diversidad Biológica, firmado en 1992, obliga a los Estados a conservar la biodiversidad y garantizar su desarrollo sostenible y velar por que se compartan de manera justa y equitativa los beneficios derivados del aprovechamiento de los recursos genéticos. El Convenio cuenta con 180 estados miembros y establece tres metas principales: la conservación de la diversidad biológica, la utilización sostenible de sus componentes y la distribución justa y equitativa de los beneficios derivados de la utilización de los recursos genéticos.

Otro tema no menos importante para las Naciones Unidas es la protección del medio marino. La atención de la comunidad mundial se ha centrado en los océanos y los mares gracias a la labor del PNUMA, sobre todo sus diversas iniciativas encaminadas a proteger el medio marino. Por ello se creó la Organización Marítima Internacional (OMI), que es el organismo especializado de las Naciones Unidas encargado de tomar medidas para prevenir la contaminación marina proveniente de los buques y mejorar la seguridad del transporte marítimo internacional.

Actualmente, existen dos convenios internacionales que establecen un sistema de indemnización para cubrir los daños financieros producidos por la contaminación: el de responsabilidad civil, por daños causados por contaminación de las aguas por hidrocarburos, y el de constitución de un fondo internacional de indemnización

Ahora es bien sabido que debido a las actividades productivas de los seres humanos, tanto en la tierra como en las aguas y en el aire, las condiciones naturales que permiten el desarrollo de la vida (de todas las especies, se han ido modificando. Las actividades humanas, más las propias de la naturaleza, como incendios, sequías, terremotos, inundaciones, ciclones, deshielos y otros actos de la naturaleza, ha provocado un deterioro continuo de los hábitats, lo que ha dificultado la vida y la sobrevivencia de diversos grupos humanos y animales en todo el planeta.

Las negociaciones de las Naciones Unidas sobre el cambio climático se basan en la labor del Grupo Intergubernamental de Expertos sobre el Cambio Climático (IPCC), establecido conjuntamente por el PNUMA y la Organización Meteorológica Mundial (OMM) en 1988. El Grupo es una red mundial de 2500 científicos y expertos eminentes que pasan revista a las investigaciones científicas sobre la materia. En 1989 el Grupo llegó a la conclusión de que las actividades humanas podían originar cambios en el sistema climático mundial, lo cual hizo que se iniciaran las negociaciones de la Convención sobre el Cambio Climático.

Las pruebas presentadas en 1995 por los científicos del IPCC dejaron claro que aunque se cumpliera puntualmente con la meta de 1992 no se evitaría el calentamiento de la Tierra ni los problemas derivados de él. Harían falta, pues, nuevas reducciones. En 1997, los países que habían ratificado la convención se reunieron en Kyoto, Japón, y acordaron un protocolo jurídicamente vinculante en virtud del cual los países desarrollados debían reducir sus emisiones colectivas de seis gases de efecto invernadero en un 5.2% entre 2008 y 2012, tomando como referencia los niveles de 1990. El Protocolo también estableció varios mecanismos innovadores para hacer menos costosa la reducción de las emisiones. Este documento es conocido también como *Protocolo de Kyoto*.

Otro de los aspectos que contempla la ONU es el del agotamiento de la capa de ozono, la cual es una fina capa de gas situada en la parte superior de la atmósfera (a una altura de 12 a 45 kilómetros) que protege la superficie de la tierra de la nociva radiación ultravioleta procedente del Sol. Se sabe que el aumento de la radiación ultravioleta causa cáncer de piel y daños imprevisibles en las plantas, las algas, la cadena de alimentación y el ecosistema mundial.

El PNUMA ayudó a negociar el histórico Convenio de Viena para la protección de la capa de ozono (1985) y el Protocolo de Montreal (1987) y sus Enmiendas, y en la actualidad gestiona su aplicación. Conforme a esos instrumentos, los países desarrollados han prohibido la producción y venta de clorofluorocarbonos, sustancias químicas que agotan la capa de ozono y cuya producción por los países en desarrollo debió cesar a más tardar en el año 2010. Se han acordado también plazos para eliminar gradualmente otras sustancias que agotan la capa de ozono.

Las estrategias que abarcan las áreas clave definidas por la Convención Marco de Naciones Unidas sobre Cambio Climático (CMNUCC), son dos: *Adaptación*, que se refiere al ajuste en los sistemas naturales o humanos como respuesta a estímulos climáticos actuales o esperados, o sus impactos, que reduce el daño causado y que potencia las oportunidades benéficas; y la *mitigación*, que consiste en disminuir la intensidad del uso de energía con el fin de reducir los efectos potenciales del calentamiento global.

El PNUMA colabora para reducir la huella de carbono e incrementar la resistencia ante los impactos actuales y futuros del cambio climático, mediante iniciativas tales como la creación de capacidades y sensibilización; el intercambio de información; la evaluación de necesidades tecnológicas y el estudio de la vulnerabilidad e implementación de proyectos específicos de mitigación y adaptación.

El Programa de Educación y Capacitación, por su parte, fomenta el intercambio de conocimientos científicos mediante la organización de cursos, seminarios y conferencias, la preparación de planes de estudios, la introducción de nuevas técnicas y materiales de formación y el respaldo a los centros de capacitación. Cada año participan en los cursos avanzados centenares de especialistas de todo el mundo.

El Programa de Cooperación Técnica ayuda a los países en desarrollo a obtener los equipos y conocimientos técnicos y especializados que necesitan para mejorar sus servicios nacionales de meteorología e hidrología y fomenta la transferencia de tecnología y de información y conocimientos meteorológicos e hidrológicos. El Programa Regional respalda la realización de programas y actividades de carácter regional a través de ocho oficinas regionales y subregionales de la OMM ubicadas en distintas partes del mundo.

El Programa Mundial sobre el Clima recopila y conserva datos para ayudar a los gobiernos a planificar su respuesta ante el cambio climático. Esta información puede servir para mejorar la panificación económica y social relativa a los procesos climáticos y la comprensión de estos últimos. También puede servir para detectar inminentes variaciones climáticas, como los fenómenos de El Niño y La Niña, y predecir su repercusión con varios meses de anticipación, para advertir a los gobiernos de ellos y de otros cambios naturales o causados por el hombre que puedan afectar a las actividades humanas esenciales.

El Programa de Investigación de la Atmósfera y el Medio Ambiente coordina las investigaciones sobre la estructura y composición de la atmósfera, las características físicas y químicas de las nubes, la modificación climática, la meteorología tropical y la predicción del tiempo.

El Programa de aplicaciones de la meteorología ayuda a los países a utilizar esta disciplina para proteger a las personas y sus bienes y promover el desarrollo social y económico. Su objetivo es mejorar los servicios meteorológicos públicos, aumentar la seguridad de los viajes por aire y por mar, mitigar las consecuencias de la desertificación y mejorar la agricultura y la ordenación de los recursos hídricos, energéticos y de otra índole. En la agricultura, por ejemplo, el asesoramiento meteorológico ofrecido a tiempo puede ayudar a reducir considerablemente las pérdidas causadas por la sequía, las plagas y las enfermedades.

El Programa de Hidrología y Recursos Hídricos ayuda a evaluar, administrar y conservar los recursos hídricos del planeta y fomenta la cooperación mundial para evaluar los recursos hídricos y establecer redes y servicios hidrológicos, incluidos los de reunión y procesamiento de datos, predicción y alerta y suministro de información meteorológica e hidrológica a efectos de diseño. Por ejemplo, facilita la cooperación entre países que comparten cuencas hídricas y ofrece servicios especializados de predicción en las zonas propensas a las inundaciones, ayudando así a salvar vidas y bienes.

El programa de cooperación técnica del Organismo Internacional de Energía Atómica (OIEA), coadyuva mediante proyectos nacionales, expertos y capacitación, en la aplicación de técnicas nucleares con fines pacíficos, presta asistencia a los países en esferas fundamentales como los recursos hídricos, la salud, la nutrición, la medicina y la producción de alimentos. Un buen ejemplo de estas actividades es la labor relacionada con la fitotecnia por mutación, gracias a la cual se han conseguido casi 2000 variedades nuevas de cultivos utilizando tecnologías basadas en la radiación, lo que ha permitido mejorar la producción de alimentos.

El OIEA trabaja en conjunto con diversos organismos de las Naciones Unidas, tales como: la UNESCO, con la que administra el Centro Internacional de Física Teórica de Trieste (Italia) y tres laboratorios de investigaciones relativas al uso de la energía atómica; la FAO, que realiza con el OIEA investigaciones relacionadas con el uso de la energía atómica en la alimentación y la agricultura; la OMS, que colabora en la aplicación de la energía atómica en la medicina y biología; el PNUMA con quien colabora el OIEA y la UNESCO en la investigación de la contaminación marina a escala mundial

El Laboratorio del OIEA para el Medio Ambiente Marino (con sede en Mónaco) realiza estudios sobre la contaminación marina a escala mundial junto con el PNUMA y la UNESCO.

En el seno de las Naciones Unidas se han establecido algunos tratados con el fin de erradicar las armas nucleares y para evitar las pruebas de las mismas, tales como: el Tratado por el que se prohíben los ensayos con armas nucleares en la atmósfera, el espacio ultraterrestre y debajo del agua (1963); el Tratado sobre la no proliferación de las armas nucleares (TNP 1968); el Tratado sobre prohibición de emplazar armas nucleares y otras armas de destrucción en masa en los fondos marinos y oceánicos y su subsuelo; el Tratado sobre los fondos marinos (1971); el Tratado de prohibición completa de los ensayos nucleares (TPCE 1996) que establece la Comisión Preparatoria de la Organización del Tratado de Prohibición Completa de los Ensayos Nucleares (OTPCE).

La Conferencia de las Naciones Unidas sobre el Medio Ambiente y el Desarrollo, realizada en Río de Janeiro, Brasil en 1992, más conocida como la *Cumbre de la Tierra*, reunió a más de 100 jefes de Estado, a funcionarios de 179 gobiernos y a representantes de los empresarios, trabajadores, ONGs, y organizaciones sociales de mujeres, jóvenes y pueblos indígenas de casi todo el mundo, alcanzando un histórico nivel de representatividad y participación para preservar el medio ambiente e integrar el desarrollo económico y social en el horizonte del siglo XXI. Al aprobar el Programa 21 en

el seno de la Cumbre para la Tierra de 1992, los gobiernos dieron un paso histórico para asegurar el futuro del planeta.
El primer principio de la Declaración de Río coloca a los seres humanos al centro de las preocupaciones relacionadas con el Desarrollo Sustentable, reconociendo el derecho a una vida saludable y productiva, en armonía con la naturaleza.
Este Programa pretende ser un plan de acción mundial exhaustivo que abarca todos los aspectos del desarrollo sostenible, entre los que se cuentan: la contaminación de la atmósfera, el aire y el agua; la lucha contra la deforestación; la desertificación y la pérdida de terrenos agrícolas; el combate a la reducción de las poblaciones de peces; y la promoción del manejo seguro de los desechos sólidos.
El Programa 21 aborda también las pautas de desarrollo que suponen una carga para el medio ambiente, tales como: 1) La pobreza; 2) La deuda externa de los países en desarrollo; 3) Las modalidades insostenibles de producción y consumo; 4) La presión demográfica; 5) La estructura de la economía internacional.
También recomienda modos de fortalecer la intervención de los principales grupos de población para lograr el desarrollo sostenible. Los grupos mencionados son: Las mujeres; Los sindicatos; Los agricultores; Los niños y los jóvenes; Las poblaciones indígenas; La comunidad científica; Las autoridades locales; Las empresas; La industria, y las organizaciones no gubernamentales (ONGs).
El Programa 21 se ha convertido en la base de muchos planes nacionales, ya que basándose en éste, más de 1800 ciudades del mundo han creado su propio Programa 21 local.
El financiamiento de sus proyectos procede de los sectores público y privado de cada país, para lo cual se ha gestionado un fondo especial que es ejecutado principalmente por el Programa de las Naciones Unidas para el Desarrollo (PNUD), el Programa de las Naciones Unidas para el Medio Ambiente (PNUMA) y el Banco Mundial (BM), cuyos objetivos son: conservar y utilizar de manera sostenible la diversidad biológica, hacer frente al cambio climático mundial, remediar la degradación de las aguas internacionales, eliminar paulatinamente las sustancia que agotan la capa de ozono, luchar contra la degradación del suelo y la sequía, y reducir y

eliminar la producción y utilización de ciertos contaminantes orgánicos persistentes. Actualmente, el Fondo financia cerca de 1200 proyectos en 140 países en desarrollo y de economía en transición.
En dos ocasiones se ha encomendado al Fondo para el Medio Ambiente Mundial, creado para tal efecto, que se encargara de analizar las solicitudes y canalizar esos recursos: en 1994, 34 naciones aportaron 2,000 millones de dólares; en 1998 fueron 36 las que contribuyeron por 2,750 millones; y en 2002, 32 naciones se comprometieron a aportar casi 3,000 millones de dólares a lo largo de los cuatro años siguientes. Son primordialmente esos recursos los que permiten alcanzar las metas del Convenio sobre la Diversidad Biológica, la Convención Marco sobre el Cambio Climático y el Convenio de Estocolmo sobre contaminantes orgánicos persistentes.
Desgraciadamente naciones tan poderosas como Estados Unidos y China, se han mostrado renuentes a firmar el Protocolo de Kyoto de 1997 y a hacer aportaciones al Fondo, bajo el argumento de que el cambio climático es un fenómeno natural y que no es debido a los efectos de su industria ni de sus flotas el que se dañe el medio ambiente.
Pero alcanzar la sustentabilidad requiere de compromisos de largo plazo, con financiamiento seguro y con una visión integradora que sólo puede enfrentarse desde los gobiernos nacionales a través de sus instrumentos normativos y coercitivos. Para ello es indispensable promover el diálogo activo y constante entre los gobiernos, la sociedad civil y otras organizaciones internacionales, con el fin de crear las alianzas que permitan resolver las principales cuestiones relacionadas con el desarrollo sostenible.
Dada la importancia de este tema, se creó el Día Mundial del Medio Ambiente (DMMA), el cual es uno de los principales vehículos que las Naciones Unidas utilizan para fomentar la sensibilización mundial sobre el medio ambiente y promover la atención y acción política al respecto. Esta fecha se constituye en un evento anual extensamente celebrado, mediante una acción medioambiental positiva. Las actividades del DMMA se vienen realizando durante

todo el año pero su punto más alto se alcanza cada 5 de junio involucrando a personas de todos los lugares del mundo.
Otras celebraciones establecidas por la Asamblea y relacionadas con el medio ambiente son el Día Mundial del Agua (22 de marzo), el Día Internacional de la Diversidad Biológica (22 de mayo), el Día Mundial del Medio Ambiente (5 de junio), el Día Mundial de Lucha contra la Desertificación y la Sequía (17 de junio), el Día Internacional de la Preservación de la Capa de Ozono (16 de septiembre), el Día Internacional para la Prevención de la Explotación del Medio Ambiente en la Guerra y los Conflictos Armados (6 de noviembre), y el Día Internacional de las Montañas (11 de diciembre).
De igual forma, la ONU ha propuesto acciones en alianza con las empresas, las ONGs y los gobiernos locales, tanto para dedicar recursos medio ambiente como para impactar en lo económico y en social. Entre las más relevantes, se encuentran las siguientes campañas: 1) Mi voz cuenta, sin distinción de sexo, edad, grupo étnico, posición social o discapacidad sean incluidos en el proceso de adopción de decisiones políticas; 2) Luchemos contra el racismo. Promoviendo acciones a través del conocimiento; 3) Campaña contra el Crimen Organizado Transnacional; 4) Corazón Azul: contra la trata de personas el combate a la esclavitud del siglo XXI; 5) Libres e iguales, en favor de la igualdad de las personas lesbianas, gays, bisexuales y transgénero; 6) Día mundial del refugiado, por efectos de la guerra o persecución; 7) Yo decido vivir en paz, reducción de Violencia y Construcción de capital social; 8) Energía sostenible para todos: incrementar el acceso sostenible a la energía, la eficiencia energética y la energía renovable en el ámbito local, nacional, regional e internacional; 9) Día mundial del medio ambiente, donde se realizan acciones medioambientales positivas; 10) Podemos erradicar la pobreza, donde se establecen objetivos y metas mensurables, con plazos definidos, para combatir la pobreza, el hambre, las enfermedades, el analfabetismo, la degradación del ambiente y la discriminación contra la mujer; 11) Campaña Mundial del SIDA, que se celebra el 1° de Diciembre cada añ o y es una oportunidad clave para crear consciencia, conmemorar a aquellos

que han fallecido, y celebrar victorias tales como el incremento en el acceso a tratamiento y servicios de prevención, y; 12) Agua Inteligente, que pretende sensibilizar acerca de la crisis del agua y del saneamiento alrededor del mundo y dar voz a aquéllos que no la tienen.

También deben continuarse los esfuerzos en la promoción de tecnología e innovaciones "verdes" al interior de las empresas. Esto incluye invertir en investigación científica para que desarrollen nuevas tecnologías menos agresivas con el planeta, que no se limiten por la falta de innovación, de manera que se creen y promuevan nuevas formas de hacer las cosas, que contemplen una producción sostenible, que conlleven a un consumo más cuidadoso y un tratamiento de los deshechos más responsable y, en fin, que se actúe más en armonía con el ambiente.

A nivel hogar, también hay que promover la introducción de tecnologías "verdes", que reduzcan los costos y aumenten la productividad, reduciendo la vulnerabilidad a los riesgos ambientales y aumentando la seguridad de la población en pobreza. Si se actúa en ese sentido, esta generación sería un éxito, pues actuaría para promover la colaboración conjunta de gobiernos, organizaciones internacionales, asociaciones, comunidades, educadores, sector privado y demás ciudadanos, con el fin de superar las dificultades siguientes: 1) no limitarse a la educación ambiental y lograr una educación para el desarrollo sostenible; 2) elaborar un inventario de los recursos existentes para la siguiente década, y; 3) establecer asociaciones y crear sinergias entre las iniciativas y los programas.

1.2. Sustentabilidad y el Gobierno

En la actualidad se habla mucho de la responsabilidad que el gobierno tiene en materia de sustentabilidad, pero la realidad en nuestro país es muy poca la intervención que el gobierno ha tenido en relación a esta. Organizaciones e instituciones de educación superior y empresas, emplean un concepto de sustentabilidad, y la

gran mayoría la confunden con una serie de prácticas que para algunas empresas y organizaciones representan marketing, para otras estrategia, o simplemente consideran parte de la responsabilidad social como aquellos actos de bondad, dirigidos a instaurar lo que se denomina la Ética de los negocios, pero que en realidad dista mucho de lo que realmente es la sustentabilidad o la responsabilidad social corporativa.
De manera concreta la sustentabilidad abarca tres esferas clave: social, económica y ambiental. Actualmente se malinterpreta esto, dándole mucho peso a lo ecológico; sin embargo, para que algo pueda llamarse sustentable, debe ser completamente viable en las tres esferas.
La definición de responsabilidad social ha ido cambiando con el tiempo. La definición más vanguardista y sencilla la aporta la Comisión Europea, que señala a la Responsabilidad Social Corporativa (RSC) como "la responsabilidad de las empresas por sus impactos en la sociedad".
Toda empresa por el simple hecho de existir y operar, genera impactos sociales, económicos y ambientales. Es decir, deja huellas en la sociedad, en la economía y en el ecosistema.
Las empresas responsables buscan minimizar los impactos negativos y potenciar los positivos dentro de sus operaciones, que abarcan desde sus primeros insumos hasta los comportamientos postcompra de sus consumidores.
La sustentabilidad ambiental requiere así de una estrecha coordinación de las políticas públicas en el mediano y largo plazo, pero que hasta el día de hoy no hay nada claro, sin visión ni perspectiva la realidad se deteriora día a día.
La creciente relevancia a nivel mundial que ha adquirido el desarrollo sustentable durante las últimas décadas, ha llevado a organizaciones internacionales, gobiernos, numerosas ONG, académicos y empresas privadas a tomar medidas para alinearse con esta causa.
En un mercado crecientemente globalizado, los productos y servicios se trasladan por grandes distancias y, generalmente, los importadores y consumidores finales no tienen mucha información

sobre los impactos económicos, ambientales y sociales de los productos que compran.
Distintos factores como: la prensa, la toma de conciencia, y las regulaciones, han incentivado una mayor trazabilidad de estos temas, permitiendo la creación de certificaciones, etiquetas y programas que los productores pueden cumplir con el fin de entregar confianza de que su producción cumple con ciertos criterios de responsabilidad.
La sustentabilidad como un modelo integral para el futuro exige la integración de tres aspectos principales: sustentabilidad económica, ambiental y social.
En México desgraciadamente los parámetros no están claros pues no hay suficientes leyes, aunque sí un exceso de normas secundarias, lo que provoca un caos interpretativo.
El tema es complejo pues implica grandes intereses económicos y complejas voluntades políticas, pues las compañías buscan satisfacer las necesidades de los consumidores de hoy, pero sin comprometer el bienestar de las futuras generaciones. Es decir, hacer negocios, pero sin descuidar los impactos en económicos, sociales y ambientales.
En muchos contextos de organización económica, social y ambiental puede enfocarse el tema ya sea desde una mirada global del planeta o bien desmenuzarlo, descomponerlo en varias partes como ser por sectores económicos, municipios, barrios, países, casas individuales.
Los organismos internacionales como la ONU se preocupan por la sustentabilidad, desde 1972, por ello, establecieron el Programa de las Naciones Unidas sobre el Medio ambiente (PNUMA), que se encarga de promover actividades medioambientales y crear conciencia entre la población sobre la importancia de cuidar el medio ambiente.
Con esto se tiene que los gobiernos deben poner el ejemplo en esta materia y promover leyes y normativas que ayuden a cuidar el medio ambiente, y concientizar a la ciudadanía de la corresponsabilidad que existe del cuidado del mismo.

En el caso de las instituciones educativas y centros de investigación, deberán realizar estudios que permitan medir los impactos de nuestros actos en el cuidado del medio ambiente, siendo los siguientes rubros los más demandados: 1. La protección de los bosques; 2. El cambio climático y la diversidad biológica; 3. Las poblaciones de peces migratorias; 4. La desertificación, y; 5. El desarrollo sostenible de los Estados Insulares (islas).

Ser responsable en el tema social es una tarea tanto de las personas como de las instituciones, ya que representan un impacto en la sociedad, en la economía y en el ecosistema en donde se desarrolla, se trabaja, se descansa y se muere. Ser sustentable implica la satisfacción de necesidades actuales, cuidando que las generaciones futuras cuenten con la posibilidad de poder satisfacerlas y puedan tener una calidad de vida mejor que la actual (Tijerina, 2005).

Por ejemplo, en aspectos de urbanización como lo menciona Martínez y Monroy (2008, citado por Hernández, 2014, pág. 166) "Además de que las prácticas sustentables en una ciudad, genera competitividad ambiental en un sistema urbano, las prácticas contrarias afectaría la dinámica ambiental de la ciudad y por ende la competitividad urbana".

El gobierno es el responsable de llevar al pie de la letra las leyes que exigen y sancionan a aquellas constructoras que no lo ofrecen. Pero si no lo hace, entonces este problema estará presente por mucho tiempo. Sin dejar de lado que también es responsabilidad de nosotros como sociedad, evaluar la vivienda y tomar la mejor decisión.

De acuerdo a laOCDE (2011, p. 8), "cambiar los patrones actuales de crecimiento, los hábitos de consumo, la tecnología y la infraestructura es un proyecto a largo plazo y tendremos que vivir durante algún tiempo con las consecuencias de las decisiones tomadas en el pasado".

Considerando lo anterior, en cada institución debería existir un programa de sustentabilidad que supervise y controle a aquellas actividades relacionadas con lo social, económico y ambiental, de

esa manera se podrá lograr una conciencia y responsabilidad social compartida.
En materia de la construcción de viviendas y lugares de riesgo, como el Paseo del Río en el municipio de Orizaba, Veracruz. De acuerdo a lo publicado en Orizaba Turismo (2015): "El Paseo del río tiene 3 kilómetros de largo, combinando la imagen de una ciudad histórica y colonial con un entorno ambiental extraordinario. A orillas del río hay una reserva animal única en su tipo en el Estado de Veracruz, que ha permitido la reproducción en cautiverio de especies en peligro de extinción, como el jaguar. Esta unidad cuenta con más de 32 especies animales, para disfrute y conocimiento de los visitantes. El Paseo y Reserva animal del río están abiertos los 365 días del año".
Esto es lo que se hizo en las laderas del rio en donde había algunas casas habitación, específicamente las más vulnerables que solo eran de madera con techos de lámina. El riesgo de vida de las personas que las habitaban era latente en cada periodo de lluvias, ya que el rio aumentaba su cauce. Esto propició la idea de crear el Paseo Rio y de esta manera poder retirar a las personas que vivían es estas casas, a las cuales al parecer el gobierno municipal otorgó otros lugares dónde residir (Hernández, 2014).
Orizaba, Veracruz, ha sido embellecida los últimos 8 años, proyectos sustentables y sostenibles se han desarrollado. Se considera que a pesar de las protestas que ha tenido la población de estos proyectos, no se puede negar que realmente Orizaba sea un centro turístico y que ha permitido el crecimiento económico de algunos sectores comerciales.
El nuevo paradigma que los especialistas en la aplicación del análisis económico al desarrollo sustentable proponen, incorpora las restricciones del medio ambiente y de las esferas económica y social al desempeño de las actividades económicas en el largo plazo (Tijerina 2005).
Existen dos factores clave en esta situación: concientización y sanción. Concientizar que los tiempos que se están viviendo hoy no son tan favorables para todos, que se tiene una crisis económica,

social y ambiental; lo que ocasionará más y más problemas hasta el grado de no poder dar solución.

Sancionar aquellas reglamentaciones o leyes que no se cumplan al pie de la letra; lo que provoca que se siga "destruyendo" lo que se tiene y no dejar nada para las generaciones futuras.

Por ello la responsabilidad debe ser compartida entre población y gobierno, por un lado mediante el establecimiento de reglas para operar un verdadero desarrollo sustentable, y por otro, respetando la ciudadanía, esos acuerdos para establecer una verdadera convivencia y por consiguiente un buen manejo de los recursos naturales.

El problema de la sustentabilidad, reside en los gobiernos, ya que muchos de ellos carecen de voluntad política para realizarla, falta de recursos, apegarse a las medidas internacionales, además de no observar las consecuencias ambientales en sus países y en su región.

Es lamentable saber que hay gobiernos que no cooperan en un tema tan trascendental; lo mismo presidentes municipales desobligados, que potencias tan grandes como el senado de EEUU.

La cooperación entre todos los sectores debería considerarse vital para efectos de alcanzar la sustentabilidad, pues como la previene Tijerina (2005; 14), "en la esfera social se plantea la satisfacción de las necesidades sociales básicas: salud, educación, alimentación, vivienda, seguridad, etc., a fin de permitir el mantenimiento o la expansión de las actividades económicas en el largo plazo".

Ello requiere que cada quien haga su parte (sectores social, privado y público) y que no se pierdan los esfuerzos en pequeñas miras de corto plazo, pues pueden quedar fuera del enfoque que requiere un problema de alcance global: la sustentabilidad a largo plazo.

De manera general, la sustentabilidad es un término ligado a la acción del hombre en relación a su entorno (López y Cervantes, 2002). Dentro de la disciplina ecológica, la sustentabilidad se refiere a los sistemas biológicos que pueden conservar la diversidad y la productividad a lo largo del tiempo (WEF, 2013).

Por otra parte, está ligada al equilibrio de cualquier especie en particular con los recursos que se encuentran en su entorno, y como lo marca la literatura, en 1987 se realizó el Informe Brundtland, dentro de la acción de Naciones Unidas, y que la definió como la capacidad de satisfacer necesidades de la generación humana actual sin que esto suponga la anulación de que las generaciones futuras también puedas satisfacer las necesidades propias (OCDE, 2011).

Con base a lo analizado en diversas fuentes, la sustentabilidad para una sociedad significa la existencia de condiciones económicas, ecológicas, sociales y políticas que permitan su funcionamiento de forma armónica a lo largo del tiempo y del espacio. En el tiempo, la armonía debe darse entre las generaciones actuales y las venideras; en el espacio, la armonía debe generarse entre los diferentes sectores sociales, entre mujeres y hombres y entre la población con su ambiente (López y Cervantes, 2002).

No puede haber sustentabilidad en una sociedad cuando la riqueza de un sector se logra a costa de la pobreza del otro, cuando unos grupos reprimen a otros, cuando se están destruyendo o terminando los bienes de la naturaleza, o cuando el hombre ejerce diversos grados de explotación, violencia y marginación contra la mujer (WEF, 2013). Tampoco podrá haber sustentabilidad en un mundo que tenga comunidades, países o regiones que no sean sustentables. La sustentabilidad debe ser global, regional, local e individual y debe darse en el campo ecológico, económico, social y político (OCDE, 2011).

A veces se usan indistintamente conceptos como sostenible y sustentable, aunque sus significados sean distintos. Sostenible viene de sostener y sustentable de sustentar, las cosas se sostienen desde afuera pero se sustentan desde adentro. Mientras la sostenibilidad se podría lograr con acciones decididas desde afuera, la sustentabilidad requiere que las acciones se decidan desde adentro; en forma autónoma. Además, lo que interesa hacer sustentable es la sociedad, no necesariamente el llamado desarrollo (Tijerina, 2005).

En 1987, el desarrollo sustentable fue presentado formalmente por la Comisión Mundial de Medio Ambiente y Desarrollo de Naciones Unidas, como una alternativa al desarrollo socioeconómico tradicional, causante de graves daños ambientales al planeta (López y Cervantes, 2002). En los últimos años, la perspectiva de los negocios ha cambiado, pues no sólo deben enfocarse a los beneficios económicos (WEF, 2013).

Para calificar a una empresa, ahora los inversionistas no sólo consideran los datos financieros, sino otros factores que están implicados en los temas de desarrollo sustentable, por lo que no es exagerado considerar que en los próximos años las cuestiones de sustentabilidad y cambio climático serán el nuevo escenario competitivo de los negocios y un fuerte elemento por el que los indicadores financieros valuarán a las organizaciones, por lo que es crucial estar preparados para asumir este nuevo reto (CINU, 2000).

Un factor que sin duda ha metido al desarrollo sustentable en los planes de negocio de las organizaciones es la presión que los inversionistas han hecho últimamente, con la creación de índices que miden el buen gobierno, y que empiezan a tener un peso considerable en la valuación de una empresa (Tijerina, 2005).

Uno de los paradigmas del contexto actual es el desarrollo sustentable, entendido como el crecimiento y evolución de los ciudadanos del mundo sin comprometer el futuro de los mismos y de su ambiente físico y social, sin embargo se esta presenciando que existe un desequilibrio y solo se podrá pensar en la sustentabilidad cuando el actuar del ser humano se centre en sí mismo y en su hábitat, con base en el respeto de la democracia, los derechos humanos y la equidad. Una estrategia de desarrollo, bajo esta perspectiva, debe abarcar todos los derechos humanos: económicos, sociales, culturales, civiles y políticos (Quintana et. al., 2011).

Existen muchas soluciones para concientizar sobre la responsabilidad en la sustentabilidad, una de ellas es la educación, no solo en lo académico, sino como parte del desarrollo humano integral de toda persona, pues, la educación orientada a estos fines puede inculcar ideales o valores que puedan crear nuevos paradigmas sobre cómo habremos de conducirnos como humanidad (Caride, 2001), aunque la mayor responsabilidad recae en el gobierno, ha de tomarse en cuenta que el gobierno está conformado por personas, que al tener una educación sensible y orientada a la sustentabilidad, podrá proponer nuevas y mejores leyes para guiar al país.

Básicamente, la Conferencia de las Naciones Unidas Sobre Comercio y Desarrollo propuso una definición de negocio sustentable como "aquel que deja el ambiente, al final de cada periodo contable, igual o mejor que al principio del mismo". Este concepto de desarrollo ha cobrado tal importancia, que actualmente se puede afirmar que las empresas líderes en la observancia de parámetros ambientales son también líderes en su ramo.

Por ejemplo, Coca Cola (FEMSA, 2008), reporta sus actividades en proyectos de sustentabilidad. Volkswagen de México es otro ejemplo, donde hacen énfasis en los tres pilares donde se soporta la sustentabilidad, la responsabilidad económica, social y ambiental (Volkswagen, 2013).

Un dato importante es que existe una metodología propuesta por la Global ReportingInitiative para la Elaboración de Informes de Sustentabilidad (GRI, 2015), la cual, tanto la Coca Cola como muchas otras empresas utilizan esta metodología con la finalidad de normar la información presentada.

Efectivamente, debe ser una corresponsabilidad entre la sociedad y sus diversos actores quienes junto con el gobierno deben establecer un proyecto común para crear un proyecto sustentable para alcanzar el desarrollo y crecimiento como nación. La pretensión de que alcanzar un desarrollo sustentable sea responsabilidad única del gobierno, es establecer un paradigma limitado y desapegado de las nuevas tendencias y retos en la materia.

Otra de las formas es a través de las reformas institucionales o también llamadas reformas de estado, en el cual se hacen referencias a reglas formales e informales, tanto permanentes como tradiciones, costumbres y rutinas que guiarán el comportamiento de las personas. Esto quiere decir que el Gobierno institucionaliza la sustentabilidad en forma de reglas que la fomenten y hagan cumplir un comportamiento ambientalmente responsable (Chávez, 2006).

De acuerdo con Tijerina (2005, p. 5), debe entenderse la diferencia entre sostenible y sustentable. Sostenible refiere a las condiciones que deben satisfacerse en la esfera económica, la social o ambas, para que el crecimiento económico y el bienestar social sean viables en el largo plazo; y por otro lado, sustentable abarca las condiciones requeridas para que el acervo de recursos naturales y sus sustitutos satisfagan las necesidades de las generaciones futuras.

Trabajar por el desarrollo sustentable implica avanzar simultáneamente en cinco dimensiones: económica, humana, ambiental, institucional y tecnológica. Las características de este proceso serán diferentes dependiendo de la situación específica en que se encuentre un determinado país, región o localidad (OCDE, 2011).

Las definiciones acerca de sostenibilidad y sustentabilidad, resultan determinantes, ya que por lo que puede evidenciarse, ambos se han aplicado de manera separada, lo cual ha dado como resultado una crisis que ha mermado el estado de los ecosistemas. Sobre ello Tijerina (2005) aborda el tema señalando que se requiere de la apertura y aplicación de un nuevo paradigma que permita la conjunción para construir las condiciones en las que se pueda ser competitivo en cuanto a productividad, pero también ser custodio y aliado del cuidado del medio ambiente.

El hacer la diferenciación de los términos es útil; sin embargo, ambos van de la mano, puesto que no se pueden separar, porque si bien es cierto que lo sostenible impacta en la sociedad, también lo sustentable tiene un impacto inherente en el mismo. Aquí se deben tener en cuenta los 7 principios para la buena convivencia y bienestar de los seres vivos: 1. La tierra es un sistema viviente finito, en equilibrio y sustentable; 2. La tierra está constituida por un subsistema físico y un subsistema biológico; 3. Factor Limitante; 4. Sistema abierto; 5. Sistema cerrado; 6. Homeostasis, y; 7. Capacidad de carga. Sin duda, el reto es aplicar estos principios en el contexto actual (Quintana et. al., 2011).

Así que el reto seguirá siendo el trabajo de todos quienes forman la sociedad, de asumir responsabilidades, para realizar acciones en favor del edil ambiente. La importancia de la educación ambiental y de la concienciación, pues, estará de acuerdo, muchos problemas han surgido por el desconocimiento o por la negligencia acerca de los impactos ambientales que se generan al usar, fabricar o desarrollar algunas productos y consumir otros (PNUMA, 2015a).

En México, el Programa Sectorial de Medio Ambiente y Recursos Naturales 2013-2018 establecido en el Plan Nacional de Desarrollo 2013-2018, en el Objetivo 4.4., se establece el deber de impulsar y orientar un crecimiento verde incluyente y facilitador que preserve nuestro patrimonio natural al mismo tiempo que genere riqueza, competitividad y empleo; que es tarea del gobierno el impulsar sí, pero claramente está que el gobierno por sí solo no resolverá el problema, requiere la participación de los sectores o grupos antes comentados (SEMARNAT, 2013b).

La sustentabilidad y el desarrollo económico van de la mano, siendo la única forma de lograr que el mundo y cada país se integren con un solo objetivo que es salvar el mundo y logar un equilibrio ecológico, económico y social, se debe de iniciar acciones en conjunto que afecten de manera positiva y generen ventajas competitivas de largo plazo para las futuras generaciones (ProMexico, 2014a).

La sustentabilidad como un criterio de desarrollo, señalan López y Cervantes (2002, p.45), es el "...estado o calidad de la vida en la cual las aspiraciones humanas puedan ser satisfechas manteniendo la integridad ecológica, es decir, que las acciones del hombre permitan la interacción con el medio ambiente y el desarrollo humano se mantenga a través del tiempo".

Un paradigma de carecimiento sostenible y sustentable conlleva a que dentro de una sinergia intervengan los diferentes ámbitos de la gobernabilidad y funcionamiento social. En el plano económico y financiero, la riqueza y crecimiento debe llevarse a cabo bajo un criterio coherente y pertinente, la ambición como un lineamiento de las administraciones gubernamentales actuales debe reconsiderarse por uno que ayude a llevar una política de crecimiento equilibrada y racional.

La responsabilidad debe ser compartida ya que en el país han fallado y poco o nada les ha importado favorecer este rubro de la ecología y la sociedad, mucho se ha escrito pero la realidad que se tiene es de muy poca visión, sin embargo la sustentabilidad ambiental se refiere a la administración eficiente y racional de los recursos naturales, de manera tal que sea posible mejorar el bienestar de la población actual sin comprometer la calidad de vida de las generaciones futuras. Uno de los principales retos que enfrenta México es incluir al medio ambiente como uno de los elementos de la competitividad y el desarrollo económico y social. Solo así se puede alcanzar un desarrollo sustentable. Desafortunadamente, los esfuerzos de conservación de los recursos naturales y ecosistemas suelen verse obstaculizados por un círculo vicioso que incluye pobreza, agotamiento de los recursos naturales, deterioro ambiental y más pobreza (López y Cervantes, 2002).

Debería ser momento de convertir la sustentabilidad ambiental en un eje transversal de las políticas públicas. México está aún a tiempo de poner en práctica las medidas necesarias para que todos los proyectos, particularmente los de infraestructura y los del sector productivo, sean compatibles con la protección del ambiente. Es necesario que el desarrollo de nuevas actividades económicas en regiones rurales y semirurales contribuya a que el ambiente se conserve en las mejores condiciones posibles (OCDE, 2011). Todas las políticas que consideran la sustentabilidad ambiental en el crecimiento de la economía son centrales en el proceso que favorece el Desarrollo Humano Sustentable.

La sustentabilidad ambiental requiere así de una estrecha coordinación de las políticas públicas en el mediano y largo plazo. Que hasta el día de hoy no hay nada claro, sin visión ni perspectiva la realidad el deterioro día a día.

La responsabilidad es compartida, por ello y como seguimiento a las Conferencias celebradas en 1992 y 1997, en 2002 se llevó a cabo la "Cumbre de Johannesburgo", organizada por las Naciones Unidas, la cual fue la reunión internacional más grande de la historia en donde se trató el desarrollo sostenible. Su tema principal fue cómo transformar al mundo para asegurar la conservación de la vida a largo plazo, revisando para este fin, temas esenciales para asegurar la sostenibilidad de la tierra.

Trabajar por el desarrollo sustentable implica avanzar simultáneamente en cinco dimensiones: económica, humana, ambiental, institucional y tecnológica. Las características de este proceso serán diferentes dependiendo de la situación específica en que se encuentre un determinado país, región o localidad.

La sustentabilidad ambiental es un eje ya de las políticas públicas en México. Se incluye claramente en uno de los ejes del Plan Nacional de Desarrollo, en el Programa Sectorial de Medio Ambiente y Recursos Naturales 2013-2018, para ello fue creada hace años la SEMARNAT y la PROFEPA como apoyo para vigilar el cumplimiento, existen mucha normatividad como las NOM-SEMARNAT NOM-STPS, NOM-SSA.

Si hay mucho por legislar y subir a políticas públicas, pero ¿para qué agregar más políticas públicas o reglamentos?, si con lo que se tiene aún no se esta cumpliendo. Sse sigue pensando que es un tema de conciencia colectiva, gobierno, organizaciones sociales, instituciones de educación e individuos en particular.

Definitivamente la responsabilidad de la sustentabilidad no puede recaer solo en el gobierno, esto es un tema de co-responsabilidad de la iniciativa empresarial privada, la sociedad civil y el gobierno, esto debe de ser un trabajo de equipo, cada quien asumiendo un rol que aporte valor a la sustentabilidad, la plataforma política, la infraestructura, la cooperación, difusión, integración y apoyo de cada uno de los que participamos (Promexico, 2014a).

Es una responsabilidad compartida, por todos quienes habitamos en este mundo, pues lo que hacemos individuos y empresas impactan positiva o negativamente al ambiente. Sin embargo se puede proponer que, aunque todos participen en el cuidado del medio ambiente y actividades de prevención de contaminación, se deberán establecer clasificaciones de influencia y responsabilidad en función del uso u obtención de riqueza o responsabilidad normativa en relación al medio ambiente.

Mientras que las reglas generadas por el gobierno, y que aparecen bajo planes definidos a corto, mediano y largo plazo, informar sobre ellas a las personas puede ser todo un reto, y mientras esto sucede, el grueso de la gente las toma más por excepción que por una obligación.
Distinto sucede en las empresas, donde aquellas que han adoptado la sustentabilidad en sus políticas y procesos, obliga y exige a las personas a que las conozca detalladamente, como un requisito para cumplir con su trabajo (Ríos, 2011).
En cualquiera de los dos casos, donde el gobierno y la empresa privada proveen de la información necesaria para el cambio de conciencia en las personas, desde mi punto de vista, son las personas que deben tomar la sustentabilidad como un modo de vida más que como una obligación impuesta.
El desarrollo sustentable deberá estar alineado con el desarrollo económico, social y ecológico. De acuerdo a la NASA (2015), después de la Revolución Industrial se han incrementado los niveles de Dióxido de Carbono en la atmósfera de nuestra gran aldea, ¡situación que no había sucedido en 650,000 años!
Dado lo anterior, hay que poner sumo cuidado en las prácticas que se estan llevando a nivel hogar e industrial. Pareciera que lo que pase en los ríos y mares lejos de nuestra casa y seres queridos no es importante, pero lo es. Todo lo que esté sucediendo en el ambiente tarde o temprano terminará por afectar, por ejemplo, en el aire que se respira, en el agua que se ingiere, en los frutos con los que cuales se puede aliemtar, etc.
El término "sustentabilidad" sufrió diferentes transformaciones a lo largo del tiempo hasta llegar al concepto moderno basado en el desarrollo de los sistemas socioecológicos para lograr una nueva configuración en las tres dimensiones centrales del desarrollo sustentable: la económica, la social y la ambiental. (Calvante, 2007).
El nuevo enfoque de sustentabilidad hace referencia a una sustentabilidad es compromiso de toda la sociedad, sin embargo, se considera que el gobierno sí tiene la responsabilidad debido que es la instancia donde se gestionan las leyes así como los programas

sociales que pueden tener un impacto en la sociedad a la cual representa, lo que los convierte en los líderes para guiar hacia el desarrollo sustentable (Caldera, 2013).
Sin embargo, la estrategia de implementación del desarrollo sostenible requiere un enfoque múltiple. No sería suficiente con poner de relieve una posible solución como la respuesta a todos los males del mundo, la diversidad de enfoques se deben tomar para lograr un mundo más sostenible.
En particular, se tiene que entender que la mejor manera que tiene el Estado, el mercado y la sociedad civil es un esfuerzo concertado para lograr un desarrollo sostenible. Estrategias para la Sustentabilidad
Dentro de la Bolsa Mexicana de Valores existen un índice sustentable, el cual las empresas que cotizan dentro de la Bolsa pueden bajar su riesgo si aumentan su índice sustentable.
Para que las empresas puedan evaluarse bajo los índices bursátiles sustentables deben certificarse en tres áreas fundamentales (Morales, 2014):a. Cuidado de manejo y uso de recursos naturales; b. Responsabilidad social; c. El gobierno corporativo en el manejo de los recursos naturales y el impacto en el medio ambiente.
El gobierno sí tiene la responsabilidad de la sustentabilidad y de impulsar la protección al medio ambiente, mediante le legislación, la persecución de delitos ambientales, la promoción, difusión, capacitación y sensibilización acerca de la protección del medio ambiente (SEMARNAT, 2013b).
Sin embargo, los ciudadanos, sus grupos sociales, como las empresas, familias, agrupaciones diversas, se tiene también una gran responsabilidad, por ejemplo existen leyes contra las emisiones de CO2, pero si los usuarios de vehículos o transportistas no asumimos la responsabilidad de afinar los vehículos o repararlos, o usar menos las unidades, el gobierno podrá sancionar, pero no habrá forma de reducir el impacto ambiental totalmente sino aportamos nuestra responsabilidad (PROFEPA, 2013).
Y así en diversos temas, por ejemplo el consumismo de productos que luego no se usa en su totalidad o se desecha en envases, y

muchas otras formas de contaminación que requiere de un compromiso individual, aunque el gobierno siga legislando y sancionado.

El gobierno debe asumir su responsabilidad como gestor de las leyes que garanticen a las sociedades una calidad de vida y la supervivencia humana en el futuro. Para ello, es necesaria que las leyes que se establecen sean cumplidas, y exige qye el gobierno debe ser verdaderamente estricto.

No cabe duda que los gobiernos juegan un papel fundamental en la promoción y ejecución de acciones que conduzcan a la nación hacia la sustentabilidad, dado que en los tratados internacionales es el gobierno de cada país el que se compromete a implementar los acuerdos internacionales y a que el cada cúpula se concentran los suficientes recursos y poder como para influir significativamente en la sociedad.

Por ello es que "el ordenamiento ecológico territorial (OET) es el instrumento fundamental que establece la legislación ambiental mexicana" (López, 2002; 48), en el que se prevé que participen todos los involucrados en cada fase de los estudios, los proyectos, las obras y las acciones, lo que abarca a todos los habitantes de cualquier demarcación geográfica.

El asunto es complejo pues es multifactorial y multisectorial. La conclusión es que el gobierno, por sí solo, no podría transformar un país tradicional en un país sustentable, ya que quienes realizan los grandes cambios, son el conjunto de acciones de la ciudadanía a través de su compleja estructura y su heterogéneo funcionamiento.

Aquellos líderes que han entendido que la sustentabilidad es un reto para ser más eficientes, y no una molestia, han logrado: reducir costos de producción; diferenciarse de la competencia; mejorar su imagen y reputación; ahorrar materias primas e insumos (incluyendo agua, energía, etc.); capitalizar nuevas oportunidades; cumplir con la legislación; satisfacer las expectativas de los clientes y posicionarse como líderes en su ramo.

La ciudadanía a través de su compleja estructura y su heterogéneo funcionamiento, debe buscar gobierno y sociedad: 1. La cooperación internacional para acelerar el desarrollo sostenible de los países en desarrollo y las políticas internas relacionadas, 2. La lucha contra la pobreza, 3. El fomento del desarrollo sostenible de los recursos humanos, 4. La integración de la perspectiva de medio ambiente y desarrollo en la adopción de decisiones, 5. El enfoque de necesidades de las economías en desarrollo y en transición, 6. El uso de energía renovable, 7. El aumento en la eficiencia en el uso de la energía, 8. El apoyo al desarrollo de políticas de medio ambiente y de transporte sostenibles, así como para inversiones en el sector de la energía renovable

Actualmente, existe una disociación entre lo que se considera sostenible y lo que se considera sustentable, existe una dicotomía en los proyectos que buscan el crecimiento y desarrollo, ya que estos buscan generar riqueza no importando los medios y recursos que se utilicen para ello. La sustentabilidad es un término que ha quedado solo en la reflexión y discusión, pero no en la aplicación.

La globalización ha generado nuevas formas y reglas de intercambios culturales, comerciales y de vida, si bien hoy los avances en la tecnología nos permiten tener un mundo más cercano en cuestiones de comunicación e información. Hay cosas que siguen sin cambiar por lo menos a la misma velocidad. Sin embargo, es una realidad que en los últimos años la preocupación por el medio ambiente paso de las demandas de algunos grupos sociales a ser parte de una política en muchos países, incluido México.

En respuesta el sector empresarial ha comenzado a ver en el desarrollo sustentable una oportunidad también de negocios. Según Cajiga (2011), aunque la Responsabilidad Social Empresarial (RSE) es inherente a la empresa, recientemente se ha convertido en una nueva forma de gestión y de hacer negocios, en la cual la empresa se ocupa de que sus operaciones sean sustentables en lo económico, lo social y lo ambiental, reconociendo los intereses de los distintos grupos con los que se relaciona y buscando la preservación del medio ambiente y la sustentabilidad de las generaciones futuras.

Es una visión de negocios que integra el respeto por las personas, los valores éticos, la comunidad y el medioambiente con la gestión misma de la empresa, independientemente de los productos o servicios que ésta ofrece, del sector al que pertenece, de su tamaño o nacionalidad.

No sólo a nivel internacional se da este cambio, en el 2001 se crea la Alianza por la Responsabilidad Social Empresarial en México o AliaRSE, la cual ha ido sumando cada vez más miembros preocupados en este tema.

La ciudadanía tendría que crear una infraestructura tal que por medio de ella se pudieran crear espacios sustentables y sobre todo seguros. Buscar mecanismos para que esos proyectos sean sostenibles y generar programas de concientización para que estos proyectos de sustentabilidad arranquen y den los resultados esperados como por ejemplo concreto constructoras y beneficiados de programas de vivienda de interés social.

1.3. Sustentabilidad y México

Actualmente la población mundial consume recursos equivalentes a un planeta y medio por año, obviamente el planeta ya no puede regenerarse (Roturier, 2014).

Según el Informe Planeta Vivo elaborado por la WWF en España, la huella ecológica global requiere de 1,5 planetas Tierra para satisfacer la demanda de recursos, más de dos en 2030 y casi tres para 2050.

Según las cifras al día de hoy, desde hace años la flexibilidad se ha perdido, pues como las cifras mencionan el déficit es alarmante. Según el Informe Planeta Vivo elaborado por la WWF en México, concretamente en Latinoamérica, tanta ha sido la presión de la humanidad sobre la naturaleza, que se ha perdido el 83% de las poblaciones de peces, aves, mamíferos, anfibios y reptiles en los últimos 40 años (WWF, 2015).

El déficit ecológico es la cantidad de tierra productiva que hace falta para dar respuesta a las necesidades de una población determinada y que sobrepasa la capacidad de carga de la zona en la que viven. Es decir, es la diferencia entre el área disponible (capacidad de carga) y el área consumida (huella ecológica) en un lugar determinado. Pone de manifiesto la sobreexplotación del capital natural y la incapacidad de regeneración tanto a nivel global como local (Azurmendi, 2012).

Si bien es cierto que los recursos no renovables como el petróleo se terminaran algún día, como por ejemplo la gasolina y el gas que están presentes en nuestras vidas les han aumentado sus precios. Ahora si la población que no puede comprar un tanque de gas para uso doméstico, tendrá entonces que hacer uso de otro recurso disponible por el momento y para algunos a la mano, como son los árboles. Lo que ocasiona deforestación y erosión de suelos.

¿Cómo crear conciencia a esta población que los recursos no renovables tiene un objetivo en el planeta? Esta es sin duda una tarea difícil pero no imposible de lograr, por eso se debe hacer difusión de los programas de sustentabilidad que ofrecen las universidades y las ONG en cada entidad.

Actualmente la demanda de recursos naturales de la humanidad sobre nuestro planeta es del 50% mayor a su capacidad de regeneración (Restrepo, 2014).

Para iniciar, se requieren definir los siguientes tres conceptos que nos llevarán a contestar la pregunta: la huella ecológica, la capacidad de carga y el déficit ecológico.

En 1996 por William Rees y Mathis Wackernagel en la School for Community & Regional Planning de la Universidad de la Columbia Británica definieron la "Huella ecológica" como "el área de territorio ecológicamente productivo necesaria para producir los recursos utilizados y para asimilar los residuos producidos por una población definida con un nivel de vida específico, donde sea que se encuentre esta área" (Iñaqui, 2011).

El concepto de "Capacidad de carga" se utiliza generalmente en el manejo de la fauna y su cálculo puede variar según los objetivos y del enfoque. Para el caso de la huella y déficit ecológico se puede definir como "el número máximo de individuos de una población que puede ser sostenido sin que exista un deterioro del hábitat" (Mandujano, 2011). El "Déficit ecológico", que se define como la

diferencia entre el área disponible o capacidad de carga y la huella ecológica en un lugar específico (Moreno, 2005).
Es importante mencionar que el déficit en los países en desarrollo es muy diferente a los países desarrollados. Estudios demuestran que los países desarrollados afectan a la naturaleza cinco veces más que los países subdesarrollados, donde la cantidad de peces, anfibios, reptiles, aves y mamíferos han bajado más de la mitad desde 1970 (Restrepo, 2014).
Según estudios de Christophe Roturier (Roturier, 2014), el déficit ecológico inició a principios de la década de los setenta y aumenta cada año. La humanidad consume un planeta y medio cada año. Si se viera a los países que más consumen al planeta, se tiene a los Emiratos Árabes Unidos que consume más de doce veces, Japón es siete veces más, China más de dos y Estados Unidos dos.
Sobre la flexibilización del déficit ecológico, se requiere que exista un balance entre los recursos naturales y humanos, para esto es necesario que la capacidad de carga esté siempre por debajo de la huella ecológica, de tal manera que permita a la esa porción de planeta regenerar los recursos utilizados (Badii, 2008).
Entre las principales variables a considerar se tiene (Moreno, 2005):

1. Cultivos (área para producir los vegetales que se consume);
2. Pastos (área dedicada al pastoreo de ganado);
3. Bosques (área para producir la madera y el papel);
4. Mar productivo (área que produce pescado y marisco);
5. Terreno construido (áreas urbanizadas u ocupadas por infraestructuras);
6. Área de absorción de CO2 (superficie de bosque necesaria para la absorción de la emisión de CO2), y;
7. Cambio climático.

La huella ecológica es un indicador ambiental de carácter integrador del impacto que ejerce una cierta comunidad humana –país, región o ciudad– sobre su entorno, considerando tanto los recursos necesarios como los residuos generados para el mantenimiento del modelo de producción y consumo de la comunidad (CF Navarra, 2005).

Este indicador es definido según sus propios autores (William Rees y Mathis Wackernagel) como: "El área de territorio ecológicamente productivo (cultivos, pastos, bosques o ecosistema acuático) necesaria para producir los recursos utilizados y para asimilar los residuos producidos por una población definida con un nivel de vida específico indefinidamente, donde sea que se encuentre esta área".

La filosofía del cálculo de la huella ecológica tiene en cuenta los siguientes aspectos:

Para producir cualquier producto, independientemente del tipo de tecnología utilizada, necesitamos un flujo de materiales y energía, producidos en última instancia por sistemas ecológicos.

Necesitamos sistemas ecológicos para reabsorber los residuos generados durante el proceso de producción y el uso de los productos finales.

Ocupamos espacio con infraestructuras, viviendas equipamientos, etc. reduciendo, así las superficie de ecosistemas productivos.

Aunque este indicador integra múltiples impactos, hay que tener en cuenta entre otros, los siguientes aspectos que subestiman el impacto ambiental real:

No quedan contabilizados algunos impactos como la contaminación del suelo, la contaminación del agua, la erosión, la contaminación atmosférica (a excepción del CO_2), etc.

Se asume que las prácticas en los sectores agrícola, ganadero y forestal es sostenible, esto es, que la productividad del suelo no disminuye con el tiempo. Obviamente, con el tiempo, la productividad disminuye, a causa, entre otras, de la erosión, contaminación, etc.

Casi todos los proyectos que el hombre quiere llevar a cabo puede tener un impacto en el ambiente, pero también existen tres tipos de medidas que la SEMARNAT utiliza para evaluar el impacto ambiental. A continuación se presentan:

Medidas de prevención: conjunto de acciones que deberá ejecutar el promoverte para evitar efectos previsibles de deterioro del ambiente;

Medidas de mitigación: conjunto de acciones que deberá ejecutar el promoverte para atenuar los impactos y restablecer las condiciones ambientales antes de la perturbación que se causare con la realización de un proyecto en cualquiera de sus etapas;

Medidas de compensación: conjunto de acciones a través de las cuales se pretende recuperar la funcionalidad ecológica de ambientes dañados por impactos residuales o garantizar la continuidad de aquellos otros que presentan algún grado de conservación, cuando ambos están ubicados en espacios geográficos distintos al afectado directamente por una obra o actividad.

Con respecto a la variable de cultivos y de acuerdo al Centro de información de las Naciones Unidas (CINU, 2015a) en donde se publica lo siguiente:

"Debido al gran énfasis en la búsqueda de la industrialización, la pobreza se ha difundido y agudizado a causa de la falta en la inversión agrícola. A esto es necesario agregar que la mayor parte de la población del planeta sigue viviendo en zonas rurales y sus medios de vida proceden en su mayor parte de la agricultura, ya sea directa o indirectamente".

Quizá nos preguntemos porque el campo está desapareciendo, tendremos quizá muchas respuestas; lo cierto es que vemos cada vez desplazamiento de los campesinos a la ciudad, los campos ahora con unidades habitacionales, complejos industriales o complejos turísticos.

Según la Evaluación de los Ecosistemas del Milenio, en los últimos 50 años la humanidad ha transformado los ecosistemas más rápida y extensamente que en cualquier periodo comparable de la historia humana, en gran parte para satisfacer las demandas crecientes de alimento, agua, madera, fibras y combustibles. Esto ha generado consecuencias negativas ambientales que no están incluidas en el costo de producción. Por ejemplo, en la agricultura tecnificada, el valor de los alimentos no incluye los daños generados por su producción fuera de las zonas de cultivo, como son la eutrofización de los cuerpos de agua (provocada por la lixiviación de los fertilizantes y agroquímicos) o, en el caso del sector transporte, los problemas de salud asociados a las emisiones de monóxido de carbono, óxidos de nitrógeno y demás contaminantes no incluidos en el precio de los combustibles.

En México, cada habitante tiene un déficit ecológico de 1.9 hectáreas globales, ya que nuestra huella estimada es de 3.3 hectáreas y la biocapacidad de 1.4 ha globales por persona. La huella ecológica de México en 2008 ocupó el lugar 49 dentro de los países que tienen más de un millón de habitantes.

En 2008, 100 países registraban déficit ecológico. Dentro de este grupo se encontraban 32 países con alto ingreso (más de 10 mil dólares de PIB per cápita anual en ese mismo año; como referencia, el valor para México fue de 9 843.414), pero también países con un desarrollo económico bajo con menos de mil dólares de PIB per cápita anual. Esto sugiere que el uso inadecuado de los recursos naturales no está asociado necesariamente con el nivel económico de los países. ¿Cuáles son las principales variables a considerar? de acuerdo a (SEMARNAT, 2012) son:

1. Ecosistemas, teniendo en cuenta los siguientes aspectos: a) La vegetación Natural y el uso del suelo; b) Los cambios en el uso del suelo; c) Los procesos de cambio del uso del suelo; d) Los factores relacionados al cambio del uso del suelo; e) El uso de los recursos naturales de los ecosistemas terrestres, y; f) La conservación y manejo sustentable de los ecosistemas terrestres.
2. Suelos, debiendo considerar: a) La degradación de los suelos; b) El problema de la desertificación, y; c) La conservación y recuperación de los suelos.
3. La biodiversidad, atendiendo: a) Las amenazas a la biodiversidad, y; b) La protección de la biodiversidad.
4. La atmósfera, considerando: a) La calidad del aire; b) El cambio climático, y; c) El ozono estratosférico.
5. El agua, teniendo mucho cuidado en: a) El agua dulce en su país, región y en el mundo; b) La disponibilidad de agua; c) La calidad del agua; d) El agua y el bienestar de la población, y; e) Los servicios ambientales de los ecosistemas acuáticos.
6. Residuos, cuidando: a) Los residuos sólidos urbanos; b) Residuos de manejo especial; c) Residuos peligrosos; d)

Gestión de los residuos sólidos urbanos, de manejo especial y peligroso; e) Riesgo ambiental, y; f) Sitios contaminados.

Se tiene que hacer conciencia de los problemas que generan un déficit ecológico en un país, por ello es importante concientizar a su población respecto a las buenas prácticas y sobre todo a la optimización de los recursos naturales, y de la biodiversidad, las medidas tomadas en México respecto a la responsabilidad social, han sido imposiciones, por lo cual en muy poco han sido tomadas en cuenta por la sociedad, en la medida que se concientice de los problemas futuros tendremos mejores resultados.

Se debe poner mucha atención en nuestros ecosistemas, en el mejor uso del suelo, del agua y en el manejo de los residuos, sobre todo en los contaminantes, en los que generamos día a día en la mancha urbana, su reciclaje.

Los bienes ecológicos y la política de la biósfera juegan cada día un papel más importante en el escenario de las relaciones internacionales. Cada país tiene características propias y un camino por recorrer y existen varios factores que deben ser considerados para que la calidad de vida de sus habitantes no se vea comprometida por los riesgos.

Todos enfrentan un desafío común: Construir y mantener una economía robusta que minimice la dependencia de recursos ecológicos limitados y asegure que la biocapacidad local o global de la cual depende, continúe proveyendo sus servicios (Comunidad Andina, 2009).

Sin duda aún nos falta mucho sin embargo el formular leyes que busquen la sustentabilidad, métodos para analizar el impacto de las actividades humanas en la sociedad nos pone en el camino correcto, solo el tiempo dirá si el esfuerzo será suficiente.

Al 2015 México sigue manteniéndose en el mismo lugar (WWF, 2014). Para el caso de buscar la flexibilización del déficit ecológico, se han encontrado soluciones a través de la tecnología, por ejemplo en el sector agrícola se ha podido aumentar su rendimiento de 9,900 a 12,000 millones de hectáreas globales, en un período entre 1961 y 2010, el problema es que en el mismo lapso de tiempo, la población mundial aumentó de 3,100 millones a casi 7.000 millones, aumentando la Huella Ecológica per cápita de 2.5 a 2.7 hectáreas per cápita.

Mientras no exista conciencia en las personas, será difícil encontrar el balance planeta-humanidad.

Es muy evidente que vivimos por encima de las posibilidades ecológicas del planeta, y eso socava los fundamentos que sustentan nuestra propia existencia sobre la tierra, y mucho de lo que está pasando con nuestra explotación de recursos, es como si nos empeñáramos en agotar nuestros recursos sin importarnos el mañana (Sexenio, 2014).

En poco tiempo, la crisis debido a la demanda de recursos naturales comenzara hacerse cada vez más evidente y con repercusiones irreversibles. A pesar de la recesión global, los datos indican que desde octubre de 2008, la demanda de recursos naturales por parte de la humanidad ha seguido creciendo aunque de forma más lenta que en el periodo 2000-2008 y ni que decir en los recientes años.

Estas organizaciones sostienen que una de las razones por las cuales la humanidad no ha logrado reducir el déficit ecológico es que el actual sistema económico no tiene en cuenta los verdaderos impactos de la actividad económica.

Se requiere combinar con una estrategia de traducción de los datos e información, ya que muchos informes y cifras son presentados con una terminología que difícilmente un ciudadano común pueda comprender y asimilar como aprendizaje.

Esta necesidad de difusión y traducción de la información, puede ser parte de lo que Tijerina (2005) plantea como un nuevo paradigma, ya que implica llevar acabo y de diferente forma, con nuevas estrategias las acciones para poder lograr el tránsito y ejecución de un nuevo paradigma sobre cuidado, protección y preservación de los recursos naturales.

El Protocolo de Kyoto, que aspira a controlar las emisiones de los llamados gases de invernadero, como el dióxido de carbono, compromete a la acción a la mayor parte de los países. Pero Estados Unidos, el contaminador más grande del mundo, se rehúsa a firmarlo, las economías explosivas como la de China están exentas, y el importante crecimiento en el sector aviación ni siquiera es mencionado (OCDE, 2014).

Por otro lado reciclar es un asunto de conciencia ecológica señaló Steiner (CINU, 2015n):

"Y además es una tontería económica, porque estamos tirando a la basura una gran cantidad de materiales que pueden ser reciclables. Ya sea oro, plata u otro material valioso, es una cantidad impresionante la que todos se tiene en los aparatos que ya no usamos y no sabemos qué hacer con ellos".

En relación a la falta de conciencia ecológica que muchos nos hace falta, la implementación a nivel instrucción y educación nuestro país no la tiene por diversos motivos el principal la educación. El actual déficit de las naciones no solo es económico, sino también ecológico. Esto es lo que demuestra la Organización no Gubernamental estadounidense Footprint Network, que cada año establece el día a partir del cual se está consumiendo más de lo que la Tierra puede asumir.

En 2014, este día en el cual se comienza a vivir del crédito ecológico se ha vuelto a adelantar y se ha iniciado el 19 de agosto. Es decir, una jornada antes que el año pasado que fue el 20 de agosto.

Por tanto, a partir de hoy creamos deuda ecológica y empezamos a acumular desechos que no serán absorbidos por el Planeta. Y sin embargo se sabe mucho pero poco se hace. Como es notorio, las bases para el cálculo del déficit ecológico son aparentemente claras, pero dejan muchos datos cualitativos en el aire, debido a que aún no hay instrumentos metodológicos para dimensionarlos, o bien, apenas se encuentran en construcción.

Entre los impactos que no se toman en cuenta actualmente para medir la huella ecológica se encuentran los contaminantes que afectan lentamente al suelo, al agua y algunos de los que van al aire, con excepción del CO_2. Tampoco se ha podido medir con exactitud la erosión ni el daño al paisaje, siendo éste último un patrimonio natural, turístico y cultural de gran importancia. Tampoco ha sido posible medir el impacto del uso del agua, como no sea la que pasa por infraestructuras formales (Rees, 2011).

El problema al que se enfrenta este indicador, es que muchas veces arroja cifras un tanto increíbles, como el que “la población mundial ha agotado, en sólo ocho meses, los recursos naturales que la tierra disponía para todo 2014” (AFP, 2014).
El análisis de la huella ecológica intenta a evitar los problemas de estimar la capacidad sustentable al cambiar de manera radical la pregunta. En lugar de preguntar “¿cuantas persona puede la tierra soportar?”, la huella ecológica hace la pregunta “¿Qué extensión de la tierra necesita la gente para soportar así mismo?”, en otras palabras, la metodología de la huella ecológica concentra no sobre el número de las cabezas, sino el tamaño de las pies (Badii, 2008).
La utilización de los recursos y la emisión de los residuos y contaminantes están expresadas en hectáreas globales por medio del cálculo del espacio productivo requerido para proveer dichos servicios utilizando la tecnología actual. Un ciudadano mundial promedio tiene una huella ecológica de 2.9 hectáreas globales.
El análisis de la huella ecológica demuestra que el consumo de recursos por el hombre, claramente, excede la capacidad de la Tierra para regenerar dicho recursos. Se debe encontrar estrategias que nos permitan hacer uso adecuado de nuestros recursos de tal manera que no se impacte negativamente en todos los ámbitos (Ambiental, económico, social), el conocer el impacto de nuestras acciones mediante este tipo de análisis sin duda "nos pone en el camino"
Ciertamente, uno de los aspectos más notorios de la llamada cultura urbana es el desperdicio, especialmente en urbes de países desarrollados, ya que además del problema que señalas, sobre tirar comida "pasada" o "caducida" o consumida a medias, existe el problema asociado al empaque, embalaje y trasiego de alimentos, bebidas y sus bienes colaterales. En su libro, Manuel Tohaira (2014) afirma que "la extracción de recursos naturales y los residuos generados por su manufactura y consumo tienen numerosas repercusiones que se reparten equitativamente, pero no así sus beneficios, especialmente para terceros países que, sin participar de los beneficios de estas economías, sufren las consecuencias".

Al estar bien gestionados, los recursos naturales renovables pueden ser una fuente infinita de alimentos, empleo y beneficios económicos como muchos expertos en la materia lo plantean. Los modelos actuales de desarrollo, basados en altos consumos de materia prima y energía, por medio del dominio de la ciencia y la tecnología, han alejado al hombre de su responsabilidad con la tierra.
No todos los países lo hacen tan mal y devoran más recursos de los que sus territorios producen, tal es el caso de Australia cuya población sólo consume la mitad de lo que le ofrece el país. En cambio, China necesitaría 2,5 chinas para satisfacer su demanda de recursos naturales, Francia requeriría 1,6 países iguales a él; India, 1.8; Estados Unidos, 1,9; y Chile, 4.
El caso más extremo es Japón, ya que para satisfacer -en términos ecológicos- la demanda anual de su población por recursos naturales se necesitaría otros 6 países iguales. Además de la contaminación, este ritmo de consumo está ocasionando la muerte de bosques, el colapso de la pesca, el aumento de precios en materias primas, desigualdad social, inconformidad y revueltas sociales.
La Red Global de la Huella Ecológica es una organización no gubernamental con sede en Estados Unidos, trabaja en colaboración de centenares de instituciones de todo el mundo y su objetivo es ofrecer los programas y herramientas que permitan a los países gestionar de una manera eficiente sus recursos limitados.
De la misma manera que cada uno de nosotros tiene una capacidad limitada de soportar la contaminación, también lo tiene la Tierra. Esto es lo que sucede con el exceso de CO_2 en la atmosfera que provoca el cambio climático, que a su vez provoca consecuencias en los océanos, y que esto afecta al ecosistema marino, en otras palabras la cascada de daños de un ecosistema a otro será imparable.
De acuerdo con los números de New Economics Foundation consumimos un 56 por ciento por sobre la capacidad de reutilizar que tiene el planeta, dicho de otra forma, el planeta necesita poco

más de un año y medio para poder generar los recursos que se genera en tan solo un año.

El mayor impacto de la sobreexplotación es la pérdida de biodiversidad (Solanas, 2013), es decir, la extinción del recurso, lo cual tiene otras consecuencias, tanto ambientales -por ejemplo la interrupción de la redes tróficas- como socioeconómicas se pierde un fuente importante de ingresos.

Resulta muy desalentador lo que las evidencias en la materia nos presentan. Se tienen registros en los que se observa que: de los componentes de la huella ecológica nacional, la superficie que ha tenido el mayor incremento es la requerida para absorber el CO2 producto de la quema de los combustibles fósiles: mientras que en 1961 era de 0.07 hectáreas globales por persona, en 2008 se incrementó a 1.7 hectáreas globales por persona, lo que representa el 51.5% de la huella ecológica de un mexicano promedio (CF Navarra, 2005).

A la fecha no se ha calculado la huella ecológica de todas las ciudades mexicanas, pero es de esperar que también sea grande. Algunas de las que cuentan con una evaluación de este tipo son Xalapa, en Veracruz, cuya huella ecológica por habitante se calculó en 2.9 hectáreas globales; en Jalisco, la huella ecológica promedio de las zonas urbanas de Cabo Corrientes, Tomatlán y Puerto Vallarta se calculó en 2.75, con un déficit ecológico de 0.80 hectáreas globales por persona. Para el caso de las zonas rurales de este estado, la huella ecológica por persona se calculó en 2.38 hectáreas globales, con un déficit de 0.38. El mismo estudio detectó diferencias entre la huella ecológica de los visitantes de Puerto Vallarta: para los turistas nacionales, la huella ecológica fue de 4.36 (con un déficit ecológico de 3.56) y para los extranjeros de 11.29 (con un déficit de 9.49 hectáreas globales por persona).

La estrategia a seguir es establecer medidas de apoyo y de concientización para fincar un nuevo paradigma de producción, uso y consumo de los recursos naturales, tal como lo plantea Tijerina (2005), buscando eficientar estas prácticas y establecer restricciones, no solo en el ámbito de lo social, sino de lo económico, es decir, que el elevar la productividad se logre a costa de mayores consumos o generación de desechos, sino como lo plantea Sierra (2003) con estrategias específicas, como lo es elevar la producción por cada área de cultivo, usar nuevas tecnologías que sean amigables con la naturaleza y finalmente ser conscientes del consumo que actualmente se hace para caer en la cuenta y así practicarlo, de reducir el consumo de los recursos.

Se trata de un trabajo que no es fácil, ya que este nuevo paradigma requiere de mayores inversiones para asesorías, capacitaciones y que los productores y consumidores tengan clara la importancia de adoptar urgentemente estas medidas y frenar esta devastación ecológica y saldar este déficit ecológico.

Dado lo anterior, se puede decir que estamos en un estado de emergencia, y por tanto, se debe entender que el déficit ecológico es una realidad que nos afecta y responsabiliza a todos, pues si no implementamos las medidas pertinentes, esta grave situación ecológica terminará con la flora, fauna, agua y hasta con el mismo ser humano, sin importar si éste habita en un país tercermundista o no. Por lo tanto, la educación ambiental destaca como un elemento fundamental para combatir el déficit ecológico y contribuir a nuestra supervivencia; donde aprendamos a consumir y desechar responsablemente.

Según la Organización para la Cooperación y el Desarrollo Económicos (OCDE) a la cual únicamente entran los países que cuentan con estándares de vida desarrollados, aseguran que existe una correlación muy clara entre las ganancias económicas y la sustentabilidad de un país, es decir, entre más sustentable sea un país de manera integral más grande será su riqueza.

Los siete países que lideran esta lista son (DeAcero, 2012): 1) Suecia; 2) Reino Unido; 3) Islandia; 4) Alemania; 5) Noruega; 6) Finlandia, y; 7) Luxemburgo.

Los últimos lugares los obtienen España en el lugar 28, Corea 29, Polonia 30, México 31, Federación Rusa 32, Israel 33, Grecia 34, Turquía 35 y Chile 36.

En Alemania, por ejemplo, se tiene que separar la basura en 5 diferentes contenedores: papel, vidrio, plástico, residuos biodegradables y basura "ordinaria".

De acuerdo con KPMG (2014b), México ofrece una deducción del 100% en impuestos a quienes inviertan en equipos de energía renovable o sistemas de cogeneración de electricidad eficiente, por ejemplo, agua, sol, viento, etc. La huella ecológica y el déficit, también son parte de un desequilibro y desigualdad entre los países desarrollados y los que están en proceso de desarrollo, lo económico afecta lo social y por consecuencia a lo ambiental ya que los países desarrollados producen la mayor parte de bienes con valor agregado a nivel mundial y consumen más bienes agrícolas y recursos energéticos que los países en vías de desarrollo (Castellanos, 2009).

Al formularse el otro indicador, complementario de la medición de la Huella Ecológica, que es el índice de Desarrollo Humano (compuesto por los factores de una vida saludable y longeva; conocimiento; y mantener un estándar de vida decoroso), nos sirve para ver el desarrollo humano con dos perspectivas, el uso de los recursos naturales para el desarrollo económico, pero sin ir más allá de las capacidades de vivir bien que el ser humano debe y merece (Macionis y Plummer, 1995).

Entonces el trabajo a hacer por los países en desarrollo, es aprender de los países en desarrollo, lo que les ha funcionado y evitar lo que no, para que ese déficit ecológico, al no ser aún explotados sus recursos naturales, no llegue al desequilibrio en que otros ya han entrado (Restrepo, 2014).

El mundo entero vive una etapa de consumo masivo y desmedido, sin preocupación de la tierra misma. Muchas organizaciones no lucrativas, se han dado a la tarea de difundir miles de mensajes sobre el grave problema que estamos viviendo en este nuestro planeta. Lo decepcionante de todo esto es que escuchamos y recibimos estos mensajes, pero no todos hacemos algo al respecto. Sabemos de la responsabilidad que se tiene con nuestro medio ambiente, nos corresponde entonces apoyar esta causa.

Así entonces la flexibilización del déficit ecológico debe ser considerada por los gobiernos y la sociedad, descuidar un elemento es atentar contra los demás. Si la flexibilización se permite o se da en uno o todos los elementos de la sustentabilidad, sucederán crisis

o dificultades para poder brindar una capacidad de carga a la huella ecológica de la población.
El déficit ecológico seguirá ocurriendo si no generamos el compromiso de un consumo más equilibrado, y simplificar un poco nuestra forma de vida, y por otro lado las organizaciones gubernamentales proponer políticas públicas más acorde al momento de desarrollo social, con el objetivo de lograr el desarrollo económico, pero sin poner en riesgo el medio ambiente y su biodiversidad.
El tiempo para ser flexibles lo hemos agotado. Además de la creación de políticas y leyes, se debe establecer las medidas necesarias para hacerlas respetar; y al mismo tiempo, incentivar en el uso de tecnologías "verdes".
Mediante el empleo de recursos que la misma tierra nos provee podemos combatir grandes problemas ambientales como lo es el calentamiento global que demanda el apoyo de las grandes organizaciones ambientales y económicas a nivel global, para que afinen sus intereses y coincidan en la forma de producir y desechar sus residuos.
Las noticias recientes de la economía respecto al medio ambiente son claras: el mundo está cambiando y no podemos seguir ignorando la importancia de los recursos ecológicos. El crecimiento de la población y de la economía ha sobrepasado varios límites globales, hoy más que nunca es esencial reconocer que el capital natural se ha vuelto estratégico para el bienestar de la humanidad, ya que nuestro bienestar depende de la salud de los ecosistemas de la Tierra.
Con la globalización, en lugar de invertir en investigación y desarrollo o adquirir mejores tecnologías de producción (más eficientes y menos contaminantes), varias empresas han optado por migrar a países donde los salarios son más bajos y la legislación más débil (incluyendo la debilidad legal en el ámbito ambiental).
En este sentido, las reglas de la globalización son incompatibles con las reglas del desarrollo sustentable. Mientras que la primera se ha basado en una explotación desmesurada de recursos para satisfacer las necesidades actuales del mercado y obtener el mayor

beneficio posible en el intercambio; la segunda implica una explotación racional y sostenible de recursos a lo largo del tiempo para mantener un nivel de vida particular en el tiempo (Castellanos, 2009).
Las consecuencias negativas recaen con particular dureza sobre los países en vías de desarrollo. Estos están siendo integrados en la economía global mediante el comercio y el "desarrollo" centrado en las exportaciones y financiado por la deuda. Sin embargo, las reformas agrarias, la introducción de métodos de agricultura intensiva, y los "ajustes estructurales" económicos (recortes en la sanidad pública, la educación y programas sociales en general), que son prerrequisitos ineludibles para obtener los préstamos para el desarrollo, suelen tener efectos devastadores sobre los entornos locales, sobre la producción de subsistencia y la integridad de las comunidades locales. Además, estas tendencias están cada vez más vinculadas. Informes recientes muestran que es la población más empobrecida del mundo –aquellos que dependen más directamente de los ecosistemas locales para su supervivencia– los que más sufren cuando se destruyen o colapsan los ecosistemas (Rees, 2007).
Actualmente existen diversos indicadores para la evaluación de estos, los indicadores ambientales se han utilizado a nivel internacional, nacional, regional, estatal y local para diversos fines, entre los que destacan: servir como herramientas para informar sobre el estado del medio ambiente, evaluar el desempeño de políticas ambientales y comunicar los progresos en la búsqueda del desarrollo sustentable (Quintana et. al., 2011).
La corresponsabilidad que debe existir entre los diversos sectores, el gobierno, la ciudadanía y el medio ambiente; todos en conjunto se deben cuidar y preservar medidas que permitan vivir en un medio ambiente bajo un régimen de responsabilidad social.
En la actualidad la responsabilidad social se considera un concepto normativo no obligatorio o "ley blanda" (es decir, sin la fuerza de la ley), tales como los plasmados en algunos acuerdos internacionales; esto ha dado origen no solo a diferentes tentativas o percepciones "sectoriales" de establecer mecanismos de

"responsabilidad social" -la más notable entre las cuales son las referentes a responsabilidad social corporativa o "responsabilidad social empresarial" (RSE) - sino a nuevas propuestas acerca de las implicaciones institucionales del concepto (SEMARNAT, 2012a).

Se debe poner mucha atención en nuestros ecosistemas, en el mejor uso del suelo, del agua y en el manejo de los residuos, sobre todo en los contaminantes, en los que generamos día a día en la mancha urbana, su reciclaje.

Así el reto de los países en desarrollo es alcanzar niveles mejores de vida, sin poner en riesgo sus recursos naturales y a su vez generar un déficit ecológico que pudiera en vez de ayudarles, hipotecar su presente y su futuro cercano.

CAPÍTULO 2. LA EMPRESA SUSTENTABLE

2.1. Estrategias de Rentabilidad y Crecimiento

Las empresas están empezando a ir más allá de las mediciones tradicionales, como la ratio precio-beneficio, para evaluar su eficacia en la generación de crecimiento a través de la innovación. La determinación de la prima de valor futuro de una empresa ofrece a la alta dirección una forma sencilla, pero eficaz, de diagnosticar y comprender las complejidades de las expectativas del mercado, así como la confianza que tienen los inversores en las perspectivas a largo plazo de la empresa. Los equipos de liderazgo necesitan indicadores y métodos de análisis más sofisticados que les ayuden a llevar a cabo inversiones estratégicas de éxito en innovaciones que permitan acelerar el crecimiento más allá del rendimiento previsto de sus operaciones esenciales. El análisis de la prima de valor futuro permite cuantificar las expectativas del mercado con respecto al crecimiento de una empresa con relación a sus rivales. Al ofrecer esta perspectiva, el análisis de la prima de valor futuro induce a las empresas a plantearse la creación de una cartera de iniciativas, ya que a través de la innovación se pueden crear nuevas plataformas de crecimiento, las cuales se convierten en motor para la implantación de estrategias, procesos, tecnologías, estructura organizacional mejorada, y una cultura que acelere y mantenga la generación y el desarrollo de nuevas ideas, las cuales ayudan a la empresa analizar cuáles van a ser sus fuentes importantes de crecimiento y ayudarle a identificar capacidades culturales operativas, para convertir las ideas en crecimiento rentable (Rueda y Haviland, 2007).

El análisis del rendimiento financiero de cualquier empresa pone de manifiesto que sus beneficios se conjuntan o agrupan alrededor de una variada selección de oportunidades dentro de su cartera general. Mantener el alto rendimiento a largo plazo depende de la capacidad de la empresa para desarrollar un conocimiento claro y en tiempo real de sus beneficios, en un momento determinado, adelantando posibles riesgos, de modo que la empresa siempre se anticipe.

La aceleración del crecimiento a través de la innovación requiere más disciplina a la hora de identificar el centro de innovación de la empresa, por decirlo así. Para algunas empresas, como Apple, la innovación deriva de sus productos y servicios; otras, como Wall-Mart, alimentan el crecimiento por medio de innovaciones operativas. En otros casos, la innovación en el modelo de negocio ha servido de impulso para empresas como eBay y Skype.

Las empresas que comercializan eficazmente la innovación desarrollan también más tolerancia al riesgo cuando exploran fuera de su entorno empresarial inmediato en busca de oportunidades. Muestran una mayor voluntad de canibalizar sus propios productos y servicios mediante la investigación de nuevas plataformas de crecimiento, al tiempo que adquieren más destreza en las exigencias operativas para el éxito tal como lo conciben, con un uso eficaz de socios, redes, activos y capacidades distintivas existentes, para que les ayuden a impulsar el crecimiento a través de la innovación.

La aceleración del crecimiento a través de la innovación acaba trasladándose, en última instancia, al rendimiento de los profesionales de una empresa. Sin embargo, la optimización de ese rendimiento depende de un conjunto único y diverso de personas de talento, tanto internas como externas, que realizan su aportación y cuentan con el respaldo de tecnologías, activos, know-how y marcas, desplegados para posibilitar las plataformas de crecimiento.

También, las empresas tienen que empezar a desarrollar las capacidades de comunicación y creación de relaciones necesarias para promover las plataformas de crecimiento. Han de asegurarse de que el árbol haga ruido al caer en el mercado. Las empresas de alto rendimiento tienen éxito no solo como consecuencia de las ideas que comercializan, sino también por su gran habilidad para ilusionar a los eslabones adecuados de la cadena de valor en torno a esas ideas.

Para triunfar, las compañías deben desarrollar la habilidad de comprender y reaccionar de manera rápida ante cualquier señal de cambio. Esto significa analizar rápida, frecuente y económicamente no sólo los productos y servicios sino también los modelos de negocios, procesos y estrategias.
Los puntos anteriores son vitales en el mundo empresarial actual: la visión de rentabilidad hacia el futuro, la permanente innovación y el desarrollo de redes de comunicación. También es necesario el know-how al estilo actual, porque, "para triunfar, las compañías deben desarrollar la habilidad de comprender y reaccionar de manera rápida ante cualquier señal de cambio".
El desarrollo de un equipo de trabajo de alto nivel es fundamental en cualquier empresa (pública o privada) ya que el potencial de varias mentes al buscar una solución o al encaminarse a una meta se magnifica cuando se trabaja en armonía y con alta motivación.
Para el caso de organizaciones vinculadas con la ecología y la responsabilidad social, lo anterior requiere aún mayor énfasis, pues en la actualidad se presentan muchos obstáculos a esas materias, aun cuando en el discurso la mayoría de los proyectos se autocalifiquen de "sustentables". Por ello, las personas capacitadas, motivadas y bien focalizadas, son un tesoro que se promueve y que además se "piratea".
Por ello, López y Pontet (2011, p. 51) afirman que "los recursos intangibles tales como los conocimientos, habilidades, valores y aptitudes de las personas que forman parte de la empresa, hoy aportan mayor valor a las empresas que los activos tangibles que se presentan en los informes financieros".
La rentabilidad de un producto representa en pequeña escala el saber si la empresa está cumpliendo con los objetivos para los cuales ha sido creada: generar utilidad para los accionistas. Además, permite confirmar si las estrategias, planes y acciones que la gerencia de mercadeo está siguiendo son correctos o no, y en consiguiente realizar los ajustes necesarios que corrijan el problema. En el competitivo y globalizado mundo de hoy, las empresas deben ser rentables y a la vez flexibles.

La rentabilidad de una empresa resulta tan importante que en algunas áreas comerciales como la banca y los seguros, el gobierno central tiene un control constante: si un banco o una empresa aseguradora no da rentabilidad, inmediatamente es intervenida a fin de preservar los posibles daños a sus clientes, así como la corrupción (Taylor, 1997).

En el caso de los seguros, cuando se lanza un nuevo producto, este debe ser sometido primero a través de un actuario a la dependencia encargada, a fin de que ellos determinen si la tasa (precio) aplicada representa la rentabilidad que el producto debe tener. Esto evita una guerra de precios que vaya tanto en contra de la rentabilidad de las empresas como del mercado. Siempre existe un margen de competencia, pero este debe ser aprobado por este organismo, si el producto no resulta rentable, su tasa debe ser aumentada o debe ser descontinuado (Wilson, 1965).

El área de mercadeo, los gerentes y las empresas deben ser lo suficientemente flexibles para modificar y mejorar sus productos cuando el mercado así lo requiera. El trabajo debe ser colaborativo hacia un fin específico.

Existen nueve factores primordiales que influyen en la rentabilidad. Son los siguientes: 1. Intensidad de la inversión; 2. Productividad; 3. Participación de Mercado; 4. Tasa de crecimiento del mercado; 5. Calidad de producto/servicio; 6. Desarrollo de nuevos productos o diferenciación de los competidores; 7. Integración vertical; 8. Costos operativos; y, 9. Esfuerzo sobre dichos factores.

Las empresas deben mejorar el producto de una manera continua, lo cual suele generar una recuperación y participación más alta en el mercado. Cabe mencionar que las estrategias de rentabilidad deben ser evaluadas en todo momento. El éxito de hoy de una empresa no garantiza el éxito del mañana (PNUMA, 2011b). Los mercados cambian y las circunstancias también, lo que resultó sumamente positivo una vez de acuerdo con ciertas características del mercado puede cambiar en poco tiempo y por consiguiente los requerimientos de los consumidores, esto es parte del proceso de evaluación y retroalimentación constante de cada empresa.

Cada día es más común que las empresas identifiquen y hagan transparentes sus impactos en la actividad productiva, así como, adelantarse e implementar en su cadena de producción y de operación, una estrategia sustentable, y esto no se refiere solamente a parecer una empresa verde, sino hacer una inteligente utilización de recursos humanos, sociales, económicos y tecnológicos que fortalezca el negocio (APA, 2010).

Por otra parte, las empresas de hoy han dejado de tener una visión fría respecto a su entorno; y el hacer crecer la producción sin importar el impacto, ya sea social o ambiental, lo cual se ha tornado devastador para nuestra sociedad. La competencia ha sido tan fuerte que en cierta medida dejó de existir interés por las personas y el entorno (Chávez et. al., 2008).

A pesar de todo lo anterior, los conceptos de sustentabilidad y rentabilidad han dado un giro interesante, por lo que las empresas se están tomando medidas para solucionar sus problemas implementando nuevas estrategias (GFN, 2009), como:

1. Los recursos humanos, sociales, económicos y tecnológicos se están manejando con el fin de alcanzar una mejor calidad de vida para la población y, al mismo tiempo, velar porque los patrones de consumo actual no afecten el bienestar de las generaciones futuras.
2. Se está llevando adelante estrategias que requiere modernizar la gestión institucional, especialmente en los países en desarrollo, con personal técnico, sistemas de información, mecanismos legales y administrativos, necesarios para prever cuando los incentivos racionales son insuficientes.
3. Por último, se promueven nuevas y mejores relaciones entre empresarios, proveedores, trabajadores y la comunidad en general de una empresa.

Los expertos en la materia consideran estrategias eficientes para mejorar la rentabilidad de la empresa (Watman, 2011). El primero se refiere a la reducción de tiempos en el cobro de las cuentas, la reducción de inventarios (almacenes) y la venta de activos improductivos.

A continuación se enlistan algunas estrategias con las que se pretende mejorar la rentabilidad en las empresas: 1. Empoderar los empleados; 2. Modernizar y adquirir nuevas tecnologías; 3. Mejorar el servicio al cliente; 4. Reducir los tiempos de entrega de los productos y de facturación; 5. La estandarización de los procesos; 6. Reducir tarifas; 7. Reducir y controlar los costos; 8. Innovar y sacar al mercado nuevos productos y servicios; 9. Segmentar los clientes y definir el segmento objetivo; 10. Anticiparse a las necesidades de los clientes y darles una solución integral; 11. Fomentar el trabajo en equipo; 12. Posicionar la marca; 13. Diferenciarse de la competencia; 14. No gastar tiempo en actividades que puedan automatizarse; 15. Eliminar las actividades improductivas; 16. Hacerle seguimiento a las órdenes de los clientes; 17. Comprometer a los empleados con las metas de la empresa; 18. Incrementar permanentemente los niveles de calidad; 19. Generar valor agregado y reconocimiento del consumidor; 20. Modernizar la parte operativa y mejorar su eficiencia, y; 21. Obtener la certificación ISO.

De acuerdo a los expertos las estrategias de rentabilidad más comunes son las siguientes:

1. Desarrollo de mercado: Se consigue encontrando nuevas aplicaciones o usos para el producto o servicio. Esto conduce a un sector poblacional objetivo mayor, y con ello el crecimiento de las operaciones. Frecuentemente la restricción de aplicaciones está limitada por la misma empresa, ya sea por imagen, prejuicios o resistencia al cambio. Como ejemplo podemos citar a Google, que inició como un sistema de búsqueda de información y ahora es además un sistema de comercialización.
2. Desarrollo de producto: Consiste en crear nuevos productos o dotar de nuevas características superiores al mismo producto, para conseguir que los clientes adquieran los nuevos productos o los prefieran frente a los de los competidores. Tal es el caso de Sony, que ha desarrollado productos de tecnología de vanguardia y esto nos ha arrastrado a renovar los anteriores.
3. Desarrollo de la necesidad: El desarrollo de la necesidad es un concepto altamente rentable. Consiste en conseguir que un

nicho de mercado socio-económico alto considere indispensable contar con un tipo de producto específico. La ventaja competitiva es colocarse como top-of-mind al ser la primera marca que sale al mercado y promover el nuevo producto bajo su nombre. El aspiracional de las clases sociales inferiores desarrollará también en ellos la necesidad. Un ejemplo muy claro son los pañuelos Kleenex. Pocas personas se refieren a ellos como pañuelos desechables y la mayoría estará de acuerdo en que fueron indispensables antes de que hubiera productos alternos; hoy día está ocurriendo algo similar con los teléfonos celulares y otros artículos tecnológicos.

4. Penetración: Se busca obtener una mayor proporción del mercado objetivo, quitando a la competencia parte de su contribución. Esto va aunado de estrategias de mercadotecnia, y se recurre a actividades como publicidad, promociones, eventos, muestreo, campañas, entre otros. Es altamente conveniente tener (o construir) una diferenciación muy clara para el producto o servicio para implementar esta estrategia. Debe considerarse que conseguir desplazar productos alternos también es una posibilidad de incrementar la penetración. Un ejemplo es el caso de Bonafont, que ha desplazado a otras bebidas, especialmente a los refrescos, quitándoles una fracción importante del mercado que poseían.
5. Replicación: Crear nuevas operaciones similares a la que les dio origen. El objetivo es llegar a nuevos mercados e incrementar la competitividad mediante menor costo y mayor presencia. Un ejemplo es la cadena de tiendas de conveniencia OXXO, que ha creado una red de mercadeo muy extensa y competitiva, al mantener los costos de operación bajos en cada tienda.
6. Expansión: Nuevas operaciones distintas a la que les dio origen, pero con un cierto grado de relación, ya sea por proveedores en común, clientes objetivo en sectores adyacentes o relacionados. Existen varias compañías de productos cosméticos que han creado líneas de productos especiales para caballeros y niños; una de las más conocidas en México es Avon.

7. Ampliación: Incrementar la capacidad de operaciones. Por lo general, esto se debe a una incapacidad para satisfacer la demanda, en previsión a que esto suceda en el corto plazo, o al aumento de la demanda por cualquier otro motivo. Frecuentemente esto lleva a tener operaciones centralizadas de gran tamaño y lleva a desarrollar sistemas de distribución y servicio complejos. Es la forma de crecimiento más común en las empresas y el origen de sistemas de distribución como el de Cervecería Cuauhtémoc-Moctezuma.
8. Diversificación: Crear nuevas operaciones totalmente distintas de la que les dio origen, con productos y mercados distintos. El objetivo es desvincular una operación de la otra, de manera que la vulnerabilidad del negocio en su conjunto se reduzca, pues la afectación a un mercado en especial, o a una cadena de suministro de una de las operaciones, no necesariamente afectará a la otra de igual modo, permitiendo mantener cierta fortaleza. Esta es la estrategia más arriesgada y se recurre a ella cuando el mercado actual ya no admite crecimientos de mercado o de rentabilidad, ya sea porque la competencia es demasiado fuerte o porque el producto está en declive. Ejemplo de esto es PepsiCo, que incluye refrescos a través de sus marcas de Pepsi, botanas con Frito-Lay y Sabritas, galletas con Gamesa y Quaker y una amplia variedad de líneas de productos más.
9. Franquicia: Es una estrategia de replicación, salvo que el propietario del negocio entrega su know- how y derecho a operar por determinado tiempo bajo la misma identidad corporativa a cambio de una retribución económica y bajo el cumplimiento de ciertas reglas. Posiblemente la franquicia más conocida sea McDonald´s. Por lo general los negocios desarrollan operaciones propias en los mercados más rentables y luego ofrecen franquicias para mercados menos rentables o donde las condiciones para la compañía original no serían tan beneficiosas.
10. Adquisición: Cuando la empresa tiene un poder adquisitivo alto puede visualizar el crecimiento a través de la compra de otra

compañía con alto potencial, especialmente si esta última se encuentra en una situación difícil, o si se trata de un competidor directo. Esta estrategia es de las más seguras, pues antes de realizar la compra, se contratan consultorías especializadas en valuación, para realizar el proceso denominado due diligence. Si bien el crecimiento es inmediato, el costo de la adquisición también requiere tiempo para recuperarse, de manera que el negocio no se beneficia inmediatamente de esta acción. Las adquisiciones se pueden realizar del mercado, es decir, marca y clientes, o incluir las operaciones. Las estrategias detrás de tales adquisiciones pueden ser muy diversas. Un ejemplo es el caso de la compra de la marca Saab por parte de Swedish Koenigsegg, a su competidor, General Motors.

11. Joint Venture: Algunas compañías encuentran que sus deseos de crecimiento se ven limitados por la falta de capacidad, conocimiento, recursos, o bien porque las nuevas actividades requieren funciones que no resultarían costeables de hacerlos solos. En esos casos, encuentran compañías expertas en hacer justamente lo que les falta o competidores con quienes compartir parte de los costos y llegan a acuerdos para realizar un negocio juntas. Se han dado joint ventures en compañías de gran tamaño como Air France-KLM-Delta. Sin embargo, también se ha llevado a cabo en compañías de menor tamaño.
12. Fusión: Si bien en México la fusión de compañías no suele verse como crecimiento, sino como una simple forma de salir de una crisis o de disfrazar una adquisición, la realidad es que muchas compañías salen beneficiadas de tales sinergias. La característica de la fusión es que el resultado es una sola compañía fortalecida, donde se comparten los costos fijos y se utilizan las fortalezas de cada parte para potenciar la nueva empresa. Tal es el caso de fusión de Cemex con otras cuatro compañías en Febrero de 2005.
13. Alianza Estratégica: La alianza estratégica es muy parecida a la sociedad, excepto que las empresas permanecen como entidades separadas. Los propósitos de una alianza pueden ser muy diversos, donde el factor común es utilizar la fuerza de una

entidad mayor para abordar algo que hubiera sido inaccesible o difícil de alcanzar para cualquiera de las integrantes por sí sola, ya sea nuevos mercados, negociaciones de volumen con proveedores, o desarrollar productos donde se utilicen sus fortalezas. Un ejemplo reciente es la alianza formada por Dell y Telefónica para desarrollar el internet móvil.

La mayoría de las empresas pequeñas y medianas en México buscan conseguir el crecimiento con sus propios medios, lo que no sólo limita sus posibilidades, sino también su alcance.

Una eficaz toma de decisiones implica no solo contar con información de calidad en el momento oportuno, sino disponer del talento administrativo necesario para utilizarlo en la forma más apropiada (Guajardo, 2006).

Como una forma de control interno, las gerencias utilizan el análisis financiero para conocer la rentabilidad de la inversión en diversos activos de la compañía y en la eficiencia con que son administrados. Así, para evaluar la situación y desempeños financieros de una empresa se requieren de ciertos criterios, los cuales frecuentemente se utilizan como razones o índices que relacionan datos financieros entre sí y que deben ser analizados e interpretados de manera conjunta. Como una forma de control externo, el análisis financiero permite a los inversionistas pronosticar las utilidades y dividendos futuros, así como el rendimiento que obtendrán con su inversión.

Así, se visualiza la importancia de saber qué se busca, qué información es la requerida y con base a ello, tomar las decisiones más acertadas para mejorar el desempeño de una empresa y hacerla perdurar con éxito a largo plazo. En el mundo de los negocios, contar con la información adecuada puede ser la diferencia entre el éxito o el fracaso (Guajardo, 2006). De manera que, aquí es donde el concepto de desarrollo sustentable entra en tema de abordaje, pues toda empresa que quiera ser sostenible a futuro, debe ser sustentable en el presente.

Dado lo anterior, dentro de las estrategias de rentabilidad y crecimiento de una empresa, se considera necesario:

*Acción conjunta de la secretaría de finanzas, economía, industria y agricultura; así como de sus similares a nivel internacional, para que haya congruencia a nivel nacional e internacional.
*Incentivar a los dueños de las empresas y/o directivos difundiendo los beneficios implicados en la deducción de impuestos por el uso de tecnologías verdes.
*Difundir y gestionar el financiamiento disponible por parte de instituciones crediticias de exportación que facilitan la inversión privada en proyectos que se someten bajo evaluación de impacto ambiental.
*Formar el capital humano a través de la educación y el desarrollo de competencias en un marco de sostenibilidad y sustentabilidad.
Adicionalmente, se han dado dos noticias optimistas: de acuerdo al reporte de los indicadores de crecimiento verde 2014 de la Organización para la Cooperación y el Desarrollo Económicos (OECD), los flujos internacionales de inversión han superado a la inversión en tecnologías de combustibles fósiles, surgiendo nuevas oportunidades en el campo de las energías limpias; así mismo, se afirma que aún se cuenta con la posibilidad de revertir el daño ambiental al planeta (OECD, 2014), debiendo por tanto anteponer la sustentabilidad para la alcanzar la sostenibilidad y rentabilidad de toda empresa.
No cabe duda que para cualquier empresa el análisis de estados financieros es vital, tanto para tomar las decisiones cotidianas como para planear las acciones a mediano y largo plazo.
Para incorporar el tema de la sustentabilidad desde el punto de vista de los análisis financieros habría que entrar al detalle de lo que se está reportando, pues haría falta conocer las "inversiones verdes" o las "inversiones socialmente responsables", así como los indicadores de los resultados sociales y de impacto medioambiental para que dichos análisis sean verdaderamente útiles, siempre desde el punto de vista de la sustentabilidad.
Lo anterior quiere decir que cuando una organización, sea pública o privada, establece desde su filosofía (misión, visión, valores) hasta las acciones más pequeñas, el influir sobre la sociedad para alcanzar alguno de los "compromisos del milenio" de la ONU o para

alcanzar alguna meta sobre gases de efecto invernadero, tratamiento de desechos líquidos y sólidos, ahorro de agua y energía, etcétera, entonces se podrá apreciar en tales estados financieros, lo invertido y lo alcanzado en los rubros específicamente "verdes".

Al respecto, en el seno de la ONU se ha establecido que "...los proyectos del Fondo [para el Medio Ambiente Mundial] - que principalmente son ejecutados por el PNUD, el PNUMA y el Banco Mundial - tienen por objeto conservar y utilizar de manera sostenible la diversidad biológica, hacer frente al cambio climático mundial, remediar la degradación de las aguas internacionales, eliminar paulatinamente las sustancia que agotan la capa de ozono, luchar contra la degradación del suelo y la sequía, y reducir y eliminar la producción y utilización de ciertos contaminantes orgánicos persistentes..." (CINU, 2015b). Como se aprecia, los créditos y los proyectos apoyados por algunos organismos internacionales, requieren de una medición específica del beneficio social que reportan, cuya aplicación debe estar claramente identificada en los análisis financieros cotidianos.

Por tanto, las palabras sustentabilidad y sostenibilidad son sinónimas cuando se aplican a contextos derivados del Informe Bruntland y sus secuelas, como los acuerdos surgidos de Kyoto, Río de Janeiro y otros. La primera se usa en los países de habla hispana de América y la segunda en España, pero significan lo mismo. Por otra parte, la palabra sostenibilidad podría tener otras connotaciones en ámbitos diferentes al de la preservación del medio ambiente.

El empleo de los términos sostenibilidad y sustentabilidad, don abordados con una diferenciación que de ellas hace Tijerina (2005). De acuerdo a este autor, muchas veces ambos conceptos son entendidos como sinónimos; sin embargo, se subraya la necesidad de no confundirlos. Acorde con el autor en mención, sostenibilidad refiere a las condiciones que deben satisfacerse en la esfera económica y/o social, y sustentabilidad se circunscribe a las condiciones requeridas para que el acervo de recursos naturales satisfaga las necesidades de las generaciones futuras. Al pensar en rentabilidad y sostenibilidad de toda empresa, se ha de incluir la sustentabilidad.

Una economía verde es necesaria para todos, desde el ámbito personal al cuidar el agua que consumimos para el aseo personal, en la casa al utilizar los llamados focos ahorradores o apagándolos cuando no es necesario, en la oficina o el trabajo dejar de usar productos desechables, en fin tantas y tantas acciones que se pueden llevar a cabo para ser tanto sostenible como sustentable a nivel organización.

Esta responsabilidad debe ser compartida entre gobierno-empresa-sociedad, para que realmente se avance hacia esta economía verde, algunos indicadores han establecido esto, de acuerdo a PNUMA (2011) indican, que "...cada vez existen más pruebas que justifican, desde el punto de vista económico y social, la transición a una economía verde. Existen, pues, fundamentos sólidos para que tanto los gobiernos como el sector privado intensifiquen sus esfuerzos para llevar a cabo tal transformación económica".

De tal manera que el gobierno de un país debe empezar por permitir igualdad de competencia en un mercado al introducirse productos verdes, reorientar la inversión y compra pública en proyectos, productos y materiales verdes.

Por otro lado la iniciativa privada podría empezar por respetar las leyes de protección de medio ambiente, quizá certificarse en ISO o como empresa socialmente responsable, lo cual le permitirá aportar a esta economía verde (López y Pontet, 2011).

Una economía verde es necesaria para todos, y se puede contribuir en el decremento del daño ecológico que se ha causado en el consumo industrializado, y aunado a ello, a través de la relación gobierno-empresa-sociedad, esforzándose para el fomento de una economía verde.

En lo anterior, por fortuna se ha estado trabajando. En el caso específico de América Latina y el Caribe, se cuenta con la Iniciativa para América Latina y el Caribe para el Desarrollo Sustentable [ILAC], donde los gobernantes se reúnen para discutir y acordar iniciativas en los siguientes temas de gran importancia ambiental (UNEP, 2015): 1. Diversidad biológica; 2. Manejo del agua; 3.

Ciudades sustentables, vulnerabilidad y asentamientos humanos; 4. Pobreza, salud y equidad, y; 5. Patrones de consumo, producción y comercio.

Como se puede observar, se esta en el camino correcto, en el cual cada paso que se de será de gran impacto en el futuro del planeta, tanto en términos económicos como ecológicos. En este sentido el modelo capitalista debe incluir un rubro de sustentabilidad en sus metas financieras.

Dado que cuando se aborda esta materia, y a la dirección de instituciones en la sustentabilidad, el concepto de "economía verde", la cual define el PNUMA (2011, p. 2) como aquella que "...debe mejorar el bienestar del ser humano y la equidad social, a la vez que reduce significativamente los riesgos ambientales y las escaseces ecológicas."

Por lo tanto, el desarrollo debe orientarse hacia la búsqueda de rentabilidad y crecimiento de las organizaciones en su sentido de promover el uso eficiente de recursos (especialmente agua y energía), la reducción en las emisiones de carbono, la explotación responsable de las materias primas y recursos no renovables, y la operación mediante proyectos que impulsen una sociedad incluyente.

Por lo tanto, y dados los objetivos antes mencionados, es indispensable comenzar, como primera consideración, por contar con colaboradores que piensen en el progreso empresarial como parte indisoluble del desarrollo sostenible. "En este contexto, el proceso de selección de recursos [humanos] tiene un papel de influencia importante en la heterogeneidad de las empresas y en la ventaja competitiva sostenible, [ya que, entre otros factores], el contexto institucional de una empresa incluye su cultura interna, así como amplias influencias del Estado, la sociedad y las relaciones entre empresas que definen el comportamiento económico socialmente aceptable" (López y Pontet, 2001, p. 48).

La segunda consideración tiene que ver con la estrategia organizacional que escudriñe las formas de crear alguna ventaja competitiva. "En esta línea, [se encuentran] la identificación y la gestión racional de los recursos valiosos, raros y difíciles de copiar, [con los que se] logran la permanente innovación y los superbeneficios de las empresas (Barney, 1991, citado en López y Pontet, 2001, p. 48), siempre y cuando las metas se alcancen mediante acciones respetuosas del medio ambiente e integradas culturalmente a la comunidad en las que se apliquen.

Una tercera consideración tendría que ver con el promover las inversiones e innovaciones de carácter medioambiental, cualquiera que sea el sector de la organización. Para ello, habría que invertir sólo en tecnologías y en procesos que preservaran las materias primas, que se fomentara el uso de energías alternativas, reciclar el agua, que se aproveche la iluminación y la climatización solar, y que se formaran nuevos cuadros técnicos y profesionales a partir de la ejecución de los programas de inversión.

Una cuarta consideración tiene que ver con la normatividad federal y local, relacionada con la preservación del medio ambiente. Ello significa que la nueva organización debe plantearse, desde que diseña su filosofía, el integrarse a los ecosistemas y contribuir a reducir el calentamiento global, la contaminación y la emisión de gases de efecto invernadero, de modo que cuando realice sus gestiones para obtener licencias de operación o de explotación de algún recurso, se realicen todas las medidas mitigatorias y/o compensatorias necesarias. Lo anterior no sólo como un requisito, sino como un compromiso de la propia organización, el cual formaría parte indisoluble de sus campañas publicitarias.

El resultado esperado sería el alinear a la organización con las corrientes mundiales que se comprometen con la sustentabilidad, para poder establecer convenios y alianzas con otras organizaciones que aceptan con agrado el sumarse a los programas a favor de la vida y de la Tierra promovidos desde la ONU.

Es evidente la relevancia de este tema en materia empresarial y esto con relación al impacto que tiene la rentabilidad y crecimiento sobre la misma. Aunque algunas veces no es evidente, la rentabilidad deseada en las empresas se consigue mediante una conjunción de aspectos, que tienen que ver, tanto con el volumen

de ventas como con el control de gastos y la optimización de ingresos.
La reducción en las emisiones de carbono, la explotación responsable de las materias primas y recursos no renovables, y la operación mediante proyectos que impulsen una sociedad incluyente, son aspectos que de manera directa influyen en la rentabilidad y crecimiento de la empresa.
No obstante, otra medida que contribuye en una mayor rentabilidad para la empresa es la externalización de la oficina. Disponer de una oficina en un centro de negocios, disminuye de manera significativa los gastos fijos inherentes a la misma (aire acondicionado, seguridad, telefonía, mobiliario, fotocopiadora etc.).
En relación a la consecución de una mayor rentabilidad relacionada con los clientes y las ventas, implementar una estrategia de reconocimiento a clientes que nos recomiendan a otras personas, resulta más rentable en dinero y tiempo, que emprender una captación de clientes de forma tradicional y directa.
En cuanto a los sistemas de ventas de nuestros productos, establecer un estudiado sistema de segmentación basado en el conocimiento de nuestros clientes, de sus gustos, costumbres y volumen de compras, será otra medida de peso en pos de una mayor rentabilidad.
Todos ellos deben pasar a formar parte del emprendedor contemporáneo y pueden servir como consejos para quienes, teniendo muchos años en el mercado, se actualicen y no "se duerman en sus laureles", como dicen los viejos consejos.
Los centros de negocios, las redes de clientes recomendados, la segmentación inteligente basada en información clave, y el enfoque hacia la construcción de la rentabilidad tomando en cuenta lo anterior, pueden ser de gran ayuda para evitar la quiebra por "senilidad" de un proyecto.
Además de lo anterior, los modelos para contratar personal sin sobrecargar fiscal y/o contablemente a la empresa y las asesorías de despachos especializados en gestión legal-empresarial, forman parte de las herramientas con las que actualmente se cuenta para enfrentar un futuro muy incierto.

Seguramente por ello, Markides (2000, citado en López y Pontet, p. 48) afirma que "diseñar y articular una estrategia competitiva de éxito es una tarea que no termina nunca, la que podemos identificar como exitosa hoy, mañana puede no serlo, por ello debemos entender el proceso de formación de una ventaja sostenible como un proceso dinámico e innovador, con una estrategia distintiva cambiante y adaptativa".

Incluir nuevos objetivos sobre las estrategias de desarrollo para alcanzar tanto bienestar humano y equidad social como la reducción de riesgos ambientales y escases ecológicos, sin duda resulta en la actualidad un reto, pero también un compromiso que deben asumir por convicción empresarial.

En este sentido, Aguilera (2012), señala que las organizaciones corporativas han de asumir una responsabilidad social empresarial, siendo un factor que determinará el crecimiento de estas. La responsabilidad social implica no solo un crecimiento empresarial, sino lograr un conocimiento exhaustivo del entorno dirigido al aprovechamiento de las oportunidades que ofrece el contexto, pero también para poder tener un manejo y conservación del medio ambiente y el uso sensato de los recursos naturales no renovables.

Se trata pues de la combinación de seguir teniendo los objetivos tradicionales que buscan la rentabilidad traducida en utilidades, pero también de incorporar nuevos objetivos dirigidos a no solo aprovechar las condiciones que ofrece el mercado de negocios, sino también de reconciliar el papel de explotador siendo amigable con el medio ambiente, debiendo enlazar estas dos líneas con la planeación empresarial.

El desarrollo del capital humano es de vital importancia para la sustentabilidad de las empresas, más ahora que vivimos en un mundo globalizado sujeto a muchas variantes y a mayor accesibilidad de información y comunicación.

Es el capital humano es el encargado de ayudar a las empresas a responder eficazmente a los cambios del entorno, desarrollando estrategias para asumir los cambios e implantarlas eficazmente para entornos complejos y dinámicos; el capital humano es esencial para las empresas, para facilitar las relaciones con el exterior, para el desarrollo de actividades propias en el interior de la organización no es propiedad de ésta, lo que supone que una parte de este no está bajo su control (López y Pontet, 2011).

La clave del éxito en las organizaciones se encuentra en la generación de una ventaja competitiva. Dicha ventaja se logrará con el desarrollo del capital estructural en las organizaciones. El mismo será sustentable y contribuirá al éxito organizacional.

Los conceptos sobre las estrategias de rentabilidad y de crecimiento, sin mucho esfuerzo se pueden asociar a las grandes empresas, pocas son las que siendo medianas o pequeñas se dan a la tarea de adoptarlos para su beneficio, pero llegará el momento para que sean parte indispensable de su gestión y toma de decisiones.

En la actualidad, cada vez son más empresas del tipo Pymes que se evalúan más allá de las mediciones tradicionales, utilizando indicadores distintos para medir más profundamente su eficacia en relación a su crecimiento, su rentabilidad en relación al mercado, por mencionar algunos, que le permiten comprender mejor las expectativas dinámicas y cambiantes del mercado así como diagnosticar de forma clara el interior de la empresa (Rueda y Haviland, 2007).

Cuando se habla de rentabilidad, se refiere a una forma medible y cuantificable que permita evaluar la gestión económico-financiera de una empresa, otra de las formas es la utilidad (Parada, 1988).

En el caso del crecimiento de la empresa, este se produce cuando se explotan los recursos ociosos o poco utilizados, provocando cambios que la pueden llevar a ampliar la actividad actual, entrar a nuevos mercados o nuevos negocios (Álamo et. al., 2002).

Dentro de los supuestos y consideraciones que una empresa implementa en sus estrategias de rentabilidad y crecimiento se tiene: a) Portafolio de productos. Representa la relación entre los costos y las unidades producidas; b) Diversificación. Permite llevar nuevos productos a nuevos mercados; c) Precio de venta. Precios competitivos; d) Relación entre las cantidades producidas y las cantidades vendidas. A mayor venta de productos, mayor producción de productos, y; e) Nivel de costos fijos y variables. Manejo de los costos.

Las variables anteriores dependen de los siguientes factores internos y externos:

1. Internos: Estructura de costos, inversión, tasa de crecimiento deseada, nivel de actividad esperado, competencias del capital humano
2. Externos: Clientes. Oferta y demanda cubierta, riesgo del sector, elasticidad de la demanda.

Aquellas consideraciones y supuestos adicionales, que pueden agregar las empresas, en este caso las Pymes, a los ya mencionados tenemos las variables de sustentabilidad, ya que pueden integrar programas efectivos y probados bajo estándares internacionales y principios de gestión que estén orientados al uso eficiente de los recursos naturales y preservación del medio ambiente.

Las Pymes, al implementar programas con estándares internacionales, pueden reducir los impactos ambientales negativos en los procesos y procedimientos, de tal forma que optimicen los recursos de la empresa, protejan el ambiente y mejoren la calidad de los espacios de los trabajadores (Axtel, 2012).

Tal como lo señala Leff (2000), un nuevo estilo para que emerja el eco desarrollo, el cual se define dentro del ámbito de la sustentabilidad como un postulado teórico y práctico en el cual se fundan "...nuevos modos de producción y estilos de vida en las condiciones y potencialidades ecológicas de cada región, así como en la diversidad étnica y la capacidad propia de las poblaciones para auto gestionar sus recursos naturales y sus procesos productivos".

Teóricamente se plantean nuevos términos que buscan explicitar la dimensión que guarda el problema del deterioro ambiental, por lo que el eco desarrollo se constituye en un aspecto que tiene que ser integrado dentro de las propuestas productivas en las que tradicionalmente se toman variables de dependencia, desigualdad social o planificación del desarrollo para diseñar e implementar modelos de negocio. De esta manera, los planteamientos de crecimiento y rentabilidad desde una perspectiva ambiental ayudan a construir un desarrollo que es coherente y pertinente con la comunidad.

El "ecodesarrollo se constituye en un aspecto que tiene que ser integrado dentro de las propuestas productivas en las que tradicionalmente se toman variables de dependencia, desigualdad social o planificación del desarrollo para diseñar e implementar modelos de negocio".

En el rubro de los alimentos, cada día resulta más económico integrar los conceptos de sustentabilidad en la empresa, no así las materias primas, que al día de hoy todavía son escasos los proveedores que las han adoptado como un sistema, provocando que las materias primas tengan altos precios.

Un caso concreto es la cadena de restaurantes "Chipotle" de Estados Unidos, donde ha decidido no solo implementar políticas de sustentabilidad dentro de la empresa, sino que sus materias primas se obtengan de alianzas directas con agricultores de zonas aledañas a las tiendas. Esto ha provocado que sus ventas hayan aumentado a través de los años a pesar de lo costoso de las materias primas, colocándola como una empresa rentable (El Economista, 2014a).

Caso contrario con McDonalds, donde a pesar que tiene implementado sistemas sustentables en sus procesos desde hace años, su caída en las ventas ha sido bastante fuerte, generándole grandes pérdidas en los últimos años. La clave de su fracaso es que no ha cambiado su paradigma de productos y en el futuro corto, eso le estará costando todavía más (El Economista,2015).

Actualmente resultan importantes no solo las estrategias tradicionales, debemos incorporar la innovación sustentable (CEPAL, 2014). La Importancia de la innovación sustentable contempla: 1. Conciliar sustentabilidad ambiental y crecimiento económico; 2. El Cambio Climático y la Escasez Energética impondrán a las firmas, especialmente a las pymes importantes desafíos en materia de sustentabilidad; 3. Competitividad: sostenibilidad ambiental y equidad pueden y deben reforzarse mutuamente (competencia sistémica vs. espuria); 4. Canalizar el esfuerzo tecnológico de los países hacia la adquisición, implementación y desarrollo de tecnologías limpias es importante para fomentar un desarrollo sustentable, y refuerza la posición competitiva de sus economías (en este contexto la innovación sustentable asoma como una de las herramientas que permitirán dar respuesta a este desafío); 5. Innovación sustentable se refiere a un conjunto de metodologías y prácticas que buscan modificar los procesos productivos de una organización para aumentar su capacidad de perdurar en su relación con el espacio medioambiental, social y económico, y; 6. Innovación sustentable implica la generación de nuevos productos, procesos, métodos organizacionales y de comercialización que permitan un mayor desarrollo productivo sin comprometer el desarrollo de las generaciones futuras.

Por otra parte, se identificaron una serie de importantes obstáculos que frenan o inhiben la innovación sustentable en las pymes. A saber: 1. Las pymes presentan limitaciones relacionadas con la escala mínima necesaria para rentabilizar los resultados de sus procesos de innovación; 2. Con mayor frecuencia padecen de un déficit de capacidades y de conocimiento, y; 3. El acceso al financiamiento es limitado.

Asimismo, se presenta una falta de conciencia sobre la importancia de la innovación sustentable, como por ejemplo: 1. Limitado acceso a la información sobre el tema; 2. Carencia en el cumplimiento con los requisitos reglamentarios; 3. Escasa vinculación a otras empresas y a cadenas globales y locales de valor, y; 4. Obstáculos en la participación en nuevos mercados.

Dentro de las propuestas de política, se deberán promover innovaciones sustentables por la internalización de las externalidades ambientales: 1. Las políticas deben tender a mejorar las condiciones internas de las empresas, provocando cambios organizacionales y en la capacidad de absorción de tecnologías; 2. Ante un contexto de inercia tecnológica (lock in) los costos de cambiar a una tecnología menos contaminante pueden ser tan elevados que se requiera de la intervención pública para llevarla a cabo, y; 3. Se deben incluir más incentivos (a través del diseño de

instrumentos específicos, incentivos fiscales, etc.) para que las empresas incorporen la innovación sustentable.
Las dificultades de la política de innovación Sustentable, se pueden enunciar las siguientes: 1. Especificidades sectoriales (políticas diferenciales); 2. Las políticas deben estar enfocadas hacia la identificación de barreras (nacionales o específicas); 3. Es necesario el apoyo a la incorporación de tecnologías específicas y por lo tanto es importante lograr captar estas necesidades; 4. La dificultad de conciliar políticas de innovación, industriales y de sustentabilidad ambiental; 5. Necesidad de ir más allá de políticas tecnológicas: crear capacidades, institucionalidad y agendas y planes de fomento a la temática, y; 6. Acompañamiento de las Pymes.
Por lo que respecta a las Pymes, se enfrenta a grandes retos operativos, sin embargo no hay imposibles, hoy más que nunca la capacidad de adaptación es fundamental para la supervivencia y desarrollo de una empresa.
Considero que en una organización en la actualidad debemos buscar estrategias que nos hagan una organización competitiva y sostenible (Rojas, 2002). Una dimensión estratégica se logra a través de la congruencia de tres componentes. Estos principios básicos responden a las siguientes preguntas: 1. Revisión de las expectativas hacia la función (¿Cuál debe ser el papel de la compensación y el impacto esperado en la empresa?, ¿Qué debe lograrse en compromiso, contribuciones y desarrollo de competencias personales de los empleados?, ¿Cómo replantear los roles y relaciones?), y; 2. Revisión de sus prácticas e instrumentación (¿Cómo definir y medir los resultados?, ¿Cuáles son los criterios para evaluar los cargos?, ¿Qué información del mercado tiene sentido estratégico?, ¿Qué software y apoyo requerimos para la puesta en marcha y funcionamiento efectivo de la función de compensación?).
Así, podemos distinguir las siguientes características de un sistema de compensación adecuado: 1. Alineamiento con la visión, cultura y metas de la empresa; 2. Mensaje sobre la variabilidad del salario, beneficios, tributación y reconocimiento; 3. Interrelación con los

otros procesos de la administración de personal; 4. Involucramiento de los diferentes estamentos de la Organización; 5. Mejoramiento continuo del proceso y adopción de prácticas e instrumentos idóneos; 6. Optimización del beneficio/costo de los programas creando ventajas competitivas; 7. Sincronización con el cambio cultural y la evolución de la estrategia del negocio, y; 8. "Fórmula" propia para la organización y sus circunstancias.
A esto debemos agregar la parte del medio ambiente (¿Cuál es nuestro compromiso social?, ¿cómo afectamos el medio ambiente?, ¿cómo integramos las Normatividad Actual a nuestra Organización?).
Toda organización, además de los sistemas que de manera natural lo conforman, se debe de agregar los sistemas en relación con el medio ambiente. Que una organización adopte en cada uno de sus sistemas, políticas de sustentabilidad, provoca innovación, no solo hacia dentro de la empresa, también hacia afuera, donde las repercusiones afectarán en todos los ámbitos, pues el mercado se enriquece, se suman nuevos clientes atraídos por la innovación sustentable, proveedores cambian o se mejoran.
Este tipo de cambios alternativos además de enriquecer a la empresa, enriquece a los círculos allegados a ella y por consecuencia a los consumidores. Introducir la sustentabilidad en cada proceso de la empresa es a final de cuentas un cambio de paradigma, que le permite a la organización: a) Ser protagonista del cambio, no víctima del cambio; b) Ser actor del cambio, no espectador; c) Ser parte de la solución, no del problema; d) Entender las fuerzas del cambio.
Cambiar los paradigmas de la empresa para responder al mercado implica ir a la velocidad de los cambios. Hasta hace algunos años, la velocidad de cambio en los mercados ocurría cada 25 años, en la actualidad esto sucede cada 25 minutos (Godínez et. al., 2012).
La organización debe ser competitiva y sostenible, con el término sostenible a las definiciones que propone el PNUMA (2011) como que el desarrollo sostenible es la capacidad de la satisfacción de "las necesidades de la generación presente sin comprometer la

capacidad de las generaciones futuras para satisfacer sus propias necesidades".

Siendo más amplios en el concepto de sostenibilidad, hay que hacer la diferenciación en el término sostenible y sustentable, que en ocasiones se emplea de forma indistinta, pero que en esencia tiene importantes diferencias, sobre todo para el establecimiento de planes y programas relacionados con el desarrollo económico, social y medio ambiental.

Tijerina (2005) propone que el término sostenible se reserve a los aspectos económicos y sociales; y el término sustentable se reserva a las situaciones en que se conserva la capacidad de los recursos naturales satisfaciendo las necesidades de las generaciones futuras.

De acuerdo con el diccionario de la Real Academia Española, el concepto de rentabilidad es la condición de rentable y la capacidad de generar renta (beneficio, ganancia, provecho, utilidad). La rentabilidad, por lo tanto, está asociada a la obtención de ganancias a partir de una cierta inversión. Lo habitual es que la rentabilidad haga referencia a las ganancias económicas que se obtienen mediante la utilización de determinados recursos. Por lo general se expresa en términos porcentuales.

A su vez se conoce como rentabilidad económica, en definitiva, al rendimiento que se obtiene por las inversiones. En otras palabras: la rentabilidad refleja la ganancia que genera cada peso (dólar, euro, yen, etc.) invertido. De manera concreta podemos conceptualizar la rentabilidad como un ratio económico que compara los beneficios obtenidos en relación con recursos propios de la empresa.

Para introducirnos al tema, considero importante decir que estamos experimentando la mayor transformación que pueda tener la economía mundial desde la revolución industrial. El poder económico está cambiando rápidamente su rumbo hacia el este. Se espera que China desplace a Estados Unidos como la mayor potencia económica del mundo en el 2030, mientras que India aspira a convertirse en la tercera mayor potencia económica en los próximos 15 años, superando inclusive a Alemania y Japón.

Según algunas fuentes, mientras la economía global está sufriendo está transformación, existe un sorprendente incremento en los niveles de volatilidad y agitación. Esto se debe en parte a las consecuencias de la creciente demanda de los consumidores, como por ejemplo la inflación en productos básicos, fluctuaciones en los precios, escasez de recursos, daños ambientales y un aumento en la competencia.
Todo esto conlleva a un ambiente impredecible e inquietante para quienes lideran las empresas. Lo cierto es que las empresas que eventualmente ganen la batalla en este nuevo mundo van a necesitar estrategias muy específicas para lograrlo.
Es evidente que toda empresa intenta dirigir su rumbo hacia un crecimiento rentable, entendiendo éste como un empleo eficiente del capital para generar ingresos. No obstante en los rectores, es bastante habitual encontrar directivos que encaran una realidad tozuda: el crecimiento de su empresa se ve inhibido por múltiples factores, como la falta de poder para fijar los precios, un exceso de capacidad productiva o la competencia global.
Ante esta situación, ni la bajada de los precios ni las mejoras en la productividad resultan suficientes para garantizar un crecimiento satisfactorio a los ojos de los accionistas y los empleados, cuyo futuro depende en gran medida del aumento de ingresos de la empresa. A lo que debe añadirse que una empresa que no crece ve por un lado cómo se deteriora su imagen competitiva ante el cliente y, por otro, su capacidad de innovar disminuye.
Es muy común la creencia de que el crecimiento sólo puede ser resultado de cambios revolucionarios en los modelos de negocio o en la gestión, producto de fusiones, de la implementación de nuevas tecnologías o de la externalización. Parece así que estos "cambios de paradigma" se producen todos los días y que el crecimiento rentable está reservado solo a unos pocos, que suelen ser los más grandes.
Debemos tener en cuenta que entre las tareas que cualquier liderazgo debe acometer, una de las principales es la de facilitar el que todas las partes de la organización participen en el proceso de crecimiento, entendido como una mejora paulatina de la estrategia,

del modelo de negocio, la tecnología y el conocimiento de las necesidades del consumidor.

Un camino seguro para conseguir esta contribución al crecimiento de cualquier miembro de la empresa es establecer una coordinación y unos enlaces eficaces entre ellos. Por ejemplo, la información no filtrada que recoge el equipo de ventas debe estar disponible para el equipo de marketing encargado de elegir los segmentos destino, de tal manera que se le facilite su labor. Coordinar al equipo de atención al cliente con el de operaciones permite utilizar la información sobre los productos defectuosos para corregir los errores que luego defraudan al consumidor y provocan que los ingresos desciendan.

Para estar en posibilidades de fundamentar mi respuesta y de ese modo retroalimentar objetivamente sus intervenciones me permito señalar que los supuestos que considero fundamentales de incorporar y considero son primordiales de acuerdo a lo anterior: 1. Intensidad de la inversión; 2. Productividad; 3. Participación de Mercado; 4. Tasa de crecimiento del mercado; 5. Calidad de producto/servicio; 6. Desarrollo de nuevos productos o diferenciación de los competidores; 7. Integración vertical; 8. Costos operativos, y; 9. Esfuerzo sobre dichos factores.

No obstante, las estrategias deben ser evaluadas en todo momento. El éxito de hoy de una empresa no garantiza el éxito del mañana. Los mercados cambian y las circunstancias también, lo que resultó sumamente positivo una vez de acuerdo con ciertas características del mercado puede cambiar en poco tiempo y por consiguiente los requerimientos de los consumidores, esto es parte del proceso de evaluación y retroalimentación constante de cada empresa.

La rentabilidad de una organización debe ser entendida como una capacidad de generar o producir un beneficio sobre una inversión, la cual puede ser económica, financiera y social. En cuanto a obtener un beneficio las organizaciones deben considerar los recursos que utilizan, por ejemplo si hablamos de recursos físicos en cuanto a maquinaria al través del tiempo esta se degrada, se vuelve obsoleta o dejar de funcionar agregándole a esto los altos costos de mantenimiento y la depreciación que sufren.

Si las organizaciones siguen utilizando las mismas maquinas por largo tiempo, y no reciben el mantenimiento adecuado entonces provocan gastos no contemplados incluso pueden provocar de manera indirecta daños al medio ambiente y la sociedad (López y Pontet, 2011).

En vista de esto una consideración que se debe tomar en cuenta sobre estrategias de rentabilidad de las organizaciones, es implementar estrategias de eficiencia que se centren en mejorar la estructura de costos y la utilización de activos pero más adecuados. Por ejemplo: la venta de activos improductivos puede permitir invertir en nuevas máquinas más modernas y que tengan un costo de mantenimiento más bajo, más tiempo de vida y ser menos contaminantes.

La vinculación entre ambos conceptos es la generación de cadenas de valor, la necesidad de crecimiento ordenado, desarrollo económico y competitividad entre las empresas.

Realmente el crecimiento de las empresas es sumamente importante y crítico para su sostenibilidad, y con esto garantizar el éxito de las inversiones de los accionistas y la capacidad de mantener empleos, todo ello a través de estrategias competitivas, que varían de empresa en empresa y de sector en sector (BSI Group, 2014).

Para el caso particular, podemos agregar que la importancia de diferenciar la sostenibilidad de la sustentabilidad como lo propone Tijerina, E. (2005), que el término sostenible se reserve a los aspectos económicos y sociales; y el término sustentable se reserva a las situaciones en que se conserva la capacidad de los recursos naturales satisfaciendo las necesidades de las generaciones futuras.

Sin embargo como estrategia deben ser integrados ambos conceptos en la definición de las estrategias de las organizaciones. A pesar de que aún muchas organizaciones no conocen o no se hacen responsables de la sustentabilidad; cada vez con mayor fuerza, ya sea por convencimiento y compromiso o por necesidad, las organizaciones están buscando y adoptando estrategias que les ayuden a su competitividad, a incrementar su rentabilidad y con menos daños al medio ambiente; como es el caso de aquéllas que buscan certificaciones ambientales como de ISO 14001, de responsabilidad social como ISO 26000 y Empresa Socialmente Responsable (Cajiga, 2009).

El PNUMA (2011) hace un afirmación coherente con los momentos actuales de las crisis ambientales y el desarrollo de las sociedades: "las causas de las crisis son diversas, pero básicamente todas comparten un mismo elemento: la asignación evidentemente incorrecta del capital". Pudo entender de esto, que además de asignar incorrectamente el capital, la forma de administrarlo y usarlo en las organizaciones, puede ser también no correcto para promover el desarrollo sustentable.

Del escrito de Peter Senge (et. al., 2008), rescato una declaración hecha por Charles Handy, ex presidente de la junta directiva de la Sociedad Real para las Artes del Reino Unido, donde, haciendo referencia a los diversos tipos de empresas que se han ido constituyendo desde el siglo XIX, menciona que: "Todas [las sociedades] contribuyeron a que la corporación creciera en poder e influencia; todas beneficiaron a la sociedad mediante el desarrollo material; y todas, al final, produjeron abusos que han demostrado ser imposibles de controlar".

En el mismo texto Senge, alude a las declaraciones de Arie de Geus, en relación al enfoque obsoleto en que las empresas van quedando: "La empresa es un sistema viviente y, como todos los demás, debe adaptarse continuamente en armonía con un entorno cambiante. Hoy en día, las corporaciones modernas, concebida y gestionadas como máquinas de hacer dinero, ya no están en armonía con ese entorno".

Steve Lydenberg, abunda Senge, menciona que un excesivo enfoque en utilidades a corto plazo determina una mala asignación de activos; e introduce una peligrosa volatilidad de los mercados financieros y la sociedad debe distraer recursos productivos para reparar el daño medioambiental y social producido por la precipitada búsqueda de las utilidades.

Tomando en consideración estas declaraciones y comentarios, habiendo mucho más por analizar, y los impactos que a diario observamos en la sociedad, algunos supuestos y consideraciones fundamentales que propongo incorporar en las estrategias de rentabilidad y crecimiento de las organizaciones serían:

1. Incorporar capital y activos que le proporcionen sustentabilidad de los negocios en combinación con la preservación del medio ambiente
2. Establecer políticas y lineamientos para el uso racional de los recursos
3. Planeación estratégica a mediano plazo, cambiando la visión de las utilidades a corto plazo, poniendo en riesgo la sustentabilidad ambiental y la permanencia de la organización y su entorno.
4. Desarrollar habilidades de innovación para enfocar el crecimiento organizacional y la rentabilidad económica en base acciones de sustentabilidad
5. Considerar que las organizaciones no son entes independientes, sino interdependientes, con otras, con la sociedad y con el medio ambiente mismo.
6. Establecer planes y programas para incrementar la rentabilidad económica y crecimiento en función de acciones de preservación del medio ambiente y el uso sustentable de recursos
7. Incrementar los negocios, los procesos, el uso de los productos y las tecnologías "verdes".

Un complemento a su aportación (Lundy y Ricketts, 2011): La rentabilidad, pero sobre todo la sostenibilidad es una evidencia de salud financiera; aquellas compañías que llegan a ella, o que operan según mejores prácticas ambientales, sociales o gubernamentales están posicionadas estratégicamente para superar económicamente a las demás empresas a largo plazo.

La salud financiera se observa cuando las organizaciones muestran esa visión y crecimiento a largo plazo, vistas como se ha hecho desde hace años, desde el punto de vista económico.

Aunque lento, concordará usted, la integración de los aspectos ambientales y la sustentabilidad se va dando en muchas organizaciones, generalmente encabezadas por aquellas que económicamente están bien o que por su estrategia de mercado lo requieren, pero finalmente lo están haciendo, como es el caso de Coca-Cola (FEMSA, 2012), que establece su política de sostenibilidad, no de sustentabilidad por cierto, como "Entendemos que para ser sostenibles, debemos ser responsables en nuestro ámbito de negocio e ir más allá Generando Valor Económico, Social y Ambiental simultáneamente de manera consistente". La instancia sería a que todas las organizaciones pugnáramos por ello.

Toda empresa que este comprometida con el entorno en donde se desarrolla, tiene la responsabilidad de buscar estrategias que le permitan ser rentable y pueda crecer en un mercado que exige cada vez más.

Algunas consideraciones por enumerar algunas serian: 1. Reducir los tiempos de entrega de los productos y de facturación; 2. La estandarización de los procesos; 3. Anticiparse a las necesidades de los clientes y darles una solución integral; 4. Fomentar el trabajo en equipo; 5. Comprometer a los empleados con las metas de la empresa, y; 6. Generar valor agregado y reconocimiento del consumidor.

Las empresas en los últimos 15 años se han enfrentado a situaciones como la globalización y la automatización de los procesos de los negocios, a un mercado competitivo y se han visto en la necesidad de crear estrategias que les permitan ser competentes y tener éxito.

Se han formulado quizá la pregunta: ¿Con qué estrategia podemos hacer frente a este mercado? A partir de esto entonces es necesario plantear este concepto: estrategia. La cual ha sido considerada un modelo o plan que integra: objetivos, políticas, programas y acciones para alcanzar la visión de la organización.

En cierta medida permite la organización y asignación de recursos que utiliza la organización misma en sus procesos productivos y/o de servicios. Así mismo permite identificar el entorno interno y externo al que se enfrenta el modelo de negocio que maneja.

Por lo tanto y como lo indica Markides (2000): "Diseñar y articular una estrategia competitiva de éxito es una tarea que no termina nunca, la que podemos identificar como exitosa hoy, mañana puede no serlo, por ello debemos entender el proceso de formación de una ventaja sostenible como un proceso dinámico e innovador, con una estrategia distintiva cambiante y adaptativa".

Las estrategias deben evolucionar y ser adaptativas a los nuevos tiempos, no pueden permanecer estáticas sino dinámicas para poder lograr el éxito esperado o mantenerlo de ser posible. Por lo tanto, se debería considerar las cinco fuerzas que establece Porter (2011), las cuales son un marco de referencia para analizar el contexto en el que se desarrolla una empresa en cuanto a competencia y poder desarrollar estrategias de negocio. Estas son: 1) Amenaza de productos sustitutos; 2) Amenaza de nuevos entrantes o competidores en la industria; 3) Rivalidad entre competidores; 4) El poder de negociación de los proveedores, y; 5) El poder de negociación de los clientes.

De tal forma que la organización pueda detectar aquellas oportunidades de inversión y rentabilidad de un sector en especial, lo que permitirá hacer proyecciones de inversión a futuro.

De lo que aportas, quiero rescatar algo muy importante referido a poder diseñar y articular estrategias que tengan una vigencia respecto a las situaciones y problemas actuales. Ello implica asumir una responsabilidad social empresarial, la cual consiste no solo en "...responder ante sus accionistas por los resultados de su gestión financiera, sino también en los frentes social y ambiental ante la sociedad" (Aguilera, 2012, p. 6).

Esta definición permite comprender que las grandes prioridades son la que corresponde a la rentabilidad o captación de utilidades para los inversionistas, el bienestar social que es brindar productos y servicios de calidad para los clientes o usuarios, y finalmente ser constitutivo de un compromiso con el medio ambiente, por lo cual plantear estrategias en esta dimensión hace posible que le desarrollo de rentabilidad y crecimiento sea no solo sostenido sino sustentable.

Estoy de acuerdo en tu propuesta sobre lo que mencionas que se debe considerar las cinco fuerzas que establece Porter (2011) para poder desarrollar estrategias de negocio. Todo cambio en la organización debe estar bajo un plan que lleve a la empresa controlar las repercusiones provocas por la introducción de las

nuevas políticas, tratando de castigar lo menos posible la utilidad y la rentabilidad y a la vez, crear valor a la empresa.
Suena difícil pero es lo que siempre se hace. Las Pymes trabajan sin mucha estrategia y prácticamente de manera intuitiva.
Cada día los mercados nos dan nuevas sorpresas, en el segmento de la tecnología, que es donde me desarrollo, cada vez es más específica la especialidad, pues la diversidad de actividades en las empresas ha aumentado. Hay carreras profesionales orientadas a las aplicaciones, otras más a los juegos de video, en fin. Especialidades que hasta hace unos años era impensable que pudieran existir.
Los cambios de paradigmas ya no es suficiente que nos llamen al cambio, también a que seamos flexibles y rápidos para responder efectivamente a los mercados que cada vez sus cambios son más rápidos y más difíciles de distinguir y comprender.
Los tiempos de hoy, entre otras variables, son los tiempos de la sustentabilidad, de la reducción de los impactos ambientales adversos en las diversas regiones del planeta, esto, para que no solo se piense en términos de capital económico (solo dinero), sino en el capital ambiental que necesitamos y que las próximas generaciones requerían con urgencia, si es que no ya es urgente en algunas zonas del mundo.
Tomo lo que se menciona en el Resumen ejecutivo de Estrategia de Medio Ambiente y Desarrollo Sostenible de la Cooperación Española, es aplicable en nuestro país y cualquier otra parte en la tierra:
"La Estrategia considera el medio ambiente como el elemento central para poder alcanzar un desarrollo social y económico sostenible". En ella se relaciona explícitamente las necesidades humanas, en cuanto a los derechos sociales básicos y al desarrollo económico, con la capacidad biológica de los ecosistemas, para satisfacerlas. Contempla dos retos de adaptación en dos niveles: 1. A nivel internacional, se considera imprescindible y urgente integrar de forma efectiva el componente ambiental en los planes de desarrollo, el apoyo de la gobernanza ambiental, y el fomento de enfoques participativos que involucren sistemáticamente a un

amplio abanico de actores del desarrollo en la sociedad civil. 2. A nivel nacional, al contemplar la problemática medioambiental, desde la óptica de la sostenibilidad, y ser una prioridad horizontal y sectorial, busca unificar y determinar criterios."

Muy interesante y pertinente el retomar las cinco fuerzas de Porter (2011) al abordar el tema de las estrategias y la rentabilidad de una empresa.

Como puede inferirse, en la medida en que una empresa incorpore criterios de rentabilidad "verdes" la economía verde se irá propagando cada vez más. Por ejemplo, si una empresa enfrente como posible amenaza la incorporación al mercado de productos sustitutos "verdes" o competidores "verdes", seguramente implementará también estrategias "verdes" para poder continuar dentro de la competitividad del mercado en que se encuentra y obtener ganancias.

La industria es el medio para lograr un crecimiento inclusivo, pero es evidente que no podemos continuar con el modelo de desarrollo del último siglo. La palabra "Innovación" ha pasado a través de los años de un concepto solo para aquellos que tienen dinero para hacerlo, al concepto que es indispensable para sobrevivir en los mercados cambiantes, sin importar el giro.

Similar es lo que sucede con la palabra "Sustentabilidad", que al día de hoy hay un gran número de empresas que no se ven interesados en este tema.

Una empresa debe adoptar nuevas políticas basadas en la sustentabilidad para aumentar su rendimiento, pero requiere de un programa de cambio que le permita conocer el mercado con la nueva visión, cambiar la mentalidad de la organización, buscar la diferenciación, buscar oportunidades que aumenten su beneficio; en fin, establecer un plan estratégico que le permita aprender las nuevas políticas adquiridas y a la vez, que le genere rentabilidad (Godínez et. al., 2012).

La economía verde es un nuevo modelo de desarrollo económico destinado a mejorar el bienestar de los seres humanos y la equidad social y que, al mismo tiempo, reduce los riesgos ambientales y las escaseces ecológicas. Es necesario el apoyo tanto público como privado para ayudar a que las empresas aumenten el nivel ecológico de su producción y cadenas de suministro. De la misma manera, la cooperación en materia reglamentaria, la asistencia técnica y financiera y el desarrollo de capacidades serán factores críticos para que los países en desarrollo puedan beneficiarse de las nuevas oportunidades de comercio ecológico (Ambientum, 2013).

El concepto de "economía verde" no sustituye al de "desarrollo sostenible", pero hay un creciente reconocimiento de que el logro de la sostenibilidad requiere casi indispensablemente de contar con una economía adecuada y correcta. Durante décadas, para crear riqueza se ha seguido un modelo de "economía marrón" que no abordaba de manera sustancial problemas tales como la marginación social o el agotamiento de los recursos, con lo que todavía estamos lejos de alcanzar los Objetivos de Desarrollo del Milenio. La sostenibilidad sigue siendo un objetivo vital a largo plazo, y para alcanzarlo es necesario enverdecer la economía.

Para realizar la transición a una economía verde se requieren de una serie de circunstancias favorables específicas, las cuales consisten en normativas, políticas, subsidios e incentivos nacionales, así como el mercado internacional, la infraestructura jurídica y los protocolos comerciales y de ayuda. En la actualidad, las condiciones son notablemente propicias para la economía marrón prevaleciente, la cual, el consumo energético, depende excesivamente de la energía procedente de los combustibles fósiles (PNUMA, 2011b).En el último cuarto de siglo la economía mundial se ha cuadriplicado, beneficiando a centenares de millones de personas. Sin embargo, en el mismo período de tiempo, el 60% de los principales bienes y servicios de los ecosistemas del mundo, de los que depende el sustento del ser humano, se han degradado o utilizado de un modo insostenible. Así pues, el crecimiento económico de las últimas décadas ha sido alcanzado agotando los recursos naturales, sin dar tiempo a que las reservas se regeneren y permitiendo la degradación y pérdida generalizadas de los ecosistemas.

Por ejemplo, sólo el 20% de las poblaciones de peces comerciales, la mayoría correspondiente a especies con un precio más bajo, se explota por debajo de su capacidad; el 52% se explota al máximo, sin expansión posible; en torno al 20% se explota por encima de su capacidad, y el 8% se ha agotado. El agua comienza a escasear y se prevé un incremento del estrés por déficit hídrico en un plazo de 20 años, cuando las reservas de agua satisfarán las necesidades de solo el 60% del mundo; el rendimiento de la actividad agrícola ha aumentado debido fundamentalmente al uso de fertilizantes químicos, con lo que se ha reducido la calidad del suelo, y no se ha puesto freno a la creciente deforestación. Trece millones de hectáreas de bosque se perdieron anualmente en el periodo 1990-2005. La carestía ecológica está afectando seriamente a toda una gama de sectores económicos de los que depende el suministro de alimentos del hombre (pesca, agricultura, agua dulce, bosques) y el sustento de los más desfavorecidos. La escasez ecológica y la desigualdad social son rasgos definitorios de una economía que está muy lejos de ser “verde”.

Desde un enfoque integral que sea económico, ecológico y social podemos ver posible el uso adecuado de recursos, el proceso de producción y el ahorro de energía, reflejados en un muy seguro decremento de los costos ambientales y económicos, de esta manera se puede impactar positivamente en la rentabilidad financiera de la empresa.

“Rentabilidad es una noción que se aplica a toda acción económica en la que se movilizan unos medios, materiales, humanos y financieros con el fin de obtener resultados. En la literatura económica, aunque el término rentabilidad se utiliza de forma muy variada y son muchas las aproximaciones doctrinales que inciden en una u otra faceta de la misma, en sentido general se denomina rentabilidad a la medida del rendimiento que en un determinado período de tiempo producen los capitales utilizados en el mismo.

Esto supone la comparación entre la renta generada y los medios utilizados para obtenerla con el fin de permitir la elección entre alternativas o juzgar la eficiencia de las acciones realizadas; según que el análisis realizado sea a priori o a posteriori" (Sánchez, 2002, pág. 54).

De acuerdo al tema del foro, las estrategias de eficiencia podrían apoyar a las empresas en su rentabilidad en la mejora de sus productos o servicios para que se puedan enfrentar a un mercado más competitivo y sustentable.

¿Qué consideraciones se deben incorporar?

Rediseño de productos: Cuando se trata de mejorar un producto por ejemplo, el diseño de estos puede incluir materiales más baratos e incluso reciclables, lo cual reduciría en gran medida el costo que implica producirlos.

Retrabajos: Por otro lado, la aplicación de sistemas de gestión de la calidad puede reducir la cantidad de errores que incluso genera un aumento de costo al tener que volver a hacer el trabajo.

Certificación: El trabajar para obtener un certificado de calidad como ISO, permite que la empresa aplique reingeniería de procesos, estandarización, una cultura de calidad diferente y bajo el concepto de sustentabilidad una cultura ecológica; entre otras más que se pueden considerar, siempre que brinde beneficios económicos, sociales y ambientales.

Una de las cuestiones que se han vuelto tradicionales y dogmáticas en una empresa, es el hecho de establecer prerrogativas que determinan lograr el diseño de estrategias de crecimiento y desarrollo que deben sustentarse en la eficiencia y eficacia. En este sentido, Torrents (2004), señala que dentro de la funcionalidad de las empresas, existe una herencia que estriba en los postulados del enfoque de eficiencia en relación con la eficacia que deriva de la ingeniería industrial y de la relación del tiempo-movimiento.

Se trata de un enfoque en el que las organizaciones empresariales establecen su éxito de eficiencia y eficacia en la manera en que puedan lograr maximizar sus recursos frente a los costes de su producción para que así logre alcanzar sus metas y objetivos.

En la medida que una empresa logre ser eficiente y eficaz podrá ostentarse como una entidad exitosa y competitiva. No obstante, ante la realidad que guarda su estancia dentro del contexto actual,

esta eficiencia y eficacia ha de combinarse con nuevos parámetros que hagan posible una estadía más integral y comprometida.
Se trata de establecer objetivos para constituirse en una empresa no solo eficiente y eficaz que le hagan ser sostenible, sino también ser una empresa sustentable. En este sentido, la empresa debe seguir teniendo como supuestos y consideraciones fundamentales lograr índices positivos de productividad, a través de la satisfacción de los clientes o usuarios al exterior, y alcanzar el bienestar de los empleados al interior de la empresa.
Pero además, señala Berges (2013), las empresas deben implementar el desarrollo de un criterio innovador como parte de la integralidad productiva, debiendo ser entidades ecoeficientes, lo cual implica la combinación y equilibrio de aspectos más allá de los productos y servicios que produce y ofrece a los clientes y usuarios.
Berges (2013) retoma del Instituto Internacional para el Desarrollo Sustentable, señalando que alcanzar la ecoeficiencia es "...adoptar estrategias de negocio que cumplan con las necesidades de la organización y sus accionistas, al tiempo que protegen, mantienen y mejoran los recursos naturales y humanos que se necesitan en el futuro".
Por tanto, una empresa que puede cumplir con sus objetivos de producción, logrando ser rentables porque alcanzan márgenes amplios de utilidades, como producto de la satisfacción de los clientes o usuarios, así como permitir que los trabajadores logren una estabilidad económica, pero que además en conjunto pueda eficientar los recursos, sin que este éxito productivo implique abuzar de ellos, sino por el contrario racionalizarlos.
En este sentido será determinante para alcanzar el éxito dentro de un paradigma nuevo sobre desarrollo y crecimiento tanto empresarial como organizacional, que aparte de ser productivo, ofrecer satisfacción interna y externa, las empresas deben alcanzar la sustentabilidad empresarial, lo cual "...se traduce en un reto a la innovación, a la creatividad y a la experimentación de nuevas formas de producir y hacer negocios..." (Berges, 2013). Lo anterior implica la construcción y aplicación inmediata de un nuevo enfoque

para el funcionamiento y regulación de la rentabilidad y crecimiento de las empresas.

El segmento de los negocios que comenzaron a aparecer tímidamente hace muy pocos años y que se han ido consolidando como empresas innovadoras y, además, socialmente responsables, son las dedicadas a la agricultura orgánica. Ellas surgieron muchas veces del esfuerzo de colectivos empujados por el capitalismo productivista hacia la marginalidad, y descubrieron que la fusión de los "viejos saberes" con las tecnologías transferidas de cualquier lugar del planeta en el que se hubiese avanzado en la investigación y aplicación de ecotécnicas, podría resolver los problemas de eficacia y eficiencia que mencionas.

Pero además, lo han hecho dentro de una filosofía que antepone "el desarrollo sustentable y la seguridad alimentaria" a la simple vocación de producir para vender. Así lo manifiesta en su sitio web la comercializadora argentina de productos orgánicos certificados Jardín Orgánico (2015), en el que asegura que "promueve el cuidado de los recursos naturales y el respeto por la vida humana". En estos últimos conceptos radica su eficacia, y en el sobrevivir dentro del competitivo mercado de la alimentación se muestra su eficiencia. Si en los próximos años sobrevive (como ha sido el caso de pequeñas agroindustrias orgánicas mexicanas), los componentes de la sustentabilidad se habrán aplicado con éxito y servirá como ejemplo a quienes aún dudan de que es posible alcanzar el equilibrio financiero sin desproteger al planeta.

Hay que recordar que la mayoría de las empresas a nivel mundial pertenecen al sector privado, y que más del 90% de los empleos se generan en este sector.

Según la Organización Internacional de Trabajo (OIT), las empresas no solo tienen la responsabilidad de la creación de empleo y a la reducción de la pobreza, sino también a aceptar su responsabilidad haciendo frente al cambio climático y la sostenibilidad ambiental, pues muchas de sus actividades directas o indirectas afectan al medio ambiente (OIT, 2014).La OIT propone que para abordar el cambio climático y la sostenibilidad ambiental, se requiere de empresas que puedan proveer y usar tecnologías ambientales

adecuadas y satisfacer la creciente demanda de productos y servicios ecológicos.
A nivel global, la OIT nos comenta que las organizaciones gubernamentales ya están implementando en sus políticas la promoción de los enfoques sostenible basado en las personas para el desarrollo de empresas.
No tarda mucho en que el nuevo paradigma de sustentabilidad termine por cambiar al resto de la población empresarial de tal manera que que su desarrollo sostenible pueda ser parte de sus objetivos estratégicos.
Las empresas tienen metas de rentabilidad. Nadie abre una empresa deseando no obtener ganancias. Sin embargo, el mantener este balance ecoeficiente es una decisión inteligente que coaadyuva en la consecución de metas organizacionales a la par que protege nuestra especie y nuestro hábitat.
La ecoeficiencia debe ser un valor que toda empresa u organización debe incluir en su filosofía institucional.
Las estrategias más utilizadas para alcanzar el alto rendimiento de acuerdo con la literatura actual del tema, se centran en tres grandes ejes: estrategias de eficiencia, de vinculación y de renovación. Las dos primeras son de efecto más inmediato, la tercera, de medio plazo.
Las estrategias de eficiencia se centran en mejorar los atributos del producto de cara al mercado, mejorar la estructura de costes y mejorar la utilización de activos.
Las estrategias de vinculación persiguen incrementar el valor percibido y, a la vez, involucrar a los agentes finales (clientes) y a los agentes intermedios en el mercado (prescriptores) o relacionados (stakeholders).
Las estrategias de renovación buscan expandir oportunidades de negocio y mejorar la aceptación del producto.
A la hora de diseñar las estrategias, las empresas de alta rentabilidad desarrollan, entre otras, estrategias basadas en la eficiencia, así como las que impulsan la penetración en el mercado:
1. Eficiencia (Mejorar la estructura de costes y Utilización adecuada

de los activos); 2. Penetración en el mercado (Incremento de valor para los agentes, especialmente para los clientes).

Definitivamente hoy en día todas las empresas deben de crear nuevas estrategias para poder vivir en un ambiente globalizado en donde la competencia está en todos los sentidos y en donde cada uno de los seres humanos y organizaciones debemos de innovar para no tan solo sobrevivir sino, para crecer día con día.

En relación a la rentabilidad de las acciones ambientales, el crecimiento económico en la segunda mitad del siglo XX y los inicios del XXI ha sido alcanzado agotando los recursos naturales, sin dar tiempo a que las reservas se regeneren y permitiendo la degradación y pérdida generalizadas de los ecosistemas. Esto es algo que ha sucedió en mayor o menor escala, pero ha sucedido en diversas partes del mundo. Las empresas como los individuos hemos perdido la conciencia de que vivimos de lo que la naturaleza provee.

Es posible percibir que el consumismo, ha hecho que las personas y las empresa pensemos en rentabilidad de corto plazo, es decir aprovechar todo lo que tenemos a la mano en el momento, sin pensar en su recuperación o regeneración, natural o provocada.

Con base en la interrogante de si la rentabilidad y el crecimiento de las organizaciones, en el futuro inmediato, deberá tomar en cuenta y basarse realmente en la sustentabilidad, es decir usando de forma inteligente y precavidamente los recursos naturales, podemos generar una amplia gama de respuestas de acuerdo a diferentes posturas.

El mundo está cambiando, de eso no hay ninguna duda y parte de ese cambio incluye, por cierto, el ámbito corporativo. Estamos frente a nuevos paradigmas empresariales que adaptan y amplían los tradicionales; los ciudadanos están más informados, conscientes, interconectados, participativos y empoderados, y abogan por mayor transparencia y creación de valor social por parte de las compañías. Hoy se espera que, con su dinamismo, capacidad de ejecución y adaptación a los cambios y vaivenes de la economía, la empresa siga siendo un actor cada vez más importante en la solución de problemas que urgen al país, apoyando con su actividad, conocimientos y habilidades en gestión, al objetivo de alcanzar los niveles de desarrollo económico y social que el país aspira a tener a fines de esta década.

Actualmente se han buscado establecer una serie de Compromisos empresariales y buenas prácticas recomendadas, las cuales incluyen:

1. Transmitir, a todos los públicos de interés, la misión de la empresa y su aporte en la calidad de vida de las personas, comunidades y sociedad en general, a través de la implementación de un programa de mejores prácticas corporativas.
2. Fomentar la rentabilidad ética y sustentable. En otras palabras, equilibrar presiones de rentabilidad de corto plazo, compatibilizándolas con una mirada orientada a la sustentabilidad humana, social, económica y ambiental, en el proceso de creación de valor compartido.
3. Tener siempre presente en la toma de decisiones la distinción entre legalidad y legitimidad. Es indispensable mantener una conducta ética intachable, yendo más allá de lo que la ley exige y promoviendo la legitimidad de las estrategias con empatía con los públicos de interés, tanto de hoy como de las generaciones futuras.
4. Definir y promover valores empresariales que guíen el proceso de decisión. Asimismo, contar con un código de conducta de negocios que facilite el actuar de todos los colaboradores en situaciones delicadas o dilemas éticos, cuidando así la estrategia definida para alcanzar la misión de la compañía.
5. Crear y liderar un comité de ética que monitoree la gestión y promoción de las mejores prácticas.
6. Desarrollar estrategias que permitan prevenir, detectar y monitorear la cultura ética y de cumplimiento de la empresa.
7. Comunicar de manera efectiva la importancia de actuar conforme a los valores corporativos y proteger el desarrollo sustentable de la empresa y la relación con sus públicos de interés. Es esencial que el Gobierno Corporativo transmita su conocimiento a través de canales apropiados, capaces de alcanzar todos los niveles de

la organización: a) Mantener una alta visibilidad interna del código de conductas éticas: sitio web de la compañía, repartirlo físicamente, intranet, videos de reforzamiento, entre otras plataformas, y; b) Acoger, escuchar y generar un diálogo constructivo con los diferentes públicos de interés.

8. Formar y entrenar a los colaboradores en relación al alcance y significado de la misión, valores y código de ética. El formato de dichas instancias formativas puede ser cursos, talleres, capacitaciones, seminarios o jornadas de sensibilización.
9. Implementar un sistema de reporte, anónimo y confidencial (Línea de Denuncias), donde colaboradores, clientes o cualquier stakeholder de la empresa pueda realizar denuncias de manera segura, facilitando reacciones oportunas y resultados concretos.
10. Contar con procedimientos y protocolos preestablecidos de investigación, en caso de detección
11. Contar con un régimen de sanciones disciplinarias suficientemente difundido y conocido por los colaboradores, orientado a transgresiones, irregularidades o ilícitos. Aplicar dichas sanciones si tiene lugar una infracción.
12. Contar con un sistema de mejora continua del Programa de Mejores Prácticas Corporativas.
13. Incorporar en los directorios un reporte del estado de avance de la cultura ética y de cumplimiento de la empresa.
14. La nueva concepción de rentabilidad, crecimiento y desarrollo implica la asunción del carácter social de la empresa en interacción constante con la sociedad, la necesidad de dotar de una visión amplia en los negocios que considere sus efectos a nivel local, regional, continental y global, apostando a la consecución de objetivos a mediano y largo plazo (Hitt et. al., 2011).
15. Una de las principales consideraciones hoy en día es la responsabilidad social, esto genera Eficiencia y Rentabilidad, hay que buscar un Desarrollo de triple dimensión: económico, social y ecológico y esto debe de ser totalmente alineado a un Desarrollo sostenible que busque compatibilizar la explotación racional de recursos naturales y su regeneración, eliminando el

impacto nocivo de la acción del ser humano, en general, y de los procesos productivos en particular, para satisfacer las necesidades de las generaciones presentes sin poner en peligro que las generaciones futuras puedan satisfacer las suyas".

Por otra parte tenemos que tener bien claros los insumos de los resultados financieros de la rentabilidad: 1. Capital Financiero; 2. Capital de clientes; 3. Capital de innovación; 4. Capital de conocimiento; 5. Capital emocional, y; 6. Capital de proceso.

Hay que considerar un orden integral para que el crecimiento, desarrollo y rentabilidad se logren a corto, mediano y largo plazo.

En las dos últimas décadas se ha hablado mucho de la responsabilidad social, y como en muchos otros casos son conceptos que se van entendiendo por las organizaciones en tanto se va dando la madurez en el concepto, los resultados que se van logrando y sobre todo el valor agregado que dan a la organización.

El concepto de responsabilidad social empresarial, de acuerdo al Centro Mexicano para la Filantropía (Cajiga, 2009), es una nueva forma de gestión y de hacer negocios, en la cual la organización se ocupa de que sus operaciones sean sustentables en lo económico, lo social y lo ambiental, buscando la preservación del medio ambiente y la sustentabilidad de las generaciones futuras, entre otros de sus objetivos.

Lo anterior es quizá una de las estrategias que las organizaciones pueden ir desarrollando como un medio de lograr esa combinación tan crítica de rentabilidad económica y protección al medio ambiente; sostenibilidad y sustentabilidad con el mismo valor estratégico. El Capital Ambiental como otra de las fuentes de generar riqueza, a través del ciclo de sustentabilidad, usa recursos y ayuda a regenerarlos (PNUMA, 2011).

Cuando hablamos de sostenibilidad aplicada a la estrategia empresarial, estamos hablando de algo que va más allá del cumplimiento de las obligaciones jurídicas, fiscales o laborales; estamos hablando de ir más allá de dicho cumplimiento, invirtiendo más en el capital humano, el entorno y las relaciones con los interlocutores.

Las empresas no son entes etéreos, son organizaciones que se componen de personas. Todos los que trabajamos en ellas somos responsables de su comportamiento directa o indirectamente y, por ello, en parte de la contribución de ésta al desarrollo sostenible.
Muchas empresas han comenzado ya evaluando sus capitales, identificando experiencias donde aplicar este modelo de desarrollo, organizándose para facilitar la alineación de sus compañías en torno a esta oportunidad (Alfaya y Blasco, 2002).
Lo cierto es que en la actualidad las empresas enfrentan nuevos retos no solo con las estrategias usuales si no que tiene que integrar la sustentabilidad como parte integral de su desarrollo además de que debe desarrollar estrategias que integren la normatividad existente, logrando un equilibrio entre autoridades, empresas y sociedad.

2.2. Retorno de la Inversión

Cuando nos enfrentamos a problemas en los que se busca, principalmente, el beneficio social, existen métodos para convertir en números las variables semicualitativas y para proponer modelos de cálculo para aquellos que son casi completamente subjetivos.
Pare el primero de los casos, es necesario, antes de comenzar a evaluar, definir con la mayor precisión posible qué es lo que se desea medir. Por ejemplo, en el Plan de Ordenamiento y Manejo de las Cuencas de los Ríos San Miguel y Putumayo, los gobiernos de Colombia y Ecuador establecieron que "la estrategia espacial del Plan ha permitido concebir impactos diferenciados de acuerdo con el tipo de utilización actual de suelo. Así, en las áreas ocupadas las acciones se dirigen a modificar los patrones de actuación de los campesinos, de forma que utilicen modelos de producción más adecuados a la realidad ecológica del trópico húmedo amazónico y adaptados a la unidad ecológica y la aptitud de las tierras en que se encuentren ubicados" (OEA, 1995, cap. 6.1).
A partir de lo anterior, se tendrían qué medir las diferencias de productividad y su consecuente proyección en producción esperada

en los próximos 5 a 15 años, una vez que se modifique el uso del suelo. Ello se mediría en el valor de las cosechas, en dólares o euros, por hectárea o por región. Igualmente se proyectaría (en divisas) el aumento en la producción por el cambio de hábitos que se van a implementar. Hay que tener en cuenta que el proyecto de la OEA no va a tener ningún ingreso, aunque los campesinos sí lo obtengan. Lo que se estaría evaluando es el Plan, pues a partir de él se harían inversiones "a fondo perdido". También se podría medir la cantidad de aves que se benefician con el nuevo hábitat y su esperanza de supervivencia, utilizando modelos bióticos. Lo mismo sucedería con cultivos asociados o con prácticas de producción rescatadas o incentivadas mediante transferencias tecnológicas. Cada rubro se mediría en su impacto final, a lo largo de los años, convirtiendo sus beneficios a divisas.

Respecto a lo subjetivo, es decir, a lo que no se palpa fácilmente, se tiene la contabilidad de gases de efecto invernadero que se evitaría lanzar a la atmósfera, el ahorro en combustibles por utilizar (las nuevas prácticas tendrían que ser más racionales), el ahorro en fertilizantes químicos (habría que ser más orgánico y menos agresivo con pesticidas y químicos), la conservación de la flora y la fauna nativa al evitar las especies genéticamente modificadas (recordemos que la biogenética también tiene una cara negativa), la nueva expertez de los campesinos, quienes aprendería nuevas técnicas de explotación y venta, etcétera.

Todas esas cifras (y muchas más), se contabilizan como cualquier otro elemento de las finanzas tradicionales, y se realizan las corridas financieras necesarias para saber si los costos sociales serían mayores que los beneficios sociales (siempre medidos en la misma divisa y para el mismo año proyectado). El modelo para calcular el punto de equilibrio, el año de retorno de la macro-inversión y la tasa de rentabilidad es muy parecido al que se utiliza para la calcular la rentabilidad financiera.

Al final se obtendría un porcentaje, como por ejemplo "el 13% de rentabilidad social". En ese caso, aunque la rentabilidad financiera sea muy baja o nula, si la tasa de retorno supera la expectativa del organismo financiador, se da por bueno el proyecto. La evaluación

diría: el proyecto "X" tiene rentabilidad financiera cero, rentabilidad social 13%, y punto de equilibrio en el año 3, dentro de una vida útil del proyecto de 10 años.
En resumen, se trata de un concepto conocido generalmente como "evaluación social", la cual cada vez se hace más importante, pues aún empresas tan capitalistas como NIKE o Coca Cola o Microsoft, patrocinan proyectos sociales en los que el dinero no se regala para proyectos aparentemente buenos o nobles, sino para aquellos que demuestran serlo.
Es evidente que muchas de las preocupaciones relacionadas con el agotamiento de los recursos naturales y la degradación del medio ambiente se reflejan en el concepto de desarrollo sostenible. Este concepto fue inicialmente definido por la "Comisión para el Medio Ambiente y el Desarrollo" conocida también como "Comisión Brundtland": "La humanidad tiene la habilidad de hacer que el desarrollo sea sostenible" para asegurarse de que satisfaga las necesidades del presente, sin comprometer la habilidad de las generaciones futuras de satisfacer sus propias necesidades´ (Bruntland, 1987, p.8). La Comisión adicionalmente postula (p.9) que: "...el desarrollo sostenible no es un estado fijo de armonía sino que un proceso de cambio en el cual la explotación de los recursos, la dirección de las inversiones, la orientación del cambio tecnológico, y el cambio institucional debe ser consistente con las necesidades tanto futuras como presentes".
Tratando de recapitular algunos aspectos en este foro, de los temas que anteriormente abordamos, comparto que hace ya más de 20 años que la responsabilidad corporativa comenzó a hacerse presente en las agendas de negocios; sin embargo, muchas compañías aún hoy se preguntan cómo medir el Return On Investment (ROI) de ésta. Un elevado número de firmas ingresan al tema pensando que con ello obtendrán reputación empresarial y que ésta se traducirá en ventas. Nada más alejado de la realidad.
La responsabilidad social no es un aditivo que se le agregue a la estrategia de las empresas, en realidad es la Estrategia. Académicamente la fórmula del ROI está diseñada para indicar el

beneficio obtenido de una inversión, y materialmente se expresa de la siguiente manera: ROI= (beneficio obtenido – inversión)/inversión Es decir, al beneficio obtenido de una inversión se le resta el costo de dicho gasto realizado. Luego, eso lo dividimos entre el costo de la inversión, y el resultado es el ROI.

En el caso del retorno de los proyectos sustentables, ya que con esta práctica, se miden los efectos indirectos que se tendrán con la implementación del proyecto, ya que la recuperación de la inversión a la implementación de un proyecto en ocasiones puede ser contraproducente al medio ambiente, y el criterio social busca maximizar los beneficios (no solo utilidades), crear empleo, nivelar la balanza comercial, incrementar el valor agregado, ayudar a un sector de la población con ciertas características, etc.

Considero que son varios factores para que una empresa cuantifique el retorno de las inversiones y el principal es la parte económica ya que nadie se interesaría en una empresa u organización que tenga puras pérdidas. La empresa en cada uno de los ejercicios económicos en que divide su vida productiva obtiene un resultado que puede ser positivo o negativo; en el primer caso estamos ante el beneficio obtenido y en el segundo caso ante la pérdida generada.

El resultado de la empresa proviene básicamente de la actividad o actividades específicas que constituyen el objeto principal de la misma (resultado de explotación), aunque también hay que contemplar el derivado de actividades que se realizan de manera ocasional o esporádica, por lo que se catalogan como cosas irregulares.

La actuación de una empresa se realiza dentro de un conjunto económico en el que se interrelaciona con las acciones de otras unidades económicas. De ese mundo exterior requiere un conjunto de recursos o insumos, aptos para sus planes económicos y que darán lugar a unos productos u outputs, que para ciertas unidades económicas serán los inputs, mientras que para otras serán bienes o servicios de consumo inmediato.

Para realizar esta transformación de inputs en outputs la empresa acudirá a los distintos mercados de factores para lograr el suministro necesario para su proceso de producción. Como contraprestación, la empresa remunera a los factores de la producción individualmente por agentes o elementos que hayan intervenido (salarios, intereses, alquileres, etc.), generando de esta manera las rentas monetarias individuales (salarios, intereses, alquileres, dividendos, etc.) y, por tanto, anticipando a aquellos su participación en el producto nacional porque estos factores realizan su actividad y perciben su remuneración con anterioridad a la obtención del producto.

La empresa da salida a la producción creada a través de sus mercados de venta. A cambio obtendrá unos medios financieros con los que recupera los valores anticipados más un excedente que constituirá la compensación por la organización y dirección del proceso productivo y por el riesgo técnico económico asumido; en otras palabras, este excedente representa su beneficio.

La herramienta fundamental para la determinación del beneficio es la contabilidad. Su determinación contable (beneficio o quebranto de ejercicio) se puede realizar por dos procedimientos distintos; el primero consiste en hallar la diferencia entre el valor del patrimonio de la empresa al terminar el período al que referimos la observación y el patrimonio al inicio de dicho período (restando, en su caso, las aportaciones efectuadas durante el período y sumando las retiradas de fondos que hubieran tenido lugar) bajo el supuesto, naturalmente, de permanencia de las condiciones macroeconómicas y el mantenimiento, en todo caso, de la eficacia del capital de empresa, esto es, bajo las condiciones de mantenimiento del valor del dinero, conservación de la capacidad de producción o eficiencia del capital y mantenimiento asimismo de su valor de liquidación.

El segundo procedimiento de determinación del resultado consiste en la consideración y medida directa de las dos corrientes que con distinto signo concurren en la formación del resultado de la empresa, valorando también las mismas con un idéntico patrón monetario de medida.

La valoración de ambas corrientes se realiza por procedimientos contables, mediante la periodificación e imputación de ingresos, costes y rendimientos habidos.
Sin embargo, el resultado de la empresa en términos absolutos, sólo puede ser conocido al final de su vida, en el momento en que ha desaparecido la eventualidad de pérdidas futuras, en que se han cumplido los compromisos contraídos y en que cesa la necesidad de mantener una capacidad productiva, el resultado nos vendrá dado por la diferencia entre el valor de lo invertido en el momento inicial de la vida de la empresa y el valor de liquidación de la misma, habida cuenta del diferente valor de la moneda en ambos momentos. Pero la necesidad de determinar todos los años un beneficio repartible tiene un carácter tan ineludible que la misma legislación lo regula y ampara, pues en efecto, el ahorro privado se retraería de acudir a los procesos de producción largos si tuviese que estar sujeto a tal espera en la percepción de beneficios. Surge entonces la necesidad de periodificar de algún modo la vida de la empresa para que, con la condición de que el proceso productivo prosiga normalmente, puedan repartirse unos beneficios. Así surge la noción del beneficio periódico relativo y repartible, que es incentivo de la inversión privada y que constituye objeto fundamental de la atención contable.
Lo que mencionas es técnicamente cierto y constituye el núcleo del control económico de las empresas desde el siglo XIV. Me refiero a la contabilidad como alma del negocio y a sus resultados positivos como meta última.
De ahí surgen toda clase de métodos para eficientar la contabilidad y para obtener de ella indicadores que permitan tomar decisiones. Al final, y simplificando en extremo, se intenta que los ingresos superen a los egresos económicos, y que el margen sea lo más grande posible.
Pues bien, hasta la década de 1980 esto era la única y real verdad. Sin embargo, la humanidad se dio cuenta que, como especie, nos encontramos en el inicio de un futuro colapso, de seguir explotando la energía, el agua y las materias primas como si fueran inagotables, y como si siempre fueran baratos y se pudiera exprimir

a los pueblos o clases sociales que los producen. Surgieron así voces que venían moviéndose desde dos décadas atrás, para concluir en el gran foro de la ONU, cuando el Informe Bruntland estableció la base teórica de la sustentabilidad.

En un primer momento fueron pocas las naciones y las empresas que lo asumieron. Hoy son una gran mayoría. La razón es evidente: estamos (como humanidad) contaminando todos los cuerpos de agua y el subsuelo; estamos acabando con bosques, praderas y hielos; estamos afectando la estratósfera; estamos provocando oleadas de migrantes que huyen del hambre y la violencia... en fin, habría que hacerse cargo del problema. Algunos líderes nacionales y otros empresariales, social y humanamente responsables, comenzaron a proponer medidas. Muchas de ellas ya están en camino, tanto a nivel de tratados internacionales como a nivel de acciones minúsculas en las empresas pequeñas.

El contrarrestar todos los males antes mencionados, tiene un costo. Si lo vemos egoístamente, el racionalizar el agua, el comprar equipos ahorradores de energía, el capacitar al personal en eco técnicas, el usar papel reciclado, el separar la basura, el sustituir los plaguicidas y herbicidas químicos por orgánicos, y un sin fin de acciones más, cuestan dinero, y si aplicamos una visión miope del ahorro, preferimos no realizarlas, en aras de maximizar hasta el último centavo.

Por eso se han desarrollado métodos para medir los impactos sociales y ambientales, así como la rentabilidad respecto a esos rubros. Y por eso la palabra "sustentabilidad" sustituyó a "ecología", pues aquella incorpora, desde su definición, los beneficios sociales, económicos y ambientales, en un solo paquete.

Para entenderlo, se necesita una visión holística, la cual no existía hace 50 años a escala planetaria. Creo que eso es lo que estamos cultivando en esta materia y, en general, en este doctorado.

El objeto de toda proyección es, en consecuencia, obtener el valor que alcanzará la variable dependiente en el caso que sus variables explicativas tomen en el período proyectado los valores que se utilizan como hipótesis. Es decir que, sólo si las hipótesis utilizadas para esos factores se verifican en el período proyectado, el valor observado de la "variable objetivo" en dicho período coincidirá con el que surge del modelo.

En la medida en que el modelo esté correctamente formulado - esto es, que contenga todas las variables explicativas y que las relaciones de éstas con la que es objeto de la proyección sean correctas - la diferencia entre los valores observado y proyectado será consecuencia, necesariamente, de la discrepancia entre los valores reales de las variables explicativas y aquéllos supuestos en el modelo de proyección. En el caso en que el modelo contenga errores, el efecto de los mismos formará parte de esa diferencia.

Partiendo de lo que Usted nos comparte, quiero añadir que de acuerdo con la ONU, para el año 2025, el 83% de la población mundial, que según se prevé será de unos 8.500 millones de personas, vivirá en países en desarrollo. Estos datos me parecen sumamente importantes para poder asimilar la relevancia de la sustentabilidad en las organizaciones.

Esto requerirá la adopción de iniciativas en materia de educación, la utilización de incentivos económicos y el desarrollo de tecnologías nuevas y apropiadas, para así garantizar suministros estables de alimentos nutricionalmente adecuados, el acceso de los grupos vulnerables a esos suministros y la producción para los mercados; el empleo y la generación de ingresos para aliviar la pobreza; y la ordenación de los recursos naturales y protección del medio ambiente.

En mi opinión, es sumamente difícil definir la producción y uso sustentable, así como existen parecidas dificultades para definir "ingreso".

Un proyecto que exceda a las capacidades de regeneración de su medio ambiente, reduce su futura capacidad para producir y en esa misma medida contabiliza como ingreso la liquidación de capitales o la depreciación. En una época cuando se consideraba infinito el capital natural en comparación con el grado del uso humano, era razonable, al calcular los ingresos, no deducir del producto neto el consumo del capital natural. Esa época ya pasó. La meta de la sostenibilidad constituye un esfuerzo conservador por mantener el

significado y la medida tradicional del ingreso, en una época en que el capital natural ya no es un bien gratuito.
Ya que la teoría económica clásica ha venido considerando como el objetivo principal de las empresas la consecución del máximo beneficio, pero actualmente la consideración hacia el máximo beneficio ha entrado en cuestión, por cuanto han nacido nuevos objetivos dentro de las empresas que han mermado una parte de terreno al beneficio, como son objetivos de crecimiento y de poder de mercado, objetivos de estabilidad y adaptabilidad al medio y objetivos de naturaleza social o de servicio a la colectividad. Pero el concepto de máximo beneficio también ha entrado en cuestión al profundizar en el concepto de beneficio y comprobar que para medir exactamente el beneficio de una empresa solo puede ser conocido al final de la vida de ésta, en el momento en que la empresa deja de existir. Sin embargo por múltiples razones las empresas están obligadas a periodificar los beneficios generalmente con carácter anual. Esta periodificación resulta ser una de las principales causas de la crítica del beneficio como medida del comportamiento de una empresa.
Toda organización, ya sea privada o pública, tiene entre sus objetivos principales ser rentable y que pueda recuperar su inversión en los plazos establecidos (Murillo, 2013).
Cuando se habla de retorno de inversión bajo en contexto de sustentabilidad, significa que se mide en función de la cantidad de dinero ahorrada en el manejo eficiente de la energía sustentable en comparación las energías tradicionales en un período de tiempo. Esto significa que si no existe ahorro no existe retorno de la inversión (Schwartz, 2011).
Un ejemplo de lo anterior tenemos a los proyectos de edificios sustentables, a nivel mundial, los edificios en general son los que consumen en promedio el 60% del total de la energía, 40% de la energía primaria, 25% del agua potable, 40% de los recursos naturales, 25% de la madera cosechada, 40 % de las emisiones de CO2, 30% de los desperdicios sólidos y 20% del agua contaminada. Una edificación sustentable reduce 30% el uso de energía, 35% de las emisiones de CO2, 30% a 50% del consumo de agua, ahorros

del 50% al 90% del costo del manejo de los desechos (Alexander, s.f.).

Otro ejemplo es UPS, el cual instaló paneles fotovoltaicos para alimentar de energía sus instalaciones, provocando ahorros sustanciales de energía y dinero sin mencionar que a partir del séptimo año la energía será gratis. Además, el uso de combustibles alternativos de sus miles de vehículos le provocó ahorros de millones de dólares al año. La reducción de energía y el uso de combustible alternativo fue el generador de un ROI financiero, fortaleciendo aún más su marca (Evia, 2013).

Está comprobado que las empresas que han adoptado algún tipo de energía renovable han obtenido un rendimiento de inversión de al menos un 15% (Schwartz, 2011).

Cuantificar los ingresos de un proyecto sustentable significa la suma de los beneficios provocados debido a la reducción de los costos de operación, ahorros gracias a la eficiencia de los procesos sustentables.

Los beneficios al medio ambiente del proyecto pueden aumentar su valor a través del tiempo, dando como resultado que su retorno de inversión sea más atractivo.

Dado que los beneficios y el retorno de inversión están relacionados, una de las variables que las organizaciones consideran como una estrategia a largo plazo para la obtención de beneficios es la sustentabilidad.

La sustentabilidad asegura un desempeño óptimo en lo relativo a los procesos de negocio, además permite alinear el liderazgo ambiental y social con mejoras claras, viables y medibles, tanto en los procesos internos como en el ecosistema donde los productos y servicios se ofrecen para su consumo (Jutras, 2009).

En torno a este tema que es bastante amplio y que se puede analizar desde diferentes perspectivas, quisiera compartir que una importante extensión de los modelos de crecimiento económico desarrollados a partir de la década de los 1970s consistió en la incorporación de los recursos no renovables como un factor de producción en las funciones de producción neoclásicas (Dasgupta y Heal, 1974; Hartwick, 1977; Solow, 1974).

De la inversión en cuanto a los proyectos sustentables, emergen algunos modelos que pueden ampliarnos la visión en esta temática. El objetivo de estos modelos era determinar sí, aún dado el carácter no renovable de estos recursos, era posible, en el largo plazo, generar niveles no decrecientes de bienestar. (Solow 1974) demostró que en un modelo de estas características, el consumo necesariamente caería a cero en el largo plazo.

Con relación a esto, se hizo necesario establecer reglas específicas que permitieran aumentar (o al menos no disminuir) el bienestar de las generaciones futuras aun cuando existieran tasas de extracción positivas de los recursos no renovables. De acuerdo a la literatura se menciona que en el contexto de una economía cerrada para mantener un flujo constante de consumo per-cápita, la sociedad debe reinvertir todas las rentas corrientes obtenidas de la utilización del stock del recurso agotable. Y el autor al final, ya que si ponemos que artículos confiables como tal, puede interpretarse que si no son de ese tal no son confiables. Hartwick (1977) De manera concreta la regla de Hartwick requiere que la inversión neta de capital sea positiva, o en otras palabras, que la tasa de cambio del capital no sea negativa (Hamilton, 1994a, 1994b). La inversión neta de capital considera inversión bruta en todas las formas de capital, menos la depreciación o el consumo de todas dichas formas de capital.

Por su parte, Solow (1986) muestra que las condiciones establecidas por Hartwick (1977) implican que existe sustentabilidad cuando el stock de capital total se mantiene constante; condición que es suficiente para que la economía permanezca sobre una senda de máximo consumo sostenible en el tiempo, y que define al capital total para cada momento del tiempo, t, como: (Capital Total) t = (Capital Físico)t + (Capital Humano)t + (Capital Natural)t (1)

La ecuación (1) resume el concepto de sustentabilidad débil, i.e, mantener constante el stock de capital total (asumiendo que la población se mantiene constante).

Desde el año 2000 a nivel global, se calculan y publican dos índices sustentables Globales: "Dow Jones Sustainability" y "FTSE 4Good", donde se analizan más de 3000 organizaciones a nivel global para integrar un índice global de 300 empresas cada uno, sin embargo a pesar que en México desde la incorporación del Índice de Sustentabilidad en la Bolsa Mexicana de Valores permite que muchas empresas comiencen a integrar la sustentabilidad desde el punto de vista estratégico ninguna empresa Mexicana participa en estos índices. Estos índices generan un marco de referencia para la medición de liquidez y operatividad.

Tanto la Bolsa Mexicana de Valores como los índices DowJones Sustainability y FTSE 4Good, publican la información necesaria para poder obtener el ROI de cada empresa.

En México, aunque el marco regulatorio actual es nuevo y no obligatorio para todas las entidades, son ya varias las empresas que han demostrado su compromiso con la sustentabilidad, utilizando tecnologías más eficientes, reutilizando sus desechos y convirtiéndolos en fuentes de energía. De esta forma, las organizaciones han creado relaciones positivas con la comunidad en las que impactan, han ido desarrollado productos que afectan menos al medio ambiente al mismo tiempo que logran el ahorro energético.

Deloitte (2011), recomienda a las organizaciones que se acerquen a especialistas para que les ayuden a identificar el actual desempeño en las diferentes áreas ambientales, sociales y de gobierno corporativo, así como identificar metas y objetivos, estableciendo las estrategias adecuadas para posicionarse como empresas sustentables, con lo cual se responderá a las necesidades del mercado y a los intereses de inversionistas en relaciòn a su desempeño sustentable. Defiende que las prácticas sustentables al interior de las empresas acarrean beneficios tanto sociales como económicos; recomienda implementar las siguientes fases en el diseño de estrategias de desarrollo sustentable: Fase1. Diagnóstico; Fase 2. Taller de trabajo sobre la visión y la prioridad estratégica; Fase 3. Plan de acción, y; Fase 4. Reporte de resultados.

Según el estudio "The sustainable edge" existen al menos tres temas que permiten hablar de un ROI de la sustentabilidad (LR2, 2014).

1. La sustentabilidad reduce costos de operación. Los resultados del estudio indican:

a. Por cada dólar invertido en sustentabilidad se pueden obtener dos dólares al ahorrar en costos de operación.
b. 79% de las empresas en que se han implementado estrategias de sustentabilidad han obtenido ahorros en los costos de fabricación
c. El 90% de las pequeñas empresas al implantar porgramas de sustentabilidad han bajado sus costos.

2. La sustentabilidad lleva a la rentabilidad. Las empresas que invierten en sustentabilidad aumentan su valor financiero y obtienen mayores ganancias.

Dentro de los índices de la bolsa de valores, por ejemlplo el desempeño del índice Dow Jones Sustainability Index reportó una mejora del 36.1% con respecto al Dow Jones tradicional.

3. La sustentabilidad permite innovar y llegar a nuevos mercados. El estudio reporta que el 70% de los consumidores buscan productos más ecológicos, que aumenta al 75.2% en el mercado de los electrónicos, 65%; en cuidado personal y 28% de quienes comparan vehículos quienes buscan unidades híbridas o eléctricas.

El cambio climático más temprano que tarde traerá consecuencias a todos los seres vivos del planeta. Tenemos la ventaja de que el desarrollo tecnológico ha permitido la creación o invento de máquinas y aparatos que ayudan o favorecen la sustentabilidad.

Algunas de las alternativas por las que podemos optar son las energías renovables, las cuales proporcionan formas de obtener energía útil para varios usos. Estas tienen menores impactos ambientales que las fuentes convencionales; la utilización de estas han permitido conservar recursos no renovables.

La SENER (Secretaria de Energia) en México, ofrece el INERE (Inventario Nacional de Energías Renovables) que es "un sistema de servicios estadísticos y geográficos que recopila información del potencial de energías renovables y de proyectos de generación de energía eléctrica a partir de fuentes renovables" (SE, 2014).

El tema de la sustentabilidad al aplicarse dentro de la operatividad de una empresa, es una cuestión relativamente nueva. La introducción de este parámetro y variable dentro de los procesos productivos de una organización empresarial, implican no solamente inversión, sino un cambio de paradigma, ya que el modelo de negocio que actualmente se tiene, finca el desarrollo solo en el planteamiento de objetivos que logren la rentabilidad del negocio.

Sin embargo, en la actualidad existen casos de empresas que han apostado a introducir el elemento de sustentabilidad como parte de su funcionalidad operativa, tal es el caso de Nike Inc. Se trata de lograr una simbiosis entre la rentabilidad y la sustentabilidad, señalando que la competitividad y productividad es posible desde un ámbito del cuidado del medio ambiente, esto es, se puede lograr y obtener ganancias o utilidades aprovechando el marco de oportunidades que ofrece por ejemplo, el uso de recursos naturales o materias primas que provienen de estos.

Nike, Inc. menciona que una de sus aspiraciones futuras es la reducción del uso de agua caliente en parte de los procesos de fabricación de sus productos, lo que implica un beneficio primario, ya que al reducir el volumen de agua caliente, también reduce el uso de combustibles.

No obstante, casos como esto son escazos en nuestro país; aún no puede constituirse como una realidad genuina; , para impulsa inciativas como estas, si existen una serie de mecanismos denominados incentivos ambientales que buscan, construir una cultura de sustentabilidad como práctica dentro de las empresas, ya que al intoroducir la sustentabilidad en la producción, la rentabilidad que se logra es aumentada, y el incentivo es un respaldo en la continuidad de estos proyectos.

"Incentivos ambientales". En términos realistas conjugar la rentabilidad económica causando un menor o nulo impacto ambiental es difícil en la lógica actual del mercado, de ahí que los incentivos ambientales sean un catalizador que apoye a bajar los precios, en tanto avanza la tecnología que hará rentables a los negocios verdes.

Según Ramos (s/f), al elegir un bien, un consumidor se basa en su presupuesto, el precio y sus preferencias. Así, de acuerdo a este autor, aunque cierto consumidor considere que la protección y cuidado del ambiente son importantes, si su presupuesto es reducido, se decidirá por el precio más bajo y no por el que sea amigable con la naturaleza; pues la situación económica de México y las preferencias de los consumidores no siempre están orientadas al cuidado del ambiente.

Por medio de incentivos ambientales fiscales, como por ejemplo, con la adquisición de maquinaria "amigable", es posible obtener un beneficio fiscal del 100% establecido por ley sobre el Impuesto Sobre la Renta o ISR.

Asimismo, en México podemos hacer uso de incentivos ambientales financieros, tales como el Fondo Mexicano de Carbono (FOMECAR), que apoya técnica y financieramente el desarrollo de proyectos denominados de "Mecanismos de Desarrollo Limpio".

Para entender la relación entre crecimiento económico y sustentabilidad es preciso partir desde la base conceptual que relaciona el sistema económico de producción y consumo con el medio ambiente que lo rodea.

En la literatura se encuentra dos propuestas sobre cómo asegurar y mantener la capacidad del medio ambiente para sustentar el sistema económico.

La primera es la llamada regla de Sustentabilidad Fuerte (SF), que establece que es necesario que se cumplan las siguientes condiciones: No es posible explotar los recursos y el medio ambiente más allá de su tasa de regeneración. La segunda es la llamada regla de Sustentabilidad Débil (SD), basada en los conceptos de sustituibilidad y eficiencia, y que define algunas condiciones a cumplir.

La reserva de recursos renovables (RR) no debe declinar en el tiempo y los recursos no renovables (RA) serán agotados algún día, por lo que es necesario incorporarlos a la regla; lo que podría lograrse de dos maneras: (i) Asegurando que la disminución de la reserva de los recursos no renovables sea compensada a través de un incremento de la reserva de recursos renovables, o (ii) Asegurando alcanzar un determinado estándar de calidad de vida a partir de menores reservas de recursos.

Nike ha implementado en sus procesos la sustentabilidad de tal manera que les ha redituado en su ROI.

Es un hecho que actualmente las empresas han encontrado en la sustentabilidad una estrategia para lograr la viabilidad y el éxito de sus proyectos.
Así como las empresas están implementando estrategias de sustentabilidad en sus procesos, lo mismo sucede en su personal, que se requiere esté calificado con conocimientos de de tal forma que les permita empoderar a la empresa como una organización sustentable, y que los puestos se diseñen para cumplir estos fines (Randstad, 2015).
Atraer nuevos talentos con especialidad en su área y con acentuación en la sustentabilidad, es el nuevo perfil del empleador, donde en las grandes empresas, cada vez más en sus organigramas se incluyen ramas completas orientadas en la sustentabilidad.
Muchos de los textos e investigaciones hablan de sustentabilidad, pero poco son los que hablan de su relación con su personal. Es a través del personal de la organización que se ejecutan los procesos de sustentabilidad, además de obtener utilidades que permitan que su retorno de inversión se cumpla en los plazos establecidos.
Los países más industrializados están dispuestos a decirle adiós a los combustibles fósiles, en un plazo prefijado y con inversiones multimillonarias, con las que sus empresas (públicas y privadas) financiarán un desarrollo respetuoso con el ambiente, forzando a que busquen la rentabilidad económica y social sin pretextos.
Es relevante hacer notar que los líderes del G7, en su encuentro en Baviera, Alemania, sostuvieron que, "en línea con los descubrimientos científicos, 'es necesaria una reducción drástica en las emisiones de gases de efecto invernadero, junto a una descarbonización de la economía global a lo largo de este siglo', y que apoyaran la reducción de los gases de efecto invernadero de un 40% a un 70% en 2050, a partir de los niveles de 2010 - siendo esta la primera vez que han apoyado un objetivo tan preciso a largo plazo" (Clark, 2015).
Como parte del mismo paquete, se canalizarán más de 100 mil millones de dólares a países pobres "para abordar el cambio climático durante los próximos cinco años", lo cual implica que el

camino hacia la menor dependencia del petróleo y la búsqueda de nuevas energías alternativas, pasará por evaluaciones que integrarán tanto lo económico como lo social y lo ambiental.
Una ventaja competitiva es la percepción, certidumbre y confianza que una empresa genera es sus grupos de interés cuando tiene un proyecto sustentable, si bien todas las empresas tienen como fin u objetivo obtener ganancias también deberían hacerlo pensando en impactar positivamente el entorno y así asegurar que ellos mismo tengan un lugar optimo en el futuro pensando integralmente.
Un punto importante es que la mayor parte de las empresas que han emprendido acciones de proyectos sustentables han visto beneficios en su relación con clientes, trabajadores y proveedores, un incremento en la productividad, en la satisfacción de los accionistas, disminución en la rotación del personal y en los costos.
Es una realidad que toda empresa está para ser rentable y obtener ganancias, hoy en día existen estrategias que permiten a las empresas tomar acciones que permiten diferenciarse y ser mejor aceptadas por la sociedad, una de estas estrategias es ser una empresa socialmente responsable y buscar un equilibrio social, ecológico y económico.
Ser una empresa socialmente responsable causa resultados positivos, no solo al revertir la imagen de la empresa entre sus consumidores; de ser una empresa fría e indiferente a las necesidades de otros, a una empresa cálida y ocupada en ayudar a resolver los problemas de la sociedad; además crece en la participación del mercado, está más preparada para competir y puede aumentar las ventas y rentabilidad de la organización.
Los proyectos sustentables y sociales ayudan a:
Crear vínculos de cercanía con el consumidor.
Incrementar la fidelidad del consumidor hacia los productos, la mitad del rendimiento superior a la media de una empresa socialmente responsable, puede atribuirse a esa característica, mientras que el resto, a los resultados del sector.
Mayores utilidades.
70% de los consumidores dice estar dispuesto a pagar más por una marca que apoya causas sociales o medio ambientales.

Cambio de la imagen de la empresa.
Mayor productividad y fidelidad de los empleados con la empresa.
La gente se siente orgullosa de trabajar en una empresa socialmente responsable.
Mayor venta que la competencia.
Está demostrado que cuando se elige entre dos marcas de la misma calidad y precio, la cuestión de responsabilidad social es la que más afecta en la decisión de compra (41%); ello por encima del diseño e innovación (32%) y la lealtad de la marca (26%).
En resumen, las empresas integrales, sociales y económicas y ecológicas tienen y tendrán beneficios por encima de la media en el corto plazo, al ser percibidas por sus asociados y consumidores como superiores en sus procesos de gestión y comercialización.
Algunas ventajas de implantar políticas de responsabilidad social son:

1. Reducción de costos, ya que estos beneficios se ligan con los principios de eficiencia y eficacia de recursos, así como el aprovechamiento de los mismos, estudio de materiales y reciclaje.
2. Captación y retención del talento, con esto se incrementan la productividad, una plantilla satisfecha aumenta su motivación, reduce el absentismo laboral y prácticamente elimina la rotación laboral.
3. Competitividad, las diferentes áreas vinculadas con aspectos de sustentabilidad y su normativa, establecen que la competencia genera cadenas de valor y una mejor producción.

Las empresas socialmente responsables, entre ellas las que ahoyan a la sustentabilidad, causan resultados positivos. Quizá el problema viene de origen, ya que a través de la existencia de las empresas, a los recursos naturales se les vio como una fuente inagotable, y hasta años recientes nos hemos hecho más conscientes de que eso no es correcto. Por ello es que muchos aún no se percatan o apenas lo empiezan a visualizar, del deterioro ambiental que hacemos con nuestras actividades, y mucho menos, algunos se percatan de que el cuidado a la naturaleza es un imperativo para la sobrevivencia de las especie humana y otras más; y más aún, no sabemos cómo o no hemos investigado cómo se puede lograr la sostenibilidad; crecer económicamente y ser líderes en los sectores mplica en las estrategias de desarrollo incluir a la sustentabilidad como una fuente extensa de innovaciones, que al desarrollarlas pueden dar ventajas competitivas de mercado y económicas.

La corriente de empresas verdes, conforme se vaya diseminando, podrá impactar poco a poco a las diversas empresas, productos y a la sociedad misma; el reto es grande. Con estas acciones se irá demostrando que la inversión en el medio ambiente reditúa también en progreso económico y social.

La corriente de empresas verdes, conforme se vaya diseminando podrá impactar poco a poco a las diversas empresas, productos y a la sociedad misma; el reto es grande pero de acuerdo a las experiencias se va dando paso a paso. Entonces con estas acciones se irá demostrando que la inversión en el medio ambiente reditúa también progreso económico y social.

En relación al cuestionamiento de: ¿Cómo deben cuantificarse los ingresos en un proyecto de sustentabilidad, en donde solo se registran gastos a efecto de poder determinar el retorno sobre la inversión?, me permito presentarles la siguiente aportación:

Las auditorías son herramientas que permiten a los altos directivos evaluar su organización, su administración y sus equipos incluyendo los ambientales, a efecto de verificar el cumplimiento a las diferentes disposiciones legales aplicables a su actividad económica, además de proporcionar evidencias y opiniones sobre los elementos revisados, con lo que podemos tener evidencias tangibles del cumplimiento de políticas y prácticas de sustentabilidad.

La principal ventaja de la auditoría de sustentabilidad es que contribuye en la protección del medio ambiente, ya que además de revisar el correcto ejercicio contable, verifica el cumplimiento de las leyes y regulaciones locales, regionales y nacionales, sin dejar fuera a las internacionales; así como de las propias políticas y estándares internos de cada compañía.

A decir de algunos beneficios derivados de las auditorías ambientales son las siguientes:

1. Facilita la comparación e intercambio de información entre plantas o empresas
2. Incrementa el conocimiento de los empleados sobre políticas y responsabilidades ambiéntales.
3. Facilitan la obtención de las certificaciones bajo la norma ISO, ya que es uno de los procedimientos requeridos dentro de la misma norma.
4. Aseguran una adecuada base de datos ambientales actualizada, para el conocimiento y toma de decisiones por parte de la administración de la entidad.
5. Permiten que la administración tenga credibilidad de la información que presenta y del buen funcionamiento de la entidad en cuestiones ambientales.
6. Ayudan a las relaciones con las autoridades, por el conocimiento de que una auditoría completa y efectiva se está llevando a cabo, ya que se informa a dichas autoridades sobre el tipo de procedimientos adoptados.
7. Facilita la obtención de seguros de responsabilidad civil sobre daños al medio ambiente.

Más que una cuantificación de ingresos, deberemos evaluar nuestro cumplimiento a las normas y lineamientos establecidos respecto a la sustentabilidad en todas sus áreas, cada empresa deberá cumplir con estas disposiciones conforme su actividad en específico, por ello propongo las auditorias como una estrategia para medir los impactos de los recursos erogados en los proyectos de sustentabilidad adoptados por las empresas.

El Instituto Mexicano de Contadores Públicos, considera las siguientes reflexiones sobre la contabilidad y las auditorías ambientales:

1. La Contabilidad y la Auditoría para el desarrollo sustentable está siendo una temática de desarrollo y especialización urgente dentro de los estudios e investigaciones contables en el país, por la necesidad de que las empresas internalicen todas sus acciones y en especial las medioambientales, y de igual forma sean auditadas y en su caso corregidas.

2. Es importante continuar trabajando en la normatividad de los aspectos contables y legales asociados al medio ambiente como soporte para avanzar hacia metas superiores en el logro de mejoras en los sistemas de control y gestión corporativa y del desarrollo sustentable que las firmas deben observar.
3. Las auditorías ambientales constituyen un elemento importante para lograr patrones de calidad ambiental y la posibilidad de que las empresas puedan obtener certificaciones de su actuación entre ellas las asociadas a la serie ISO 14000.
4. Para México constituye un reto continuar trabajando en la adopción de nuevas normativas contables medioambientales y mecanismos especializados de auditoría, en la temática de la certificación, así como en el perfeccionamiento y vigilancia del marco legislativo.

El planteamiento de la auditoria en una línea sobre el tema de la sustentabilidad, es una propuesta que viene a equilibrar el tipo de negocio que se desarrolle en una empresa, la cual permite valorar el trabajo en materia de productividad que esté llevando a cabo la empresa, especialmente en sus procesos productivos. En este sentido, existe una norma que dicta la política ambiental en México, se trata de la norma NMX-AA-162-SCFI-2012, la cual es una propuesta regulatoria bajo la cual las empresas pueden participar de manera voluntaria, permitiendo que se pueda conocer la consistencia de sus procesos y en consecuencia brinda un servicio para la mejora de estos llevándolos a ser más eficaces.

Dicha norma busca dentro de sus objetivos, identificar las áreas ambientales críticas de la operación de una empresa y formular soluciones técnicas y de gestión que sean apropiadas. De igual manera busca poder prevenir, administrar y controlar el riesgo ambiental, lograr el ahorro de costos de producción al utilizar menos recursos, llevar a la baja la emisión de residuos, tener una mayor capacidad para racionalizar los recursos y la más importante, constituir estas acciones en una cultura ambiental que lleve a poder constituir los recursos naturales como una norma a cumplir.

Se trata pues, de un esfuerzo que conlleva no solo a dimensionar la necesidad e importancia que guarda el problema del cuidado

ambiental, sino en poder conjuntar en una simbiosis, el que las empresas sean más amigables con la naturaleza, sin perder la característica de ser competitivas.
Temas aparentemente no conectados y que incluso pudiera ser antagónicos; sin embargo evos hoy en día que lo que operó en el pasado no necesariamente funcionará en el futuro.
Importantísimo seguir trabajando en lograr ese enlace entre las finanzas y el medio aviente. Hay pruebas claras del éxito de muchas empresas cuando empiezan a medir sus impactos ambientales no solo en el daño que se provoca en la naturaleza, sino el daño en el patrimonio de la misma empresa, esto es desafortunado, pero por lo menos con el golpe en el bolsillo se puede ir haciendo conciencia del cuidado ambiental que debemos tener.
Hay organizaciones económicas lucrativas, no lucrativas y gubernamentales. Ante este hecho, impera subrayar que todas ellas requieren de sistemas de información financieros que les faciliten tomar decisiones. Por ejemplo, las organizaciones lucrativas y las no lucrativas dependen de los estados financieros para conocer las utilidades alcanzadas o no alcanzadas, independientemente de si éstas serán destinadas al provecho personal de los socios (como lo es en el caso de las empresas lucrativas), o para ser reinvertidas en la organización (como sucede con las de empresas sin fines de lucro). Asimismo, las organizaciones dependientes del gobierno federal o estatal también manejan recursos monetarios y por tanto, también requieren de sistemas de información financiera pertinentes a sus necesidades administrativas (Guajardo, 2006).
Dado lo anterior, las empresas que cuenten con la mayor cantidad y calidad de datos y el personal calificado para interpretarlos apropiadamente son las que podrán tomar las mejores decisiones. De manera que, es posible entender las razones de liquidez, de utilización de los activos y de las deudas, de rentabilidad, de valor de mercado, etc., como lineamientos o criterios generales; es decir, como herramientas que nos auxilian a trabajar la información que requerimos para nuestra organización. Sin embargo, el juicio y la interpretación cuantitativa-cualitativa de la información generada en

nuestros estados financieros deberán estar relacionados con los intereses específicos que nosotros perseguimos como empresa.
En breve, mi respuesta al cuestionamiento de este foro es que en todo estado de resultados, en los gastos, toda empresa debería incluir una subcuenta de "Investigación para la sustentabilidad", otra de "Capacitación y Desarrollo para la Sustentabilidad" y otra de "Acciones para el beneficio del planeta".
Así, al inicio y final del análisis del retorno sobre la inversión, las empresas y organizaciones deberían orientar sus decisiones en torno a la sustentabilidad como un valor o eje rector, con el cual el interés común de nuestra aldea global se ubique por encima de los intereses particulares.
Se puede visualizar que la sustentabilidad se ha integrado a los procesos económicos y productivos, y por ende al sistema comercial como tal, ya que siempre se ha manejado en un aspecto teórico muy bien sustentado y en aspectos de carácter ambiental, pero se ha escrito muy poco al respecto del aspecto comercial de la sustentabilidad y es por esto que es necesario realizar investigaciones en este rubro para ver la integración y su impacto tanto tecnológico y productivo de la sustentabilidad y su impacto comercial.
En la actualidad se están generando cambios en mercados; esto es, fuera del ámbito político. Es necesario identificar estos cambios, catalizarlos en beneficio del desarrollo sustentable y, en los casos en que corresponda y sea posible, respaldarlos con políticas públicas. Los consumidores están cada vez más conscientes de los impactos ambientales y sociales que generan sus decisiones en el mercado; los productores, por su parte, con frecuencia se percatan de las posibilidades de ahorrar insumos y aumentar las utilidades gracias al uso de tecnología limpia; las compañías han diseñado normas ambientales, sociales y éticas, incluso para sus abastecedores; y numerosos empresarios han asumido el desafío del rendimiento ambiental y social como un elemento dentro de la competitividad. Con estos elementos como telón de fondo ha tomado su forma el "comercio sustentable", que es el nexo entre el consumo sustentable y la producción sustentable.

Partiendo de lo anterior y retomando "el juicio y la interpretación cuantitativa-cualitativa de la información generada en nuestros estados financieros deberá estar relacionada con los intereses específicos que nosotros perseguimos como empresa", dará como resultado la determinante manera en la cual se debe cuantificar los ingresos.

Ya sea por motivos de ahorro y/o por compromiso social, poco a poco se ha incrementado el número de empresas que se incorporan a este nuevo paradigma de sustentabilidad en los negocios.

Es muy cierto que en los gastos, toda empresa debería incluir una subcuenta de "Investigación para la sustentabilidad", para ello las auditorías ambientales pueden ayudar como estrategia de medición de la inversión realizada, ya que las auditorías ambientales constituyen un elemento importante para lograr patrones de calidad ambiental y la posibilidad de que las empresas puedan obtener certificaciones de su actuación entre ellas las asociadas.

Totalmente pertinente el que se hagan auditorías ambientales y el que se promueva el conocimiento de los empleados sobre políticas y responsabilidades ambiéntales. Esto pues aunque los directivos busquen la sustentabilidad, sin la comprensión de ello y el trabajo diario de los trabajadores no puede darse nunca.

En efecto, lo que señalas es un modelo de negocio en el cual las empresas basan su efectividad y eficacia productiva, solo en los números que rigen lo estados financieros o el estado de resultados, lo cual comprueba el modelo de negocio que impera dentro de las empresas. No obstante, como ya se ha revisado en el caso de Nike Inc., es posible poder incorporar lineamientos que ayuden a transitar de un modelo netamente cuantitativo a uno que combine lo cualitativo, es decir, no solo apegado a producir, sino a ser también amigable con el medio ambiente, a ser una empresa con responsabilidad social empresarial.

Este término implica una revisión sobre la condición y papel que juega la empresa dentro del contexto social, y forma parte del pendiente que se tiene con el ambiente y que ha generado un déficit ecológico, que es la falta de biocapacidad necesaria que permite alcanzar una satisfacción de su propia demanda, por lo que se irrumpe en un estado de disrupción en el desarrollo debido a que no se tienen los recursos necesarios, por lo cual se tiene que pagar con ellos, rebasando la disposición de estos.

De acuerdo a la Comisión Económica para América Latina y el Caribe (CEPAL), una empresa con este enfoque de funcionalidad, es aquella cuya producción busca el bienestar de la sociedad, se guía no solo por los indicadores del mercado, tiene como administradores profesionales con un desempeño no solo de conocimiento y experticia, sino también de ética e intuición estratégica, y lo más importante tienen en sus preceptos de producción tener una relación con el medio ambiente y tiene de manera formal proyectos de asistencia social.

Existe una clara idea y ello es meritorio de aprendizaje, que los recursos naturales son finitos, que se requiere un cambio de mentalidad, un cambio de paradigma que apueste en prácticas novedosas, y la innovación es el elemento clave que al aplicarse provee de un potencial para alcanzar el equilibrio entre ser sostenible y rentable, pero también en ser sustentable y competitivo. Esa es una de las nociones que deben imperar dentro de esta nueva tendencia y un reto de gran calado que es necesario cumplir.

Hasta 2013, México contaba con una capacidad efectiva instalada para la generación de energía eléctrica de 64,690 MW, de los cuáles 14,891 MW provinieron de fuentes renovables de energía (eólica, solar, hidráulica, geotérmica y de biomasa), lo que representa el 23% del total de la capacidad instalada, de acuerdo con estimaciones de ProMéxico con datos de la Comisión Reguladora de Energía (CRE) y la Comisión Federal de Electricidad (CFE).

Actualmente el país cuenta con 246 centrales en operación y construcción para la generación de energía eléctrica a través de fuentes renovables; Oaxaca y Veracruz son los estados con mayor número de proyectos eólicos y de biomasa, respectivamente (Comercio, 2014).

Es interesante conocer que en nuestro país se está haciendo algo al respecto de la sustentabilidad, sin embargo requiere de mucho apoyo del gobierno y la iniciativa privada. Por otro lado el consumo razonable que la población en general debe hacer también es importante en estos proyectos.

Es totalmente motivante el saber que nuestro gobierno y la iniciativa privada ya están trabajando en la sustentabilidad. Me da gusto saber que mi estado es uno de los principales estados en tema de proyectos eólicos y de biomasa.

Para asegurar la supervivencia de la empresa esta debe integrar a sus estrategias tradicionales la sustentabilidad, como eje integrador de la misma, de no hacerlo me atrevo decir que no sobrevivirá a estos cambios.

Pongo un ejemplo que me toca de cerca, en la odontología las restauraciones tradicionales son las amalgamas me atrevo a decir que por más de 50 años son la primera opción, sin embargo debido a su composición más del 50% es mercurio ha habido una "corriente" de sacarlas del mercado, pero se ha topado con acérrimos defensores, sin embargo el uso de resinas (otro tipo de restauración) ha ido ganando terreno y gracias a la composición libre de agentes "tóxicos" y su estética cada vez se usa más, sin embargo, si las investigaciones señalan que la cantidad de mercurio en las amalgamas es nociva para la salud, sin duda la sacaran del mercado y las empresas que se dediquen a su manufactura no tendrán opción, quizás este sea el momento de hacer investigaciones para ver que material podría sustituir al mercurio o disminuir el porcentaje de este material en la aleación. No dudo que se esté haciendo.

Toda empresa implícita en procesos de negocio, seguramente busca un beneficio económico que favorezca a la misma y pueda continuar con sus planes de desarrollo y crecimiento. El valor del dinero en el tiempo es de suma importancia ya que puede determinar el éxito o fracaso de un proyecto e incluso de la misma empresa.

Considerando lo siguiente publicado por (Pymempresario, 2012) “En la actualidad, buscar combinar las mejoras ambientales y sociales con el éxito financiero en congruencia con las operaciones, es uno de los principales retos de las organizaciones". Reto que se encuentra relacionado directamente con la reducción de costos y aumento de ganancias, ambos implícitos en planes estratégicos de inversión en donde se espera que esta pueda tener retorno.

El tema de la sustentabilidad en las organizaciones no es nuevo, ya lleva algunos años en desarrollo y algunas la han implementado como parte de sus estrategias de competitividad y eficiencia, sin embargo en nuestro país específicamente ha sido camino algo difícil de transitar.

En nuestro país se han implementado incentivos ambientales que propician generar negocios sustentables, de acuerdo a (Centro de información de las Naciones Unidas, 2015) desde 1996 se han incorporado a nivel federal y estatal, estos son:

1. Incentivos ambientales fiscales.- por ejemplo adquirir maquinaria amigable con el medio ambiente.
2. Incentivos ambientales financieros.- por ejemplo créditos, fondos y fideicomisos para el aprovechamiento sustentable de los recursos naturales.
3. Incentivos ambientales de mercado.- por ejemplo concesiones, autorizaciones, licencias de los volúmenes preestablecidos de emisiones de contaminantes en agua, tierra y aire.

Por estos medios las organizaciones pueden adquirir tecnología verde y algunos programas del gobierno federal o estatal pueden eliminar impuestos. Lo que trae como consecuencia que el retorno de la inversión en este rubro se pueda cuantificar en las ganancias y el capital social de la empresa.

Algunos casos en los que el ROI se refleja en la sustentabilidad:

1. Reducción de costos de operación
2. Mayor valor financiero
3. Innovación y creación de nuevos negocios

Pero sobre todo el impacto social y ambiental que la organización genera por su compromiso con una economía verde, hace que el consumidor reconozca y adquiera mejores productos y servicios, lo que trae como consecuencia ganancias a la organización.

Ha sido una temática amplia, interesante que se ha podido analizar desde distintas perspectivas a lo largo de los diferentes foros, como seguramente has podido constatar. No obstante, existen algunos elementos básicos, tales como el hecho de que la sustentabilidad reúne estrategias para asegurar un desempeño óptimo en lo relativo a los negocios, al medio ambiente y a la sociedad.

El deseo por alcanzar el liderazgo ambiental y social es la fuerza principal que impulsa los esfuerzos de sustentabilidad. La conexión entre responsabilidad corporativa y sustentabilidad se comprende mejor cuando se asume que la responsabilidad corporativa y el liderazgo representan un subconjunto de actividades que se alinean con el éxito de negocios sustentable. La combinación de una economía en dificultades, un mercado en constante cambio y altamente competitivo y los miles de desafíos ambientales plantean la necesidad a las compañías de ser altamente eficientes, estar integradas y abiertas a la colaboración y poder demostrar niveles superiores de responsabilidad corporativa. La sustentabilidad conlleva una forma de autorregulación y transparencia en cumplimiento con leyes, estándares éticos, normas internacionales, así como conciencia del valor comercial para impactar de manera positiva sobre el medio ambiente y la sociedad.

Mientras que el objetivo general de los esfuerzos exitosos de sustentabilidad será reducir los gastos relacionados con la energía, hacerlo a costa del consumidor no es un indicador de acción responsable. Los consumidores emiten el voto con su cartera. Por lo tanto, estas reducciones de costo están atenuadas por la capacidad de la compañía de retener a sus clientes.

La incorporación de la sustentabilidad y medidas de prevención dentro de la funcionalidad operativa de las empresas, es un asunto que se maneja desde hace tiempo, pero en países desarrollados, tal es el caso de Nike Inc., sin embargo dentro de nuestro país, es una cuestión que aún está en desarrollo, donde el principal obstáculo se dirige en el estado mental y actitudinal de quienes dirigen las empresas, aun el paradigma que tienen recae en que la producción es el centro de la eficiencia y eficacia, sin importar el uso de recursos o la emisión de residuos.

Es por ello, que el gobierno busca a través de mecanismos como los incentivos ambientales fiscales, los incentivos ambientales financieros y los incentivos ambientales de mercado, que las empresas puedan ir incorporando y desarrollando acciones que las lleven a ser empresas con responsabilidad social sustentable. Dichos incentivos se encuentra regulados por la Ley General del Equilibrio Ecológico y la Protección al Ambiente (LGEEPA), (Ramos, s/f).

La condición para acceder a estos incentivos es poder delinear y encausar acciones que busquen mejorar los procesos productivos haciéndolos más conscientes y comprometidos con el cuidado ambiental, ello implica que se realice una reingeniería de la planeación y producción, así como de la inversión y cambio en la manera de utilizar recursos y el modo de generar residuos, se trata pues de un ejercicio que implica la transición hacia un nuevo desarrollo como empresa y dichos incentivos buscan amortiguar parte de la inversión y que a veces es difícil recuperar de dicho proceso.

La sustentabilidad es uno de las mayores preocupaciones del mundo, y considero que se empiezan hacer esfuerzos encaminados en esta tónica, pero parece que cada quien lo hace de manera aislada, considero que se debe buscar un eje integrador para conocer las diferentes estrategias en los diferentes ámbitos, por ejemplo, me desarrollo en el ámbito de la educación -Salud, y te aseguro que este parte de las estrategias para la sustentabilidad llevamos cero% y eso que se supone que es una área que sabe del asunto ahora imagina aquellos que no saben, creo que debemos dar también mayor difusión a estas estrategias del gobierno para poder usarlas en beneficio de la sociedad.

"En la actualidad, buscar combinar las mejoras ambientales y sociales con el éxito financiero en congruencia con las operaciones, es uno de los principales retos de las organizaciones". Es el gran reto que las empresas enfrentamos y que debemos asumir lo más pronto posible. Lograr el éxito financiero integrando el medio ambiente en las estrategias. En el mundo se observa un lento movimiento, finalmente ocurre, para hacer conciencia del deterioro ambiental y que el desarrollo económico a subordinado y puesto en riesgo al medio ambiente ya la sobrevivencia humana, por éxito de corto plazo o enriquecimiento a costa de impactar negativamente en la naturaleza.

No es tema fácil y más cuando las empresa y os gobiernos más poderosos no están tomando aun esa responsabilidad en forma práctica, hay muchos acuerdos pero aún no hay los compromisos reales.

En la actualidad, muchas empresas y organizaciones no gubernamentales saben que crean valor social pero su dificultad está en cómo medirlo, las metodologías de medición de retorno de la inversión social, no calculan necesariamente los efectos económicos de una acción si no de qué manera los recursos invertidos afectan cuestiones sociales como el beneficio en el bienestar social en un grupo determinado.

Entre las metodologías investigadas encontramos:

1. El Retorno Social de la Inversión (SROI), el cual es un método que añade principios de medición del valor extrafinanciero, como puede ser el ambiental y social, valores que actualmente no se reflejan en las cuentas financieras convencionales.
2. El BSC (Balanced Scorecard), que es una herramienta revolucionaria para movilizar a la gente hacia el pleno cumplimiento de la misión a través de la canalización de energías, habilidades y conocimientos específicos en la organización hacia el logro de metas estratégicas de largo plazo. Permite tanto guiar el desempeño actual como apuntar al desempeño futuro. Usa medidas en cuatro categorías - desempeño financiero, conocimiento del cliente, procesos internos de negocio, y aprendizaje y crecimiento- para alinear iniciativas individuales, organizacionales y transdepartamentales e identifica procesos enteramente nuevos para cumplir con objetivos del cliente y accionistas.
3. PSIA (La pobreza y el análisis del impacto social), este método, analiza los efectos distributivos de las políticas públicas, con especial atención a los pobres y vulnerables. Utiliza el análisis de la predicción de los impactos antes de que una política sea

implementada. Este enfoque genera evidencia para informar el diálogo sobre políticas, el debate y la toma de decisiones.

Ese nuevo indicador, digo nuevo porque entiendo que muy pocas empresas lo están midiendo aún. El Retorno Social de la Inversión (SROI).

Muchas empresas nos medimos en general por el ROI o TIR, generalmente sin hacer la diferenciación del origen de la tecnología o la estrategia que lo sustente. Finalmente lo que queremos medir es que tanto retorna en economía para la empresa una inversión.

Ahora con estos indicadores el valor económico y social de los proyectos sociales es posible medirlo. Con este indicador como usted menciona, se procura en determinar en qué grado los resultados de un proyecto se aproximan a los objetivos buscados. Dándoles un valor monetario tanto a lo alcanzado como a lo invertido en proyectos de desarrollo sustentable y social, o ambos.

Entre los objetivos de las organizaciones, es ser rentable y recuperar la inversión en tiempos establecidos.

La rentabilidad es la capacidad que tiene algo para generar suficiente utilidad o beneficio; por ejemplo, un negocio es rentable cuando genera más ingresos que egresos. En su sentido amplio, la noción de rentabilidad es sinónima a la de productividad, o a la de rendimiento.

El Retorno sobre la Inversión, ROI: Es una razón que relaciona el ingreso generado por un centro de inversión a los recursos (o base de activos) usados para generar ese ingreso.

En la actualidad debe reconocerse la importancia de la sustentabilidad además de los objetivos tradicionales de las empresas, debemos buscar estrategias que nos permitan ser rentables y al mismo tiempo minimizar los impactos en el medio ambiente.

En la actualidad se reconoce la importancia de la sustentabilidad. Es un hecho que cada día aumentan los informes sobre las empresas sustentables.

Entre los números de empresas que a nivel global aparecen en los reportes de sustentabilidad se tiene (EE, 2012):

1. 5,800 de ellas realizan reportes sustentables alrededor del mundo.
2. 95% de las 250 empresas más grandes del mundo realiza reportes de sustentabilidad.
3. 316,000 millones de dólares en inversiones con enfoque social.

Ahora a través del internet se puede tener acceso a las publicaciones sobre la información interna de las empresas, que permite a los accionistas puedan obtener el ROI de cada una de ellas y de igual manera conocer como aplican la sustentabilidad.

Una estrategia de proyectos sustentable bien gestionada y bien implementada puede hacer que la empresa se acerque a sus clientes y que genere beneficios empresariales. Reiterando que el objetivo es es producir un beneficio integral, económico, ecológico y social.

El reto es lograr ese equilibrio entre la generación de riqueza y la preservación del medio ambiente, el mejor uso de recursos y finalmente tener la visión de la sostenibilidad como parte de las estrategias de negocios.

Muchas empresas miden en general por el ROI o TIR, lo que quieren medir es que tanto retorna en economía para la empresa una inversión.

Ahora con el uso de otro, indicador el Retorno Social de la Inversión (SROI), para medir el valor económico y social de los proyectos es posible medir el impacto de las inversiones sostenibles, es decir en favor de medio ambiente. Con este indicador se procura determinar el valor monetario de la inversión en relación a lo invertido en los proyectos de desarrollo sustentable y social, o ambos por las empresas.

La FAO publica un documento titulado Formulación y Análisis detallado de Proyectos, en su capítulo 5 menciona que: "la sostenibilidad de la inversión se refiere a la capacidad de continuar generando beneficios en el tiempo, esto a su vez depende de varios factores, incluyendo la disponibilidad continua de los recursos empleados en el proyecto, la administración y la relación a largo plazo de costos y beneficios; y que la sostenibilidad es probablemente el aspecto más importante en el diseño y evaluación de proyectos, pero es también el factor que con frecuencia recibe menor atención, en parte debido a que es difícil predecir qué sucederá en el futuro y determinar si una inversión será sostenible a largo plazo".

González (2013) menciona que recientemente es más común que las empresas implementen en su cadena de producción y de operación, estrategias sustentables, no solamente a parecer una empresa verde, sino hacer una inteligente utilización de recursos humanos, sociales, económicos y tecnológicos que fortalezca el negocio.

Algunas empresas en este siglo empiezan a tener una visión más responsable respecto a su entorno, procurando tener menos impactos en el medio ambiente; sin embargo, esto es apenas el inicio, quedando mucho por andar, ya que de una forma u otra la actividad humana impacta el medio ambiente y no todas las organizaciones aún hacen conciencia suficiente para buscar los medios de retornarle lo que impactan (PNUMA, 2011b).

Por otra parte, al no tener claro cómo puede regresar su inversión en proyectos sostenibles o no haber políticas públicas suficientes, prefieren no invertir, ya que la visión sigue siendo corta o en su visión no se incluye el cuidado al medio ambiente, ya sea por desconocimiento o por no sentir que eso les va a redituar.

Si se observa cuidadosamente, para ir resolviendo poco a poco la necesidad de recursos dirigidos a cuidar y proteger el medio ambiente, la obtención de ingresos por proyectos sustentables debería ser cuantificada como una inversión (Senge et. al., 2008), es decir, esos ingresos no deberían ir a flujo de caja, sino ir a las inversiones en sustentabilidad para ir multiplicando resultados en favor del medio ambiente.

En ese sentido, las empresas habrán de considerar dentro de su gestión estratégica, mecanismos y recursos para:

1. Reinvertir en sustentabilidad dentro del mismo negocio y así obtener utilidades de dichos proyectos en beneficio de la empresa.
2. Formación del capital humano en aspectos de protección al medio ambiente.

3. Invertir en proyectos sociales concebidos desde la sustentabilidad que favorezcan el medio ambiente y que a su vez generen una rentabilidad indirecta para la empresa, que bien podría denominarse el capital verde de cada organización.

La sustentabilidad debería ser un compromiso de las compañías; de esa manera podría asegurarse que para que una empresa se mantenga "viva", deberá integrar a su ADN o a su propia misión, estrategias que apunten a dicho fin, de lo contrario quizá no pueda asegurarse su viabilidad en el tiempo. No osbtante, no será suficiente la "buena fe" o los propósitos aislasdos de las empresas, sino que tendrá que ser una gestión que se adelante en llave con la inicitativa y pronunciamiento de los gobiernos a través del desarrollo de leyes que impacten las organizaciones.

Contestan a esta interrogante ¿Cómo deben cuantificarse los ingresos en un proyecto de sustentabilidad, en donde solo se registran gastos a efecto de poder determinar el retorno sobre la inversión?, es importante tener presente que el estudio y evaluación de los proyectos de inversión constituye una de las aristas que da solución al problema de asignación de los recursos escasos; en este sentido, actualmente resulta de vital importancia evaluar los proyectos de inversión no solo desde el punto de vista económico-financiero, sino también medir su impacto social y ambiental, a fin de lograr un desarrollo verdaderamente sostenible.

Como hemos podido apreciar durante estas lecturas, el concepto de sustentabilidad o de desarrollo sustentable se ha convertido en un paradigma dentro del campo del crecimiento y desarrollo económico en las últimas décadas.Para entender la relación entre crecimiento económico y sustentabilidad, es preciso partir desde la base conceptual que relaciona el sistema económico de producción y consumo con el medio ambiente que lo rodea. Para ello, aquí se emplea el modelo de balance de flujos y materiales como lo exponen Pearce y Turner (1994).

Es evidente que muchas de las preocupaciones asociadas al agotamiento de los recursos naturales y la degradación del medio ambiente se reflejan en el concepto de desarrollo sostenible. Este concepto fue inicialmente definido por la “Comisión para el Medio

Ambiente y el Desarrollo", conocida también como "Comisión Brundtland": "La humanidad tiene la habilidad de hacer que el desarrollo sea sostenible" para asegurarse de que satisfaga las necesidades del presente, sin comprometer la habilidad de las generaciones futuras de satisfacer sus propias necesidades´ (Bruntland, 1987, p.8). La Comisión adicionalmente postula (p.9) que: "...el desarrollo sostenible no es un estado fijo de armonía sino que es un proceso de cambio en el cual la explotación de los recursos, la dirección de las inversiones, la orientación del cambio tecnológico, y el cambio institucional debe ser consistente con las necesidades tanto futuras como presentes".

Para poder dar respuesta al interrogante que se plantea, es importante comprender que los ingresos se definen como la máxima cantidad del producto de un proyecto que puede ser consumido sin disminuir la capacidad de dicho proyecto para continuar produciendo la misma cantidad en el futuro; de allí la necesiad de que se diseñen metodologías que nos permitan determinar cuánto explotar durante determinado tiempo, la forma de hacerlo para minimizar los impactos y la capacidad de regeneración de la naturaleza mediante el uso de materias primas renovables. Un proyecto que exceda a las capacidades de regeneración de su medio ambiente, reduce su futura capacidad para producir y en esa misma medida contabiliza como ingreso la liquidación de capitales o la depreciación.

Hace algunas décadas se consideraba infinito el capital natural en comparación con el grado del uso humano, era razonable al calcular los ingresos no deducir del producto neto el consumo del capital natural. Es evidente que una de las metas de la sostenibilidad constituye un esfuerzo conservador por mantener el significado y la medida tradicional del ingreso, en una época en que el capital natural ya no es un bien gratuito.

A nivel teórico, la justificación por hacer de la sustentabilidad un "sine qua non" para la aceptación de un proyecto, no podría ser más firme ni más selectiva. Las dificultades para aplicar el concepto surgen principalmente de los problemas operacionales al medir y valorizar el capital natural.

De acuerdo a lo anterior, la sustentabilidad debe ser considerada como una prioridad alta en el momento de trazar una cadena de valor, dada la escasez de los recursos naturales, el alza en las materias primas y el incremento de las expectativas de los consumidores para una producción más responsable.

En la actualidad, buscar combinar las mejoras ambientales y sociales con el éxito financiero en congruencia con las operaciones, es uno de los principales retos de las organizaciones.

De acuerdo con el estudio "El Consejo de Administración sustentable" desarrollado por Deloitte, las prácticas sustentables implican para los negocios asegurar que los impactos negativos de la empresa en la sociedad y medio ambiente se reduzcan de tal manera que sus operaciones sean congruentes en un planeta finito.

Desarrollar las mejores prácticas en materia de sustentabilidad, como reciclar, reducir el tamaño de los empaques, encontrar proveedores locales y mejorar los métodos de transporte, lleva a reducir costos en cadenas de producción hasta en 16 por ciento, según el Foro Económico Mundial (WEF, por sus siglas en inglés).

Las compañías descubren también a nivel local el beneficio de implementar estrategias corporativas a largo plazo para disminuir el impacto ambiental, contribuir al desarrollo social y generar ingresos.

De otra parte, se acepta que la simple medición de la explotación no es suficiente, pues las mediciones sociales y ambientales también deben ser estimadas y proyectadas a futuro, con el fin de detectar posibles afectaciones y/o exclusiones sociales que no conlleven el beneficio generalizado que se busca que se retorne a la búsqueda exclusiva de la rentabilidad financiera.

Entonces, los modelos de cálculo, generalmente de tipo semicualitativo, contemplan "ocho dimensiones o ejes estrechamente interrelacionados" (Vives, 2011, 8) los cuales son: la actitud y respuesta de las personas, los bienes materiales a que tienen acceso, la salud física y psicológica, las dinámicas de convivencia familiar, las dimensiones relacionales y ocupacionales, la disponibilidad de tiempo para ocio y el acceso a derechos ciudadanos.

Revisando el concepto de un autor experto en el área Reed (2000), quien señala que el desarrollo sustentable abarca tres componentes básicos: económico, social y ambiental que constituyen los fundamentos o pilares sobre los que descansa este desarrollo, resulta opoortuno compartir su opinión:
"El Componente Económico de la Sustentabilidad, señala que las sociedades se encaminen por sendas de crecimiento económico, que generen un verdadero aumento del ingreso y no apliquen políticas a corto plazo que conduzcan al empobrecimiento a largo plazo" (p. 49). Ejemplo de ello podría ser el endeudamiento externo, que acarrea el respectivo pago de la deuda, comprometiendo el bienestar de la población al mermar los ingresos de la nación, mismos que pudieran destinarse a la ejecución de políticas públicas a través del gasto social.
El mismo autor refiere la necesidad de que las sociedades generen un flujo óptimo de ingresos a la vez que mantengan las existencias básicas de capital, entendido como el capital humano, así como el natural. La economía sostenible requiere de un enfoque diferenciado respecto al crecimiento, en el que en las sociedades industrializadas lleven de la mano el aumento de su capacidad productiva con la reducción del consumo de recursos naturales y su uso más eficiente. La sustentabilidad económica exige además, internalizar todos los costos, incluyendo los costos sociales y ambientales relacionados con la producción y disposición de los bienes.
Si consideramos la planeación para implementar proyectos con sustentabilidad en una organización, un esquema FODA podría constituir una herramienta útil para iniciar con un proceso de valoración de su estatus interno y su correlación con el entorno a este nivel, de tal manera que se pueda lograr un trabajo soportado en datos e información más cercana a la realidad. Entendiendo el sentido lógico de que las empresas buscan generar valor no solo para el cliente sino para si mismas, deberán implementar estrategias que les permitan alcanzar metas que abarquen calidad, productividad y servicio.

Difícilmente se puede esperar éxito en un proyecto que persiga sustentabilidad, cuando al interior de la empresa no existe el conocimeinto y la convicción de trabajar bajo este propósito; deberán entonces como punto de partida dirigirse los esfuerzos en impactar directamente el factor humano desde la capacitación y el consecuente involucramiento de la sustentabilidad en la cultura organizacional.

Para concluir, este framento de un discurso a propósito del tema tartado; "Si bien es cierto que la sustentabilidad contribuye a la generación de valor en el negocio construyendo reputación y fortaleciendo la competitividad, este tipo de prácticas aún tienen áreas de oportunidad en nuestro país. Es importante considerar que mucho de ello radica en la falta de parámetros por parte de las empresas para medir el retorno de una inversión sustentable", indicó Daniel Aguiñaga, Socio de Gobierno Corporativo de Deloitte México.

CAPÍTULO 3. CERTIFICACIONES SUSTENTABLES

3.1. ISO 14000:2015

Las normas son necesarias en la actualidad para toda actividad organizada. Por esta razón, en todo el mundo las organizaciones las crean y las siguen con rigidez, con el fin de alcanzar con éxito sus objetivos.

A nivel mundial las normas son requeridas debido a que garantizan la calidad de cierto producto mediante la implementación de controles exhaustivos, asegurándose de que todos los procesos que hayan intervenido en su fabricación u operación, apliquen dentro de las características previstas.

La temática ambiental está adquiriendo cada vez más importancia en el comercio internacional. Incluso las empresas que tienen una regulación flexible en sus países de origen están obligadas a mejorar sus desempeños ambientales si es que desean competir con éxito en el extranjero. Pero aunque numerosas organizaciones han tomado medidas de tipo ambiental, éstas no necesariamente garantizan interna o externamente, un desempeño ambiental apropiado. Ante la necesidad de una estandarización internacional, la Organización Mundial para la Estandarización (ISO) creó la serie de normas ISO 14000, dentro de las cuales ISO 14001 certifica los sistemas de gestión ambiental de las organizaciones y que, más allá de garantizar el éxito financiero en las empresas, tienen el propósito de favorecer la incidencia en este vital rubro. El estar certificado debe tener implicaciones benéficas ya que paulatinamente se convierte en una situación obligatoria para el desarrollo del país y de cada organización. (Turmero, 2012).

Las normas de gestión ambiental ISO 14000 sugieren a las empresas una serie de procedimientos de gestión que les permitan asegurar a sus clientes una mejora ambiental continua de sus productos y servicios. Mientras ISO 14000 es el nombre genérico del conjunto de normas ambientales de la Organización Mundial para la Estandarización, la ISO 14001 se refiere específicamente al sistema de gestión ambiental, es decir, "a aquella parte del sistema global de gestión que incluye la estructura organizacional, las actividades de planificación, las responsabilidades, las prácticas, los procedimientos, los procesos y los recursos para desarrollar, implementar, lograr, revisar y mantener la política ambiental" (Cajiga, 2009).

Se trata, entonces, de una serie de procedimientos específicos, mediante los cuales una organización puede controlar el aspecto ambiental de sus actividades. Las empresas que siguen los procedimientos sugeridos por esas normas de gestión ambiental, se benefician al disminuir los costos de compensación del medio ambiente, mejorar la eficiencia y reducir los impactos ambientales adversos.

Demostrar su compromiso con el Medio Ambiente y el desarrollo sustentable impactará positivamente en el éxito de su organización tanto a corto como largo plazo y proporcionará los siguientes beneficios (Chávez et. al., 2008):

1. Mejorar su imagen corporativa y la de su cliente, así como sus relaciones tanto con la opinión pública como con las administraciones y autoridades de su comunidad local.
2. Un mejor uso de la energía y la conservación del agua, una cuidadosa selección de las materias primas y un reciclaje controlado de los residuos. Todo ello contribuye sustancialmente a un ahorro en costos que incrementa su ventaja competitiva.
3. Reducir la carga financiera como consecuencia de la aplicación de estrategias reactivas de gestión, tales como recuperación, limpieza y el pago de penalizaciones por infringir la legislación.
4. Asegurar el respeto a la legislación medioambiental y reducir el riesgo de multas y de posibles litigios.
5. Mejorar la calidad de los lugares de trabajo, la moral del empleado y su adhesión a los valores corporativos.
6. Abrir nuevas oportunidades de negocio en mercados donde la implantación de procesos productivos respetuosos con el medio ambiente son importantes.

Me parece conveniente insistir en que una organización debería implementar un sistema de gestión ambiental (SGA) efectivo para ayudar a proteger la salud humana y el ambiente de los impactos potenciales de sus actividades, productos o servicios; y para ayudar en la mantención y mejoramiento de la calidad del ambiente (GFN, 2009).

El tener un SGA puede ayudar a una organización a proporcionar confianza a sus partes interesadas de que:

1. Existe un compromiso de la gerencia para satisfacer las disposiciones de sus políticas, objetivos y metas;
2. El énfasis se ha puesto en la prevención más bien que en la acción correctiva;
3. Puede proporcionar evidencia que existe una preocupación y cumplimiento reglamentario razonables; y
4. El diseño de los sistemas incorpora el proceso de mejoramiento continuo.

Una organización cuyo sistema de gestión incorpore un SGA tiene un marco que le permite equilibrar e integrar los intereses económicos y ambientales. Una organización que ha implementado un SGA puede obtener ventajas competitivas significativas (ONU, 2015f).

Se pueden obtener beneficios económicos con la implementación de un sistema de gestión ambiental. Estos beneficios se deberían identificar para demostrar a las partes interesadas, especialmente los accionistas, el valor que tiene para la organización una buena gestión ambiental. También permite que la organización tenga la oportunidad de vincular objetivos y metas ambientales con resultados financieros específicos asegurando así que existan recursos disponibles en el lugar en que ellos proporcionen las mayores utilidades en términos financieros y ambientales.

Los beneficios potenciales asociados a un SGA efectivo incluyen (OIT, 2009):

1. Asegurar a los clientes que existe un compromiso para una gestión ambiental demostrable;
2. Mantener buenas relaciones públicas / comunitarias;

3. Satisfacer los criterios del inversionista y mejorar el acceso al capital;
4. Obtener seguros a costo razonable;
5. Mejorar la imagen y la participación en el mercado;
6. Cumplir los criterios de certificación del vendedor:
7. Mejorar el control de costos;
8. Reducir los incidentes que puedan resultar en responsabilidades legales;
9. Demostrar un cuidado razonable;
10. Conservar los materiales y energía de entrada;
11. Facilitar la obtención de permisos y autorizaciones;
12. Fomentar el desarrollo y compartir las soluciones ambientales;
13. Mejorar las relaciones industria-gobierno.

Además, sobre las múltiples virtudes que se le otorgan a los Sistemas de Gestión Ambiental, me permito apuntar que en la nueva versión de la Norma ISO 9001:2015 se enfatiza el concepto de "Enfoque en Procesos", el cual forma parte de los "ocho principios de la gestión que se contemplaban en el ISO 9001, pero que ahora, en la nueva versión 2015, lo solicita a nivel de requisito, además de especificar con claridad elementos mínimos para su aplicación" (González, 2015a).

Lo importante de ello estriba en que en enfoque basado en procesos nos proporciona una excelente herramienta para gestionar y organizar las actividades de cualquier organización. Esa es la razón por la que las empresas con políticas orientadas a la gestión ambiental pueden crear mayor valor hacia sus clientes y por ello obtener ventajas competitivas que les permitan, a largo plazo, garantizar una aceptable rentabilidad.

Las Normas Internacionales pueden contribuir a mejorar la calidad de vida en general, asegurando que el transporte, la maquinaria e instrumentos que usamos son sanos y seguros para el planeta que habitamos. Porque al existir Normas Internacionales sobre el aire, el agua y la calidad de suelo, así como sobre las emisiones de gases y la radiación, se puede contribuir al esfuerzo de conservar el ambiente (Hewitt y Robinson, 1999).

La ISO desarrolla solo aquellas normas para las que hay una exigencia de mercado. El trabajo es realizado por expertos provenientes de los sectores industriales, técnicos y de negocios que han solicitado las normas y que posteriormente se proponen emplear. Estos expertos pueden unirse a otros con conocimientos relevantes, tales como: los representantes de agencias de gobierno, organizaciones de consumidores, las academias, los laboratorios de pruebas y en general expertos internacionales en sus propios campos (Blanco, 2004).

Como se ha dicho anteriormente, "Lo importante de ello estriba en que en enfoque basado en procesos nos proporciona una excelente herramienta para gestionar y organizar las actividades de cualquier organización".

Como lo plasma la literatura actual sobre el tema, se debe tener presente que las normas estipuladas por ISO 14000 no fijan metas ambientales para la prevención de la contaminación, ni tampoco se involucran en el desempeño ambiental a nivel mundial, sino que, establecen herramientas y sistemas enfocadas a los procesos de producción al interior de una empresa u organización, y de los efectos o externalidades que de estos deriven al medio ambiente (Turmero, 2012).

El documento ISO 14001 llamado *A Sistema de Administración Ambiental-Especificación con Guía para su uso*, A es el de mayor importancia en la serie ISO 14000, dado que esta norma establece los elementos del SGA (Sistema de Gestión Ambiental) exigido para que las organizaciones cumplan, a fin de lograr su registro o certificación después de pasar una auditoría de un tercero independiente debidamente registrado. En otras palabras, si una organización desea certificar o registrarse bajo la norma ISO 14000, es indispensable el cumplimiento a lo estipulado en ISO 14001.

Para ello debemos tener en cuenta que el SGA forma parte de la administración general de una organización (o empresa). En este sentido, el SGA debe incluir: planificación, responsabilidades, procedimientos, procesos y recursos que le permitan desarrollarse, alcanzar, revisar y poner en práctica la política ambiental.

El compromiso es fundamental en toda organización, de modo que, si por cualquier razón cambia el responsable del sistema, y deja de dársele seguimiento a los trabajos, se pierde la efectividad y se diluye el compromiso.
Por otro lado, mejorar el lugar de trabajo, ayuda sustancialmente a lograr las metas. Se ha podido constatar que el trabajo se realiza con más agrado ya que se cuenta con espacios adecuados, iluminación y ventilación, entre los factores más destacados. De esa manera las personas hasta cuidan el mobiliario y los equipos.
La norma ISO 14000 es un conjunto de documentos de gestión ambiental que, una vez implantados, afectará todos los aspectos de la gestión de una organización en sus responsabilidades ambientales y ayudará a las organizaciones a tratar sistemáticamente asuntos ambientales, con el fin de mejorar el comportamiento ambiental y las oportunidades de beneficio económico. Los estándares son voluntarios, no tienen obligación legal y no establecen un conjunto de metas cuantitativas en cuanto a niveles de emisiones o métodos específicos de medir esas emisiones. Por el contrario, ISO 14000 se centra en la organización proveyendo un conjunto de estándares basados en procedimientos y en pautas desde las que una empresa puede construir y mantener un sistema de gestión ambiental (Hewitt y Robinson, 1999).
En este sentido, cualquier actividad empresarial que desee ser sostenible en todas sus esferas de acción, tiene que ser consciente de que debe asumir, de cara al futuro, una actitud preventiva que le permita reconocer la necesidad de integrar la variable ambiental en sus mecanismos de decisión empresarial (Blanco, 2004).
La norma se compone de 8 elementos, mismos que se relacionan a continuación con su respectivo número de identificación:

- Sistemas de Gestión Ambiental (14001 Especificaciones y directivas para su uso – 14004 Directivas generales sobre principios, sistemas y técnica de apoyo.)
- Auditorías Ambientales (14010 Principios generales- 14011 Procedimientos de auditorías, Auditorías de Sistemas de Gestión Ambiental- 14012 Criterios para certificación de auditores)

- Evaluación del desempeño ambiental (14031 Lineamientos-14032 Ejemplos de Evaluación de Desempeño Ambiental)
- Análisis del ciclo de vida (14040 Principios y marco general-14041 Definición del objetivo y ámbito y análisis del inventario-1404)

Son empresas comprometidas todas aquellas que analizan la adopción de las normas internacionales, lo que facilita a los proveedores basar el desarrollo de sus productos mediante el contraste de amplios datos de mercado de sus sectores, permitiendo así a los industriales concurrir cada vez más libremente y con eficacia (Hewitt y Robinson, 1999).

En el tema del ahorro de costos, la ISO 14001 puede proporcionarlo a través de la reducción de residuos y el uso más eficiente de los recursos tales como la electricidad, el agua y el gas. Organizaciones con certificaciones ISO 14001 están mejor situadas de cara a posibles multas y penas futuras por incumplimiento de la legislación ambiental y a una reducción del seguro por la vía de demostrar una mejor gestión del riesgo.

En materia de reputación, como hay un reconocimiento público de las normas, también puede significar una ventaja competitiva, creando más y mejores oportunidades comerciales.

Sobre la participación del personal, se mejora la comunicación interna y puede encontrar un equipo más motivado a través de las sugerencias de mejora ambiental.

En cuanto a mejora continua, el proceso de evaluación regular asegura supervisar y mejorar el funcionamiento medioambiental en las empresas.

Por lo que respecta al cumplimiento, la implantación de ISO 14001 demuestra que las organizaciones cumplen con una serie de requisitos legales. Esto puede mitigar los riesgos de eventuales juicios.

Al vérseles como sistemas integrados, las ISO 14001 se alinean con otras normas de sistemas de gestión como las ISO 9001 o la OHSAS 18001 de seguridad y salud laboral, que proporcionan una más efectiva y eficiente gestión de sistemas en general.

Para los gobiernos las Normas Internacionales proporcionan las bases tecnológicas y científicas que sostienen la salud, mediante la legislación sobre seguridad y calidad medio ambiental (Blanco, 2004).

Para los países en vía de desarrollo, las normas internacionales constituyen una fuente importante del know-how tecnológico, definiendo las características que se esperan de los productos y servicios a ser colocados en los mercados de exportación. Las normas internacionales dan así una base a estos países para tomar decisiones correctas al invertir con acierto sus escasos recursos y así evitar malgastarlos.

Para los consumidores, la compatibilidad de productos y servicios a las normas internacionales proporciona el aseguramiento de su calidad, seguridad y fiabilidad.

Para cada uno, las normas internacionales pueden contribuir a mejorar la calidad de vida en general, asegurando que el transporte, la maquinaria e instrumentos que usamos son sanos y seguros.

Para el planeta que habitamos. Porque al existir normas internacionales sobre el aire, el agua y la calidad de suelo, así como sobre las emisiones de gases y la radiación, se puede contribuir al esfuerzo de conservar el ambiente.

La ISO desarrolla solo aquellas normas para las que hay una exigencia de mercado. El trabajo es realizado por expertos provenientes de los sectores industriales, técnicos y de negocios que han solicitado las normas y que posteriormente se proponen emplear. Estos expertos pueden unirse a otros con conocimientos relevantes, tales como: los representantes de agencias de gobierno, organizaciones de consumidores, las academias, los laboratorios de pruebas y en general expertos internacionales en sus propios campos.

Estas normas deberán de ser obligatorias para todas las organizaciones y no poseer elementos factibles de corromperse, ya que ello representa un riesgo potencial.

El objetivo principal que las Normas ISO 14000 persiguen, es permitir que una organización desarrolle e integre una política y unos objetivos que tengan en cuenta los requisitos legales que

involucren a la empresa, así como la información relativa a los aspectos ambientales más importantes (Cajiga, 2009).
Se aplica a las actuaciones ambientales sobre los que la empresa tiene control y aquellos sobre los que la organización puede tener alguna influencia. Además, con esta norma se promueve la protección ambiental y la prevención de la contaminación en equilibrio con las actividades socioeconómicas (Turmero, 2012).
Con el establecimiento de estos sistemas de gestión, las organizaciones están obligadas a establecer, implementar, documentar y mejorar continuamente las actividades que desarrollan. Ello también conlleva a la obtención de una mayor eficacia y eficiencia dentro de la empresa (más no garantiza el éxito financiero), que se traduce en más rentabilidad y estabilidad financiera, que al mismo tiempo aumentará la confianza y el interés de los inversores, las administraciones públicas y el público en general en la empresa.
En la década de los años 80, ISO se encargó de ser pionera en la tarea de establecer estándares de calidad enfocados a la administración organizacional y años más tarde, la protección del medio comenzó a cobrar importancia. Temas como el calentamiento de la Tierra y la capa de ozono eran muy discutidos y generaban una preocupación general, por lo que representantes de varios países del mundo comenzaron a reunirse para discutir estos temas y tratar de frenar el deterioro ambiental. En dichas reuniones salió a relucir que no existía ningún tipo de indicador universal que evaluara la labor hecha por las organizaciones parar proteger el medio ambiente y fue así como primero surge la norma ISO 14001 y posteriormente las demás que componen la serie (Cajiga, 2009).
En efecto, la implementación de la norma ISO14000 bajo una línea de compromiso y de participación, contrae cambios de forma y de fondo. Pero al revisar el tema de su implementación, señala Label (2000), existen opiniones encontradas respecto a su incorporación funcional dentro de los procesos productivos.
No obstante, más allá de las opiniones en favor o en contra de este tipo de normas, lo cierto es que cada día están siendo aceptadas por más entes internacionales, organizaciones que agrupan

sectores estratégicos como la Agencia de Protección Ambiental de Estados Unidos (EPA) o como la Asamblea de Socios Directores de la Cooperación Económica Asia-Pacífico (APEC), así como líderes políticos y económicos situación que conlleva a que si se está dentro de esta línea de desarrollo y producción, se nada de manera fluida, no obstante si se está en desacuerdo, el desarrollo y operatividad empresarial se estará dando contracorriente.

Pero no se trata de ver esta norma u otras normas en materia de cuidado y preservación ambiental como propuestas impuestas, se trata de volcar un nuevo y distinto paradigma en materia de gestión de negocios, ya que finalmente es cuestión de supervivencia contribuir o no al cuidado de la naturaleza.

El problema fundamental es que por ser normas de obligatoriedad, las empresas solo cumplen con su compromiso, y su personal solo trabaja para cumplir con las auditorias cuando se presenta, o para la recertificación, por ello debe considerarse que la corresponsabilidad empresa-gobierno debe ir en función de establecer y generar una cultura del cambio, debiendo sensibilizar a todo mundo para poder implantar sistemas de calidad o gestion exigidos por los organismos internacionales. Ello apunta a que estas propuestas son muy buenas pero dentro de la práctica han tenido limitaciones.

Como se ha señalado, la certificación en ISO 14000 no asegura el éxito financiero.La razón estriba en que el conjunto de normas agrupadas bajo el nombre ISO 14000 tienen como objetivo "...realizar esfuerzos medioambientales y medir la actuación de acuerdo con unos criterios aceptados internacionalmente..." (analizacalidad.com), lo cual no quiere decir que tales esfuerzos redunden en una mayor eficiencia ni en una atractiva rentabilidad (AC, 2015).

Sin embargo, dadas las condiciones del planeta que cambian constantemente debido a la escases de insumos y energía, y al alto costo económico, social y político del daño al medio ambiente, como consecuencia de la explotación de las materias primas y del vertido de desechos, hay más probabilidades de que una organización que respete los estándares de ISO 14000, cuente con herramientas más eficaces para enfrentar dichas situaciones y que al mismo tiempo gane simpatías entre los mercados de sus consumidores (los reales y los potenciales).

Debe tenerse en cuenta que la ISO 14000 se desarrolló para ser aplicable a "...organizaciones de todo tipo y dimensiones, y albergar diversas condiciones geográficas, culturales y sociales..." (Ídem), por lo que su posibilidad de aplicación estricta es difícil, pues la diversidad a escala mundial es increíble. Por ello es que se tienen "...diferentes tipos de estándares dentro de la ISO: los de especificaciones y los de guía. Los primeros son estándares certificables que contienen una serie de parámetros medibles, que pueden ser auditados de manera que se especifique si una empresa cumple o no con los requerimientos del estándar. En la serie 14000 sólo existe uno de este tipo y es el 14001. Los demás de la serie son todos estándares de guía." (Barrera, 1998).

Por su parte, la certificación es una prueba de valuación en la que un tercero, profesional acreditado en el ramo, acepta y da fe de que se cumplen los controles y protocolos que la empresa se comprometió a establecer en concordancia con la norma que le aplique. El certificado que se obtenga, por sí mismo, no garantiza que la empresa auditada vaya a tener más clientes, pero sí podría influir en la calificación que otorguen los evaluadores de las licitaciones, con miras a obtener contratos de proveeduría, obras y/o servicios.

Finalmente la certificación es voluntaria, aunque actualmente, en un ambiente de competencia desleal, el contar con el certificado ISO 14000 en la especialidad que le corresponda, demuestra un alto grado de seriedad y de mantenimiento de la capacidad profesional de la empresa.

Ante la necesidad de una estandarización internacional, la Organización Mundial para la Estandarización (ISO) creó la serie de normas ISO 14000, de las cuales ISO 14001 certifica los sistemas de gestión ambiental de las organizaciones y más allá de garantizar el éxito financiero en nuestras empresas tienen el propósito de favorecer en este vital rubro.

Lo anterior deja en claro que el propósito está vinculado específicamente a la parte sustentable que desde luego tendrá implicaciones benéficas, ya que es una situación obligatoria para desarrollarnos en nuestras empresas y evidentemente repercusiones financieras, pero no se esta en posibibilidad de afirmar que traerá consigo el éxito financiero (Turmero, 2012).
Como se ha observado, las normas de gestión ambiental ISO 14000 sugieren a las empresas una serie de procedimientos de gestión que les permita asegurar a sus clientes una mejora ambiental continua de sus productos y servicios. Mientras ISO 14000 es el nombre genérico del conjunto de normas ambientales de la Organización Mundial para la Estandarización, ISO 14001 se refiere específicamente al sistema de gestión ambiental, es decir, "...a aquella parte del sistema global de gestión que incluye la estructura organizacional, las actividades de planificación, las responsabilidades, las prácticas, los procedimientos, los procesos y los recursos para desarrollar, implementar, lograr, revisar y mantener la política ambiental..." y esto sin duda puede repercutir en las finanzas empresariales, más no asegura su éxito (Cajiga, 2009).
Hay algunas normas que deben ser obligatorias, en el caso de las leyes mexicanas, principalmente las leyes del equilibrio ecológico (la federal y las estatales), de las cuales la primera establece "...es reglamentaria de las disposiciones de la Constitución Política de los Estados Unidos Mexicanos que se refieren a la preservación y restauración del equilibrio ecológico, así como a la protección al ambiente, en el territorio nacional y las zonas sobre las que la nación ejerce su soberanía y jurisdicción..." (CU, 1988).
La razón es que, de no haber medidas coercitivas muchas empresas e individuos afectarían el derecho de las personas "...a vivir en un medio ambiente sano para su desarrollo, salud y bienestar...", como lo establece la Constitución Mexicana. Igualmente se estaría afectando la biodiversidad, contaminando impunemente y eludiendo las medidas de preservación y restauración de suelos y cuerpos de agua.

Por otra parte, existen recomendaciones generadas desde los organismos internacionales, las cuales pueden o no ser adoptadas por las empresas y los gobiernos, según lo consideren pertinente. Solo que aquí se entra en un asunto en el que la responsabilidad social, la ética empresarial y las políticas ambientales ligadas al mercado, son las que condicionan las decisiones de cada cuerpo directivo.

En ambas puede o no aplicarse alguna norma proveniente de ISO, aunque en estas últimas, no es factible que exista la corrupción, pues se trata de compromisos autoimpuestos. Sin embargo, en las normas de aplicación voluntaria sí existe ese riesgo, pues para obtener permisos, licencias, concesiones de explotación, dictámenes de uso y aprovechamiento del suelo, medidas preventivas y correctivas, etcétera, sí cabe la posibilidad de entrar en los círculos del amiguismo, el contratismo y la corrupción en cualquiera de sus formas.

La certificación es voluntaria, aunque actualmente en un ambiente de competencia desleal, el contar con el certificado ISO 14000, en la especialidad que le corresponda, demuestra un alto grado de seriedad y de mantenimiento de la capacidad profesional de la empresa (Cajiga, 2009). Debiendo implantar primero una cultura de lo que se pretende para poder implantar o acceder a las certificaciones, por lo que en la actualidad la falta de cultura es lo que no garantiza el éxito de estos modelos implantados por las diferentes organizaciones financieras internacionales, para la accesibilidad a nuevos recursos en México.

La certificación no garantiza el éxito financiero, sin embargo lo que si es que puede ser de gran ayuda tener un programa de gestión que sea parte de la estrategia integral de la empresa y que se aline al liderazgo, al trabajo en equipo y al plan de negocio.No es algo aislado, debe de ser parte de un todo (Hitt et. al., 2011).

La ISO 14000, ayuda a las empresas proveyendo un conjunto de estándares basados en procedimiento y unas pautas desde las que una empresa puede construir y mantener un sistema de gestión ambiental. El éxito financiero de largo plazo, se enmarca derivado de las economías derivadas del aprovechamiento de los recursos, lo cual generaran economías en tiempo, en consumo de energía y en mejora de procesos. Además de una mejor reputación, lo cual puede significar una ventaja competitiva, al crear más y mejores oportunidades comerciales.

Otro punto importante es que mejora la participación del personal, así como la comunicación en las empresas, a través de las sugerencias de mejora ambiental; y por ende un proceso de mejora continua en los procesos y funcionamiento de las empresas. Por último, el cumplimiento de la norma, favorece el cumplimiento con las disposiciones regulatorias y legales, con lo cual se disminuyen o desaparecen infracciones o juicios por su incumplimiento.

De acuerdo a las diversas fuentes que hacen referencia a la norma ISO 14000, es la alta dirección la que debe inspirar el objetivo de lograr un modelo de desarrollo sostenible, de crear y mantener valores ecológicos, así como de transmitir los beneficios que la empresa puede obtener de esta forma de actuar, sobre todo cuando se esta formando sobre dicho tema, es imprescindible por tanto el ahondar en esta temática. Quizá esto no es suficiente desde el punto de vista medioambiental, ya que el éxito de la implantación del sistema depende de la implicación de todos los trabajadores, que son los que en última instancia, ejecutan las actividades que generan impactos al medio natural. Sólo si la alta dirección manifiesta un compromiso real con el medio ambiente y logra transmitirlo a la totalidad de la organización conseguirá que los trabajadores se esfuercen para controlar los efectos ambientales que se producen en el desarrollo de la actividad cotidiana (Turmero, 2012).

Otro factor relativo a la capacidad de adaptación de las empresas, se refiere a su papel para favorecer la implantación de la ISO 14001, y es el aprendizaje que proporciona la experiencia en la puesta en práctica de sistemas de gestión que presentan procedimientos similares. La experiencia en estos sistemas permite a la empresa obtener el conocimiento necesario para implantar con la máxima eficacia el sistema de gestión medioambiental (Cajiga, 2009).

Uno delos puntos que es fundamental para el logro de cualquier objetivo empresarial, es el factor humano. Aunque, como seguramente se sabe todo surge del compromiso sincero de los altos dirigentes (y muy especialmente del líder, si lo hubiera), y de la participación comprometida del personal en todos los niveles del organigrama.
Al respecto, el afamado teórico de la calidad Armand Feigenbaum, afirmó que "...la calidad es una ética, pues la práctica de la excelencia es el mayor motivador humano en una organización." (González, 2015b); de donde se corrige que la ejecución de prácticas de excelencia por personal motivado, bajo órdenes precisas y sensatas, con una visión coherente y mutuamente beneficiosa, y con metas claras, especialmente del tipo sustentable, pueden generar productos y servicios de calidad con más facilidad, pues todos los factores anteriores pasan a formar parte del ser humano. Es entonces cuando pueden trabajar como un verdadero equipo y cuando la ética, surgida del corazón y la mente de cada uno, le da forma a la filosofía moral de la empresa.
En relación a estas ideas, la norma ISO 14000 mejora la participación del personal, así como la comunicación en las empresas, a través de las sugerencias de mejora ambiental.
En un estudio elaborado en el 2008 por el Dr. Mongrut sobre una muestra de 25 empresas: 12 argentinas, 3 mexicanas y 10 peruanas sobre si a la empresa le genera rentabilidad al aplicar las normas medioambientales, se obtuvo las siguientes conclusiones: a) Para el caso mexicano, argentino y peruano, al corto plazo, a las empresas que demostraron ser medioambientalmente responsables obtuvieron retornos bursátiles mayores a los esperados; b) Para el caso mexicano y peruano se detectó un patrón de ajuste acompañado de reacción tardía, el caso argentino fue acompañado de filtración de información; c) En el mercado mexicano y peruano se detectó falta de eficiencia semifuerte, por lo tanto se perdieron oportunidades económicas, y d) Se detectó que el mercado argentino tuvo un mayor beneficio al demostrar una mayor responsabilidad gracias a las reacciones oportunas. (Mongrut, 2008)

Como se puede observar, no solo es implementar las normas medioambientales para obtener una ventaja competitiva y aumentar las posibilidades de éxito, sino también saber leer el mercado y reaccionar a tiempo puede ser vital para que las posibilidades de éxito sean tangibles.

Implementar ISO 1400 síi puede asegurar el éxito financiero a largo plazo, siempre y cuando exista una correcta monitorización del sistema que como parte de un sistema de gestión de la calidad, debe necesariamente ajustarse un proceso de mejora continua. Lo interesante de esto es que realmente la organización completa desde los mandos directivos hasta los operativos se responsabilicen de su rol en estos sistemas (Arocena, 1998).

De acuerdo a (Rodríguez, 2002) al seguir adecuadamente un sistema de gestión ambiental y lograr una certificación, los beneficios podrán ser vistos en Inversiones y Costos, al:

1. Optimizar las inversiones y costos
2. Facilitar el acceso a las ayudas económicas
3. Reducir los costos derivados de la no gestión
4. Evitar reacciones adversas del mercado
5. Reducir el riesgo de incurrir en costos de actuación de terceros en nuestra organización.
6. Reducir las primas de seguros.

Cabe mencionar que una certificación es necesaria pero no garantiza el éxito financiero, sin embargo, lo que puede ser de gran ayuda es la elaboración de un programa de gestión que sea parte de la estrategia integral de la empresa y que se pueda alinear al liderazgo, al trabajo en equipo y al plan de negocio (Hitt et. al., 2011).

En otro contexto, de acuerdo a la página oficial de la Organización Internacional para la Estandarización (ISO, 2015), la familia de estándares ISO 14000 provee herramientas prácticas a compañías y organizaciones de todos los tipos para la gestión de sus responsabilidades ambientales. De manera que, la ISO 14001:2004 y sus estándares de apoyo, como por ejemplo, la ISO 14006:2011 se centran en los sistemas ambientales; otros estándares de la misma familia se centran en las áreas de comunicación, auditorías, etiquetado, análisis de ciclo de vida, así como de retos ambientales tales como el cambio climático.

Entre los posibles beneficios, se encuentran los siguientes:

1. Mejorar en la eficiencia del proceso productivo, lo que a su vez se traduce en menos deshechos, mejor uso de energía, y por tanto, ahorro económico.
2. Facilidades para acceder a "financiamientos verdes".
3. Promover la buena imagen pública y consecuentemente, el aumento en el consumo de los productos ofrecidos por la empresa.
4. Disminución de la posibilidad de tener que enfrentar demandas por daños al ambiente.
5. Mejorar en la seguridad de los centros laborales (menos enfermedades y/o accidentes).
6. Promover la internacionalización de la empresa; su incorporación en el mercado global normalizado.

Se tiene que subrayar que no es la única certificación existente en el mercado global, también existe la ISO 9000 que requiere prácticas de gestión de calidad (Stenzel, 2015).

Finalmente, cabe señalar que no se cuenta con evidencia de que alguna certificación asegure el éxito financiero de las empresas. De hecho, no existe garantía para el éxito financiero.

Dando respuesta a la pregunta, una certificación ISO 14000 no debe concebirse como un "seguro" para el éxito financiero; más bien, es una ventaja competitiva para toda empresa u organización que puede coadyuvar con otros factores (como la gerencia, la economía nacional, el liderazgo, etc.), para que las finanzas a largo plazo sean exitosas.

En el caso de las normas, en la actualidad son necesarias para toda actividad organizada, por esta razón en el mundo, las organizaciones las crean y las siguen con rigidez con el fin de alcanzar con éxito los objetivos de la organización, pero no necesariamente están vinculadas a éxito financiero.

En el caso del ISO 14000, es el nombre genérico del conjunto de normas ambientales de la Organización Mundial para la Estandarización, ISO 14001 se refiere específicamente al sistema de gestión ambiental, es decir, "a aquella parte del sistema global de gestión que incluye la estructura organizacional, las actividades de planificación, las responsabilidades, las prácticas, los procedimientos, los procesos y los recursos para desarrollar, implementar, lograr, revisar y mantener la política ambiental" y esto sin duda puede repercutir en las finanzas empresariales, más no asegura su éxito (Turmero, 2012).

Por lo tanto la Norma ISO 14000, no se debe considerar una sola norma, sino que forma parte de una familia de normas que se refieren a la gestión ambiental aplicada a la empresa, cuyo objetivo consiste en la estandarización de formas de producir y prestar servicios que protejan al medio ambiente, aumentando la calidad del producto y, como consecuencia, la competitividad del mismo ante la demanda de productos cuyos componentes y procesos de elaboración sean realizados en un contexto donde se respete al ambiente (Cajiga, 2009).

Discutir el tema sobre si una empresa obtendrá utilidades en el largo plazo a través de la implementación de normas como la ISO14000, es una cuestión que implica revisar hasta donde las empresas quieren crecer, desarrollarse y expandirse en un mercado cada día más competitivo.

Label (2000) explica y refiere que la norma ISO14000 viene a constituirse en una estrategia internacional que se adopta como una regulación normativa y que es aceptada como tal por organismos internacionales, cuya injerencia local puede impulsar o frenar que las empresas sigan teniendo presencia en el mercado.

Se trata de una propuesta que busca por una parte remediar la problemática ambiental, y también introducirse como parte de una nueva cultura y visión dentro del mundo de los negocios. Al ser sensato, objetivo, intuitivo y sensible, se podrá reconocer que este tipo de normas tienen implícito aspectos políticos y económicos, no obstante son medidas que si se establecen respetando su génesis, están ayudando a construir un entorno de respeto y cuidado ambiental.

Es por ello, que lejos de verse como un cambio de implicaciones de mayor trabajo, realización de más trámites y de reducción de utilidades, debe constituirse como una propuesta que contrae beneficios inmediatos y de mediano y largo plazo. Como toda tendencia productiva, la norma ISO14000 debe conocerse, analizarse y aplicarse con las adecuaciones conducentes a fin de estar a la vanguardia en los modelos de negocio que han dado y están dando resultados en las dos vertientes, la sostenibilidad y la sustentabilidad empresarial.

Un hecho histórico que ha venido constituyéndose dentro de las empresas y corporativos, es la modificación no solo perceptiva sino práctica y de ejecución en lo que subyace al modelo de negocio o paradigma de producción. Al respecto señala Cajiga (2009), que hasta hace poco, las empresas se centraban únicamente en la generación de utilidades, no obstante a partir de un entorno global debilitado y afectado por las actividades de las propias empresas, se ha transitado a un esquema en el cual las organizaciones empresariales han comenzado a asumir una responsabilidad social.

Dicha responsabilidad social se constituye en un complejo sistema de acciones que buscan construir un nuevo modelo de negocio en el que se conjunten tanto el aspecto productivo y de beneficios monetarios como el de contribución y cuidado del entorno. Desde esta perspectiva emerge un modelo de negocio en el que ya no solo se gestionan las atribuciones utilitarias de la empresa, sino que se construye un esquema que busca el equilibrar el concepto de sostenibilidad y de sustentabilidad.

El primer concepto se asume como la construcción de estrategias que permitan el crecimiento y desarrollo dentro de parámetros competitivos y que generen resultados que se reflejen dentro del estado de resultados y el balance en el que se concentran las cifras y números que se traducen en un índice de crecimiento y ganancias o un índice de estancamiento y pérdidas. El segundo concepto busca adherirse dentro del primero, tratando que a partir de la incorporación de acciones de cualificación productiva se logre ser sostenible pero también sustentable a través de acciones de prevención, corrección y remediación del medio ambiente.

Es a partir de este nuevo paradigma de producción sostenible y sustentable, como surgen propuestas que intentan no solo ir materializando con mayor eficiencia y eficacia estos esfuerzo, sino impulsarlos y establecer una cultura que permita ir articulando dentro de los procesos acciones que sean permanentes y constantes, lográndolo realizar no solo en proyectos con caducidad, sino en una filosofía de vida empresarial. Uno de dichos esfuerzo es el ISO14000, que viene a ser una propuesta de extensión de la norma ISO900 centrada en la "...administración de la calidad y aseguramiento de la calidad..." que se instauro por la International Organization for Standarization en más de ochenta países, cuyo significado es de origen griego significa igual (Label, 2000, p. 55).

En cuanto a la ISO14000, esta surge del proceso en el que se crea un grupo de asesoría estratégica ambiental (SAGE), la cual abarca sistemas de administración ambiental, auditoría ambiental, etiquetado ambiental, evaluación del ciclo de vida y aspectos ambientales en las normas de productos. De acuerdo al autor, existen opiniones encontradas respecto a estas normas, por una parte se alude a un mayor costo de operación bajo la instauración de estas. Otras defienden estas normas explicando que su implementación disminuye substancialmente el costo que se eroga por conceptos de riesgos en responsabilidades y del pago en primas de seguros por posibles eventualidades y daños al medio ambiente.

También refiere Label (2000) que los beneficios que una empresa obtiene al incorporar la norma ISO14000 está la "...armonización de normas, ventaja competitiva, satisfacción del consumidor, cumplimiento regulatorio y buenas relaciones públicas..." (p. 60). Adicionalmente varios organismos internacionales, establecen como una prioridad el que estas normas se adopten dentro de la funcionalidad operativa de las empresas, ofreciendo mayor flexibilidad en operaciones de importación, exportación, aranceles, multas, etc. Los ahorros por conceptos de sanciones de acuerdo a Peterson (1996, citado por Label, 2000), son superiores a los $ 100 millones de dólares.

Desde esta consideración, la adopción de la norma ISO14000 se constituye en una regulación pujante que si bien es cierto, deriva de alguna manera de imposiciones de organismos internacionales, se constituye en un marco regulador que intenta establecer una nueva era para el funcionamiento de las empresas, no es una tendencia sino una necesidad en la cual todos deben asumir su compromiso, y en muchas ocasiones solo es a través de la presión y de las medidas extremas como las propuestas pueden surtir mayor efectividad y desde la perspectiva de las utilidades, los efectos de su incorporación en los procesos productivos sí representan un incentivo para alcanzar el éxito financiero en el largo plazo.

La temática ha sido ampliamente analizada desde diferentes aristas incluidas las concernientes a su influencia en el aspecto financiero (la parte medular del foro) y se ha podido de cierto modo llegar a la conclusión general de que el certificarse ante dicho conjunto de normas no establece que el éxito financiero llegue en las empresas, o como lo menciona nuestra compañera, la Mtra. Erika, por lo menos no hay evidencias al respecto (Cajiga, 2009).

Por otra parte, se perciben importantes aspectos benéficos para la empresa con la obtención de la certificación de la implantación de dichas normas, por ello considero que debemos tener en cuenta que el Sistema de Gestión Ambiental (SGA) forma parte de la Administración General de una organización (empresa), en este sentido, el SGA debe incluir: Planificación, Responsabilidades, Procedimientos, Procesos y Recursos que le permitan desarrollarse, alcanzar, revisar y poner en práctica la Política Ambiental.

Los sistemas de gestión de la calidad en toda empresa representan una ventaja sobre otras que aún no se atreven a implementarlos, implica cambios estructurales internos a cada organización; los cuales se ven influenciados también por el entorno externo.

Todo cambio ocasiona varios efectos en la organización como: ansiedad, estrés, miedo a lo desconocido, desequilibrio entre otros; para lo cual es necesario estabilizar para restaurar nuevamente el equilibrio en os aspectos administrativos, labores y estratégicos de la organización (ONU, 2011b).

De igual forma el cambio puede representar amenaza u oportunidad en el logro de objetivos estratégicos y en cualquiera de los casos necesariamente es importante darle el tratamiento adecuado.

Por lo tanto el cambio en la organización debe ser visto como una herramienta para la calidad, ya que esta implica que la organización centre su atención en los servicios al cliente y/o procesos de producción. Finalmente lo esperado con el cambio y la calidad es que se logren beneficios financieros al permitir la reducción de costos que se generan al interior de las organizaciones por ejemplo con algo tan sencillo como ahorro de energía eléctrica como parte de los sistemas de control de recursos (Rodríguez, 2002).
Ver la certificación ISO al mismo tiempo como una estrategia para aumentar la flexibilidad en la comercialización de nuestros productos o servicios, así como una estrategia para ahorrar multas (PI, 2015).
Y es que es cierto, muchas empresas continuamente se ven obligadas a pagar aranceles causados por errores o incumplimiento de las leyes ecológicas.
En este punto creo pertinente hacer mención de caso de San Luis Potosí, que ha establecido sanciones que van desde los 50,000 a los 60,000 días de salario mínimo vigente en el DF a quienes perjudiquen el desarrollo sustentable de dicha entidad federativa.
En efecto, dentro de esta lógica de propuestas para su implementación, existen distintas eventualidades que no permiten que se encausen de manera exitosa, como bien lo señalas uno de estos es el desconocimiento de las propuestas que se desarrollan y más aun de los beneficios que permiten al ser aplicadas.
Aunado a ello existe otro factor que aplica al desempeño que cada uno de nosotros puede tener como una capacidad profesional, se trata del espíritu emprendedor, mismo que de acuerdo a Kundel citado por Castro (2011), define una actividad emprendedora como "...la gestión del cambio radical y discontinuo o renovación estratégica, sin importar si esta renovación estratégica ocurre dentro o fuera de organizaciones existentes, y sin importar si esta renovación da lugar, o no, a la creación de una nueva entidad de negocio".
Desde esta perspectiva, queda claro que sin una iniciativa inquisitiva, que busque transitar hacia nuevas condiciones de operación, sin importar cuál es el resultado, no solo es una

capacidad, sino una cualidad de quien está al frente de cualquier organización. Las propuestas están frente a cada organización empresarial como las normas ISO14000, en nuestro caso no existe desconocimiento para poder recatar e ir aplicando aquellos aspectos dentro de nuestro ámbito de competencia.

Lo que sí puede existir es la carencia de un espíritu emprendedor, en donde este tipo de desempeño implica tener confianza en las ideas que se dispongan dentro de un proyecto, considerar información de investigaciones realizadas, es decir contar con un capital cognitivo para ir explicitando la aplicación del proyecto, tener la virtud de poder convocar y de tener la convicción para aterrizar y llevar a la práctica y a buen término las propuestas, para que al final se materialice lo que se ha proyectado y se generen resultados benéficos para la organización.

Es esta la parte que corresponde a cada uno de las personas, ser emprendedor una vez que se tienen los elementos cognitivos aquí revisados sobre propuestas para ser sustentables en el ámbito empresarial e institucional.

Uno de los principales obstáculos para la implementación de nuevas estrategias es la creencia de que resultará una gran inversión monetaria, y es cierto, la aplicación de nuevas estrategias implica, innovación, investigación, capacitar empleados y demás estrategias que nos permitan llegar a nuestro objetivo requieren de una inversión grande en un inicio, sin embargo no debemos perder la visión de que por ahorrarnos algo y no aplicar estas estrategias tendrá el efecto contrario a lo que buscamos, llevando incluso a la quiebra a la compañía.

La necesidad de cuidar el medio ambiente ha llevado al objetivo de integrar los factores medioambientales en las estrategias de las empresas industriales.

Las ISO 14000 son normas internacionales que se refieren a la gestión ambiental de las organizaciones. Su objetivo básico consiste en promover la estandarización de formas de producir y prestar servicios que protejan al medio ambiente, minimizando los efectos dañinos que pueden causar las actividades organizacionales.

Los estándares que promueven las normas ISO 14000 están diseñados para ofrecer un modelo eficaz de Sistemas de Gestión Ambiental (SGA), facilitar el desarrollo comercial y económico mediante el establecimiento de un lenguaje común en lo que se refiere al medio ambiente y aportar planes de gestión ambiental estratégicos en la industria y el gobierno.

Un SGA, identifica políticas, procedimientos y recursos para cumplir y mantener un gerenciamiento ambiental efectivo, lo que contempla evaluaciones rutinarias de impactos ambientales, y el compromiso de cumplir con las leyes y regulaciones vigentes en el tema, así como también la oportunidad de continuar mejorando el comportamiento ambiental.

La familia de estándares referidos a la gestión ambiental está constituida por las siguientes normas:

1. ISO 14000: Guía a la gerencia en los principios ambientales, sistemas y técnicas que se utilizan.
2. ISO 14001: Sistema de Gestión Ambiental. Especificaciones para el uso.
3. ISO 14010: Principios generales de Auditoría Ambiental.
4. ISO 14011: Directrices y procedimientos para las auditorías
5. ISO 14012: Guías de consulta para la protección ambiental. Criterios de calificación para los auditores ambientales.
6. ISO 14013/15: Guías de consulta para la revisión ambiental. Programas de revisión, intervención y gravámenes.
7. ISO 14020/23: Etiquetado ambiental
8. ISO 14024: Principios, prácticas y procedimientos de etiquetado ambiental
9. ISO 14031/32: Guías de consulta para la evaluación de funcionamiento ambiental
10. ISO 14040/4: Principios y prácticas generales del ciclo de vida del producto
11. ISO 14050: Glosario
12. ISO 14060: Guía para la inclusión de aspectos ambientales en los estándares de productos

La aplicación de normas como la serie ISO 14000, por supuesto que genera benéficos para la empresa, desde el punto de vista de sustentabilidad y responsabilidad social, y también desde el punto de vista económico.

La BSI (British Standards Institution) y otras agencias certificadoras mencionan algunos de los beneficios de adoptar estas normas, entre ellos están los siguientes:

1. una mejor gestión medioambiental al reducir el desperdicio y el uso de la energía
2. Mejora la eficiencia de sus procesos desde el punto de vista ambiental
3. Demuestra cumplimiento ambiental
4. Satisfacer las obligaciones legales

No necesariamente una organización que adopta esas normas internacionales asegura el éxito financiero a largo plazo, ya que el éxito financiero no solo depende de lo que se enmarca en este tipo de sistemas de gestión empresarial se refiere, creo que una empresa puede utilizar como parte de su estrategia de desarrollo la implantación de un sistema de gestión ambiental con apego a las normas de un ISO 14000, ya que los beneficios que esto conlleva son varios y pueden representar una ventaja competitiva de largo plazo, si hacen eso deben de generar una conexión en su estrategia comercial y de desarrollo integral a que si su mercado meta no reconoce o no se da cuenta de que es una empresa ambiental mente responsable no sirve de mucho en el tema comercial, se debe tener una estrategia de comunicación muy clara al respecto para que exista ese impacto en el mercado.

Todo esto de las certificaciones depende en gran medida de lo que la empresa tiene como objetivos, debe estar alineada la misión, visión y valores con el tema sustentable para que realmente trascienda y tenga un impacto positivo al interior y al exterior de la empresa reflejándose en estados financieros que arrojen ganancias, crecimiento, desarrollo integral y consoliden a la empresa a largo plazo.

Por un lado se les vende que por estar certificadas su rentabilidad y negocios aumentarán, y por otro las empresas que no lo logran se encargan de decir que las certificaciones son solo gastos y que no hay ni negocios ni utilidad. Ambos supuestos son erróneos, porque parten una premisa equivocada, ambos. Por estar certificados en alguna norma se tendrá mayor valor de negocios, esa es la premisa errónea.

Las empresas que adoptan sistemas de gestión, en este caso ambiental, ISO 1400 y sus normas relacionadas, que se comprometen con su cumplimiento, que miden su desempeño y sobre todo, como usted menciona, se integran dentro de las estrategias de la empresa, incluso dentro de sus indicadores clave, al mismo tiempo que se incrementa la conciencia en el personal, seguramente tendrán rendimientos económicos y sociales mayores, al invertir en estas certificaciones, y por tato las empresa que lo hagan de esta manera no dirán que es solo un gasto y que no se genera nada de valor, sino al contrario que es una ventaja competitiva.

Vivimos en un mundo en el que la producción acelera el uso y consumo de recursos naturales y económicos para satisfacer a una población consumista; un mundo globalizado en el que se ha perdido de vista que vivimos y convivimos en un mismo espacio que dependemos de manera directa de un planeta al que estamos en el camino de terminarlo incluso me atrevería a decir destruirlo.

Hace no más de 30 años cuando se hablada del calentamiento global y del desplazamiento humano a otras regiones por la falta de recursos vitales se empezaba a hacer una sensibilización en el cuidado del medio ambiente. Muchas organizaciones se dieron a la tarea de proponer y llevar a cabo planes, programas, estrategias, metas entre otros más para establecer sistemas de gestión de la calidad.

Estos sistemas pueden aumentar la rentabilidad de cualquier tipo de empresa si el principio fundamental de la misma es la calidad de los productos o servicios. Estos sistemas generan un cambio en la cultura empresarial dando como resultado una mejora continua en procesos, productos, servicios principalmente.

En el contexto del cuidado ambiental se debe considerar que las normas ISO 14000 apoyan esta causa, y se establece que "el objetivo final de esta norma internacional es apoyar la protección ambiental y la prevención de la contaminación en equilibrio con las necesidades socioeconómicas" (Rodríguez, 2002, pág. 4).

Ya que en su implementación se pueden obtener beneficios financieros a largo plazo que se ven reflejados en:

1. Ahorro de dinero.
2. Aumento de la utilidad.
3. Más y mejores negocios.
4. Satisfacción de los clientes.
5. Rentabilidad.

Pueden aumentar la rentabilidad de cualquier tipo de empresa si el principio fundamental de la misma es la calidad de los productos o servicios; no solo la calidad, sino la sustentabilidad pues en este caso hablamos de las normas ISO 1400, tanto de productos como de proceso (Andersen, 2003).

En cuanto al incremento de valor, económico al que nos referimos, para la empresa será al reducir los cotos de materiales no sustentables o su disposición final, así como los gastos de procesos que no tiene el enfoque de sustentabilidad; y por otra parte al consumidor, que puede recibir productos más ecológicamente sustentables, que les reduzca el esfuerzo y costo en la disposición, que no contaminen por el consumo o que les reduzca el precio al no cargar el consumidor con las ineficiencias ambientales de los productores o distribuidores.

Aunque generalmente la sigla "ISO" se asocia a Internacional Organization for Standarization, realmente su origen parte del griego isos que significa "igual", su raíz es el prefijo ISO, que se usa en palabras como isométrico, que significa de idénticas dimensiones. Ya como abreviatura de la Organización Internacional de Estandarización, se tomó como válida para las tres lenguas oficiales, inglés, francés y ruso, y así sigue hasta nuestros días (Label, 2000).

La ISO es una federación mundial de asociaciones de alrededor de 100 países, fundada en 1947, tiene el objetivo de establecer y promover normas que faciliten el comercio internacional, operaciones técnicas, científicas y económicas. En 1992 nace durante la cumbre de la tierra en Rio de Janeiro el ISO 14000, la

cual es la principal referencia para la gestión ambiental para todo tipo de organizaciones a nivel mundial (Rodríguez, 2002).
Las normas de la serie ISO 14000 se dividen en dos grupos principales:

- Normas orientadas a la organización. Las cuales brindan orientación para establecer, mantener y evaluar un sistema de gestión ambiental.
- Normas orientadas a los productos. Estas determinan el impacto ambiental de los productos y servicios, y las etiquetas y declaraciones ambientales.

Está demostrado que la implantación de la norma ISO 14000 y su posterior certificación trae una serie de beneficios que se describen a continuación:

1. Legales. Evita multas y sanciones, demandas judiciales, civiles y penales, costos judiciales, evita pleitos por competencia desleal, anticipación a los requisitos de legislación futura.
2. Inversiones y Costos. Optimiza inversiones y costos, facilita el acceso a las ayudas económicas, reduce costos derivados de la no gestión, evita reacciones adversas del mercado, reduce el riesgo de costos de actuación de terceros en la organización, reduce las primas de seguros.
3. Producción. Permite optimizar los procesos productivos, optimiza la incorporación de nuevas tecnologías, permite reducir los costos productivos.
4. Ambiente Laboral. Reduce riesgos laborales asociados a cuestiones ambientales, sensibiliza al personal hacia los problemas ambientales, orden y limpieza en las instalaciones.
5. Gestión. Integra la gestión ambiental en la gestión global de la empresa, incrementa la confianza de la dirección en los trabajadores, fomenta la participación a todos los niveles.
6. Financiera. Aumenta la confianza de la administración, accionistas, inversores, etc.
7. Comercialización. Permite la adaptación a posibles demandas del mercado, facilitar el aumento de la cuota de mercado, posibilita nuevas oportunidades de negocio y el desarrollo de tecnologías y productos.

8. Imagen. Mejora la imagen de la empresa, facilita la integración con su entorno social, favorece la credibilidad.

Con lo anterior podemos concluir que al implementar el ISO 14000 permite que la organización compita en un mercado global con estándares globales sobre el cuidado del medio ambiente.

La implementación de la norma ISO14000 en una organización, no le asegura el éxito, pero si le permite obtener una ventaja competitiva con respecto a sus competidores, aumentando la posibilidad de éxito.

Pensar que las empresas sean rentables, que generen utilidades ha sido un paradigma que sigue imperando dentro de las organizaciones, especialmente en las que se consideran pequeñas empresas y más aun dentro de las economías emergentes. Es por ello que se debe analizar el contexto internacional y mirar cuáles han venido siendo los nuevos imperativos que en materia de transformación respecto a la inclusión de nuevos ejes de desarrollo se han venido implantando en grandes compañías (BSI Group, 2013).

Se trata de establecer un parteaguas dentro de la manera en que se administra e inquiere nuevas formas de operar y conducir los destinos de una organización económica. Es menester no solo mirar, sino introducir esas tendencias que a nivel internacional y a nivel de grandes compañías se vienen desarrollando en la manera de hacer negocios. Se trata y esto debe establecerse como un objetivo que articule los procesos productivos, que se combine en una lógica complementaria de los aspectos de sostenibilidad y sustentabilidad.

Queda claro hoy día y es imposible ignorar la importancia que coloca al tema del cuidado y preservación ambiental como una de las prioridades que toda organización debe considerar dentro de su estructura funcional y operativa (DNA GL, 2015). El estatus de responsabilidad social empresarial, no solo aplica para las grandes compañías, sino que debe ser un criterio normativo para cualquier organización a través del cual se busque dar apertura a un nuevo modelo de negocio bajo el cual, se busque y logre ser productivo, competitivo y amigable con el medio ambiente.

Invertir en la transición de una empresa fincada en la búsqueda neta de utilidades, a una empresa con responsabilidad social empresarial y ecológica, significa no solo adaptarse a las nuevas condiciones de hacer negocios como lo regula la norma ISO14000, sino en adoptar una actitud como persona moral, que ha de reflejar el esfuerzo y actuación de sus trabajadores, que como parte de una sociedad, se desempañan bajo un paradigma comprometido con la naturaleza; posicionando y modificando su papel en el ámbito social y ético (Cajiga, 2009).

Es un hecho que a nivel mundial cada vez son más empresas que aplican esta norma en su organización, que lo han visto como el inicio para entrar y desarrollarse en nuevos mercados, donde aumenta su posibilidad de éxito (Pérez y Bejarano, 2008). Es importante mencionar las normas y estándares ISO sobre el Sistema de Gestión Medioambiental:

- 14001 - Sistemas de gestión medioambiental: Especificaciones y guías de uso
- 14004 - Sistemas de gestión medioambiental: Pautas generales sobre los principios, sistemas y técnicas de apoyo.
- 14010 - Pautas para auditorías medioambientales: Principios generales de auditorías medioambientales.
- 14011 - Pautas para auditorías medioambientales: Procedimientos de auditoría, 1a. Parte: Auditoría de sistemas de gestión medioambiental.
- 14012 - Pautas para auditorías medioambientales: Criterios de cualificación para auditores medioambientales.
- 19011 - Auditoría de los sistemas de gestión de la calidad y/o ambiental
- 14031 - Evaluación de la actuación medioambiental: Pautas
- 14041 - Evaluación del ciclo de vida: Análisis inventarial del ciclo de vida
- 14050 - Términos y definición de la gestión medioambiental.

Además de certificarse en un ISO 14000, la empresa debe implementar un Sistema de Gestión Ambiental, lo que le permitirá alinear los objetivos y metas ambientales con los resultados económicos, lo que asegura que sus recursos humanos, técnicos y económicos sean rentables y por consecuencia le facilite a la empresa cuantificar más claramente su rentabilidad (Rodríguez, 2002).

Las normas de estandarización que implican los sistemas de certificación indican a la organización el camino que deben seguir para ajustar sus procesos, productos o servicios a la demanda de un mercado específico.

Así, una norma en el contexto ambiental: "...especifica los requisitos de dicho sistema de gestión medioambiental. Se ha escrito para ser aplicable a todos los tipos y tamaños de las organizaciones y para ajustarse a condiciones geográficas, culturales y sociales... El éxito del sistema depende del compromiso de todos los niveles y funciones, especialmente de la alta dirección" ((Rodríguez, 2002), pág. 1).

El compromiso de la alta dirección es vital para que el SGA pueda funcionar de acuerdo a lo planeado y brinde los beneficios para el cual fue implementado. Lo ideal es que la alta dirección siempre esté comprometida.

La implantación por sí misma de estas normas no garantiza ni que se cuide el medio ambiente ni que la empresa mejore su rentabilidad o la haga más competitiva. Debe existir una determinación total por la alta dirección y un compromiso estratégico. Es decir, para lograr los objetivos de rentabilidad (sostenibilidad) y sustentabilidad, considero que hay que subir al nivel de estrategia el tema ambiental, incluir indicadores de desempeño, concientizar al personal, a clientes y proveedores, y sobre todo, que la alta dirección deje de ver como un gasto este tipo de certificación y las prácticas ambientales, sino más bien que esté convencida de que la buena adopción y ejecución, respectivamente, les puede generar rendimiento económicos y sociales, incluso a mediano plazo.

Hay un condicionante para que esto se dé, y es que la organización se comprometa a cumplir con los requisitos de la serie de normas ISO 14000 para mejorar su desempeño ambiental, y no solo para certificarse. Esto último porque, por mi experiencia, algunas empresas se certifican, por requerimientos del cliente o para tener una mejor imagen, y aún así, pudieran tener algunos logros ambientales que se reflejarían en su éxito financiero (ISO Tools, 2015).

La agencia de certificación BSI (British Estándar Institute) menciona que entre los beneficios de adoptar la norma ISO 14001 por las empresas se puede logar:

1. Una mejor gestión medioambiental, al reducir el desperdicio y el uso de la energía; que de manera directa afecta a los gastos de la empresa y contribuyen a mejorar su rentabilidad.
2. Mejorar la eficiencia de sus procesos desde el punto de vista ambiental, para reducir el costo de operar y sustituyendo materiales y productos por unos que sean amigables con el medio ambiente.
3. Demostrar el cumplimiento ambiental, lo que le permitirá expandir las oportunidades de negocio.
4. Satisfacer las obligaciones legales para ganar mayor confianza de las partes interesadas y el cliente, además de evitar penalizaciones y multas, así como costos de remediación y otros, al evitar impactos ambientales adversos.

Siempre, pero hoy con más conocimiento y experiencia por los impactos que se observan contínuamente en las diferentes sociedades, se puede afirmar que los problemas ambientales son realmente problemas para los negocios; por ejemplo problemas vinculados con la legislaciones locales, federal e internacionales; problemas de mercado, por ejemplo el enfoque de las compras verdes o del "Green Computing", que tienden a usar productos ambientalmente sustentables.

La administración ambiental debe estar íntimamente relacionada con la administración del negocio, desde el punto de vista estratégico; pues siempre para lograr mejoras ambientales habrá de hacer inversiones en equipo, procesos, sistemas, capacitación, pruebas, y otros gastos necesarios para implementar buenas prácticas ambientales, que de ser correctamente seleccionadas e adoptadas, pueden generar ahorros y por ende éxitos financieros desde los primeros momentos; por ejemplo, remplazo de materiales contaminantes que reducen los costos de disposición especializada; reducción de retrabajos con el equivalente reducción de uso de energía y materiales; mejores controles operacionales para reducir los impactos ambientales, como la contaminación por combustión (CO2), el uso de sustancias tóxicas y su disposición o cumplimiento legal. Existen muchos otros factores que podrán impactar de manera inmediata al éxito financiero, pues como ya se comentó, parte de la rentabilidad de la empresa se sostiene en las buenas prácticas ambientales que redituarán en reducción de costos o reducción de gastos y multas.

Como observación adicional, ISO 14000 al ser una familia de normas, no todas certificables, pero sí enfocadas a reducir o eliminar impactos ambientales adversos, al igual que ISO 14001, la más popular de las normas de la serie 14000, podrán generar ahorros y prevenir gastos por incumplimientos y pobre eficiencia ambiental que se traduce, en mejora en el rendimiento económico de la empresa.

Una certificación es buena pero no garantiza el éxito financiero; sin embargo, lo que si es que puede ser de gran ayuda tener un programa de gestión que sea parte de la estrategia integral de la empresa y que se pueda alinear al liderazgo, al trabajo en equipo y al plan de negocio. No es algo aislado, debe de ser parte de un todo (Hitt et. al., 2011).

Es cierto que las compañías obtienen beneficios al integrar esta norma a sus estrategias de mercado, y también es cierto que existe un rechazo o dificultad para aplicarla, ya sea por miedo al cambio o al desconocimiento. Sin embargo, esto no puede ser utilizado como justificación, pues que en un mundo como en el que vivimos hoy la innovación denominada responsabilidad social-ambiente es algo que no se puede dejar para después.

3.2. Pacto Mundial de la ONU.

Toda empresa siempre ha buscado la forma de generar utilidades económicas, se han establecido en lugares geográficos en donde cada uno cuenta con características que satisfacen las necesidades propias de la empresa para su funcionamiento. Algunas se han preocupado por el cuidado del medio ambiente en donde se desarrollan y participan en programas de apoyo social y preservación del medio.

Con respecto a la pregunta del foro, es necesario conocer el Pacto Mundial de la ONU (2011, p. 7), que de acuerdo a indica que es:

1. Una iniciativa voluntaria para fomentar el desarrollo sostenible y el civismo empresarial.
2. Un conjunto de valores fundamentados en principios aceptados internacionalmente.
3. Una red de empresas y otros grupos de interés.
4. Un foro de aprendizaje e intercambio de experiencias.

A partir de lo anterior se considera entonces que las empresas que participan en este pacto adquieren una responsabilidad social empresarial, que al respecto, Cajiga (2009, p. 2) establece:

Es una visión de negocios que integra el respeto por las personas, los valores éticos, la comunidad y el medio ambiente con la gestión misma de la empresa, independientemente de los productos o servicios que ésta ofrece, del sector al que pertenece, de su tamaño o nacionalidad.

Mi opinión es que es un buen plan de sustentabilidad con buenos propósitos que le convienen tanto a empresa y sociedad; y que finalmente se brindan beneficios al medio ambiente.

Las empresas deben ver el pacto como una oportunidad de mejora y competitividad, que les permite destacar en un medio empresarial reconocido pero sobre todo responsablemente.

Definitivamente, cada empresa debe adecuar cada uno de los 10 principios del pacto y generar los planes, programas y estrategias que les convengan.

Un factor muy importante en el cual se deberá de trabajar aún más por parte de las Naciones Unidas es que la sustentabilidad debe ser llevada a la práctica.

Así, a raíz de la Cumbre de Río de 1992, el discurso del desarrollo sustentable se convirtió en la meta a alcanzar por toda política de desarrollo económico y social (Cajiga, 2009).

El deterioro del medio ambiente se notó desde mediados del siglo XX: el cambio climático y la disminución de la capa de ozono fueron puntos rojos que alertaron a los científicos y a la población.

La degradación del medioambiente provoca un problema económico y de desarrollo porque el medio ambiente no está separado de las acciones humanas.

El medio ambiente es donde vivimos todos y el desarrollo es lo que hacemos para tratar de mejorar nuestra vida, ambas cosas son inseparables.

El cambio que sufre el medio ambiente repercute de inmediato en los seres humanos:

1. Cada año seis millones de hectáreas de tierra productiva se convierten en estéril desierto.
2. Las lluvias ácidas matan bosques, lagos y dañan el patrimonio artístico y arquitectural de las naciones.
3. El efecto invernadero provoca un aumento en el nivel del mar y se llegarán a inundar ciudades costeras, trastornando las economías nacionales.
4. La industria y la agricultura introducen sustancias tóxicas en el humano y esto causa enfermedades como el cáncer.
5. Las naciones que no cuiden su medio ambiente verán como la pobreza se extiende entre sus ciudadanos.

La falta de conocimiento del pacto mundial genera confusiones, lo cual impide que las empresas incursionen en un sistema de mejora empresarial y ambiental que genera beneficios tanto económicos, sociales y ambientales.

Hale en 2014 publicó que con respecto a este pacto:

"Algunas empresas les preocupa que la iniciativa sea un intento de regulación global; por otro lado, algunos grupos de la sociedad civil e instituciones académicas consideran que es un instrumento que

permitirá a las empresas ampararse en la legitimidad de las Naciones Unidas para continuar con sus prácticas inmorales. Muchos de estos temores surgen de una confusión sobre la naturaleza y los objetivos del Pacto Mundial (Hale, 2014)".

Se comprende que el desconocimiento de muchos empresarios conlleva a generar ideas erróneas, sin embargo quienes tienen el poder de convencimiento son aquellas empresas que están adheridas a este pacto. Considero que deben divulgar los beneficios que han obtenido así como los requisitos y proceso que deben cumplir y seguir.

Como se ha comentado, de acuerdo a la literatura correspondiente, el Pacto Mundial de la Organización de las Naciones Unidas (Global Compact, en inglés) es una iniciativa voluntaria dirigida a empresas y corporaciones, propuesta por el Secretario General de la ONU, Kofi Annan, en 1999 durante la celebración del Foro Económico Mundial.

Utilizando la potencia y resolución de una acción colectiva global, el Pacto Mundial de la ONU busca fomentar la responsabilidad social corporativa en el seno de las empresas, haciéndolas partícipes de la generación de soluciones a los retos que plantea la globalización. Existen diferentes empresas y organismos que se suman a esta iniciativa con el objetivo de ayudar a convertir en realidad la visión de Kofi Annan de una economía global más sostenible e integradora (Turmero, 2012).

Las evidencias presentadas son una muestra clara de su buena finalidad y de la importancia que implica.

En América Latina, Cesar Maia ex alcalde de Río de Janeiro, Brasil, durante tres periodos de gobierno desde 1992 ha incursionado es programas sociales para la ciudad como Rio Cidade y Favela-Bairro (Chávez et. al., 2008).

La preocupación de Cesar Maia fue principalmente las emisiones de gases de efecto invernadero y la cantidad de personas que viven y conviven en la ciudad así como lo difícil que era esta situación sobre todo en los barrios pobres. En 1998 implemento una iniciativa permanente denominada "Protocolo de Intenciones de Río de Janeiro", en donde planteo los siguientes objetivos:

1. Apoyar y participar en la movilización de la sociedad carioca en la lucha contra el calentamiento de la Tierra;
2. Promover una mayor sensibilización y difusión de información entre el público infantil, poniendo el acento en las redes escolares y los debates comunitarios;
3. Ampliar los conocimientos acerca de los efectos y consecuencias del calentamiento de la Tierra con relación a la ciudad;
4. Poner en marcha el plan de acción necesario para afrontar estas consecuencias, para conservar la ciudad y proteger a la población que se enfrenta a mayores riesgos;
5. Integrar las variables del cambio climático en toda la planificación municipal;
6. Promover actuaciones encaminadas a reducir las emisiones de gases de efecto invernadero y contribuir a la captura del carbono de la atmósfera;
7. Apoyar proyectos e iniciativas, tanto públicos como privados, que puedan ser objeto de financiación a través del mecanismo para un desarrollo limpio; y
8. Trasladar al Gobierno Federal el deseo de la ciudad de albergar en 2009 la Conferencia de las Partes de la Convención Marco de las Naciones Unidas sobre el Cambio Climático, cuya celebración está prevista en América Latina (ONU, 2015).

Claro ejemplo de lo que se puede hacer en una urbe de tal magnitud, esperemos que en algunas ciudades de nuestro país se concreten tantos proyectos burocráticos y de escritorio, sobre todo en el D.F.

El Pacto Mundial de la Organización de las Naciones Unidas (ONU), también llamado como el "United Nations Global Compact" fue adoptado en Agosto del 2005 por el entonces Secretario General de la ONU, Annan hace un llamado a empresas de todo el mundo para alinear sus operaciones y estrategias con 10 principios universales:

Principio 1: Las empresas deben apoyar y respetar la protección de los derechos humanos fundamentales reconocidos universalmente.

Principio 2: Las empresas deben asegurarse de que no son cómplices de la vulneración de los derechos humanos.

Principio 3: Las empresas deben apoyar la libertad de asociación y el reconocimiento efectivo del derecho a la negociación colectiva.
Principio 4: Las empresas deben apoyar la eliminación de toda forma de trabajo forzoso o realizado bajo coacción.
Principio 5: Las empresas deben apoyar la erradicación del trabajo infantil.
Principio 6: Las empresas deben apoyar la abolición de las prácticas de discriminación en el empleo y la ocupación.
Principio 7: Las empresas deberán mantener un enfoque preventivo que favorezca el medio ambiente.
Principio 8: Las empresas deben fomentar las iniciativas que promuevan una mayor responsabilidad ambiental.
Principio 9: Las empresas deben favorecer el desarrollo y la difusión de las tecnologías respetuosas con el medio ambiente.
Principio 10: Las empresas deben trabajar en contra de la corrupción en todas sus formas, incluidas la extorsión y el soborno.
De manera que, este Pacto Mundial refleja la preocupación de los líderes mundiales en torno a los más graves problemas que están afectando nuestra humanidad en los ámbitos de los derechos humanos, los estándares laborales, el medio ambiente y la lucha contra la corrupción.
Específicamente en tema ambiental (que es al que se refiere en este foro), pienso que es un excelente plan de sustentabilidad. Como se observa en los principios 7,8 y 9, se expresa de manera clara, directa y concisa la importancia de prevenir, del fomento de iniciativas y la difusión de tecnologías "verdes". De manera similar a mi experiencia en la evaluación de programas, puedo decir que una cosa es el planteamiento escrito de las ideas y otra muy diferente la acción que se ponga a dichos planes y programas. Así mismo, también por experiencia directa sé que las innovaciones implican tiempo y esfuerzo para que los ciudadanos las asimilen, las entiendan y las pongan en práctica.
Para estar en posibilidades de ponderar si es un buen plan o malo, es necesario recurrir a las evidencias que se han presentado en los últimos años.

De acuerdo a la página oficial, el Pacto Mundial no es un foro cerrado. Al contrario, aspira a ser un espacio abierto y accesible a la mayor cantidad posible de participantes. Las empresas y organizaciones que deseen adherirse deben enviar una carta de su director general, con la aprobación del Consejo de Administración, afirmando su compromiso de respetar los 10 principios del Pacto. Una vez dado este paso, se espera que la organización:

1. Introduzca cambios en sus operaciones de manera que los principios del Pacto formen parte de su estrategia, cultura y operaciones diarias.
2. Promueva el Pacto y sus principios en su entorno
3. Describa en un informe dirigido directamente al Pacto Mundial, incluido en su informe anual u en otro documento similar (de sustentabilidad), las formas en que está avanzando en la aplicación de los 10 principios del Pacto (Turmero, 2012) .

En cuanto al modo en que las empresas han de aplicar estos principios en la práctica, el Pacto Mundial ofrece varias oportunidades de participación

Es posible considerar que la idea y acciones que en teoría maneja el pacto mundial llevan a suponer que es algo que va en directo beneficio en materia de sustentabilidad, sin embargo son las evidencias las que permiten en sí mismas estar en posibilidades de dar tal afirmación.

Nunca estará de más el insistir en cuanto a que "las innovaciones implican tiempo y esfuerzo para que se asimilen, se entiendan y se les ponga en práctica". El olvidarlo conlleva frustraciones innecesarias y fracasos anticipados.

Para el tema que nos ocupa, el que una empresa o un organismo académico instrumente acciones alineadas con el Pacto Mundial, requiere seguir una multitud de pasos que, inevitablemente, consumen recursos, tiempo y esfuerzo... pero no solo porque se planea y ejecuta alguna acción, sino porque al mismo tiempo se está innovando, con una orientación hacia la sustentabilidad, lo cual requiere equilibrar, como ya sabemos, lo económico, lo social y lo ambiental (UNGC, 2015).

Entre los pasos a dar, podrían anotarse: la creación de alianzas, la formación de redes locales, la promoción y concientización, las sesiones sobre políticas y sobre aprendizaje, la ejecución de acciones colectivas, la atención de los compromisos subsidiarios y la generación de reportes (ONU, 2011; pág. 3).
Un caso es el programa ambiental denominado StrateGO Green en el 2011 en Panama, con apoyo de todos los miembros de la organización y con un efecto positivo a la comunidad.
En la publicación de Sumarse en 2015 aparece lo siguiente: Programa estructurado de voluntariado corporativo que promueve acciones ambientales, cuyo objetivo es contribuir a la sostenibilidad ambiental en el ámbito de influencia de la empresa, beneficiando: 1) A nivel interno: beneficiarios directos, 30 colaboradores de la empresa (directivos y personal de todos los niveles), y; 2) A nivel externo: beneficiarios directos, 400 niños que asisten anualmente a la escuela La Mesa del Corregimiento de San Martin e indirectos: 4,410 habitantes del corregimiento. Obteniendo los siguientes resultados: 1) 400 estudiantes de la Escuela La Mesa, sensibilizados anualmente en temas ambientales, ciudadanía y valores, así como la formación de 30 líderes estudiantiles en temas ambientales y ciudadanía, y; 2) La reducción en un 6% del consumo eléctrico en la empresa (medición 2010 vs. 2014).
Este es un claro ejemplo de una empresa que se preocupó por las comunidades en donde esta se instaló, brindándole beneficios del proyecto ambiental dirigido específicamente al proceso de reforestación comunitaria, de tal manera que empezó con una escuela, formo grupos de responsabilidad y ahora son pioneros en este tipo de prácticas.
La discusión en torno a la pregunta de debate se torna muy interesante, teniendo una doble respuesta que metafóricamente puede tornarse en dos filos que pueden constituir por una parte ser un agente alienado en torno a la cosmovisión y paradigma que tradicionalmente ha imperado por parte de las grandes economías, siendo el hecho de implantar modelos y propuestas en economías emergentes como es el caso de México. Por otro lado, si se establece una opinión cerrada en torno a las propuestas que se

gestan en el exterior, particularmente en organismos internacionales, pudiese darse el caso de ser considerado un agente instigador.

Se trata pues de establecer una respuesta apegada a lo objetivo e imparcial, denotando siempre el carácter social que debe imperar en cualquier política o proyecto que se quiera implementar en el plano de la realidad. En este sentido y tomando como referente lo expuesto por la Organización Internacional del Trabajo (OIT), se puede pensar en que la realidad que guarda el entorno global, puede considerarse como un complejo sistema de engranes, en donde cada uno representa un esfuerzo por mover los procesos tanto en su nivel macro como micro, y que dicho movimiento se equipara en la búsqueda, tratamiento y administración de los fenómenos sociales, políticos, económicos, culturales y educativos.

Desde esta perspectiva, el pacto referido por la Organización de las Naciones Unidas en 2011, objetivamente es una propuesta que depende de un enfoque de participación, en donde se insta a una invitación global por los actores involucrados, en donde las empresas tienen un papel estratégico, ya que de ellas depende regular y coadyuvar a la estabilidad a través de la generación de empleos, los cuales brindan una certeza en el modo de vivir de los ciudadanos. Este tipo de pacto, es una forma de enfrentar la problemática que se torna compleja en muchos sentidos, figurando el económico como el de mayor trascendencia, pero que indudablemente es afectado por otros como por ejemplo el del cuidado ambiental.

Un caso es el programa ambiental denominado StrateGO Green en el 2011 en Panama, con apoyo de todos los miembros de la organización y con un efecto positivo a la comunidad.

En la publicación de (Sumarse, 2015) aparece lo siguiente: Programa estructurado de voluntariado corporativo que promueve acciones ambientales, cuyo objetivo es contribuir a la sostenibilidad ambiental en el ámbito de influencia de la empresa, beneficiando: 1) A nivel interno: beneficiarios directos, 30 colaboradores de la empresa (directivos y personal de todos los niveles), y; 2) A nivel externo: beneficiarios directos, 400 niños que asisten anualmente a la escuela La Mesa del Corregimiento de San Martin e indirectos: 4,410 habitantes del corregimiento. Obteniendo los siguientes resultados: 1) 400 estudiantes de la Escuela La Mesa, sensibilizados anualmente en temas ambientales, ciudadanía y valores, así como la formación de 30 líderes estudiantiles en temas ambientales y ciudadanía, y; 2) La reducción en un 6% del consumo eléctrico en la empresa (medición 2010 vs. 2014).

Este es un claro ejemplo de una empresa que se preocupó por las comunidades en donde esta se instaló, brindándole beneficios del proyecto ambiental dirigido específicamente al proceso de reforestación comunitaria, de tal manera que empezó con una escuela, formo grupos de responsabilidad y ahora son pioneros en este tipo de prácticas.

La discusión en torno a la pregunta de debate se torna muy interesante, teniendo una doble respuesta que metafóricamente puede tornarse en dos filos que pueden constituir por una parte ser un agente alienado en torno a la cosmovisión y paradigma que tradicionalmente ha imperado por parte de las grandes economías, siendo el hecho de implantar modelos y propuestas en economías emergentes como es el caso de México. Por otro lado, si se establece una opinión cerrada en torno a las propuestas que se gestan en el exterior, particularmente en organismos internacionales, pudiese darse el caso de ser considerado un agente instigador.

Se trata pues de establecer una respuesta apegada a lo objetivo e imparcial, denotando siempre el carácter social que debe imperar en cualquier política o proyecto que se quiera implementar en el plano de la realidad. En este sentido y tomando como referente lo expuesto por la Organización Internacional del Trabajo (OIT, 2009), se puede pensar en que la realidad que guarda el entorno global, puede considerarse como un complejo sistema de engranes, en donde cada uno representa un esfuerzo por mover los procesos tanto en su nivel macro como micro, y que dicho movimiento se equipara en la búsqueda, tratamiento y administración de los fenómenos sociales, políticos, económicos, culturales y educativos.

Desde esta perspectiva, el pacto referido por la Organización de las Naciones Unidas (ONU, 2011b), objetivamente es una propuesta que depende de un enfoque de participación, en donde se insta a una invitación global por los actores involucrados, en donde las empresas tienen un papel estratégico, ya que de ellas depende regular y coadyuvar a la estabilidad a través de la generación de empleos, los cuales brindan una certeza en el modo de vivir de los ciudadanos. Este tipo de pacto, es una forma de enfrentar la problemática que se torna compleja en muchos sentidos, figurando el económico como el de mayor trascendencia, pero que indudablemente es afectado por otros como por ejemplo el del cuidado ambiental.

Una de las cuestiones que mayormente representan una oportunidad aprovecharla, es saber que la participación es una de las mejores alternativas para conducir el desarrollo que se plasma en el pacto mismo, en donde se tienen como ejes directrices los derechos fundamentales, el crecimiento y mantenimiento del empleo y su diversificación, inversión en negocios verdes, etc.

Sin embargo, la propuesta se establece como una pirámide en donde cada planteamiento va de arriba hacia abajo, sin embargo se requiere de ideas que proyecten un funcionamiento en ambos sentidos, de abajo hacia arriba y de arriba hacia abajo, en donde la figura de un rombo podría establecer una idea del funcionamiento, en cuya figura, en la parte media se daría todo el proceso y acción, con mayor equilibrio y compromiso por igual, tanto de los agentes multinacionales, como por la población y pequeños comercios.

De esta manera, el Pacto Mundial de las Naciones Unidas sí puede instituirse no solo como un buen plan de sustentabilidad, sino en una excelente propuesta, pero no solo corresponde a este el cumplimiento y alcance, ya que como se señaló líneas arriba, solo es un engrane que depende de otros, en este caso de la participación, compromiso, actitud, acciones y propuestas de otras entidades locales, solo de esta manera alcanzará su mayor eficiencia y eficacia, de lo contrario podría limitarse solo como un documento de buenos propósitos, la tesis es que si no existe una integración y acción de los actores, tanto de los líderes como de los colaboradores, no habrá un resultado medible y cuantificable.

Con base a lo que nos compartes en tu intervención en este foro, me permito realizar la siguiente aportación a fin de complementar el contenido del tema.

Como se ha venido comentando en los foros de los compañeros, el Pacto Mundial de las Naciones Unidas nació como una iniciativa de política estratégica para que las empresas en el mundo de forma voluntaria alineen sus operaciones y estrategias con los diez principios universalmente aceptados en las áreas de derechos humanos, condiciones laborales, medio ambiente y anticorrupción.

Hemos discutido que con base en el pacto mundial las empresas, en su papel de motor principal de la globalización, pueden asegurar que sus operaciones de desarrollen de forma que beneficien tanto a las economías como a las sociedades en todo el mundo (Cajiga, 2009).

Dentro de los antecedentes que se han aportado es importante señalar que el Pacto Mundial fue lanzado en el año 2000 y está considerada como la iniciativa de responsabilidad social corporativa más grande en el mundo, pues cuenta con más de 10 mil integrantes en más de 150 países y Redes Locales en más de 100.

Dentro de sus objetivos buscan: incorporar los diez principios en las actividades que la empresa realiza, tanto en el país de origen, como en sus operaciones en el mundo y llevar a cabo acciones que apoyen los objetivos de desarrollo de Naciones Unidas.

La iniciativa ofrece oportunidades de aprendizaje y participación a través de mecanismos diversos como diálogos sobre políticas, entrenamiento en temas puntuales, participación en redes locales y alianzas para proyectos.

Las empresas que quieran formar parte de Pacto Mundial deben de enviar una carta de su director general, donde se comprometerán a incorporar a sus operaciones y actividades los principios del Pacto Mundial (Turmero, 2012).

Los principios básicos del Pacto Mundial deben estar dentro de su estrategia, cultura y operaciones diarias, así como promoverlos públicamente.

Una vez al año deberán entregar de forma pública un Comunicado sobre el Progreso (CoP) de sus acciones implementando los principios del Pacto Mundial.

Con esta iniciativa se benefician no sólo a las empresas, sino a los consumidores, al medio ambiente y al gobierno, ya que las empresas modifican sus prácticas para mejorar el ambiente de trabajo, no contaminar y evitar la corrupción.

El Pacto Mundial existe para ayudar al sector privado en la gestión de los riesgos y las oportunidades cada vez más complejas en los ámbitos ambiental, social y de gobierno, tratando de integrar los mercados y las sociedades con los principios y valores que beneficien a todos.

Como muchas buenas iniciativas, su éxito o fracaso depende del trabajo colaborativo entre los involucrados. Y en este punto, lo primero es entender que no somos entes aislados y que lo que afecta a nuestra sociedad humana, nos afecta individualmente.

Frecuentemente, responsabilizamos al gobierno por los resultados que obtenemos, y así mismo, los gobernantes nos demandan apoyo, y éste es un ciclo sin fin.

De acuerdo a una publicación de El Financiero (2014), se nos pone como ejemplo el caso de Suecia, sede de empresas globales como Volvo y Ericsson, y al mismo tiempo, catalogado como el país más limpio del mundo resultado del trabajo conjunto sociedad-gobierno por más de cuatro décadas en tema ambiental.

Dado lo anterior, puede decirse que el desarrollo sustentable sí es posible...y toma tiempo y generaciones de trabajo en tema ambiental.

El "Pacto Mundial" (Global Compact en inglés), apoyado por las Naciones Unidas, cuyo objetivo es que las empresas colaboren en la consecución de mejoras sociales y medioambientales a nivel mundial, se integra o incorpora desde 1999, diez principios los cuales incluyen los derechos humanos, las condiciones laborales, el medio ambiente y la corrupción (CNDH, 2012).

Dentro de las acciones realizadas en México en los cuatro ejes, tenemos reformas estructurales, creación de organismos e instituciones reguladoras, apoyos y acciones encuadradas dentro de los principios fundamentales emanados del Pacto Mundial de las Naciones Unidas, reflejadas en la Tabla F6.1 (Carpizo, 2000).

La práctica a estos principios se ha retomado en muchos países teniendo y en México los resultados a través de sus acciones pareciera que son alentadores (Ceja, 2013), pero existe una falta de cultura al implantar esas acciones ya que se adoptan como imposiciones y no como medidas de sustentables que ayudaran al mundo (IFAI, 2014). Por ello es necesario crear una sensibilidad entre las sociedades y gobierno para realizar mejoras y con ello poder apegarnos a las disposiciones mundiales en los 4 ejes temáticos del Pacto Mundial: Derechos Humanos, Condiciones Laborales, Medio Ambiente y Corrupción (CRAALC, 2015).

Se reitera la importancia de: 1) Liderazgo más activo, explícito y directo de la alta gerencia en lo relacionado con el Principio anticorrupción del Pacto Mundial; 2) Conocimiento uniforme respecto al tema dentro de la organización, y; 3) Declaración pública del compromiso de luchar contra la corrupción en todas sus formas incluidas el soborno y la extorsión (STPS, 2015).

El verdadero éxito de las propuestas como el Pacto Mundial planteado por la ONU, no puede tener el efecto esperado debido a que se ejecutan desde arriba, como bien lo señalas al grado de establecerlos como imposiciones. Por ello se requiere de una intuición más estratégica que permita dimensionar la manera de que estas propuestas sean aprovechadas.

El planteamiento en el que la misma ONU y la OIT señalan se puede lograr una efectividad de todos estos principios, es la participación, como una de las mejores alternativas y estrategias para conducir y desarrollar cualquier propuesta en la cual se intente implantar acciones de mejoramiento y cambio (OIT, 2009).

No obstante esta participación no se da de la misma manera, por lo regular se desarrolla en una vertiente de arriba hacia abajo, razón por la que no se logran los resultados esperados, de allí que tenga la necesidad de que dicha participación se impulse de abajo hacia arriba y exista en ambas vertientes el mismo ánimo y compromiso por hacer exitosas dichas propuestas, una cuestión que dentro del ámbito que compete a cada uno de los que aquí participación es posible llevar a cabo (OIT, 2010).

Los beneficios que una empresa obtendrá al adherirse al Pacto Mundial. Entre los beneficios se pueden mencionar los siguientes (CINU, 2005):

a. Apoyo para formular soluciones prácticas para los problemas relacionados con la globalización.
b. Adhesión a los principios universales.
c. Participar en las negociaciones con los gobiernos, las empresas y la sociedad civil.
d. Tener acceso a la información sobre buenas prácticas y experiencias en todo el mundo y participación en redes internacionales de conocimiento.
e. Acceso información sobre la misión de la ONU en temas de desarrollo y su alcance práctico en todo el mundo.
f. Fortalecimiento de la estructura empresarial.
g. Mayor reconocimiento en los mercados financieros.

En resumen, participar en el Pacto Mundial trae como consecuencia participar en "nuevas y mayores ligas" además que ayuda en el mejoramiento del medio ambiente.

Creo que es una gran iniciativa apegarnos a las disposiciones mundiales en los 4 ejes temáticos del Pacto Mundial: Derechos Humanos, Condiciones Laborales, Medio Ambiente y Corrupción.

Sin embargo no es una tarea nada fácil, suena bien pero es un tema de estructura y de fondo, aún un solo país no puede asumir la homologación de criterios en esos cuatro ejes internamente, entonces cuando eso suceda podríamos hablar de que este pacto funcione realmente, los esfuerzos desde mi punto de vista son aislados y no han causado efecto suficiente como para lograr la conciencia integral de la sociedad, gobierno e iniciativa privada (Cortés, 2015).

Debemos iniciar por que este pacto sea conocido por todo mundo y que desde la educación básica iniciemos con esos criterios para poder tener un impacto relevante en el corto, mediano y largo plazo.

El desarrollo sustentable se afirma sobre tres ejes analíticos:

1. Un desarrollo que tome en cuenta la satisfacción de las necesidades de las generaciones presentes. Esto se refiere a que se requiere de la participación política para crear nuevas instituciones al compás de cambios culturales que permitan reducir la exclusión social, esto es, que reorganicen la vida cotidiana y la reproducción social. Para ello se requiere abordar aspectos como:

a. El patrón demográfico. La reducción de la mortalidad y los grandes contingentes de población que se están integrando a la sociedad de consumo, entre otros aspectos, han ocasionado un crecimiento exponencial en la demanda de alimentos, que deriva en una crisis alimentaria en algunas partes del mundo; es por esto que se requiere actuar sobre el patrón demográfico, por ejemplo, introduciendo una regulación voluntaria de los nacimientos que nos lleve a una gradual estabilización de la población.

b. La equidad social. La solidaridad intrageneracional es otro aspecto elemental en el desarrollo sustentable. Para esto se requiere re definir políticas y metas para lograr una mayor equidad en la distribución del ingreso y reducir así las brechas entre países desarrollados y en desarrollo. Para alcanzar la equidad es necesario que haya crecimiento económico pero que éste genere empleos; que sea más equitativo, es decir, que los frutos del trabajo beneficien a todos y no sólo a unos cuantos; que incluya las voces de las comunidades a través de la democratización; que sea un crecimiento que afiance la identidad cultural; un crecimiento que cuide los recursos naturales y el medio ambiente para avanzar hacia un futuro más certero.

c. Nuevas políticas para nuevas instituciones. La reforma política es una condición necesaria para el desarrollo sustentable y a través de ella reducir la desigualdad social y evitar la destrucción del medio ambiente, promoviendo decisiones políticas integrales que cuando, por ejemplo, traten aspectos económicos no dejen de lado el impacto social o ambiental que esa política tendría. Asimismo, la reforma institucional requiere modificar los procesos de cooperación internacional y de la gobernabilidad mundial.

d. Una nueva cultura civilizadora. La evolución histórica se ha visto insostenible en lo relativo a la situación ambiental, económica y social. Las transformaciones necesitan llegar a lo más profundo del ser mediante un cambio civilizatorio, de valores, de re definición de prioridades, de opciones sustanciales que coloquen lo material en su justa dimensión para que el ser humano se realice plenamente y en armonía con su entorno natural y con la comunidad a la que pertenece.

2. Un desarrollo respetuoso del medio ambiente. La premisa central que sostiene esta tesis implica que el desarrollo no debe degradar el medio ambiente biofísico ni agotar los recursos naturales. Esta premisa es la que le ha dado sentido a toda la concertación internacional desde la Cumbre de Estocolmo en 1972, que pasa por el informe "Nuestro Futuro Común" en 1987, pero sobre todo con un sentido estratégico a partir de la Cumbre de Río en 1992, promoviendo la reflexión sobre cómo compatibilizar las necesidades y aspiraciones de las sociedades humanas, con el mantenimiento de la integridad de los sistemas naturales. Además, se reconoce que el deterioro ambiental de las actividades humanas no es un fenómeno homogéneo, sino que depende de los estilos de desarrollo, el modo de vida y las condiciones del entorno.

3. Un desarrollo que no sacrifique los derechos de las generaciones futuras. Si bien es difícil definir cuáles podrían ser las necesidades básicas de las generaciones no nacidas, que deberán satisfacer y cómo lo harán, la justicia intergeneracional es una condición ligada tanto a la equidad social como a la conservación del medio ambiente en el momento actual. En otras palabras, la pobreza no puede aumentar ahora ya que los pobres no pueden ser más pobres en el futuro y los sectores y países ricos deben necesariamente reducir sus niveles de vida y de consumo a fin de no hipotecar el presente y el futuro del planeta. Asimismo, mantener a largo plazo la integridad del ecosistema planetario es también un requisito de la sustentabilidad de las generaciones presentes.

El Pacto Mundial ofrece varias oportunidades de participación a través de las siguientes iniciativas (Turmero, 2012):

1. Diálogos de política. Cada año el Pacto Mundial organiza una serie de reuniones de carácter práctico destinadas a analizar temas concretos relacionados con la mundialización y con el civismo empresarial. En este marco de participación constructiva se reúnen, entre otros, organismos de las Naciones Unidas, trabajadores y organizaciones no gubernamentales con el objeto de buscar soluciones a algunos de los problemas contemporáneos. Se han tratado temas relacionados con la función del sector privado en zonas de conflicto y con las empresas y el desarrollo sostenible.
2. Redes locales. El Pacto Mundial fomenta la creación de estructuras y redes locales en los planos nacional y regional para apoyar la aplicación de los nueve principios; el intercambio de experiencias e información; la organización de debates a nivel local y regional relacionados con la mundialización; proyectos de asociación; y la incorporación de más empresas en el Pacto.
3. Aprendizaje. Se invita a las empresas a compartir ejemplos de prácticas empresariales a través del sitio Web del Pacto Mundial. Además, se alienta a los participantes a realizar estudios monográficos y análisis detenidos dentro del marco de las actividades de aprendizaje que se llevan a cabo en el mundo académico y empresarial. Las actividades organizadas en el plano local, regional e internacional promueven el intercambio de conocimientos.
4. Proyectos de asociación. El Pacto Mundial fomenta la participación de las empresas en proyectos de asociación con organismos de las Naciones Unidas y con las organizaciones de la sociedad civil, inspirados en los objetivos de desarrollo de las Naciones Unidas.

La Educación para el Desarrollo Sostenible (EDS) permite que cada ser humano adquiera los conocimientos, las competencias, las actitudes y los valores necesarios para forjar un futuro sostenible.

Educar para el desarrollo sostenible significa incorporar los temas fundamentales del desarrollo sostenible a la enseñanza y el

aprendizaje, por ejemplo, el cambio climático, la reducción del riesgo de desastres, la biodiversidad, la reducción de la pobreza y el consumo sostenible. Asimismo, la EDS exige métodos participativos de enseñanza y aprendizaje que motiven a los alumnos y les doten de autonomía, a fin de cambiar su conducta y facilitar la adopción de medidas en pro del desarrollo sostenible (Cortés, 2015).
Por consiguiente, la EDS promueve la adquisición de competencias tales como el pensamiento crítico, la elaboración de hipótesis de cara al futuro y la adopción colectiva de decisiones. La EDS exige cambios de gran calado en los métodos pedagógicos que se aplican actualmente.
La UNESCO es la Organización encargada de coordinar el Decenio de las Naciones Unidas de la Educación para el Desarrollo Sostenible (2005-2014).
El satisfacer las necesidades de las generaciones presentes, pues es la realidad diaria. Esta satisfacción de necesidades respete el ambiente, pues de otra forma podríamos acabar rápidamente con los recursos que actualmente contamos; y que respetemos el ambiente de manera que las próximas generaciones también puedan satisfacer sus necesidades en la forma en que nosotros lo estamos haciendo.
En otras palabras, tanto las empresas como los individuos debemos entender que si nos acabamos los recursos presentes también acabamos con nuestras posibilidades de existir a futuro. Los hombres de negocios estamos enfocados tanto en la obtención de ganancias presentes (a los bienes materiales que podremos heredar) que no atendemos las ganancias e impacto futuro de lo que hoy hacemos o dejamos de hacer.
Cuando hablamos de separar basura de los materiales que se podrían reciclar, algunos piensan "para que lo hago, si nadie más lo va a hacer, y pues entonces no tiene caso". Al explicar los conceptos de huella humana y déficit ecológico, explicar cómo esta medida ayudará a un mejor mundo, entonces se puede aceptar e implementar medidas de sustentabilidaden las empresas.
Influenciar en quienes nos rodean y así, ir construyendo el futuro que queremos para nuestros hijos y nietos.

Y en cuanto al Pacto Mundial de las Naciones Unidad, es una iniciativa de la ONU para buscar medios o formas de lograr la sustentabilidad del planeta, de impulsar mejores practicas ambientales en las organizaciones.

El Global Compact (UNGC, 2015d) es la más grande iniciativa de sustentabilidad corporativa que se ha lanzado, para alinear las estrategias y operaciones de las empresas con los principios de los derechos humanos, del trabajo, del medio ambiente y de la anticorrupción.

Uno de los temas más difíciles, en nuestra sociedad es el tema de la anticorrupción, que para los temas de sustentabilidad esta muy ligado. Sabemos lo dificil que es cumplir con lineamientos legales ambientales y algunas situaciones que suceden cuando no se cumple la parte legal.

Los 10 Principios del Pacto Mundial de las Naciones Unidas en materia de derechos humanos, trabajo, medio ambiente y anti-corrupción gozan de consenso universal, y se derivan de (Cortés, 2015):

1. La Declaración Universal de los Derechos Humanos.
2. La Declaración de la Organización Internacional del Trabajo relativa a los Principios y Derechos Fundamentales en el Trabajo.
3. La Declaración de Río sobre el Medio Ambiente y el Desarrollo.
4. La Convención de las Naciones Unidas contra la Corrupción.

El Pacto Mundial de la ONU pide a las empresas adoptar, apoyar y promulgar, dentro de su esfera de influencia, un conjunto de valores fundamentales en las áreas de derechos humanos, normas laborales, medio ambiente y anti-corrupción. (RPME, 2015).

Para poder llevar a cabo este pacto, se formaron las redes locales del pacto Mundial. Las Redes Locales del Pacto Mundial (GCLNs por sus siglas en inglés) son grupos de participantes del Pacto Mundial que se reúnen para avanzar en la implementación de los diez principios a nivel local o regional. Juegan un rol cada vez más importante en la interpretación y adopción del Pacto dentro de los diferentes contextos nacionales y culturales del planeta; también sirven para manejar las consecuencias organizacionales de la rápida expansión de dicha iniciativa (PM, 2015a).

El concepto de "redes locales" surgió en el 2001, cuando diversos grupos de interés de un mismo país comenzaron a unirse para intercambiar ideas y experiencias sobre cómo actuar e integrar los diez principios en sus operaciones. En la actualidad existen más de 100 Redes Locales del Pacto Mundial establecidas y emergentes. Ellas desempeñan un papel esencial ya que son parte integral de la gestión de la iniciativa del Pacto Mundial. Al mismo tiempo que cuentan con diversas formas de operar, todas las redes tienen la misión de promover los principios del Pacto Mundial en las actividades empresariales de su país.

Con una mezcla de actividades, talleres, reuniones regionales y el uso del Sistema de Intercambio de Conocimiento (KSS por sus siglas en inglés), las redes locales cuentan con una década de experiencia para apoyar a las empresas de todo el mundo a tejer las cuestiones de sustentabilidad en sus operaciones diarias. (RPMM, 2015).

La Visión de la Red del Pacto Mundial México es "ser una de las redes de sustentabilidad que más valor aporte a sus participantes". Al respecto se han trazado los siguientes objetivos:

1. Promover la integración de los Diez Principios del Pacto Mundial en las actividades de las organizaciones en México.
2. Facilitar acciones en apoyo de los principales objetivos de las Naciones Unidas.
3. Respaldar a las empresas y demás organizaciones para fortalecer la sustentabilidad en México.
4. Gobierno y Financiamiento
5. Gobierno corporativo con mejores prácticas.
6. Crecimiento sostenido de la Red.
7. Consejos locales del Pacto Mundial en México.
8. Desarrollo y Relaciones Institucionales
9. Facilitar herramientas de interacción, comunicación y gestión a los participantes de la Red mexicana para desarrollar sus prácticas de RSE.

10. Interactuar con distintos actores de la sociedad para promover la creación de un entorno propicio para la ciudadanía corporativa en México.
11. Comunicación
12. Dar a conocer el Pacto Mundial y promover la adhesión.
13. Promover los beneficios de participar en la Red del Pacto Mundial en México
(Red del Pacto Mundial México 2015)

La importancia de la Sustentabilidad queda marcada en este pacto, que realmente se busca integrar la sustentabilidad como parte de la economía de cada país, buscando brindar ventajas a las empresas que siguen estos criterios sobre aquellas que no.

Ventajas de participar en el Pacto Mundial

Los líderes empresariales consideran que su participación en el Pacto Mundial les ofrece muchas oportunidades, como por ejemplo:

1. Dar muestras de liderazgo en la promoción de principios universales y de la responsabilidad social de las empresas, para lograr que la economía mundial sea más sostenible e inclusiva.
2. Conocer y compartir experiencias sobre buenas prácticas de sustentabilidad a nivel local e internacional.
3. Asociarse con distintos organismos de las Naciones Unidas para proyectos específicos a nivel local e internacional.
4. Entablar relaciones con otras empresas, órganos gubernamentales, asociaciones de trabajadores, ONG y organizaciones internacionales.
5. Acordar soluciones prácticas para problemas contemporáneos relacionados con la globalización, la responsabilidad social empresarial y el desarrollo sostenible dentro de un contexto de intereses múltiples.
6. Tener acceso al entorno mundial en que actúan las Naciones Unidas y a su poder de convocatoria ante los gobiernos, las empresas, las organizaciones laborales, la sociedad civil y otros interesados.
7. Gestionar riesgos tomando una postura proactiva respecto a cuestiones críticas.

8. Aumentar al máximo las oportunidades comerciales -ampliando la visión empresarial- para abarcar la dimensión social y aplicar normas, herramientas y prácticas de gestión responsable.
9. Participar en diálogos orientados a la resolución de los problemas críticos que afronta el mundo.
10. Mejorar la administración empresarial de marca, el sentido de pertenencia de los empleados y su productividad, así como la eficacia operacional.

Sin duda es un proceso que lleva tiempo, pero estamos en camino.

Programas de alcance mundial, como el Programa Agenda 21 (orientado al equilibrio ecológico de territorios específicos), o como la Carta de Venecia (para la conservación y restauración de obras monumentales), o como la Declaración de los Derechos de los Niños, no se cumplen adecuadamente si no existen las instancias ciudadanas y sus correspondientes institucionales para generar la normatividad local, para capacitar a grupos de trabajo, para concientizar a los ciudadanos y a las autoridades, para vigilar el cumplimiento de los acuerdos internacionales y para llevar registros estadísticos que permitan evaluar la aplicación y el impacto de cada programa y de cada proyecto.

Las redes locales pueden ser muy variadas en su organización interna y, en la práctica, pueden consistir en combinaciones de participantes entre quienes normalmente participan, por ejemplo, miembros del gobierno federal, de los gobiernos locales, de las ONGs, de las instituciones de investigación, de la asociaciones civiles y de empresas socialmente responsables, sin que lo anterior quiera decir que todos ellos participen siempre. Su fuerza radica en la representatividad que posean, el marco normativo que se establezca y la veracidad y oportunidad de la información que aporten.

Las redes locales pueden ser muy variadas en su organización interna y, en la práctica, pueden consistir en combinaciones de participantes entre quienes normalmente participan, por ejemplo, miembros del gobierno federal, de los gobiernos locales, de las ONGs, de las instituciones de investigación, de la asociaciones civiles y de empresas socialmente responsables, sin que lo anterior quiera decir que todos ellos participen siempre. Su fuerza radica en la representatividad que posean, el marco normativo que se establezca y la veracidad y oportunidad de la información que aporten.

Para México, la oficina a cargo del Pacto Mundial (PMM, 2015) indica que: en estas áreas las organizaciones juegan un papel crucial para promover asociaciones y realizar acciones sustantivas. En el caso de las organizaciones no empresariales, están obligadas a presentar cada dos años una Comunicación de Involucramiento (COE), a través de la cual los participantes informan a sus grupos de interés sobre sus esfuerzos en apoyo a los principios del Pacto Mundial y sobre su involucramiento en la iniciativa.

Un dato a considerar para las empresas que participan en el Pacto Mundial, es que enfrentan la posibilidad de ser consideradas proveedoras de sus productos y servicios por otras empresas, ya sea las que están dentro del mismo Pacto como las que están fuera del mismo. Esto da la posibilidad de no solo hacer negocios sino de expandirlos hacia nuevos mercados, aumentando la probabilidad de éxito.

Entre los productos y servicios más demandados se tienen de acuerdo a (Scadi, 2014):

1. Transporte aéreo
2. Equipos y servicios de telecomunicaciones
3. Raciones y servicios de catering
4. Vehículos motorizados, transporte
5. Procesadores de datos y mantenimiento
6. Logística y despacho de aduanas
7. Construcciones prefabricadas, entre otros.

Por lo tanto, el Pacto Mundial de las Naciones Unidas posibilita a la empresa, además de mejorar el medio ambiente, mejorar así misma en todos los ámbitos.

Considero que uno de los puntos más importantes que en cualquier iniciativa, y que en esta desde mi humilde punto de vista no se está haciendo, es la difusión, el cocimiento de los actores. Confieso con vergüenza, que hasta que comenzamos a estudiar este tema supe de esa iniciativa de la ONU, y de que en México ya se trabaja en algunas empresas.

No creo que sea solo mi caso, hace falta la publicidad como en otros productos o bienes, este es un bien de la humanidad, para que se adquiera y se adopte.

En México como hemos estudiado, el Pacto Mundial de las Naciones Unidas se ha convertido en un marco práctico para integrar a las organizaciones comprometidas con la sustentabilidad y las prácticas empresariales responsables. La Red del Pacto Mundial en México el 2015 está integrada por más de 600 participantes que impactan positivamente a más de un millón de empleos directos convirtiéndola en la red más grande de América. Sin embargo la verdad es muy poco todavía para el nivel de organizaciones que existen en el país.

Si no hay una instancia local no se puede vigilar el avance de cualquier iniciativa, otra de las cosas que mencionan y en lo que estoy totalmente de acuerdo es la falta de difusión de estas políticas en todos los ámbitos, necesitamos conocer para poder aplicar, en lo personal no contaba con información de los avances sobre sustentabilidad.

El Pacto Mundial de las Naciones Unidas es una más de las iniciativas de la ONU y sus países integrantes para buscar medios o formas de lograr la sustentabilidad del planeta, de impulsar mejores prácticas ambientales en las organizaciones y en la sociedad en general; y sobre todo para obtener el compromiso de las naciones para luchar por preservar el medio ambiente (UNGC, 2015d).

El Global Compact (así llamada por la ONU), en México se le ha llamado Pacto Mundial (Compacto) es la más grande iniciativa de sustentabilidad corporativa en el Mundo, es un llamado a las organizaciones para alinear sus estrategias y operaciones con los principios universales de los derechos humanos, del trabajo, del medio ambiente y de la anticorrupción, y tomar acciones que permitan avanzar en las metas de la sociedad.

El Pacto (Compacto) Global de la ONU menciona que los integrantes creen que es posible crear una economía global sustentable e inclusiva que genere beneficios para las personas, las comunidades y los mercados. A nivel mundial participan más de 12,000 organizaciones de 170 países.

Para que esto suceda, el Pacto apoya a las empresas para que:

1. Hagan negocios responsablemente, alineando sus estrategias y operaciones a Diez principios
2. Tomar acciones estratégicas para avanzar más allá de las metas sociales como se establece en las Metas de Desarrollo sustentable de la ONU, con énfasis en la colaboración e innovación.

En México el Pacto Mundial de las Naciones Unidas se ha convertido en un marco práctico para integrar a las organizaciones comprometidas con la sustentabilidad y las prácticas empresariales responsables; al día de hoy, la Red del Pacto Mundial en México (RPMM, 2015) está integrada por más de 600 participantes que impactan positivamente a más de 1'000,000 empleos directos convirtiéndola en la red más grande de América.

La red mexicana es multidisciplinaria contando con la participación de diversas organizaciones: las PyMEs con el 39% del total, las empresas Grandes con el 19%, las demás son organizaciones no lucrativas representadas por cámaras industriales y de comercio, Universidades, ONGs, fundaciones y organismos del sector público; a nivel estatal la distribución es la siguiente: Distrito Federal (230), Sinaloa (57), Estado de México (53), Querétaro (52), Nuevo León (25), Chiapas (21) y Coahuila (21).

Como se observa, aún y que es una iniciativa de la ONU y los países integrantes, el Pacto se orienta hacia las empresas y organizaciones directamente, lo cual hace interesante el enfoque y el potencial mayor de que sea una iniciativa que tenga éxito.

Cabe mencionar que ya antes la ONU ha promovido otras iniciativas para promover la sustentabilidad, entre las más importantes se pude mencionar la Carta de la Tierra que es una "declaración de principios éticos fundamentales para la construcción de una sociedad global justa, sostenible y pacífica en el Siglo XXI; la Carta busca inspirar en todos las personas un nuevo sentido de interdependencia global y de responsabilidad compartida para el bienestar de toda la familia humana, de la gran comunidad de vida y

de las futuras generaciones. La Carta es una visión de esperanza y un llamado a la acción". La otra iniciativa ha sido el Programa 21 el cual es "un plan de acción exhaustivo que habrá de ser adoptado universal, nacional y localmente por organizaciones del Sistema de Naciones Unidas, Gobiernos y Grupos Principales de cada zona en la cual el ser humano influya en el medio ambiente" (ONU, 1992).
Estas dos iniciativas han tenido el enfoque hacia las naciones, esperando que cada país instrumente los medios para adoptar los compromisos derivados de esas propuestas. Se menciona que han ido avanzando pero no con la seriedad esperada ya que debe provenir de la cúpula gubernamental en cada nación por lo tanto unas están más comprometidas que otras.
El Pacto en esencia es una carta de buenos propósitos pues hay muchos intereses económicos, sociales, políticos y diplomáticos, que en ocasiones se anteponen a los principios de la sustentabilidad y a las propuestas y expectativas de la ONU y de muchas naciones. Sin embargo, aun sin tener datos contundes ya que la iniciativa es muy reciente, la expectativa es mayor, pues las propuestas están dirigidas a las empresas, sin pasar necesariamente, a través de aparatos burocráticos, y que cada organización tendrá la libertad de participar en base a su conciencia social y a su compromiso con la sustentabilidad; así que quienes participen seguramente lo harán convencidos y con alta responsabilidad.
Una de nuestras áreas será pensar cómo podemos comenzar a difundir estos compromisos, y hasta de ser posible tratar e implantarlo en las empresas en que colaboramos.
Lo más urgente, es apoyar firmemente la agenda sobre cambio climático y unirse al coro de empresas que abogan por poner un precio a las emisiones de carbono. Necesitamos que trabajen con los gobiernos y los líderes políticos para detener la corrupción y asegurar que sus propias empresas estén en orden. Eso incluye, alinear sus esfuerzos de cabildeo con sus compromisos sobre sustentabilidad.

La imperante necesidad de mantener y proteger a nuestro medio ambiente ha llevado a que los Gobiernos tomen cartas en el asunto y este Pacto es prueba de ello.

Considero que este parece que no quedara en buenos deseos como algunos otros que tenían fines similares, es que se ha implementado una serie de estrategias para vigilar su desarrollo que va desde la vigilancia mediante redes locales en los países que son parte de este pacto, así como proveyendo beneficios que pueden traducirse en ventajas para las organizaciones, lo que ha llevado a que poco a poco estas empresas integren verdaderas estrategias para el desarrollo sustentable de la organización

Una de las características que llevan a hacer más exitoso el proceso de incorporación del Pacto Mundial en México, es el hecho distintivo de hacerlo bajo un concepto de iniciativa genuina, es decir, que exista la voluntad propia, la cual hace posible que quienes se comprometen decidan hasta qué grado hacerlo y de esta manera obtener resultados de otro nivel, es decir que sean resultados eficaces y no solo informes de acciones que no se han hecho (OIT, 2009).

Dado que el Pacto Mundial es una propuesta integral que abarca muchas de las áreas en las cuales se necesita una actuación decidida y comprometida, la participación es el mecanismo más idóneo para lograr la transición de un modelo en el cual solo se instituye dar prioridad a la rentabilidad propia, hacia un modelo de sustentabilidad, en donde se prioricen ambos aspectos, ser sostenible pero también sustentable.

Dicha participación debe impulsarse en la base de la sociedad, que sea una acción masiva pero de los ciudadanos, ya que son ellos los que pueden determinar al aplicarla, si una propuesta o un proyecto es bueno, en el momento que el Plan Nacional sea planteado y mejorado desde arriba, pero impulsado desde abajo, se podrá lograr que tenga una mayor efectividad en el alcance de los resultados que proyecta.

La aplicación de los 10 principios del Pacto Mundial de las Naciones Unidas tiene distintas formas de aplicarse según el tamaño y tipo de empresa.

Aunque la participación en el Pacto es voluntaria, los documentos para realizar su aplicación están disponibles en las distintas páginas web de cada uno de los países participantes (ONU, 2007).
Por ejemplo, para la implementación del Pacto en las medianas empresas (de 50 a 200 empleados), se requiere seguir los siguientes pasos (NU, 2007): a) Preparación; b) Visión y prioridades; c) Primeros pasos; d) Creación de equipos; e) Implementación; f) Evaluación; g) Comunicación de progreso, y; h) Reconocimiento.
La implementación de las mejores prácticas orientadas hacia Pacto Mundial es el resultado de la ejecución de los pasos anteriores, de tal forma que las Pymes se fortalezcan en sus procesos.
El camino seguido sea el más eficiente o efectivo, pero si me queda claro que cualquier esfuerzo donde el principal impulsor no sea el gobierno tendrá una mejor suerte y destino.
Creo que es una gran iniciativa apegarnos a las disposiciones mundiales en los cuatro ejes temáticos del Pacto Mundial: Derechos Humanos, Condiciones Laborales, Medio Ambiente y Corrupción (PMM, 2015).
Sin embargo no es una tarea nada fácil, suena bien pero es un tema de estructura y de fondo, aún un solo país no puede asumir la homologación de criterios en esos cuatro ejes internamente, entonces cuando eso suceda podríamos hablar de que este pacto funcione realmente, los esfuerzos desde mi punto de vista son aislados y no han causado efecto suficiente como para lograr la conciencia integral de la sociedad, gobierno e iniciativa privada.
Es claro que lo recursos para hacerlo no están tan fácilmente disponibles, y hay países o estados que sí se preocupan por la difusión, pero hasta donde va mi pequeña experiencia, son los menos, es decir quienes impulsan e informan de esta iniciativa y otras como la Carta de la Tierra y la Agenda 21.
Andamos con unas carreras por tener cosas y consumir, y las prisas por producir y estar encima de otros en el mercado, que no nos damos tiempo para recordar que la naturaleza es la fuente de donde tomamos los recursos y que estos son limitados.

Este es un buen plan definitivamente, pero como todo, en el papel se escriben toneladas de ideas y es ahí a donde se convierte en una carta de buenos propósitos ya que no existe un cambio estructural y de fondo en igualdad de circunstancias en cada país, así entonces de nada sirve que un solo país lleve el plan como actualmente se plantea y que los países menos desarrollados apenas puedan establecer criterios de supervivencia como sucede en México y Latino América, se tendría que unificar la educación, la instrucción , la estructura, infraestructura, las legislaciones, las políticas económicas y aun más, pensando en derechos humanos, trabajo, medio ambiente corrupción, etc.,

Se considera que tal vez nunca se llegue a cumplir al 100% pero si es un buen principio para mejorar el mundo en el que vivimos. (UNGC, 2015).La sustentabilidad está a la alza dentro del Pacto Mundial de las Naciones Unidas.

En España, una encuesta realizada por el Pacto Mundial de las Naciones Unidas y Accenture sobre la nueva era de la sustentabilidad, realizada a 766 ejecutivos más importantes del mundo, arrojaron, entre otros, los siguientes resultados.

El tema de la sustentabilidad es un asunto crítico con respecto a la crisis económica (UNGC, 2015).

A pesar de las crisis económicas globales no ha mermado el interés de la sustentabilidad en las empresas, pues el 80% de los CEO ha comentado que dichas crisis elevó aún más su importancia.

Otro dato es que el inicio de las empresas sustentables parte de la alta dirección, cuando se toman medidas estratégicas que incluyen a la sustentabilidad en todas las entidades que rodean a la empresa.

En los últimos tiempos, la nueva visión empresarial incorpora la sustentabilidad como parte de su competitividad empresarial.

La desilusión de que se logre al 100%, se comparte de manera general y se puede considerar que hay varios factores que impedirán que esto pueda lograrse al 100%. Se da la impresión que la misma ONU lo considera como una buena iniciativa sin embargo difícil de alcanzar.

¿Cuáles son los factores que pudieran ser determinantes para no lograr la implementación de esta iniciativa? Son los a continuación se enuncian:

1. No todas las naciones han firmado la carta de la ONU
2. Muchas empresas verán atentadas su fuente de ingresos y de negocios
3. Hay muchas empresa que viven o sobreviven en el mundo y que los aspectos ambientales no son precisamente su prioridad
4. Muchas empresas y empresarios, o colaboradores no tienen los conocimientos suficientes para poder aplicar la incitativa
5. La población mundial se incrementa y la necesidad de bienes se incremente drásticamente también, aun y a pesar del daño que generamos a la naturaleza.

No es que seamos pesimistas, creo que somos más realistas. Eso no significa que no podamos hacer lago desde nuestro micro entorno.

Más que pensar si es posible, en realidad es pensar cómo hacerlo posible, y esto se considera que es la base del Pacto Mundial de las Naciones Unidas, la Razón: No hay alternativa de seguir como vamos y no implementar maneras de desarrollar estrategias que nos permitan ser sustentables independientemente del ámbito en que nos desarrollemos, no sobreviviremos, es cierto que habrá países donde el desarrollo sea más avanzado o su nivel cultural sea mayor y por eso parezca que van a la delantera, sin embargo considero que en países tercer mundo.

Todo radica en la prevención por ejemplo buscar el impacto en la educación y enseñanza a esta generación la importancia de la sustentabilidad, el gobierno debe emplear estrategias que motiven a las empresas hacer cambios que si bien tienen un costo inicial alto a la larga se verá en beneficios para todos. Un camino largo, pero por algo tenemos que empezar.

El Pacto Mundial es un sueño... es una utopía... es un convenio mundial que aspira a un mundo de buenas intenciones. Sus diez propósitos demuestran las más idealistas de las aspiraciones globales, a menos que se les considere sólo un discurso demagógico más... y ¡ese es su valor!

Por ello es que 8,337 compañías de 161 países se han sumado al Pacto y han generado 32,540 reportes públicos desde su firma hace 16 años (UNGC, 2015).

No cabe duda que los países que originalmente firmaron el Pacto Mundial lo hicieron como una carta de buenas intenciones. La razón fue que el cierre del siglo XX fue un período lleno de incertidumbres, decepciones y colapsos, tanto económicos como humanos.

El entorno agresivo para las actividades empresariales (y también las académicas), de la respuesta del medio ambiente y de la competencia tecnológica, debido a las actividades humanas de la centuria que terminaba, forzó a los seres conscientes a reflexionar sobre el derrotero que tomaría el modelo de desarrollo en boga. El producto de ese diagnóstico fue fácil de entender: el mundo se encamina a una serie de crisis concatenadas, cuyos efectos, magnificados por los traslapes transnacionales, llevarían a muchas economías al derrumbe y a las empresas a la quiebra. Había que hacer algo.

Los congresos, coloquios, mesas de debates y libros publicados ya no eran suficientes.

El diagnóstico no dejaba (y aún no deja) lugar a dudas de los peligros que se ciernen sobre un planeta en el que sus habitantes mal utilizan los recursos, contaminan todo lo que tocan, dilapidan el agua y hacía oídos sordos al dolor humano derivado de las guerras, las hambrunas, las masacres étnicas o ideológicas, las contiendas entre corporativos y gobiernos por ampliar su control geoestratégico, etcétera.

Afortunadamente, la ONU pudo convocar a líderes responsables, quienes en 1999 lograron redactar un importante documento, en el que no sólo se hacía un llamado hacia "las prácticas empresariales responsables, (sino que también aportaron instrumentos para que] junto con la colaboración y la innovación, se pudiese lograr un cambio de gran alcance en los mercados y las sociedades) - que demostrara que los principios (los valores) y los beneficios (el lucro) pueden ir de la mano" (UNGC, 2015b).

Bajo esas premisas, el Pacto Mundial de las Naciones Unidas proporciona "un lenguaje universal para la responsabilidad corporativa, y proporciona un marco para guiar a todas las empresas independientemente de su tamaño, complejidad o ubicación" (Ídem).

Entre los muchos instrumentos que dicho Pacto provee, se encuentran los libros-guía que les permiten, a los ejecutivos que formulan los planes de las empresas y de las Organizaciones no Gubernamentales, alinear sus enfoques con los de sus pares y los de sus competidores a escala mundial. Entre algunos de ellos, destacan:

La Guía para la Sustentabilidad Corporativa, la Guía para la Participación en el Pacto Mundial de Naciones Unidas, el Modelo de Gestión Global Compacto ONU, la Guía básica para la Comunicación sobre el Progreso, y el modelo para las comunicaciones titulado: Haciendo la conexión - Usando las Directrices del GRI para crear un COP (Comunicación sobre el Progreso).

Lo más importante del Pacto, es que día a día se suman más organizaciones, y que todas aceptan "El poder de los principios", cuya divisa es que "La sustentabilidad comienza con la intención de hacer buenos negocios, bajo un enfoque basado en valores" (Ídem), lo cual demuestra que los sueños, cuando están bien instrumentados, pueden convertirse en realidad.

Es por ello que el Pacto Mundial de las Naciones Unidas "representa un llamamiento a las empresas de todo el mundo para alinear sus operaciones y estrategias con diez principios universales en los ámbitos de los derechos humanos, los estándares laborales, el medio ambiente y la lucha contra la corrupción, y también para tomar medidas para apoyar los objetivos de las Naciones Unidas, como los Objetivos de Desarrollo del Milenio" (ONU, 2011).

En primer lugar, dicho pacto es resultado de un ambiente inestable lleno de situaciones complejas que derivaban en una crisis global, muchas cifras sobre depredación, economías en quiebra, etc., dieron impulso a pensar en la necesidad de replantear la operatividad de las acciones mundiales.

Pensar en un Pacto Mundial, fue una propuesta iniciada como bien lo señalas por actores responsables, agentes de cambio comprometidos, y es esa misma tonalidad la que se requiere para que sea un proyecto materializado. Dicho compromiso no podrá derivar de un proceso de incorporación en la economías que de desarrolle impositivo, sino por el contrario, como lo afirman la ONU y la Organización Internacional del Trabajo.

La participación es el mecanismo que determinará si este proyecto mundial es realmente una propuesta potencialmente alcanzable de realizar en la práctica, o solo es un documento lleno de utopía, situación que como agentes de cambio en proceso formativo en el nivel posgrado se puede comenzar a indagar y establecer una respuesta más objetiva apegada a la realidad, sobre todo en aquellos aspectos que están dentro de la competencia como profesionales en distintos ámbitos.

Dado que el Pacto mundial es una red mundial de empresas afiliadas, las Naciones Unidas animan a sus proveedores a participar en el Pacto Mundial.

En reconocimiento de la importancia de los 10 principios del Pacto Mundial, las Naciones Unidas ha desarrollado un Código de Conducta para sus proveedores, como una forma de incorporar a sus proveedores en los principios que conforman el Pacto (ONU, 2013).

Esto es un buen ejemplo de cómo una organización aplica los 10 principios del pacto de forma práctica en su empresa.

Como en sus inicios el pacto mundial parecía una utopía más para la humanidad. Sin embargo, hay evidencia estadística que muestra cómo esta utopía ha ido expandiéndose a través de los años y los continentes que conforman nuestro planeta.

Al igual que todas las políticas, el Pacto Mundial tendrá que evolucionar a través de diferentes fases antes de poder hablar de un cumplimiento total de él. Esto es, primero se planeó y se delimitó en un documento, luego poco a poco se ha ido difundiendo y aceptando por más empresas. La fase actual nos tiene entre el conocimiento de sus puntos y la implementación inicial.

Se es optimista al respecto y se puede pensar que al igual que muchas sociedades ya han evolucionado, en un futuro no lejano

también México podrá ostentar indicadores positivos en términos laborales, o ambientales o anticorrupción.
La ventaja, al menos mínima, es que la iniciativa está enfocada directamente para las organizaciones y empresas, que no es prioritario que pase por entes gubernamentales para que las empresas puedan acceder a las propuestas e incisivas.
Claro, el compromiso es alto, pues las empresas deberán encontrar algún valor agregado a sus negocios para implementar las mejores prácticas recomendadas por el Pacto. Está también la conciencia ambiental, que ya muchos la tienen. Pero considero que nos falta camino por andar desde la difusión, el conocimiento y por supuesto la adopción y seguimiento de este Pacto en las empresas.
Pero por el futuro de neutras generaciones, impulsemos esta y otras iniciativas para lograr la sustentabilidad.
El Pacto Mundial de las Naciones Unidas nace el 26 de junio del año 2,000 como una iniciativa orientada a las empresas para la promoción de 10 Principios universalmente aceptados en las áreas de Derechos Humanos, Normas Laborales, Medio Ambiente y Lucha contra la Corrupción en las actividades y la estrategia de negocio de las empresas (RPME, 2015).
Al 2015 son más de 12,000 empresas de más de 145 países que voluntariamente se han adherido a esta red mundial en el país de origen.
Los principios que persigue implementar las Naciones Unidad en el Pacto Mundial son los siguientes (OIT, 2010):

- Derechos humanos. Principio 1. "Las empresas deben apoyar y respetar la protección de los derechos humanos fundamentales, reconocidos internacionalmente, dentro de su ámbito de influencia".
- Principio 2. "Las empresas deben asegurarse de que sus empresas no son cómplices en la vulneración de los Derechos Humanos"
- Derechos laborales. Principio 3. "Las empresas deben apoyar la libertad de afiliación y el reconocimiento efectivo del derecho a la negociación colectiva".

- Principio 4. “Las empresas deben apoyar la eliminación de toda forma de trabajo forzoso o realizado bajo coacción”.
- Principio 5. “Las empresas deben apoyar la erradicación del trabajo infantil”.
- Principio 6. “Las empresas deben apoyar la abolición de las prácticas de discriminación en el empleo y la ocupación”
- Medio ambiente. Principio 7. “Las empresas deberán mantener un enfoque preventivo que favorezca el medio ambiente”.
- Principio 8. “Las empresas deben fomentar las iniciativas que promuevan una mayor responsabilidad ambiental”.
- Principio 9. “Las empresas deben favorecer el desarrollo y la difusión de las tecnologías respetuosas con el medioambiente”
- Principio 10. “Las empresas deben trabajar contra la corrupción en todas sus formas, incluidas extorsión y soborno”

En México se formó la llamada Red del Pacto Mundial, la cual está conformada por 607 empresas, constituyéndose en red más grande de América. Entre sus características se tiene que es multidisciplinaria, del total de empresas participantes, las Pymes cubren el 39%, seguido por las grandes empresas con un 19%; el resto son organizaciones no lucrativas representadas por cámaras industriales y de comercio, universidades, ONGs, fundaciones y organismos del sector público (PMM, 2015).

Una característica de la adhesión es que su permanencia en esta red implica cumplir anualmente todos los requisitos, en caso contrario se da de baja.

Es importante mencionar que estar dentro del Pacto no solo cambia a las empresas participantes, sino también a las empresas como proveedores, clientes y subcontratistas.

Un estudio realizado por Ayuso y Mutis (2010), comenta que en la aplicación práctica de los 10 principios del Pacto, existen diferencias según el tamaño de las empresa, así por ejemplo las Pymes difunden los principios en base a acciones aisladas, en donde para la selección de sus proveedores, transmiten dichos principios como un código de conducta, en tanto que en las grandes empresas esto se realiza de forma más sistematizada, a través de sistemas de evaluación o clasificación; muchas de las empresas exigen a sus proveedores determinados compromisos o certificaciones.

En la práctica, es posible acceder a los documentos que presenta la Organización Internacional de Trabajo, la cual publica una guía para las empresas sobre cómo implementar los Principios laborales del Pacto Mundial de las Naciones Unidas.

La Organización Internacional de Empleadores (OIE) y la Confederación Sindical Internacional (CSI), consideran "que el Pacto Mundial de las Naciones Unidas es una forma de participar en el diálogo que ayudará a lograr una gestión adecuada, a fin de que los poderes públicos sean creíbles y de este modo el gobierno actúe con ecuanimidad y funcione correctamente para todos" (OIT, 2010).

Como lo introduce la página oficial del pacto mundial de las naciones unidas, este es propiamente una plataforma de diálogo y un marco práctico para las organizaciones comprometidas con la sustentabilidad y las prácticas empresariales responsables (ONU, 2015h).

Esta iniciativa de liderazgo pretende armonizar en todo el mundo las operaciones y estrategias comerciales con diez principios universalmente aceptados en los ámbitos de los derechos humanos, los estándares laborales, el medio ambiente y la lucha contra la corrupción.

La iniciativa del Pacto Mundial de las Naciones Unidas de manera concreta, fue creada para animar al sector de los negocios a adoptar políticas sustentables y de responsabilidad social, y cumple 15 años de existencia (fue creada en el año 2000).

El Pacto de las Naciones Unidas no es una carta de buenos deseos, sino más un buen plan a nivel global para la sensibilización y puesta en marcha de la responsabilidad social en las empresas.

La sustentabilidad de igual forma incursiona en el ámbito del turismo, permitiendo el desarrollo económico de lugares turísticos a partir del compromiso con el medio ambiente y la cultura local, de igual manera se fomenta la demanda laboral de la zona.

En Pro México (2014b) se presentan los principios que la OMT (Organización Mundial de Turismo) define como turismo sustentable:

1. Los Recursos naturales y culturales se conservan para su uso continuado en el futuro, al tiempo que reportan beneficios
2. El desarrollo turístico se planifica y gestiona de forma que no cause serios problemas ambientales o socioculturales
3. La calidad ambiental se mantiene y mejora
4. Se procura mantener un elevado nivel de satisfacción de los visitantes y el destino retiene su prestigio y potencial comercial y
5. Los beneficios del turismo se reparten ampliamente entre toda la sociedad.

En este aspecto, es ideal que todo lugar turístico sea sustentable, de esa forma el turismo lo reconoce, lo recomienda e incluso regresa. Lamentablemente nuestra cultura de turismo aún es inmadura, se ahce necesaria la labor de convencimiento para preservar los lugares turísticos y participar en los programas.

A propósito, el Pacto de las Naciones Unidas tiene un apartado para la sustentabilidad en el turismo.

Existe una característica única del Pacto Mundial de las Naciones Unidas que le permite su permanencia en el tiempo y le otorga seriedad; consiste en el compromiso formal que la empresa inscrita en el Plan debe tener en todas las instancias directivas (ONU, 2015f).

Al consolidarse este compromiso personal de los directivos, posibilita la transmisión del Plan a todos los empleados de la organización y en la medida en que se involucran los directivos, el compromiso con la responsabilidad civil empresarial se convierte en una prioridad estratégica y operativa.

Esta iniciativa es muy completa, sin embargo es un reto gigante, sobre todo para que las empresas sean realmente responsables dede el ámbito social; el consumidor tiene que presionar mediante su elección de consumo para que esto verdaderamente se cumpla y de otra parte, la responsabilidad social debe resultar rentable a las empresas, les debe servir y para lo que le sirve, es para crear valor, para hacerlo mejor y para competir en calidad (PM, 2015a).

Considero que este pacto en realidad puede funcionar y que pueden verse los frutos de esta concientización ya que diversas empresas empiezan a integrar la sustentabilidad en la parte medular de sus estrategias de crecimiento y desarrollo; sin embargo y en mi opinión, en México es posible adherirnos de la manera que mejor corresponde a dicho pacto aunque faltan difusión e incentivos.

Para estar en posibilidades de ponderar si es un buen plan o lo contrario, es necesario recurrir a las evidencias que se han presentado en los últimos años.

Durante estos 15 años se ha logrado el compromiso de más de 8.000 empresas –entre las que se cuentan las 25 más grandes del mundo– para trabajar de forma responsable, en línea con principios como los derechos humanos y las leyes laborales, la protección del medio ambiente y los esfuerzos contra la corrupción; también suma 170 países signatarios, tanto en el mundo desarrollado como en desarrollo (Turmero, 2012).

En un evento celebrado en la Asamblea General para conmemorar los logros, el Secretario General de la ONU, reconoció los aportes de la iniciativa y llamó a las empresas a continuar por la senda de la sustentabilidad.

"Lo más urgente, es apoyar firmemente la agenda sobre cambio climático y unirse al coro de empresas que abogan por poner un precio a las emisiones de carbono. Necesitamos que trabajen con los gobiernos y los líderes políticos para detener la corrupción y asegurar que sus propias empresas estén en orden. Eso incluye, alinear sus esfuerzos de cabildeo con sus compromisos sobre sustentabilidad. No deberían tener una posición en público acerca de las acciones sobre el clima, mientras detrás de escena están en contra de la legislación del tema", dijo Ban Ki-moon.

En el marco del aniversario, el Pacto Mundial presentó un informe que evalúa los avances de los últimos 15 años y destaca cómo el concepto de sustentabilidad está ingresando cada vez con más ímpetu en los mercados.

Henrik Madsen, presidente de la empresa DNV GL, signataria de la iniciativa desde 2003, presentó las conclusiones del informe en una conferencia de prensa en la sede de la ONU en Nueva York.

"En materia de regulaciones vemos un gran cambio porque hace 15 años los negocios consideraban las regulaciones como algo negativo. Ahora vemos a muchas empresas liderando el debate y tratando de promover normas inteligentes en temas de sustentabilidad. Algunos son líderes y otros todavía están tratando de dificultar el proceso y detener esos cambios", detalló el empresario.

El evento en Naciones Unidas también analizó el apoyo del sector privado a las prioridades globales de la próxima agenda de desarrollo sustentable post 2015.

Por lo anterior, considero que es posible calificar como bueno el pacto mundial de las naciones unidas; después de revisar sus planes y propósitos, coincido en que que son muy buenas las perspectivas; cada vez mas empresas están conscientes de la importancia del desarrollo sustentable en su entorno, no solo motivados por figurar de alguna manera, sino que están valorando esta como una medida a corto, mediano y largo plazo, dada la necesidad de un planeta cada vez más contaminado y cayendo en la escasez acelerada de un recurso tan valioso como el agua.

Actualmente existen naciones que carecen de este vital líquido; sin embargo hay otros que gracias a la conciencia compartida entre gobierno y sociedad, cuidan desde la parte educativa sus recursos, impartiendo sanciones efectivas y costosas para quienes contaminen. Lejos de este panorama, también existe el lado negativo de pueblos enteros carentes de recursos y de conciencia, que contrario a preservar, ensucian y desforestan las áreas (Ayuso y Mutis, 2010).

De manera general el Pacto Mundial fomenta la participación de las empresas en proyectos de asociación con organismos de las Naciones Unidas y con las organizaciones de la sociedad civil, inspirados en sus objetivos de desarrollo.

Como ya lo habíamos comentado anteriormente, el Pacto Global de las Naciones Unidas lanzó un índice bursátil para empresas comprometidas con sus diez principios. El índice mostró un rendimiento de la inversión total del 26,4 por ciento durante el año pasado, luego de medir el comportamiento bursátil de estas empresas durante los últimos tres años. Será clave tener un alto nivel de cumplimiento en la presentación de la comunicación anual de Progreso para ser incluido en el índice.

De acuerdo a la literatura consultada, las empresas que integran el índice se revisarán anualmente en septiembre y serán elegidas en base a una representación del sector dentro de índices claves y por su desempeño en la gestión de los 10 principios. Entre los indicadores utilizados se encuentra el nivel de presentación de la comunicación anual de Progreso y la presentación de una carta de compromiso del presidente ejecutivo de la compañía.

La licenciada Iris Cortes Armenta, Coordinadora de Servicios al Participante del Pacto Mundial México, afirma que "la Red Local del Pacto Mundial en México se enorgullece de ser parte de esa tendencia como un grupo organizado de empresas y otros sectores participantes durante 10 años, empezando en 2005, siendo reconocida por la ONU como una de las diez redes con mejor desempeño a nivel global, logrando crecer a 704 participantes" (ONU, 2015a).

Según dicha versión positiva, la misma página web informa que esas empresas ocupan alrededor de 1.4 millones de trabajadores y que en el lapso de un año "han generado 220 Comunicaciones sobre el Progreso (COP)", lo que confirma que la de México "es la red más grande de América y la tercera más grande del mundo" (Ídem).

En esencia, es una carta de buenos propósitos pues hay muchos intereses económicos, sociales, politos diplomáticos, que en ocasiones se anteponen a los principios de la sustentabilidad y a las propuestas y expectativas de la ONU y de muchas naciones (UNGC, 2015d).

Sin embargo, aun sin tener datos contundes ya que la iniciativa es muy reciente, la expectativa es mayor, pues las propuestas están dirigidas a las empresas sin pasar necesariamente por aparatos burocráticos y cada organización tendrá la libertad de participar basada en su conciencia social y en su compromiso con la sustentabilidad; así que quienes participen seguramente lo harán convencidos y con alta responsabilidad.

Lo más urgente es apoyar firmemente la agenda sobre cambio climático y unirse al coro de empresas que abogan por poner un precio a las emisiones de carbono. Es del todo necesario que se trabaje con los gobiernos y los líderes políticos para detener la corrupción y asegurar que sus propias empresas estén en orden; eso incluye alinear sus esfuerzos de cabildeo con sus compromisos sobre sustentabilidad.

Como bien se menciona, es un conjunto de prácticas ambientales y sobre todo compromisos que luden ser adorados por las empresas. ONU sigue buscando medios para que las empresas, gobiernos y sociedad nos comprometamos realmente por la sustentabilidad (Ayuso y Mutis, 2010).

CAPÍTULO 4. EMPRESAS SUSTENTABLES EN MÉXICO

4.1. Las 25 empresas ecológicamente responsables

En México "se fortalece día a día la Responsabilidad Social a través de sus empresas" (Alto Nivel, 2015b), ya sean públicas o privadas, y por ello diversos organismos empresariales y académicos invitan a todas ellas a alinearse con los programas del Pacto Mundial y a generar información que permita evaluarlas. Ello parte del convencimiento de que "la responsabilidad social empresarial es un motor de cambio para México" (Ídem).

Merco publicó su primer listado en México de las 100 empresas con mayor reputación corporativa (Maram, 2015), además de incluir otro listado con las 100 empresas más responsables, ahora analizaremos las primeras 25 clasificadas, teniendo en cuenta las siguientes consideraciones:

Las directrices que se han establecido para valorar qué tan responsable socialmente es una empresa, son las siguientes:

1. Dignidad humana;
2. El bien común;
3. Principio de subsidiaridad;
4. Participación social;
5. Principio de solidaridad;
6. Calidad de vida;
7. Cuidado del medio ambiente;
8. Desarrollo humano;
9. Transparencia, y;
10. Desarrollo científico y ético.

Cada año el Centro Mexicano para la Filantropía (CEMEFI) en coordinación con la Alianza por la Responsabilidad Social Empresarial (AliaRSE) publican la lista de empresas asentadas en este país que obtuvieron el *Distintivo ESR®*, con el que se reconoce a quienes "cumplieron satisfactoriamente con los estándares establecidos en los ámbitos estratégicos de la responsabilidad social empresarial" y se reconoce "el esfuerzo de cada una de ellas por asumir voluntaria y públicamente el compromiso de implementar una gestión socialmente responsable y de mejora continua, como parte de su cultura y estrategia de negocio" (CEMEFI, 2015a).

El CEMEFI organiza su lista de empresas socialmente responsables en orden cronológico, siendo en este año las que tienen 15 años certificándose, las más antiguas. De todas ellas, se han seleccionado las primeras 25, tanto públicas como privadas, indicando el sector económico en el que se les identifica y la posición que ocupan dentro de los *rankings* más populares.

El tema de la sustentabilidad es uno de los criterios de desarrollo que permite equilibrar productividad, competitividad, rentabilidad y cuidado ambiental. Se trata de un concepto sino nuevo, sí novedoso dentro del proceso de incorporación en la operatividad de las empresas y organizaciones económicas.

Al introducir dentro de los procesos productivos de estas entidades el concepto de la sustentabilidad, implica para los directivos afrontar un cambio dentro del esquema de la filosofía organizacional, lo cual lleva a establecer medidas de cambio parcial o total.

En este sentido, el desarrollo y aplicación paralela de la sustentabilidad con el de la sostenibilidad, conlleva a plantear un nuevo paradigma operativo empresarial, mismo que se caracteriza por contravenir "...la visión dominante acerca de las armonías del libre mercado; más bien se preocupa por las necesidades sociales insatisfechas y aboga por detener la destrucción del medio ambiente..." (Tijerina, 2005).

Bajo esta concepción, es como las empresas comienzan a operar, sobre todo y con mayor connotación, las que tienen una estructura organizacional robusta, elemento clave que conlleva a introducir esta nueva propuesta operativa, debido a que sus pares en otras economías lo están haciendo. En este sentido, en México se tienen muchas empresas que actualmente operan con el principio tanto de sostenibilidad como de sustentabilidad, y que ha recibido el nombramiento y estatus de Empresas Socialmente Responsables (ESR).

Dicha distinción, la señala Cajiga (2009) en donde se implica una reorientación del modelo operativo que las empresas realizan, que busca una "...forma de gestión y de hacer negocios, en la cual la empresa se ocupa de que sus operaciones sean sustentables en lo económico, lo social y lo ambiental, reconociendo los intereses de los distintos grupos con los que se relaciona..." (p. 2).

El Centro Mexicano para la Filantropía (CEMEFI) y la Alianza por la Responsabilidad Social Empresarial (AliaRSE),de acuerdo al listado que publico en su página web (RSS, 2015), en donde aparecen las empresas que obtuvieron el Distintivo ESR® 2015, las cuales cumplieron satisfactoriamente con los estándares establecidos en los ámbitos estratégicos de la responsabilidad social empresarial. cabe la pena mencionar que cada empresa asume voluntaria y públicamente el compromiso de implementar una gestión socialmente responsable y de mejora continua, como parte de su cultura y estrategia de negocio (Véase Tabla 1).

Esta lista va en relación al número de años que la empresa lleva con el distintivo ESR (de mayor a menor tiempo). Cada lista nueva que aparece cada año sobre las empresas nombradas como ecológicamente responsables aportan una tendencia hacia los temas de sustentabilidad, además que permite obtener una visión global de lo que se está haciendo en materia de sustentabilidad corporativa, además de la comparativa de compañías que provienen de industrias muy distintas.

Uno de los listados con mayor reputación es el de la revista especializada *Corporate Knights*, que desde hace diez años nombra a las 100 empresas más sustentables del mundo (CK, 2015).

En la Tabla 1 se presentan las 25 primeras empresas según el sector económico y su posición en el mercado. El indicador de ESR no solo está relacionado con aspectos ambientales, sino con otros criterios más, y al no estar disponible una clasificación específica de las empresas con mayor índice de responsabilidad ecológica de forma independiente, se decidió solo enlistar las que han obtenido el ESR 2015 por un año, como se muestra en la Tabla 1.

Además se consideró no solo a 25 sino a las 28 que la misma BMV reconoce incluyendo las prácticas ambientales más importantes y por las que fueron consideradas en la clasificación de la Tabla 1.
La solución deberá ser pronta ante la alarmante problemática global del deterioro progresivo del ambiente y los recursos naturales, requiere atender temas puntuales de la agenda ambiental, así como realizar acciones a una escala mayor a la de los ámbitos de actuación de una sola dependencia o institución, involucrando la participación activa de la sociedad en su conjunto. Doug Morrow, vicepresidente de investigaciones de Corporate Knights, una compañía de medios con sede en Toronto, dice que es un concepto multifacético (RSS, 2015).
El término responsabilidad social de las empresas (RSE) o "responsabilidad empresarial", significa garantizar el éxito de una empresa integrando consideraciones sociales y medioambientales en las actividades de la empresa. Dentro del entorno social, el primer campo en el que puede influir la de RSE, es en el ámbito laboral, en donde la empresa debe contemplar el bienestar y satisfacción de sus empleados; procurar la igualdad de oportunidades entre mujeres y hombres; ofrecer un marco de flexibilidad laboral; brindar condiciones que no afecten la salud y seguridad de los trabajadores; fomentar la formación y el desarrollo profesional; otorgar programas de apoyo con prestaciones y considerar procesos de consulta y participación de todo el personal involucrado en el desarrollo de la empresa.
El concepto de Empresas Socialmente Responsables (ESR), se refiere a un planteamiento aparentemente novedoso, que intenta integrar dentro de la dinámica de las empresas, aspectos sociales y medio ambientales. Comenzamos este artículo con un breve panorama de sus orígenes normativos hasta el análisis somero del impacto real que tienen las empresas que se rigen por el criterio de la responsabilidad social, dentro del desarrollo de su área de mercado en un contexto social y medio ambiental.
En la Tabla 1 se ilustran las empresas que destacan tanto por su éxito financiero en la Bolsa Mexicana de Valores, así como por su uso sustentable de los recursos (ProMéxico, 2014a).

Dicha información se basa en tres fuentes principales. El ranking de las empresas más sustentables de México llevado acabo por Forbes-México (Forbes, 2013); la clasificación de los sectores económicos en México de Delgado de Cantú (2003); así como el ranking de las 500 empresas más importantes de México, elaborado por CNN Expansión (2011).

Las Empresas Socialmente Responsables (González, 2011). Menciona que tienen una amplia variedad de acciones en materia de RSE, dentro del marco de los tres grandes campos que la teoría del desarrollo sostenible ha elaborado el "Esquema de la Responsabilidad Social Empresarial" que contempla los siguientes aspectos: 1) Entorno Social; 2) Entorno Económico, y; 3) Entorno Medioambiental.

Los mercados verdes se pueden agrupar en tres categorías, según el uso y aprovechamiento sostenible de los recursos naturales y de la Biodiversidad: 1) Productos naturales maderables: Madera y subproductos derivados de bosques manejados bajo criterios de sostenibilidad ambiental como madera aserrada, tableros, aglomerados, muebles; 2) Agricultura ecológica, abonos orgánicos y bio-insumos: Alimentos frescos y procesados con certificación ecológica u orgánica o proveniente de sistemas agropecuarios sostenibles, insumos con los registros correspondientes, frutas y hortalizas, café, apicultura y sus derivados, panela, azúcar, ají, nueces, hongos comestibles, pulpas, encurtidos, y; 3) Biotecnología: Derivados de técnicas y procesos de origen científico, tecnológico y empírico que permiten la utilización sostenible de seres vivos (células, microorganismos, plantas y animales) con propósitos productivos, comerciales, de conservación y restauración de ecosistemas (Maram, 2013).

Los Eco productos industriales mantienen las siguientes características: 1) Productos manufacturados menos contaminantes: Productos que generan un menor impacto ambiental durante las diferentes etapas de su ciclo de vida y reconocidos a través de estándares con ISO 14 001 o eco-etiquetas; 2) Tecnologías limpias y equipos de mitigación de impacto: Tecnologías para el manejo de residuos y la mitigación de impactos en el agua, aire, suelo, así como sistemas de monitoreo; 3) Minería sostenible: Productos derivados de minería ambiental y socialmente sostenibles; 4) Aprovechamiento de residuos y reciclaje: Productos derivados de la utilización de residuos orgánicos e inorgánicos, y; 5) Energías limpias: Proyectos que contribuyen a la generación de energía a partir de fuentes renovables como la eólica, fotovoltaica, biomasa, geotérmica y las pequeñas centrales hidroeléctricas y fuentes de energía no renovables como el gas natural y el gas licuado de petróleo.

Los Servicios ambientales, a su vez, se dividen en 5 grandes áreas: 1) Ecoturismo: Turismo especializado y dirigido en áreas con un atractivo natural especial, que promueve la educación ambiental, monitorea y controla los impactos ambientales, y se enmarca dentro de los parámetros del desarrollo humano sostenible; 2) Educación ambiental: Actividades planificadas para comunicar o suministrar instrucción para minimizar la degradación del paisaje original o las características geológicas de una región, la contaminación del aire, agua o suelo, y las amenazas a la supervivencia de otras especies de plantas y animales; 3) Gestión integral de residuos sólidos: Proyectos relacionados con un manejo integral de residuos peligrosos y no peligrosos; 4) Consultoría ambiental: Procesos relacionados con estudios de impacto ambiental y auditorías, y; 5) Proyectos de infraestructura para el tratamiento de vertimientos y emisiones: Sistemas y tecnologías relacionadas con el manejo de los residuos (González, 2011).

Para la realización del 2013 CSR RepTrak, a través de un cuestionario en línea, se les pidió a los consumidores evaluar en qué medida están de acuerdo con las siguientes afirmaciones: 1) 'Empresa X' es un buen ciudadano corporativo – que apoya las buenas causas y protege el medio ambiente; 2) 'Empresa X' es una empresa con responsabilidad- que se comporta éticamente y es abierto y transparente en sus relaciones comerciales, y; 3) 'Empresa X' es un lugar atractivo para trabajar – que trata bien a sus empleados.

Se puede ver que las cuestionantes cubran el aspecto social, el medioambiental, gobierno corporativo y la faceta laboral. Con estas dimensiones, las empresas más responsables del mundo, según el Reputation Institute, para 2013 fueron: 1) Microsoft, Walt Disney Company, Google y BMW (empatadas); 5) Daimler; 6) Sony; 7) Intel; 8) Volkswagen; 9) Apple, y; 10) Nestlé. Mientras que en el 2014 fueron: 1) Google; 2) Microsoft; 3) The Walt Disney Company; 4) BMW; 5) Apple; 6) Lego; 7) Volkswagen; 8) Intel; 9) Rolex, y; 10) Daimler. Podemos observar variantes, como que la compañía Lego ingresa al Top 10 y la compañía Nestlé desaparece (véase Tabla 1). La sustentabilidad requiere estar siempre atentos, a la vanguardia innovando, por más grande que sea la compañía eso no garantiza su estadía como empresa verde (Daimler, 2010).

Certificarse en la serie ISO 14000 sobre la gestión ambiental es un reto que algunas empresas se han aventurado a conseguir y lo han logrado al conocer los beneficios que esto otorga. La certificación ofrece los siguientes beneficios de acuerdo a Lloyd´s Register (LRQA, 2015):

1. Reducir los costos: como la norma ISO 14001 requiere un compromiso con la mejora continua del SGA, el establecimiento de objetivos de mejora ayuda a la organización a un uso más eficiente de las materias primas, ayudando así a reducir los costos.
2. Gestión del cumplimiento de la legislación: la certificación ISO 14001 puede ayudar a reducir el esfuerzo necesario para gestionar el cumplimiento legal y a la gestión de sus riesgos ambientales.
3. Reducir la duplicación de esfuerzos: su sistema de gestión permite integrar los requisitos de ésta y otras normas de gestión en un único sistema de negocio para reducir la duplicación de esfuerzos y los costes.
4. Gestionar su reputación: la certificación ISO 14001 le ayuda a reducir los riesgos asociados a cualquier coste o daño a su reputación asociada a sanciones, y construye su imagen pública hacia sus clientes, organismos reguladores y principales partes interesadas.

5. Ser el proveedor elegido y aumentar su ventaja competitiva: le permite trabajar con las empresas que valoran las organizaciones que son respetuosas con el medio ambiente.
6. Facilidad de integración con otras normas de sistemas de gestión con la norma ISO 9001(Calidad), OHSAS 18001 (Seguridad y Salud laboral), ISO 50001 (Energía), y otras normas basadas en sistemas de gestión.

Por otro lado esta se compone de seis elementos que son: 1) Sistemas de Gestión Ambiental – 14001; 2) Auditorías Ambientales – 14010; 3) Evaluación del desempeño ambiental – 14031; 4) Análisis del ciclo de vida – 14040; 5) Etiquetas ambientales – 14020, y; 6) Términos y definiciones – 14050.

Empresas que otorgan el certificado ISO 1400 indican su propio procedimiento, de acuerdo a (GlobalSTD, 2015) estos son los básicos: 1) Firma de contrato de certificación; 2) Pre-Auditoria; 3) Etapa1. Revisión de documentos; 4) Etapa 2: Auditoria de certificación; 5) Emisión de certificado; 6) Auditoria de seguimiento en esquema semestral o anual, y; 7) Auditoria de recertificación (Rodríguez, 2002).

Empresas que se han aventurado a ser reconocidas como ecológicamente responsables han sido varias, de acuerdo a (Maram, 2015) se presenta la Tabla 1.

Tabla 1. Empresas ecológicamente responsables por sector económico a nivel mundial.

NO.	NOMBRE DE LA EMPRESA	CLASIFICACIÓN POR SECTOR ECONÓMICO
1	AGCO MÉXICO	Industria manufacturera
2	3M	Gráficos comerciales
3	ADIDAS	Ropa deportiva
4	ADO (AUTOBUSES DE ORIENTE)	Transporte
5	AEROMEXICO	Transporte
6	AFORE BANAMEX	Servicios bancarios
7	ALFA	Holding multisectorial: industria, petroquímica, comunicaciones, alimentaria, energética.
8	ALFA, S.A.B. DE C.V.	Secundario, industrial
9	ALIMENTOS CAPULLO	Industria alimentaria
10	ALLERGAN	Farmacéutica
11	ALSEA, S.A.B. DE C.V.	Secundario, industrial: comercio, restaurantes y hoteles
12	AMÉRICA MÓVIL, S.A.B. DE C.V.	Terciario, comunicaciones
13	AMERICAN EXPRESS COMPANY (MÉXICO) S.A. DE C.V.	Terciario: servicios financieros
14	APASCO (HOLCIM MÉXICO)	Industria de transformación
15	APPLE	Transporte, almacenamiento y comunicaciones, fábrica de hardware, industrial y de servicios
16	ARCA CONTINENTAL S.A.B. DE C.V.	Secundario, industrial: alimentos y bebidas
17	ATLAS COPCO	Maquinaria
18	AUDI	Industria manufacturera
19	AVON	Servicios (cuidado personal)
20	AXTEL, S.A.B. DE C.V.	Terciario, telecomunicaciones
21	BANAMEX	Servicios financieros, seguros y bienes inmuebles
22	BANCO COMPARTAMOS, S.A./ INSTITUCIÓN DE BANCA MÚLTIPLE Y GENTERA S.A.B. DE C.V.	Terciario, financiero
23	BAYER	Industria química farmacéutica
24	BAYERISCHE MOTOREN WERKE (BMW)	Automóviles
25	BBVA BANCOMER	Terciario: servicios financieros, seguros y bienes inmuebles
26	BIOGEN IDEC	Biotecnología
27	BMW	Automotriz
28	BT GROUP	Telecomunicaciones
29	CANON	Fotografía
30	CARSO INFRAESTRUCTURA Y CONSTRUCCIÓN	Industria de la construcción
31	CEMEX	Industria manufacturera
32	CEMEX, S.A.B. DE C.V.	Industria de transformación (cemento, cerámica, vidrio)

Fuente: Elaboración propia con base en Adidas (2013), Alto Nivel (2015a), Apple (2015), CK (2015), BMW (2015), CNN Expansión (2011), Colgate Palmolive (2012), Disney (2013), Forbes (2013), IADS (2009), IPADE, (2012), Intel (2015), Johnson Controls (2015), Maram (2015), Nestlé (2011), Philips (2014), RSS (2015), Rolls Royce (2015), Starr (2015), Sony (2015), Toyota (2013) y 3M (2015).

Tabla 1. Empresas ecológicamente responsables por sector económico a nivel mundial (continuación).

33	CENTRAL PROGRESO (CEPSA)	Industria energética
34	CENTRICA	Multi-utilidades
35	CERVECERIA CUATHEMÓC MOCTEZUMA	Industrial y comercial
36	COMISION FEDERAL DE ELECTRICIDAD	Electricidad, gas y agua potable
37	CHEDRAUI	Servicios y comercio
38	CIEL	Industria alimentaria
39	CINÉPOLIS	Servicios de entretenimiento
40	CITROFRUT	Agroindustrial
41	CLÍNICA VITRO	Servicios de salud
42	CLOROX DE MÉXICO	Industria química
43	COCA COLA – FEMSA	Industria manufacturera
44	COLGATE PALMOLIVE	Multisectorial: industria química y farmacéutica
45	COMERCIAL MEXICANA	Comercio
46	COMMONWEALTH BANK OF AUSTRALIA	Bancos
47	CORPORACIÓN GEO, S.A.B. DE C.V.	Terciario, construcción
48	CORPORATIVO BIMBO, S.A. DE C.V.	Secundario, industrial
49	DAIMIER	Vehículos comerciales
50	DANONE DE MÉXICO	Terciario
51	DANSKE BANK	Bancos
52	DASSAULT SYSTEMES	Software
53	DELOITTE	Terciario
54	DESARROLLADORA HOMEX, S.A.B. DE C.V.	Terciario, construcción
55	EMPRESAS ICA	Construcción
56	ENAGAS	Gas
57	FINANCIERA INDEPENDENCIA	Terciario
58	FOMENTO ECONÓMICO MEXICANO, S.A.B. DE C.V.	Terciario, comercio
59	FORD MOTOR COMPANY	Automotriz
60	GENERAL ELECTRIC	Aparatos eléctricos
61	GENOMMA LAB INTERNACIONAL, S.A.B. DE C.V.	Secundario, industrial Cuaternario, investigación e innovación
62	GNP SEGUROS	Terciario
63	GOOGLE	Transporte, almacenamiento y comunicaciones
64	GRUMA	Industrial y comercial
65	GRUPO AEROPORTUARIO DEL CENTRO NORTE S.A.B. DE C.V.	Terciario, transporte
66	GRUPO AEROPORTUARIO DEL SURESTE, S.A.B. DE C.V.	Terciario, transporte
67	GRUPO BAL	Multiniveles Metalurgia, seguros educación, etc.

Fuente: Elaboración propia con base en Adidas (2013), Alto Nivel (2015a), Apple (2015), CK (2015), BMW (2015), CNN Expansión (2011), Colgate Palmolive (2012), Disney (2013), Forbes (2013), IADS (2009), IPADE, (2012), Intel (2015), Johnson Controls (2015), Maram (2015), Nestlé (2011), Philips (2014), RSS (2015), Rolls Royce (2015), Starr (2015), Sony (2015), Toyota (2013) y 3M (2015).

Tabla 1. Empresas ecológicamente responsables por sector económico a nivel mundial (continuación).

68	GRUPO COORPORATIVO LALA	Industrial y comercial
69	GRUPO DANONE	Industria manufacturera
70	GRUPO FINANCIERO BANORTE, S.A.B. DE C.V	Terciario, financiero
71	GRUPO ICA, S.A. DE C.V.,	Terciario, construcción
72	GRUPO MÉXICO, S.A.B. DE C.V.,	Primario y secundario, minero. Terciario, transporte
73	GRUPO SALINAS	Multiniveles, servicios educativos, financieros televisivos etc.
74	HERDEZ, S.A. DE C.V.	Secundario, industrial Terciario, comercio
75	HEWLETT PACKARD MÉXICO	Terciario
76	HOLCIM MÉXICO S.A DE C.V	Terciario
77	IBM	Tecnología y consultoría
78	INDUSTRIAS PEÑOLES, S.A.B. DE C.V., MINERA TIZAPA	Primario
79	INTEL	Tecnologías de computación
80	ITESM	Servicios
81	J.P. MORGAN GRUPO FINANCIERO, S.A. DE C.V.	Terciario
82	JANSSEN DE MÉXICO, S. DE R.L. DE C.V.	Terciario
83	JOHNSON AND JOHNSON	De dispositivos médicos, productos farmacéuticos, productos de cuidado personal, perfumes y productos para bebés
84	JUGOS DEL VALLE	Terciario
85	KEPPEL LAND	Bienes raíces
86	KESKO	Comida
87	KIMBERLY-CLARK CORPORATION Y /O KIMBERLY-CLARK MÉXICO.	Secundario, industrial
88	KONINKLIJKE PHILIPS ELECTRONICS	Conglomerados industriales
89	LEGO	Juguetes
90	L'OREAL	Productos personales
91	MANPOWER GROUP	Terciario
92	MARKS & SPENCER GROUP	Menudeo multi-línea
93	MEXICHEM, S.A.B. DE C.V.	Secundario, industrial y energético
94	MICHELIN	Fabricación y comercialización de llantas
95	MICROSOFT	Transporte, almacenamiento y comunicaciones
96	NESTLÉ	Industrial y comercial
97	NISSAN	Industrial y comercial
98	NOVARTIS	Terciario
99	NOVO NORDISK	Farmacéutica
100	NUEVA WAL-MART DE MÉXICO, S. DE R.L. DE C.V.	Terciario, comercio
101	OUTOTEC	Construcción e ingeniería

Fuente: Elaboración propia con base en Adidas (2013), Alto Nivel (2015a), Apple (2015), CK (2015), BMW (2015), CNN Expansión (2011), Colgate Palmolive (2012), Disney (2013), Forbes (2013), IADS (2009), IPADE, (2012), Intel (2015), Johnson Controls (2015), Maram (2015), Nestlé (2011), Philips (2014), RSS (2015), Rolls Royce (2015), Starr (2015), Sony (2015), Toyota (2013) y 3M (2015).

Tabla 1. Empresas ecológicamente responsables por sector económico a nivel mundial (continuación).

102	P&G	Industria manufacturera
103	PEMEX	Petroleos
104	PEPSICO	Industrial y comercial
105	PHILIPS MEXICANA, S.A. DE C.V.	Terciario
106	PROCTER AND GAMBLE	Industrial y comercial
107	RECKITT BENCKISER GROUP	Productos del hogar
108	ROLEX	Relojería
109	ROLLS-ROYCE AEROESPACE	Industria aeroespacial
110	SAMSUNG ELECTRONICS	Electrónica
111	SC JOHNSON	Terciario
112	SCHNEIDER ELECTRIC	Equipo eléctrico
113	SHELL	Terciario
114	SONY	Electrónica de consumo: audio y vídeo, computación, fotografía, videojuegos, telefonía móvil y productos profesionales.
115	STARHUB	Telecomunicaciones
116	STOREBRAND	Seguros
117	TELÉFONOS DE MÉXICO S.A.B. DE C.V.	Terciario
118	TELEVISA, S.A. DE C.V.	Terciario, comunicaciones Cuaternario, información
119	TELEVISIÓN AZTECA, S.A.B. DE C.V.	Terciario, comunicaciones Cuaternario, información
120	TIENDAS COMERCIAL MEXICANA S.A. DE C.V.	Terciario, comercio
121	TIENDAS SORIANA, S.A. DE C.V.	Terciario, comercio
122	TIM HORTONS	Hoteles & restaurants
123	TOYOTA	Automotriz
124	UNILEVER	Comercial
125	URBI	Construcción
126	US COTTON MÉXICO S. DE R.L. DE C.V	Terciario
127	VOLSKWAGEN	Industrial y comercial
128	WAL-MART DE MÉXICO	Comercio
129	WALMART DE MÉXICO Y CENTROAMÉRICA	Terciario
130	WALT DISNEY	Entretenimiento
131	ZIMAT CONSULTORES	Terciario

Fuente: Elaboración propia con base en Adidas (2013), Alto Nivel (2015a), Apple (2015), CK (2015), BMW (2015), CNN Expansión (2011), Colgate Palmolive (2012), Disney (2013), Forbes (2013), IADS (2009), IPADE, (2012), Intel (2015), Johnson Controls (2015), Maram (2015), Nestlé (2011), Philips (2014), RSS (2015), Rolls Royce (2015), Starr (2015), Sony (2015), Toyota (2013) y 3M (2015).

Gráfica 1. Evolución en el tiempo de las empresas con el distintivo ESR en México.

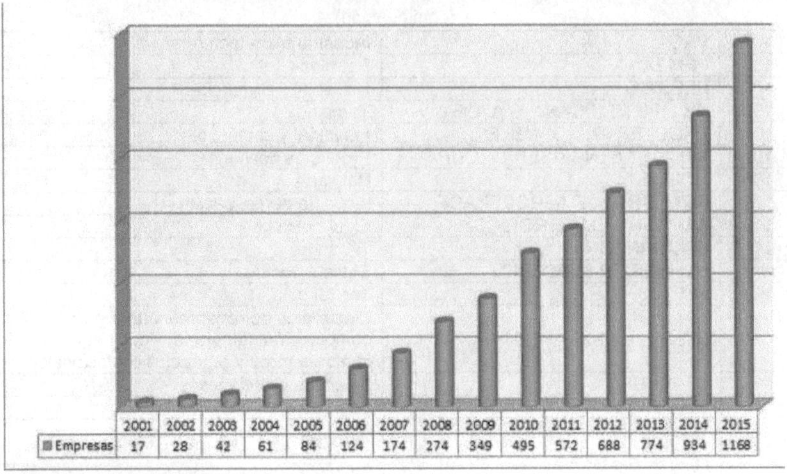

Fuente: CEMEFI, 2015a.

El grupo BIMBO, pese a algunas críticas centradas en ser una empresa con valores duros y demasiado tradicionalistas, se posiciona como una de las mejores en ambos listados, lo cual podría indicar que esa cultura organizacional, pese a sus detractores, gusta bastante a la sociedad mexicana. De igual manera el grupo FEMSA logra el uno-dos en ambos listados. La embotelladora de Coca-Cola es una de las empresas más sólidas en percepción y ejecución de responsabilidad corporativa, aunque llama la atención su estrategia de bajo perfil en cuanto a comunicación corporativa.

CEMEX logra el tercer puesto en ambas listas y no es ninguna sorpresa, al ser uno de los principales representantes mexicanos a nivel internacional, de quien no podemos dejar de mencionar sus programas de responsabilidad social y sustentabilidad aunque, al igual que FEMSA, podría comunicar mucho más y mejor sus acciones en esa área.

La presencia de Telmex y Televisa obliga a pensar cuánto influye el *Top of Mind* y el *Share of Mind* en sus selecciones (marca o marcas que primero le vienen a la mente a un consumidor ante determinada pregunta). Esto es contradictorio dada la gran cantidad de quejas sobre Telmex y Telcel ante la Procuraduría del Consumidor.

Respecto a Televisa ¿es en realidad un ente reputado, dada la dudosa calidad de sus contenidos?

Al emitir fríos escritos para la prensa, provenientes de anquilosadas agencias de relaciones públicas, *comunicar* significa hoy detectar el lenguaje y los canales donde los stakeholders se encuentran, para ponerles a mano la información.

El Consejo Mexicano de Filantropía (CEMEFI) publica en su página web a las empresas que han obteniendo el Distintivo ESR®, agrupándolas básicamente por antigüedad de su certificado.

Para conocer la posición en el mercado de las empresas con el Distintivo ESR®, se recomnienda consultar los reportes para México de FORBES y de CNN-Expansión, el primero titulado "Las 25 empresas con el mejor equilibrio entre vida y trabajo" según el cual se califica "la conciliación entre la vida privada y profesional como una de las principales prioridades de estas grandes compañías, pues saben que con ello atraen al mejor talento y lo conservan feliz y productivo", y el segundo "Las 500 empresas más importantes de México" en la que aparecen "las empresas con las mejores prácticas en recursos, con las campañas más creativas, innovadoras, retadoras y eficaces de México".

En las empresas socialmente responsables (ESR) la toma de decisiones siempre debe sopesar las acciones que impactan a las personas y al entorno, de modo que en su modelo de negocios incorporen los ingresos y egresos tangibles e intangibles, que cumplan tanto sus expectativas empresariales como las que la sociedad espera. De hecho, los ámbitos en los que la responsabilidad social se hace evidente en México, son: 1) La calidad de vida en el ámbito interior de la empresa; 2) La vinculación de la empresa con la comunidad y sus impactos; 3) El cuidado y la preservación del medio ambiente, y; 4) La ética empresarial.

Para poder medir las variables anteriores y ofrecer a la sociedad información que impacte positivamente a la sociedad, el CEMEFI ha desarrollado los Indicadores de Institucionalidad y Transparencia

(IIT), los cuales "son una respuesta a la creciente necesidad de que las organizaciones socialmente responsables muestren públicamente cómo llevan adelante sus esfuerzos para desarrollar profesionalmente su trabajo y los mecanismos que han implementado para transparentar el manejo de sus recursos".

La disposición al cambio requiere de superar el miedo que implica considerar los cambios como oportunidades y poder capitalizarlos hacia el crecimiento. Con ello se tendría la capacidad de integrar de manera tripartita el objetivo económico con el cumplimiento de ciertos objetivos sociales, integrando la preocupación por el medio ambiente en el servicio al cliente. El objetivo ambiental se caracterizaría por establecer nuevas condiciones y formas de operar el negocio, teniendo que ser para ello amigable con el ambiente, particularmente con el contexto donde opera y compite la empresa. Esta nueva visión permitirá analizar los aspectos que han permitido a las empresas no solo poder ser etiquetadas con el sello ESR, en donde se incluye por supuesto el aspecto ecológico, sino además seguir siendo productivas, con lo cual integran a partir de estas dos consideraciones, un valor agregado a sus productos o servicios.

Otra de las estrategias a adoptar para alcanzar el ser organizaciones con responsabilidad social empresarial, es adecuar y reorientar la filosofía organizacional, para conducirse con criterios armónicos entre sí, además de guiarse con un desempeño ético, que posean la cualidad de ser viables y prudentes en términos económicos, sociales y ambientales.

Una empresa que presente propuestas de inversión que no solo busquen el lucro, sino que consideren proyectos de desarrollo social y que estén articulados con principios amigables con el medio ambiente le permitirán no solo aplicarlos y que sean aceptados por la comunidad, sino que le harán crecer tanto en competitividad, como en rentabilidad y cuidado ambiental.

De manera conceptual, la Responsabilidad Social Empresarial puede entenderse como el compromiso consciente y congruente de cumplir integralmente con la finalidad de la empresa, tanto en lo interno como en lo externo, considerando las expectativas económicas, sociales y ambientales de todos sus participantes, demostrando respeto por la gente, los valores éticos, la comunidad y el medio ambiente, contribuyendo así a la construcción del bien común. Paulatinamente, se hace evidente el incremento de las empresas mexicanas en adoptar el distintivo ESR.

El país que más empresas sustentables tienen es el Reino Unido con 5, seguido por Estados Unidos y Francia con 3, Alemania, Dinamarca, Finlandia y Singapur con 2 y el resto de los países de la lista con una. En el tema del tipo de industria, destaca el mercado de las telecomunicaciones, donde 3 empresas son las participantes, comida y bancos con 2 y el resto de los mercados participan con una empresa.

Se puede observar que en la lista de las 25 empresas sustentables no aparece ninguna de México; de hecho, no aparece en la lista de las 100 empresas sustentables que presenta *Corporate Knights*

Por su parte, el índice bursátil en la Bolsa Mexicana de Valores se conforma en 2015 de 138 empresas de distintos sectores económicos, aunque no todos participan, como por ejemplo, el de Servicios Públicos y el de Tecnologías de Información. Para el caso de las empresas sustentables en México, son 34 las que conforman el índice de sustentabilidad en la Bolsa Mexicana de Valores. El liderazgo en el índice de sustentabilidad lo lleva el sector de Productos de consumo frecuente donde se encuentran las grandes tiendas de autoservicio, que en comparación con el total de empresas que participan en la Bolsa Mexicana de Valores es casi del 50%.

De las empresas anteriores en relación a su clasificación en el mercado, en particular en el mercado de valores que es de donde se toma la referencia, lo más relevante para la presenta investigación es que todas ellas son líderes en sus ramos, ya que de entrada están cotizando en las Bolsa de Valores y por tanto son empresas que tienen la capacidad de ofrecer rendimiento sustantivos para sus inversionistas y además cuentan con un gobierno corporativo sólido que les permite entrar en este tipo de sistemas.

Aquí no se incluyen organizaciones no gubernamentales,

instituciones educativas, dependencias gubernamentales o gobiernos de estados y municipios, pues en el CEMEFI, aunque se incluye muchos de estos, no hay forma disponible y clara para determinar cuáles de ellos son más ecológicas que las otras, y además el estudio se relaciona con las empresas responsables eclógicamente y que tienen una posición en el mercado, entendiéndose por esto, que son empresas que se dedican a la productos de bienes y servicios.

Recientemente Merco publicó su primer listado en México sobre las 100 empresas con mayor reputación corporativa. Dicho trabajo fue difundido por la revista *Poder y Negocios*. Dentro del mismo también se publicó otro listado con las 100 compañías más responsables. Se trata del primer ejercicio de este tipo de Merco en nuestro país, sin embargo hay que señalar que el Reputation Institute por un lado, y Millward Brown por otro, ya habían realizado listados de reputación en México con anterioridad. La metodología se nutrió de diversas fuentes de información que midieron la gestión de las empresas: 615 directivos empresariales respondieron un cuestionario, 1,250 ciudadanos valoraron a las empresas, lo mismo que 658 expertos (analistas financieros, ONG, sindicatos, periodistas, líderes de opinión, asociaciones de consumidores).

¿Qué valoraron los directivos básicamente? Seis temas en general: 1) Resultados económico-financieros; 2) Calidad en la oferta comercial; 3) Reputación interna; 4) Ética y Responsabilidad Corporativa; 5) Dimensión Internacional de la empresa, e; 6) Innovación.

4.2. Propuesta para que las PYMES incrementen su responsabilidad con el ambiente.

Para alcanzar los resultados, Merco (Maram, 2015), valoró seis temas básicamente:

1. Resultados económico-financieros
2. Calidad en la oferta comercial
3. Reputación interna

4. Ética y Responsabilidad Corporativa
5. Dimensión Internacional de la empresa
6. Innovación.

Derivado de lo anterior, se puede decir que las PYMES deben adoptar estrategias encaminadas a mejorar la comunicación para entender y comprender que la responsabilidad social no sinónimo de filantropía, pues están encaminadas a vigilar el cumplimiento de las reglamentaciones y preservar los recursos naturales y el medio ambiente. Hacer esto les permite obtener ahorros y/o economías que les ayuden a mejorar y posicionar sus empresas.

Sin importar el tamaño y giro de las Pymes, las iniciativas para la implementación de las normas de sustentabilidad en este segmento de empresas son pocas y poco difundidas, tanto por el gobierno como por la iniciativa privada.

En el caso de los gobiernos federales, estatales y municipales, deben apoyar a los pequeños empresarios al orientarlos en las buenas prácticas que las grandes empresas ya llevan a cabo. Además, deben dejar el paternalismo y enseñarlos a trabajar, ya que actualmente les otorgan créditos y apoyos los cuales se manejan a fondos perdidos, donde los microempresarios de eso se valen, esto da motivo para que o exista una mejora en el sector de las PYMES, auspiciado todo ello por la corrupción, deshonestidad de funcionarios y líderes, es triste ver como anualmente se anuncian apoyos económicos, para equipamiento, de capacitación y formación empresarial y seguimos en las mismas o peor, solo la minoría de los microempresarios que acceden a esos apoyos logran el éxito y como dice el dicho es que hace más el que quiere que el que puede, creo que los que no lo logran es derivado del conformismo y el paternalismo que existe por parte del gobierno.

Existen muchas áreas de oportunidad para la creación de propuestas encaminadas a aumentar la conciencia medioambiental en las Pymes, el gran problema que tiene este segmento de empresas son que un gran número de ellas carecen de estructura y procesos formales, lo que impide por mucho su adopción (Beato y Poli, 2008).

Es un hecho que uno de los grandes problemas de las Pymes es su economía, pues muchas de ellas viven prácticamente al día, lo que resultaría muy difícil implementar en sus procesos normas de sustentabilidad formalmente. Esta situación habla de la necesidad que tiene este nivel de empresas en implementar estructuras formales en sus procesos (Portales y García, 2013).

La siguiente propuesta no requerirá de modificar sus procesos de operación ni de cambiar de momento su estructura de organización.

El marketing es una función propia de las organizaciones que tiene su origen en la economía y se orienta al estudio de los mercados (FondoPymes, 2012).

Para conocer la diferencia entre el Marketing Tradicional y un Marketing Ecológico se tiene que el Marketing tradicional tiene como objetivo incrementar las ventas y el consumo de los productos y servicios de una empresa y está orientado a todo el público; el Marketing Ecológico tiene el mismo objetivo, solo que está orientado hacia un público sensibilizado con el medio ambiente (Villegas, 2013).

Implementar el Marketing Ecológico como estrategia en una Pyme, fomenta hacia dentro de la organización la necesidad de trabajar y mejorar sus procesos hacia la responsabilidad social.

Es importante mencionar que el Marketing Ecológico está estrechamente ligado al desarrollo sostenible, pues optimizar tres elementos: crecimiento económico, equidad social y valor ecológico (Villalba, 2014).

Para la implementación del Marketing Ecológico se propone realizar un plan integral que contemple las siguientes acciones (Muñoz, 2013):

1. A nivel corporativo (Diseño de un Código de Ética Corporativo, Elaboración de un Plan estratégico de Responsabilidad Social, Análisis del clima organizacional, Plan de Capacitación en el tema de Responsabilidad Social Empresarial, Descripción de puestos. Análisis de la estructura organizacional)
2. Productos y servicios (Minimizar la contaminación en la producción de productos, Servicio al cliente en cuestiones

ecológicas y producción de productos con materiales reciclables)

3. Precio (Diferenciación de los productos ecológicos y Reducción de costos en la producción de productos)
4. Promoción (Conciencia ecológica, Información sobre los productos y fabricación ecológica y Realización de acciones ecológicas externas), y; Distribución (Recolección de residuos para reciclar y reducción de recursos naturales en el proceso).

En el tema que las PYMES puedan retomar prácticas de las empresas que son líderes en la responsabilidad ecológica, se debe considerar que no hay diferenciación en el tipo de empresas, es decir, no importa si son de producción, comercio o servicios, si son de dos empleados o de 50, si son tecnológicamente avanzadas o no (CEMEFI, 2015a).

Las prácticas ambientales son comunes a cualquier organización. Lo que hará la diferencia en cuanto a qué prácticas emplear será el giro a que se dediquen y al nivel de rentabilidad esperado por la aplicación de las prácticas.

Por ejemplo, una empresa que use sustancias tóxicas para su procesos, su enfoque deberá ser en la eliminación o reducción de estos; si la empresas está relacionada con el comercio y sus impacto ambientales son el uso de materiales, deberá ser en reducir el consumo o la sustitución de estos, o el reciclado; si es una empresa que usa energía o agua, entonces el enfoque estará dado hacia esos elementos (CEMEFI, 2015b).

Por lo que la recomendación principal que se puede hacer para las PYMES es que conduzcan un análisis de aspectos e impactos ambientales, donde incluyan al menos la Severidad del daño ambiental que puedan generar por sus procesos, materiales o productos; la Ocurrencia con que puedan estar ocurriendo los impactos y sobre el grado de Rentabilidad Financiera que les pude ayudar incrementar al controlar, reducir o eliminar impactos ambientales significativos de acuerdo a su operación (CEMEFI, 2015c).

Es necesario mencionar que la filosofía de las empresas anteriormente señaladas se puede observar que todas ellas buscan la excelencia en todas sus áreas, en donde se busque satisfacer las necesidades del cliente y el cuidado eficiente del medio ambiente.

Es necesario mencionar que toda empresa puede influir en el cuidado del medio ambiente, con responsabilidad social sí va más allá del cumplimiento de la legislación vigente, además, debe tener presente aspectos relativos a la gestión de residuos, a las características de los envases y embalajes, al reciclaje de todos sus desechos, al transporte de mercancías y al consumo responsable de energía.

Toda empresa que desee un cambio en bien de la sociedad y del cuidado del medio ambiente deberá de tener un cambio de paradigmas (Clarke y Clegg, 1998) en los esquemas de gestión o management, notoriamente en la gran empresa, expresión de las nuevas condiciones de competitividad impuestas en la globalización y que se expresan, entre otras formas, en la necesidad de las firmas por incorporar a nuevos actores dentro de sus objetivos estratégicos.

Este cambio implica que las empresas deben de trascender la gestión enfocada sólo a la obtención de resultados para los accionistas (shareholders) para incluir la perspectiva de otros actores (stakeholders), tales como proveedores, clientes, agencias internacionales, gobiernos, organizaciones de la sociedad civil, sindicatos, etc. El cambio de paradigmas ha significado que "los directores de las compañías pueden y deben ir más allá de la atención exclusiva a los intereses de los accionistas para considerar el interés de un amplio conjunto de partes interesadas"

El término que la Comisión Europea define como empresa socialmente responsable es el conjunto de "*...normas, procesos y comportamientos que influyen en el ejercicio de los poderes a nivel europeo, especialmente desde el punto de vista de la apertura, la participación, la responsabilidad, la eficacia y la coherencia*".

Ésta se contempla como una categoría transversal que involucra los distintos ámbitos referidos anteriormente (Tabla 14) —social, económico y medioambiental— y aspectos como la dirección transparente (en todas las áreas de la empresa), los valores y códigos de conducta de las organizaciones, y la inversión socialmente responsable, es decir, aquélla que tiene en cuenta a las empresas que cumplen los requerimientos de la sustentabilidad y el desarrollo.

Existe también el desarrollo de los mercados verdes que a continuación se mencionan:

1. Productos naturales maderables: Madera y subproductos derivados de bosques manejados bajo criterios de sostenibilidad ambiental como madera aserrada, tableros, aglomerados, muebles
2. Agricultura ecológica, abonos orgánicos y bio-insumos: Alimentos frescos y procesados con certificación ecológica u orgánica o proveniente de sistemas agropecuarios sostenibles, insumos con los registros correspondientes, frutas y hortalizas, café, apicultura y sus derivados, panela, azúcar, ají, nueces, hongos comestibles, pulpas, encurtidos
3. Biotecnología: Derivados de técnicas y procesos de origen científico, tecnológico y empírico que permiten la utilización sostenible de seres vivos (células, microorganismos, plantas y animales) con propósitos productivos, comerciales, de conservación y restauración de ecosistemas (Cajiga, 2009).

A continuación se mencionan productos manufacturados menos contaminantes: Productos que generan un menor impacto ambiental durante las diferentes etapas de su ciclo de vida y reconocidos a través de estándares con ISO 14 001 o eco etiquetas (OIT, 2009):

1) Tecnologías limpias y equipos de mitigación de impacto: Tecnologías para el manejo de residuos y la mitigación de impactos en el agua, aire, suelo, así como sistemas de monitoreo.
2) Minería sostenible: Productos derivados de minería ambiental y socialmente sostenibles.
3) Aprovechamiento de residuos y reciclaje: Productos derivados de la utilización de residuos orgánicos e inorgánicos.
4) Energías limpias: Proyectos que contribuyen a la generación de energía a partir de fuentes renovables como la eólica, fotovoltaica, biomasa, geotérmica y las pequeñas centrales

hidroeléctricas y fuentes de energía no renovables como el gas natural y el gas licuado de petróleo.

5) Educación ambiental: Actividades planificadas para comunicar o suministrar instrucción para minimizar la degradación del paisaje original o las características geológicas de una región, la contaminación del aire, agua o suelo, y las amenazas a la supervivencia de otras especies de plantas y animales.
6) Gestión integral de residuos sólidos: Proyectos relacionados con un manejo integral de residuos peligrosos y no peligrosos.
7) Consultoría ambiental: Procesos relacionados con estudios de impacto ambiental y auditorías.
8) Proyectos de infraestructura para el tratamiento de vertimientos y emisiones: Sistemas y tecnologías relacionadas con el manejo de los residuos.

El Pacto Mundial es una iniciativa voluntaria, en la cual las empresas se comprometen a alinear sus estrategias y operaciones con diez principios universalmente aceptados en cuatro áreas temáticas: derechos humanos, estándares laborales, medio ambiente y anti-corrupción" (ONU, 2011b).

Como integrantes de una comunidad y consumidores de bienes y servicios, cada uno de nosotros podemos optar por llevar adelante comportamientos y acciones ambientalmente sustentables en muchas esferas. Entre ellas, resultan especialmente relevantes nuestras decisiones respecto al uso responsable de la energía, el agua y el papel.

Propuesta para que las PYMES puedan replicar las buenas practicas e incrementar su responsabilidad con el ambiente (Pymempresario, 2013).

1) Buscar la sustentabilidad de la empresa, contribuyendo al desarrollo y bienestar social de las comunidades en las que opera.
2) Considerar las necesidades del entorno social del negocio en la toma de decisiones y en la definición de las estrategias de la empresa, así como colaborar en su solución.
3) Hacer públicos sus compromisos con la sociedad y medir los logros alcanzados.

4) Vivir conforme a esquemas de liderazgos participativos, solidarios, de servicio y respetuosos de la dignidad humana, actuando con base en un código de ética.
5) Fomentar el desarrollo humano y profesional de la comunidad laboral de la empresa y de sus familias.
6) Apoyar alguna causa social afín a la actividad que desarrolle la empresa como parte de su estrategia de negocios.
7) Respetar, preservar y regenerar el entorno ecológico en todos y cada uno de los procesos de operación, comercialización y actividades que realice.
8) Invertir todo el tiempo, talento y recursos empresariales que estén disponibles a favor de los grupos y comunidades en las que opera y de las causas sociales que ha decidido apoyar.
9) Participar en alianzas intersectoriales que, en conjunto con las organizaciones de la sociedad civil y el gobierno, le permitan contribuir corresponsablemente al bien común y atender las necesidades sociales de mayor importancia.
10) Motivar y apoyar al personal, accionistas y proveedores para que participen en los programas empresariales de inversión y desarrollo social.

Actualmente la medición del impacto ambiental se aplica a todas las empresas, gubernamentales o no, minoristas, mayoristas, hasta instituciones financieras y demás por lo que debemos buscar estrategias que podamos aplicar en nuestro contexto.

Aun cuando existen algunos ejemplos de pequeñas y medianas empresas que realizan grandes esfuerzos en materia de sustentabilidad e incluso parecen tener muy claro el tema de la gestión, es mucho más grande el número de PyMEs que lo considera un asunto de las grandes empresas. Sin embargo un reciente artículo de The Guardian compila diez puntos clave que las pymes pueden aplicar para potencializar una estrategia de sustentabilidad tal como lo hacen los gigantes de la RSE (Acosta, 2014).

Ahora bien las PyMEs (Pequeñas y Medianas Empresas) pueden incursionar en la certificación ISO en este caso 14000, no es solo para las grandes empresas que cuentes con gran infraestructura en recursos económicos, materiales, humanos y tecnológicos. Las PyMEs cuentan con una infraestructura inferior, pero de igual manera se encuentran en un mercado competitivo y llegan a generar impactos positivos o negativos al entorno de desarrollo y de manera indirecta al medio ambiente (GBCe, 2015).

De acuerdo a SoyEntrepreneur (2015), "la sustentabilidad también puede ser un detonador de la innovación en los negocios. Las Pymes a menudo son más creativas, flexibles y tienen una mejor posición para cambiar de rumbo más rápidamente que las empresas grandes.

Su tamaño les permite operar la sustentabilidad sin transformaciones radicales o costosas y esto puede ayudarlas a convertirse en aliadas estratégicas de las compañías que requieren muchas veces de cambios en sus procesos". De igual manera el talento humano aporta mucho en las acciones a llevar a cabo cuando se busca un certificado ISO, de ellos depende en la mayor parte el éxito de los procesos de certificación (Olmos y Wilson, 2013).

Al ser empresas con una estructura organizacional menor la toma de decisiones se llega a centrar específicamente en los empresarios y personal específico. El número de empleados al ser de igual manera menor que en una empresa grande, la divulgación y participación es de todos (Fernández, 2013).

Los beneficios que puede obtener una PyME entre los más destacados se consideran: 1) Mejoramiento de modelo y gestión de negocio; 2) Mayor rentabilidad; 3) Mayor competitividad; 4) Recurso eficiente de sus recursos, y; 5) Mejor ambiente, clima y comunicación organizacional (Fromartz, 2009).

El camino de la sustentabilidad para cualquier empresa no es fácil, implica mayor compromiso de los directivos, participación e involucramiento de toda la estructura organizacional, control de procesos e recursos, una comunicación más fluida y veraz y sobre todo una responsabilidad y conciencia ecológica.

4.3. Proyectos de Gestión de Sustentabilidad

4.3.1. Caso Nike

La empresa Nike es una empresa que se enfoca a fabricar una amplia gama de equipamiento deportivo, sus primeros productos fueron zapatos de pista para correr. La empresa Nike fue fundada el 20 de enero de 1964 como Blue Ribbon Sports por Bill J. Bowerman y Philip H. Knight, y se convirtió oficialmente en Nike, Inc. el 30 de mayo de 1971. La compañía toma el nombre de Nike, por el dios griego de la victoria.

En la actualidad hacen zapatos, camisetas, pantalones cortos y demás accesorios para una amplia gama de deportes, incluyendo atletismo, béisbol, hockey sobre hielo, tenis, fútbol, baloncesto, y el cricket entre otros. Uno de sus productos representativos son los Nike Air Max, que es una línea de zapatos deportivos lanzados por primera vez en 1987.

Nike tiene más de 500 lugares de fabricación y venta en todo el mundo, oficinas en 45 países fuera de Estados Unidos. La mayoría de las fábricas están situadas en Asia, incluyendo Indonesia, China, Taiwán, India, Tailandia, Vietnam, Pakistán, Filipinas, Malasia, y la República de Corea.

Durante más de una década, la empresa Nike ha participado en programas de sustentabilidad, que de acuerdo a la Comisión Económica para América Latina y el Caribe (CEPAL, 2010), una empresa con este enfoque de funcionalidad, es aquella cuya producción busca el bienestar de la sociedad, se guía no solo por los indicadores del mercado, tiene como administradores profesionales con un desempeño no solo de conocimiento y experiencia, sino también de ética e intuición estratégica, y lo más importante es que en sus preceptos de producción tiene una relación con el medio ambiente y tiene de manera formal proyectos de asistencia social.

El tema de los incentivos ambientales surgen como una cuestión que busca por una parte inducir producciones sustentables en las empresas, y por la otra brindar a estas entidades el soporte para que a través de las condiciones financieras se puedan construir proyectos en una línea amigable a la naturaleza, lo cual debe reconocerse, no ofrece en el corto plazo la retribución o utilidades esperadas, es por ello que se brinda este tipo de apoyos.

Al respecto señala Ramos (2012; p 32), que este tipo de incentivos "…juegan un papel de catalizadores para que un negocio pueda ser tanto rentable como ambientalmente amigable." De allí que el otorgamiento objetivo de este tipo de apoyos resulta una estrategia conducente para inhibir las actitudes y conductas empresariales que buscan netamente producir y obtener ganancias, se trata de una política que viene a equilibrar ambos polos, por una parte desarrollar un negocio con remanentes utilitarios, pero también establecer los elementos que permitan construir una cultura de cuidado y protección del ambiente.

Al referir casos de éxito de empresas que han apostado en el cuidado del medio ambiente, se tiene a la empresa multinacional Nike Inc. de origen estadounidense, cuyo giro es el diseño, desarrollo, fabricación y comercialización de calzado, ropa, equipo, accesorios y otros artículos. Esta empresa ha sido objeto de críticas a principios del siglo, por prácticas que contravenían la dignidad y derechos humanos (NIKE, 2014b).

Nike es una corporación comprometida en el diseño, desarrollo, marketing y venta de calzado, ropa, equipo y accesorios sport alrededor del mundo. Tiene sus oficinas centrales en Oregón, Estados Unidos (USA), con 56,500 empleados.

Esta empresa comercializa sus productos a través de sus tiendas Nike, de sitios de internet y tiendas de conveniencia. Nike clasifica sus productos en ocho categorías: Football, Basketball, Atletismo, Entrenamiento de Varones, Entrenamiento de Mujeres, Deportes de Acción, Ropa Deportiva y Golf. Su categoría de Basquetbol incluye la marca "Jordan", y la de Entrenamiento de Varones ofrece productos "oficiales" de los equipos de football y baseball de USA.

Aunado a lo anterior, el corporativo Nike también comercia productos diseñados para niños, así como también para otros usos atléticos y recreacionales, tales como cricket, lacrosse, tenis, voleibol, lucha libre, caminata y actividades al aire libre (Investing, 2015).

Para estar en posibilidades de evaluar si Nike efectivamente en la actualidad ha logrado cumplir exitosamente sus objetivos y estrategias, es necesario realizar un análisis crítico en el que en la década de los 90 recibió muchas críticas públicas por sus políticas de empleo.

Por otra parte y como a la mayoría de las grandes corporaciones, la principal crítica a Nike es sobre las condiciones de trabajo en sus maquiladoras, tanto el ambiente físico de estos lugares, como el trato que se les da a los obreros. La empresa ha tomado medidas, y sus planes han sido elogiados por organizaciones como la Global Alliance (OCDE, 2012).

Así también, en 2010, la organización United Students Against Sweatshops acusó a Nike de no pagarles compensación a empleados hondureños después de cerrar una fábrica. El pago ascendía a 2.2 millones de dólares, pero la marca invierte 25 millones al año en sus esfuerzos de RSE.

Otro aspecto relevante de mencionar es que en 2011, Greenpeace lanzó una campaña contra Nike y otras empresas, ya que descubrió que algunas de sus fábricas contribuían a la contaminación del agua en China.

En julio de 2012 la empresa fue acusada de publicidad engañosa, ya que futbolistas patrocinados por Nike emitieron twitts apoyando una campaña de la marca sin dejar en claro que se trataba de publicidad pagada.

A nivel global, Nike emplea a casi un millón de personas en 744 plantas. Durante el año 2013, en Bangladesh, se desplomó un edificio en el que murieron 1,100 personas, dejando al descubierto las condiciones precarias de trabajo de una empresa concesionada de Nike (Barta y Otto, 2014).

Después de la tragedia de Bangladesh, más de 170 empresas firmaron acuerdos a 5 años e invirtieron para mejorar las normas de seguridad, Nike no participó en estos acuerdos dejando un hueco en su compromiso social y dañando significativamente su imagen (BW, 2008).

El grupo Nike ha sido fuertemente criticado por sus políticas de empleo, las condiciones físicas y de trato a los obreros de sus maquiladoras, la falta de pago a obreros, la contaminación del agua en China, la falsedad de su publicidad entre otras, que le han permitido fortalecer su negocio y surgir más fuerte ante tal adversidad (Fernández, 2013).

Es posible visualizar que en el tiempo presente, son pocos los temas en los que se registran logros significantes en tema de sustentabilidad. Por ejemplo, la reducción de deshechos en la basura-peso en la caja, de un 10% esperado, solo alcanzó un 3%.

Así mismo, el tema de los tóxicos y químicos dañinos continúa siendo un problema, pues aunque se muestra como "ejecutado conforme al plan", la meta para el 2020 es llegar a 0% y Nike no está proporcionando el porcentaje actual.

Por otro lado, ya sea motivada por la reducción en el pago de impuestos o por un real compromiso con la sociedad y la naturaleza, en el caso del apoyo a las comunidades, Nike superó la expectativa proyectada (NIKE, 2015d).

Aunque Nike aún no ha alcanzado los estándares sustentables que se ha propuesto, puede afirmarse que el tema de la sustentabilidad es uno de sus ejes rectores en la innovación de la marca. De esta manera, aunque esta empresa en su marketing oficial defiende que los materiales y la manufactura son centrales en su estrategia para su sustentabilidad, aún no puede afirmarse que éstos sean sustentables.

En cuanto a la transparencia, Nike parece compartir cifras y porcentajes de gran ayuda en el entendimiento de su productividad y su compromiso con el ambiente. Sin embargo, habría que investigar en torno a reportes de agencias especializadas en tema de sustentabilidad y normas ambientales; profundizando en investigaciones y datos de terceras partes (NIKE, 2014c).

A pesar que Nike ha hecho esfuerzos para despegar en el tema de la sustentabilidad, sigue quedando a deber. El informe de Líderes de Sustentabilidad 2015 realizada por Globe Scan, coloca a Nike en tan solo un 3%. Este reporte proporciona una percepción de los

líderes corporativos de sustentabilidad, donde el líder desde hace más de 5 años es la empresa Unilever (Globescan, 2015).
Desde 2010 Nike fabrica uniformes hechos con materiales reciclados, y en 2012 presentó los tacos para fútbol Nike GS, los cuales son los más sustentables producidos hasta ahora, con materiales orgánicos y reciclados.
La empresa menciona que observa la huella ecológica incluyendo diferentes tipos de impacto que deben ser medidos a través de la evaluación científica de todos los procesos y pasos - de crecimiento o transformación de las materias que entran en el producto, a cómo se hace, a cómo se utiliza. Para entender la huella ecológica de estos productos han llevado a cabo un análisis exhaustivo de los cuatro aspectos ecológicos clave: el uso de energía, las emisiones de efecto invernadero, residuos, uso del agua y la química, buscando llegar al objetivo de hacia nuestro objetivo de cero descargas de sustancias químicas peligrosas para el año 2020 (PXGP, 2015).
Acorde con la filosofía de Nike en tema de sustentabilidad (NIKE, 2015e), a pesar de pertenecer a un mundo de recursos naturales finitos, el crecimiento de la marca se potencializa por contar con recursos humanos con innovación e inspiración de carácter infinito, los cuales trabajan en el logro de su objetivo: la creación y construcción de modelos de negocio orientados al desarrollo pero considerando las limitaciones del mundo natural; que también es considerada la única manera de alcanzar un crecimiento presente sin comprometer la habilidad de crecimiento y éxito en las décadas venideras.
Es importante hacer énfasis que las estrategias de la gestión del capital humano así como la inversión en la comunidad, juegan un papel fundamental en el desempeño exitoso de los programas de sustentabilidad implantados en la organización (ExpokNews, 2012).
Entre la evaluación de la huella ambiental se inlcuyen las emisiones de uso de energía, consumo de agua, generación de residuos y gases de efecto invernadero (GEI). La empresa señala que basados en esto, sus objetivos se dividen en dos partes principales (NIKE, 2014b):

1. Hacer Hoy Mejor, que cubre el progreso en seis áreas de impacto clave y muestra cómo se redefine el negocio para mejorar el rendimiento de la organización, y;
2. Diseñar el futuro, lo que ilustra la forma en que se desata la innovación para impulsar nuestro negocio hacia adelante y la incrustación de la sostenibilidad en nuestros enfoques de producto y fabricación.

Otro de los proyectos importantes para apoyar a la protección del medio ambiente es el proceso de tintura de los materiales, llamado Nike ColorDry, para eliminar el uso de agua en el proceso de tintura de los materiales lo que les permite no usar agua, evitar las descargas de aguas contaminadas (NIKE, 2014a). Y no competir por recursos locales (agua).

El motor de crecimiento de la empresa NIKE, es la innovación, por ello, dentro de los objetivos y estrategias de conservación de recursos, se establecen desde una perspectiva de innovación; no sólo para mejorar sus productos, sino para la creación de cadenas de valor, al trabajar con otras compañías y organizaciones para desarrollar mercados que valoran y fomentar la creación de productos y nuevos procesos sostenibles y mejoran vidas aprovechando la sostenibilidad como oportunidad de innovación más grande del mundo (Comunica RSE, 2012).

Los Objetivos de Nike son (NIKE, 2014b):

1. Impulsar la innovación y la colaboración con todos los entes involucrados en la cadena de producción, así como participar en la promoción de políticas públicas para ofrecer reducciones de carbono sin afectar el incremento de valor que proporciona la industrialización;
2. Transformar la relación de trabajo con las fábricas contratadas para incentivar cambios que benefician a los trabajadores. Inculcar los cambios incorporados en nuestro código para instigar la innovación y educar para construir capacidades de gestión, que son las causas fundamentales que dirigen nuestros procesos. A partir de ello, trabajar con la industria para las consecuciones progresivas de "fábricas de recompensa", que son aquellas en las que sus políticas se han

alineado con la filosofía de Nike, especialmente en el manejo de los recursos humanos;

3. Minimizar el impacto de los ingredientes con químicos agresivos que formarán parte del producto en todo su ciclo de vida;
4. Utilizar el agua y utilizarla de forma responsable, bajo la premisa de que nos es prestada por la naturaleza;
5. Use menos materiales e insumos y comprar menos de ellos para reducir el impacto de los residuos que se generan en toda la cadena de valor, y;
6. Catalizar el potencial humano mediante la creación de la comunidad Nike en la que se desea crear impactos en las empresas a través de una cartera de asociaciones innovadoras, utilizando la promoción y las iniciativas que conduzcan hacia la toma de decisiones hacia la sustentabilidad.

El grupo Nike se plantea 4 estrategias base de sus planes estratégicos para lograr la sustentabilidad como (Olmos y Wilson, 2013):

1. Mantener un catálogo de materiales sustentables;
2. Diseño de prototipos sustentables;
3. Crear condiciones para que progrese el consumo sustentable, y;
4. Crear ingresos a través de servicios digitales.

En 2008, la Fundación Nike se asoció con la Fundación NoVo, con la ONU y la Coalición para jóvenes adolescentes para crear este “girl effect”. En más de nueve años, ha ayudado directamente más de 500 mil jóvenes adolescentes alrededor del mundo, otorgando dinero a más de 100 organizaciones en más de 80 países (NIKE, 2015d).

El progreso en la sustentabilidad y las metas ambientales que se han propuesto durante dos décadas, le han permitido situarse en un lugar privilegiado de los negocios a nivel mundial, los siguientes son los distintivos estratégicos del grupo Nike (Pymempresario, 2012):

1) Reciclar el material utilizado ha sido una de las mayores metas ambientales, en donde separan los residuos reciclables y los no reciclables. Esto lo hace por medio de un sistema de recolectores urbanos en Estados Unidos, Europa Occidental, Australia y Nueva

Zelanda, en donde básicamente se reciclan la suela de caucho, la entresuela de espuma y la fibra superior para obtener otros materiales. Gracias a estas prácticas la compañía obtuvo el segundo nivel más alto de la certificación LEED (Leadership in Energy & Environmental Design);

2) LEDD es una certificación que de acuerdo a (GBCe, 2015) indica que es aquella que se otorga a las empresas que tengan y lleven a cabo estrategias de sostenibilidad en sus edificios, incorporando eficiencia energética, energías alternativas, calidad ambiental interior, la eficiencia en el consumo de agua y selección de materiales, y;

3) Implementar la estrategia de desperdicio cero, por medio de la cual los materiales son utilizados adecuadamente le han permitió perfeccionar la producción de ropa y calzado deportivo por medio de Considered; el cual es un método de producción que logró reducir el desperdicio en un 67% con una reducción de energía en un 37% y el uso de solventes en un 80%.

Asimismo, la tienda ya cuenta únicamente con iluminación LED, con la cual se logra reducir el consumo de energía en un 30%; esta acción también ayuda a reducir el uso de aire acondicionado, pues las luces calientan menos el lugar.

Además, todo el equipo eléctrico nuevo está certificado bajo los estándares de Energy Star, lo cual asegura que el eficiente uso de energía. Tienen también un sistema de reciclaje organizado, que consiste en separar los residuos reciclables y los no reciclables, los cuales se entregan a cooperativas de recolectores urbanos en los alrededores. Gracias a estas prácticas la compañía obtuvo el segundo nivel más alto de la certificación LEED.

Nike también obtuvo una certificación LEED en México, en el estado de San Luis Potosí. Esta tienda es la primera de la compañía en el país en recibir este tipo de certificación. Estos cambios son parte de la iniciativa Nike Better World (CSO, 2014).

El progreso de estas estrategias, se ha constituido positivo y coloca a Nike Inc., como una empresa exitosa que ha sabido como lo señala (Leal, 2005), poder lograr una simbiosis entre lo económico, lo social y lo ambiental, fusión que llevan a considerarla como una empresa que ha sabido enfocar desde una nueva perspectiva, en donde se transita de tener una etiqueta de malo por considerarse contaminante, a una en la cual sino se logra la etiqueta de bueno, sí se alcanza una consideración de protagonista que respeta y contribuye con el mejoramiento ambiental, en donde los "...objetivos de producir, generar empleo, obtener ganancias e invertir no aparecen como nuevos enemigos del medio ambiente, sino como aliados." (p. 8).

El logro de estas estrategias se determina exitoso por el hecho de que de acuerdo Yahoo Finance (2015), dentro del estado de resultados, el total de sus ingresos en los períodos de mayo 2012 a 2014, y a pesar de que el costo de los ingresos se ha elevado, al final el beneficio bruto se considera en más de $ 2, 000,000.00 de dólares, lo cual implica un margen muy significativo.

Nike incremento sus ventas en un 12% y sus ingresos netos también, en un 21% (Deloitte, 2011). En este punto, cabe subrayar que dichas ventas reflejan el incremento de ellas principalmente en Europa Occidental, seguido de las efectuadas en América del Norte.

Adicionalmente, otro dato relevante con relación a esta corporación es que su estado de resultados muestra como 'ha ido creciendo a través de los últimos años, donde en el 2011 las ventas fueron de US$20.12 billones, en el 2012 de US$23.33 billones, en el 2013 de US$25.31 billones, y en el 2014 de US$27.80 billones; misma situación con sus ingresos netos: en el 2011 de US$2.13 billones, en el 2012 de US$2.21 billones, en el 2013 de US$2.47 billones, y en el 2014 de US$2.69 billones. De manera que, en pocas palabras, al abordar la temática de Nike, estamos hablando de una empresa exitosa de talla internacional.

Es un hecho que la implementación de la sustentabilidad en Nike ha fortalecido el valor de sus acciones en la Bolsa de Nueva York, los últimos 5 años reporta un crecimiento sostenido llegando al 27 de junio de 2015 con un valor de US$109.71 por acción.

En comparación con su competidor Adidas, sus estrategias le han permitido estar a la cabeza de su más cercana competencia, solo debajo de Puma.

Otro dato a considerar es el Retorno de inversión. En un rango promedio de 5 años, Nike tiene índice de 20.70 de retorno de inversión contra un 18.80 del mercado de la industria y un 11.21 del índice de Standard & Poor's 500, lo que denota su fortaleza en la actualidad (Comunica RSE, 2012).

Los números anteriores dejan claro el éxito económico que ha obtenido Nike Inc. a través de los años, la implementación de normas de sustentabilidad en su organización han ayudado al propósito. A pesar que Nike Inc., ha tenido un desempeño económico sobresaliente, en la revisión anual de 2014 del índice de sustentabilidad S&P Dow Jones, ha sido dada de baja junto con otras 45 empresas, entre ellas McDonalds, Starbucks y General Electric. El índice S&P Dow Jones desde hace 15 años monitorea el desempeño financiero de las empresas multinacionales en sustentabilidad (Allcot Group, 2014).

Actualmente el grupo Nike ha logrado cumplir sus objetivos y estrategias de manera exitosa, esto en base a lo publicado por (El Economista, 2014b) "Las ventas totales de la marca deportiva crecieron un 15% interanual durante el trimestre finalizado en agosto, alcanzado los 7,982 millones de dólares, cifra por encima de las expectativas que tenían los analistas, quienes esperaban ventas por 7,804 millones de dólares", que se ve reflejado en el crecimiento de ventas en el segmento directo al consumidor, resultado de su plan de sustentabilidad y de la percepción que tienen los consumidores de productos ecológicos y de una empresa responsable con el medio ambiente.

A pesar que Nike Inc., ha tenido un desempeño económico sobresaliente, en la revisión anual de 2014 del índice de sustentabilidad S&P Dow Jones, ha sido dada de baja junto con otras 45 empresas, entre ellas McDonalds, Starbucks y General Electric. El índice S&P Dow Jones desde hace 15 años monitorea el desempeño financiero de las empresas multinacionales en sustentabilidad (Allcot Group, 2014).

Hacia el año 2009, Nike implementó la estrategia de desperdicio cero, además ha perfeccionado sus líneas de producción, que le han permitido reducir el desperdicio en un 67 por ciento, emplean un 37 por ciento menos de energía y disminuyen el uso de solventes en un 80 por ciento (Fromartz, 2009).

Nike ha logrado avances sustanciales en el tema de sustentabilidad (NIKE, 2014b), ejemplo de ello es el resultado de 7 años de estudio sobre materiales para el beneficio del medio ambiente, el cual evolucionó hacia una lista de 44 materiales, y después transformarse en un *Índice de Materiales Sustentables* que ha servido como guía para las empresas a trabajar con altos estándares de materiales con el menor impacto al medio ambiente, todo esto bajo 4 factores: 1) Químicos; 2) Energía / Gases de Efecto Invernadero; 3) Huella Hídrica / Tierra, y; 4) Desechos Físicos.

También se presentó el nuevo sistema de calificación industrial, el Índice de Manufactura, que evalúa el rendimiento total de una fábrica e incluye una mirada más profunda a la forma en que se busca alcanzar la sostenibilidad. Este índice eleva el rendimiento medio ambiental y laboral frente a las medidas tradicionales que miden la entrega de calidad, el costo y el tiempo (Watman, 2011).

En relación a los seis objetivos *Make Today Better*. Hagámoslo Mejor Hoy, se observa de la información publicada por Nike. Inc. que las metas se han establecido para el 2015, sin embargo proveen los avances que lograron en 2013, sin mostrar aun los de 2014, sin embargo en base a estos resultados se puede comentar lo siguiente (NIKE, 2014b):

1. Reducción de energía han alcanzado el 13% de reducción, siendo el esperado del 20% para el 2015, este índice aparenta que sí se alcanzará la meta.
2. Empoderar a los colaboradores, han alcanzado que sus proveedores reciban el 68% al menos la presea de bronce, la meta del 100% era para el 2020, lo que muestra la posibilidad de que alcancen esa meta sin problemas.
3. Rechazar los productos Tóxicos, siendo uno de los aspectos más complicados en cualquier industria, no muestran resultados al momento, por lo que no se puede comentar algo en concreto.
4. Cortar el uso de agua, su meta era de reducción del uso de agua en 15 % tanto n tintorería como en manufactura, habiendo alcanzado en 2013 una reducción del 10% en la tintorería,

pudiendo alcázar la meta propuesta; y en manufactura ya sobrepasaron la meta ya que reportan en 2013 un reducción del 23%.

5. Reducir los desperdicios, han alcanzado el 8.6% de reducción de desperdicios en manufactura en relación al 10% planteado; y en cuanto al peso del producto han alcanzado apenas el 3% de 10% que se habían propuesto, lo que indica que deberán estar haciendo un gran esfuerzo creativo y de diseño para lograr este objetivo.
6. Apoyar a las comunidades, este es el indicado que muestra menos crecimiento, mostrando complicaciones para que lo logren, no ser de un gran esfuerzo en las inversiones en las comunidades, ya que para 2013 apenas lograron un 1.6% del % estimado.

El éxito sostenido de Nike se encuentra directamente relacionado con la cultura de innovación. Según el Presidente y CEO de Nike, "Hoy creemos que la innovación sostenible que beneficia al atleta, la empresa y el planeta tendrá un papel clave en el futuro de nuestro negocio" (PXGP, 2015).

Nike se relaciona con la sociedad de una forma interactiva y transparente, lo cual le permite presumir una buena imagen a escala global. Entre sus mejores logros estratégicos se pueden mencionar: 1) Nike patrocina a muchos atletas de alto perfil y equipos deportivos de todo el mundo, con las marcas altamente reconocidas *Just do it* y el logotipo de *Swoosh*, los cuales constituyen símbolos de prestigio, y; 2) La estrategia para incidir en la huella ecológica muestra beneficios (indicadores positivos) gracias a que Nike cree que la innovación debe extenderse desde el diseño hasta la hechura de sus productos.

Otro factor clave de este éxito es la cultura de innovación que implementó en beneficio de los atletas, la empresa misma y el planeta; forjando así la forma de hacer negocios desarmando el crecimiento con recursos limitados para dejar una huella ecológica más ligera, incorporando al negocio diseño de producción, logística y ventas. Impulso un cambio positivo a través de la cadena de valor,

dentro de la industria y más allá por medio de la creación y fomento de la nueva cultura organizacional (NIKE, 2014b).
De acuerdo a Fromartz (2009) que indica: "Y si bien la sustentabilidad exige inversión y compromiso, las recompensas se miden en ahorro de costos energéticos, nuevo diseño de productos, participación del cliente y lealtad de los empleados. Juntos, todos estos atributos representan lo que cualquier empresa entiende mejor: la ventaja competitiva". De tal manera que la suma de esfuerzos de todos los miembros de la empresa trabajando por objetivos comunes, marca la diferencia con otras al crear una cultura capaz de trabajar con innovación y transparencia bajo la sustentabilidad. Esto se convierte en una oportunidad de proyectar hacia el exterior y porque no hacia la competencia, las mejores prácticas en sustentabilidad por el bien de una sociedad y el mismo planeta.

4.3.2. Compresora de PET reciclado en el Cañón del Sumidero

Este proyecto se enfoca en una propuesta la cual surge a consecuencia de que mis padres cuentan con una máquina que comprime los PET reciclado en algunas ciudades. Considerando que de entrada el negocio en si ya es una tarea que tiene implicaciones benéficas en el medio ambiente, he pensado en una estrategia que en estos momentos desarrollare como "Propuesta" que permita mejorar el negocio de la recolección (compra y venta del PET) y que a su vez tenga efectos que favorezcan el cuidado del medio ambiente de una reserva ecológica que en años recientes se ha visto afectada: "El cañón del sumidero".
A manera de evidencia se expone que el denominado "Parque Nacional Cañón del Sumidero" se ha erigido como el símbolo de Chiapas frente a otras regiones del país, así como del mundo, en los últimos días se ha visto expuesto como una de la zonas en donde se acentúa el problema de la basura, un problema que es

competencia de todas las autoridades, pero también es competencia de la ciudadanía (Cajiga, 2009).
Más que caer en deslinde de responsabilidades, el día de hoy se reconoce por las autoridades competentes que nunca será suficiente el esfuerzo que se hace por recolectar las 12 toneladas diarias de basura que llegan a parar diariamente en el Cañón del Sumidero.
Dado que muchas han sido las técnicas y procedimientos para mantener limpio el cañón del sumidero, considero que una alternativa que resultaría viable es el colocar de manera estratégica, depósitos o recolectores plásticos flotantes, sujetos con un aditamento sub acuático para que la corriente no los arrastre, dispuestos a lo largo de la travesía turística del cañón, que para hacerse atractiva e innovadora será en depósitos que tomaran formas de diferentes figuras de las distintas culturas que residieron en nuestro país (cabezas olmecas, figuras mayas, etc.).
De esta manera la travesía turística a lo largo del cañón puede resultar atractiva para los turistas, en una breve descripción por parte del personal encargado de la realización de los distintos recorridos turísticos (RSS, 2015).
Gran parte de la basura que se genera en esta reserva natural es producto de los desechos turísticos así como de los desechos que las personas arrojan al agua. Con esta propuesta se pretende disminuir la cantidad de basura en esta zona acuífera y beneficiar directamente a una empresa privada encargada de la recolección de estos materiales.
El Sector económico en el que se desarrolla, se enfoca en el negocio de reciclaje del PET (polietileno tereftalato o politereftalato de etileno).
El PET es un tipo de materia prima plástica derivada del petróleo, correspondiendo su fórmula a la de un poliéster aromático. El PET (polietileno tereftalato) perteneciente al grupo de los materiales sintéticos denominados poliésteres, fue descubierto por los científicos británicos Whinfield y Dickson, en el año 1941, quienes lo patentaron como polímero para la fabricación de fibras.

Al Sector primario o agropecuario. Considerando que es el sector que obtiene el producto de sus actividades directamente de la naturaleza, sin ningún proceso de transformación. Dentro de este sector se encuentran la agricultura, la ganadería, la silvicultura, la caza y la pesca. No se incluyen dentro de este sector a la minería y a la extracción de petróleo, las cuales se consideran parte del sector industrial.
Con esta propuesta se verá beneficiado en relación a la pesca que en estos mantos acuíferos se pretende limpiar.
Sector secundario o industrial, considerando que comprende todas las actividades económicas de un país relacionadas con la transformación industrial de bienes o mercancías, los cuales se utilizan como base para la fabricación de nuevos productos. Se divide en dos sub-sectores: industrial extractivo e industrial de transformación al que específicamente se vincula a través del embotellado de refrescos y diferentes productos. Al otorgar la recolección de envases que favorezcan el reciclaje de la materia prima.
Sector terciario o de servicios que incluye todas aquellas actividades que no producen una mercancía en sí, pero que son necesarias para el funcionamiento de la economía. Como ejemplos de ello tenemos el comercio, los restaurantes, los hoteles, el transporte, los servicios financieros, las comunicaciones, los servicios de educación, los servicios profesionales, el Gobierno, etc.
La problemática ecológica identificada, es compleja, ya que el Río Grijalva es el receptáculo de 4 ríos tributarios que atraviesan diversos municipios, es una cuenca muy grande donde confluye importantes subcuencas y una de ellas es la del Sabinal.
El diagnóstico de la situación ecológica y escenarios posibles si no se actúa, comprende El Cañón del Sumidero, el cual es el segundo sitio más visitado en Chiapas, después de Palenque. En temporada alta, alrededor de mil personas lo recorren diariamente en lancha o lo contemplan desde lo alto, en los cinco miradores que se han dispuesto para ello. Pero en algunos puntos, la imagen del cañón dista mucho de ser agradable. Justo en la parte más alta e imponente, donde las paredes alcanzan los mil metros sobre el nivel

del agua y el cauce del río se estrecha, se forman en la época de lluvias manchones de basura orgánica e inorgánica, que a veces se transforman en tapones.

Dadas las circunstancias de este problema, se busca contribuir a erradicar la contaminación del agua en esta zona y así evitar la extinción y muerte de las especies de flora y fauna que abundan en el Cañón del Sumidero, así mismo, este problema afecta en gran medida el turismo, ya que provoca una mala imagen del lugar y por consecuente afectaría la visita de estos lugares.

Los Objetivos del plan contemplan la empresa recolectora del PET y consisten en:

1. Aumentar la cantidad de PET reciclado para que la empresa aumente sus ingresos monetarios.

A nivel ecológico.

2. contribuir en la disminución de este problema (la contaminación del cañón).
3. Crear conciencia en las personas acerca de este problema así cuando visiten este lugar, no contribuyan a continuar con este problema.

Los Alcances y resultados esperados contemplan una disminución de los residuos de basura en cantidad.: con la ubicación estratégica de los depósitos (y sus estructuras culturales) la recolección de basura se generará una nueva e imagen para propiciar mayor afluencia de visitantes por tierra y lancha en el río Grijalva (Turmero, 2012). Además de beneficios en el turismo, pesca y desde luego en el aporte del PET.

El Monto y duración aproximada del proyecto con una inversión de $ 200,000.00 pesos y desde la implementación hasta la primera recolección del PET se prevé un periodo de 60 días. De manera aproximada se infiere que la inversión se podrá reponer de 6 a 8 meses.

Los Beneficios en la sustentabilidad en el corto, mediano y largo plazo contemplan:

A corto plazo, la empresa se verá beneficiada con la llegada de mayor cantidad de PET, mismo que permitirá un crecimiento en sus ventas y mayores ingresos monetarios. Esto desde luego para poder llevarlo a cabo será necesario invertir en la elaboración y distribución de estos recolectores para la recolección de basura. Los benéficos en materia ecológica no serán cuestión de un día, como no ha llevado un día que toda la basura que ahí se encuentra tenga como destino final esta importante Área Natural Protegida. No busca ser la comisión recogedora de basura, por lo pronto esta es la base de otras acciones en beneficio del medio ambiente de esta región.

A mediano plazo se considera que el beneficio alcanzara otros horizontes con la disminución y reducción de basura en el agua. Es decir, antes de que se descargue al Río Grijalva, así como la conservación de los márgenes de ríos tributarios.

Y a largo plazo: la sociedad, los medios de comunicación, las dependencias gubernamentales, deben estar conscientes que este problema se ha venido agudizando en la última década, que se destinan varios millones de pesos para limpiar el Cañón del Sumidero en temporada de lluvias y con proyectos como estos se pretende lograr a su vez una motivante para un cambio de cultura ambiental (Chávez et. al., 2008).

4.3.3. Venta de Carros Usados

El tipo de negocio al que se enfoca en un proyecto de gestión de sustentabilidad que se diseña para su implementación en una PYME localizada en la ciudad de Poza Rica, Veracruz, "Cars & Trucks de Veracruz", orientada a la venta de carros usados provenientes de la Unión Americana.

El Sector económico en el que se desarrolla "Cars & Trucks de Veracruz" es el de comercio, pues se enfoca en la venta de productos elaborados en el sector secundario.

La problemática ecológica identificada en las visitas realizadas a las instalaciones de "Cars & Trucks de Veracruz", fue identificar que aunque se posee el comprobante "americano" de la verificación vehicular de los vehículos, muchos de ellos ya tienen más de un

año. De igual forma, solo algunos de ellos cuentan con este requerimiento ecológico expedido a nivel nacional.
Asimismo, se observó que antes de que los vehículos sean puestos en exhibición, se les hace cambio de aceite, y los residuos de aceite y otros químicos se encuentran acumulados en contenedores en la parte trasera del lote.
De manera similar, en el taller mecánico localizado en la parte trasera, se pudo observar que hay baterías y auto-partes acumuladas que pueden ponerse a la venta para su re-uso o reciclaje.
Aunado a lo anterior, en la conversación con los vendedores de carros y el personal de la administración, fue posible percatarse de que en las actividades diarias se está generando una gran cantidad de papel y cartón. Se está haciendo uso de la trituradora de papel, pero una vez triturado, éste se mezcla con la basura diaria. De igual forma, todas las cajas de cartón, latas de aluminio, envases PET y envases de cristal terminan en el basurero trasero.
Diagnóstico de la situación ecológica y escenarios posibles si no se actúa es el de la verificación vehicular, ya que de inicio, hay que señalar que la ley ambiental nacional y estatal exige que los autos aprueben el test de emisiones de carbono. De otra forma, cualquier empresa que se dedique a la venta de carros usados estará incumpliendo con esta ley. Aunado a ello, al cumplir esta norma se está certificando que los vehículos no rebasan los límites permisibles de emisión a la atmósfera y consecuentemente, se prevén enfermedades cardiorrespiratorias, infecciones respiratorias y cáncer de pulmón (SDSM, 2014).
De manera similar, el aceite industrial empleado en los motores de los vehículos se convierte en un residuo muy contaminante. Posee elevado contenido en metales pesados y baja biodegradibilidad. Su vertido es posible de contaminar tanto el suelo como las aguas superficiales y subterráneas, afectando gravemente a la fertilidad del suelo y su cultivo. También, si los aceites usados se echan al mar, los compuestos hidrocarbonados pueden perdurar entre diez y quince años flotando sobre las aguas. Sin embargo, el poder contaminante del aceite usado puede evitarse si se extrae,

almacena y trata adecuadamente (EV, 2015). En la actualidad, hay iniciativas para la recolección y compra de aceite quemado para su refinamiento y re-venta.
Aunado a lo anterior, si se continúa acumulando baterías también se está contaminando el ambiente. Las baterías necesitan un manejo especial pues contienen tóxicos para el organismo humano, por ejemplo: plomo, que al contaminar el aire, polvo, agua, alimentos, etc., perjudica el cerebro, riñones, hígado, entre otros (Inspiraction, 2009).
De manera similar a las baterías, las auto-partes pueden venderse a empresas enfocadas a la venta de auto-partes usadas o recicladas y con ello, disminuir los costos por acondicionar o reparar autos usados para venta, al mismo tiempo que se ahorran recursos de costo altamente ecológico (Cortinas de Nava, 2008).
Finalmente y no menos importante, es el manejo que se le dé al papel, cartón, latas de aluminio, envases de cristal y PET. Estos deben ser separados de la basura y recolectados semanal o mensualmente por una compañía recicladora. Por mencionar un ejemplo, al reciclar papel no sólo se salvan árboles, también se contribuye a reducir el consumo en el uso de energía y agua (COBACH, 2008).
Los Objetivos del proyecto son:
El Objetivo General es Minimizar el impacto ambiental generado en los procesos de acondicionamiento y comercialización de vehículos por "Cars & Trucks de Veracruz". Los Objetivos Específicos son: 1) Alcanzar la aprobación de la verificación vehicular Mexicana para el 100% de los vehículos en el inventario; 2) Vender a compañías recicladoras el 100% de auto-partes desechadas en el proceso de acondicionamiento de vehículos para venta, y; 3) Desechar sosteniblemente el 100% de baterías, residuos químicos, cartón, papel, envases de cristal y de PET generados en todos los espacios de "Cars & Trucks de Veracruz".
Los alcances y resultados esperados con esta propuesta de gestión de sustentabilidad se limitan a la compañía "Cars & Trucks de Veracruz" y se esperan resultados paulatinos en tema de esta innovación para la empresa en cuestión. Como toda nueva política,

las acciones recomendadas en el punto 2.4 de este documento requieren de tiempo y trabajo de concientización en todos los integrantes del equipo “Cars & Trucks de Veracruz”.

Así, se necesita el liderazgo y respaldo del dueño y gerente de la PYME para trabajar diariamente en los tres objetivos enunciados en el punto 2.5 de este documento. De igual forma, también se requiere del entendimiento del impacto ambiental y la acción participativa del personal de ventas, personal administrativo, encargados de limpieza y mecánico, para contribuir desde sus espacios laborales en la verificación vehicular, la venta de auto-partes y la separación sustentable de su basura y deshechos (EPA, 2015).

Así, debe entenderse que los resultados se irán dando paulatinamente en la medida en que la sustentabilidad y la sostenibilidad sean adoptados como dos valores esenciales en la filosofía de la empresa y no como una moda o campaña más (CreceNegocios, 2015).

El Monto y duración aproximada del proyecto contempla iniciar la gestión de la sustentabilidad en un plazo inmediato y a consumarse en un plazo no mayor a tres años. Abarca tres principales acciones o rubros: la verificación vehicular, la venta de auto-partes desechadas, y la venta de baterías, papel, cartón, envases de aluminio, cristal y de PET.

Los beneficios en la sustentabilidad en el corto, mediano y largo plazo como con cualquier innovación, la expectativa es que dichas acciones se traduzcan en beneficios para la compañía-caso. De manera que, además de los beneficios económicos, en tema de verificación vehicular, los beneficios deseados son los siguientes: disminución de gases contaminantes y disminución de enfermedades respiratorias y cáncer, adoptar una cultura de responsabilidad social y ambiental, impactar en la sustentabilidad de la red de vendedores de carros usados y fortalecer el prestigio de la empresa como una de tipo amigable con el ambiente (Sutherland y Gunter, 2004).

Así mismo, en cuanto a las baterías, cartón, papel, envases de aluminio, cristal y de PET, la expectativa es beneficiarse en una mejor organización y manejo de residuos tóxicos y materiales para reciclaje. Aunado a ello, en tema de reciclaje de autopartes de desecho, se espera beneficiarse en la limpieza de las instalaciones de la compañía, contribuir en la cultura y negocio del reciclaje, contribuir en la imagen de la empresa como une empresa "verde" y consolidar una red de industria de re-uso y reciclaje.

4.3.4. Promoción de la Sustentabilidad en PYMES de la Comunidad

Este proyecto se enfoca hacia el segmento de empresas Pymes, concretamente a las MicroPymes sin importar el giro de negocio.
Se justifica por las siguientes razones: 1) Por la importancia que representa en el mundo empresarial y económico. Una encuesta realizada a 1,300 Pymes en ocho países sobre la Responsabilidad Social de la empresa, arrojó que más del 72% considera que las personas demandan que las empresas sean más responsables, 42% de las Pymes consideran que las presiones tienen su origen en los clientes, 36% provienen de los trabajadores y 30% por presiones de los proveedores, y; 2) Por su penetración e influencia en el mercado. Las Pymes son más flexibles ante los cambios y con menor burocracia al hacer cambios en comparación a las grandes empresas, además pueden provocar un mayor impacto a su alrededor de manera directa dada su relación cotidiana y personal con sus trabajadores, clientes y proveedores (Altamirano, 2011).
El sector económico donde se desarrollará este proyecto es en el sector de las Pymes. Bajo una comparativa en cuanto al tamaño de las empresas en México, tenemos que el 99.7% de las empresas son Pymes, mientras sólo 0.3% son empresas grandes. En países vecinos, los porcentajes son similares, por ejemplo Bolivia, donde el 99.4% de sus empresas son Pymes y 0.6% que son empresas grandes, Chile tiene un 99% de Pymes, El Salvador un 97.1%, Estados Unidos el 91.1% (Flores, 2013).
Un dato a considerar es que el promedio de Pymes que permanecen en el mercado se encuentra entre el 25 y el 30 por

ciento, muy por debajo de la media mundial, que es del 40%, por lo tanto sumar las RSE en las Pymes, se espera que enriquezca el ambiente para su desarrollo y permanencia en el mercado (Hernández, 2009).

La problemática ecológica que se observa en las Pymes, es que en gran porcentaje a que este tipo de empresas no aplica las normas de RSE.

En el caso de las Pymes, su problemática se pueden observar desde dos enfoques muy concretos, desde la visión externa, que son problemas que se generan en el entorno de la Pyme, y el enfoque interno, donde los problemas que aparecen en la Pyme se generan dentro de la misma, donde las Pymes si pueden aportar soluciones (Palomo, 2005).

El impacto que tienen las Pymes que están concentradas geográficamente son importantes, pero en lo individual pueden no serlo, de tal manera que el impacto ambiental la Pyme puede no percibirlo, caso similar se puede encontrar en los gobiernos, pues a pesar que el número de Pymes concentradas en las ciudades es alto, aún no encuentran justificantes cambios claros y precisos para la aplicación de regulaciones ambientales en las empresas.

Escenarios posibles si no se actúa: 1) Las Pymes estarían alejándose de ser una empresa sustentable; 2) El avance de las Pymes se detiene, no solo en su gestión ambiental, sino también en su gestión cotidiana; 3) Pérdida de clientes; 4) El costo para los gobiernos aumentaría en cuestiones de sustentabilidad cada vez que una empresa del tipo Pyme se aleje de las normas de la RSE; 5) Al eliminar la opción de aplicar las normas de sustentabilidad, aumenta el cierre de las Pymes, y; 6) No implementar la RSE en las Pymes implica un retraso en la cultura ambiental de la población relacionada con la empresa.

Esta propuesta tiene los siguientes objetivos: a) Ayudar a las Pymes a identificar la responsabilidad social de la empresa; b) Involucrar a los empleados de la Pyme en temas específicos sobre la sustentabilidad; c) Aplicar un modelo de gestión basado en objetivos de la Responsabilidad Social Empresarial, y; d) Promover acciones de la Pyme con la comunidad sobre la sustentabilidad.

Alcances del proyecto enfocado a las PYMES: 1) Es un modelo de gestión sobre la Responsabilidad Social Empresarial en la empresa elaborado en etapas progresivas; 2) Involucra cambios sobre la RSE hacia el interior y exterior de la empresa. Al interior en los procesos y su personal; hacia el exterior de la empresa con sus clientes, proveedores y público en general vinculados a la organización, y; 3) Toma como referencia las normas internacionales de la gestión de la RSE.

En base a la Guía de aprendizaje sobre la implementación de Responsabilidad Social Empresarial en las Pymes y elaborada por la Fundación Ecología y Desarrollo, los resultados que se pueden esperar al implantar un programa de Responsabilidad Social Empresarial se mencionan a continuación (Del Prado, 2009): 1) Aumentar la retención y atracción de clientes y consumidores; 2) Mejorar la eficiencia operacional; 3) Mejorar la atracción, retención y productividad de su capital humano; 4) Mejorar la gestión de riesgos; 5) Facilita identificar y aprovechar las oportunidades; 6) Incentiva la innovación; 7) Aumentar la financiación; 8) Mejorar la aceptación social; 9) Mejorar la imagen y reputación, y; 10) Tener un comité de sustentabilidad permanente.

Como el tamaño de las Pymes al cual está enfocado este proyecto son las pequeñas empresas, o sea de 0 a 9 empleados, el costo real para invertir está en relación a las horas trabajadas por las personas del comité durante el proyecto. Esto significa en números que si el comité está conformado con 2 personas y cada persona tiene un salario de 10,000 pesos mensuales con un horario de 8 horas por día, el resultado de invertir 2 personas trabajando 4 horas diarias en el proyecto de sustentabilidad durante 4 meses es de 40,000 pesos, en caso de aumentar a 20 semanas aumentaría en 50,000 pesos.

Para la estimación de los tiempos de este proyecto, se toma como base el Programa InmeRS para Pymes (Geon, 2013). El tiempo estimado para la realización del proyecto es de 16 a 20 semanas con un total de 20 horas hombre por semana.

Beneficios en la sustentabilidad a corto plazo: sensibilización sobre los cuidados del medio ambiente, apertura en otros mercados, acceso a nuevos clientes que buscan productos y servicios sustentables, aumento en la fidelidad de los clientes, aumento de competitividad y mejora relación con los clientes y consumidores (De Miguel, 2011).

Beneficios de sustentabilidad a mediano plazo: anticipación a los problemas y cambios que presenta el mercado, convirtiéndose en una ventaja competitiva, aumento y Fortalecimiento de la comunicación interna y externa, aumentar la posibilidad de entrar como proveedor en las grandes empresas, favorece el aprendizaje continuo en los trabajadores, fortalece la eficiencia, menor rotación del personal, mejora el clima laboral, incrementa la capacidad de innovación, disminución de riesgos, mejor posicionamiento para solicitar créditos financieros y ahorros en consumo de energía y recursos (F&SEI, 2011).

Beneficios de sustentabilidad a largo plazo, cuando los beneficios se convierten en estratégicos, pues busca valorar a la empresa fortaleciendo las relaciones a largo plazo: fortalece la imagen y reputación de la Pyme, mejora el aprendizaje organizacional, aumento de contratos a largo plazo y de mayor envergadura, establecimiento de relaciones estables con proveedores y alianzas comerciales, como consecuencia del punto anterior, se presenta una reducción de costos en la materia prima, posibilidad de beneficios fiscales al favorecer la protección al medio ambiente, diferenciación con los competidores (Torres, 2014).

4.3.5. Gestión de la Sustentabilidad para la Producción de Azúcar

El presente diseño de un proyecto de gestión de la sustentabilidad está enfocado a la industria azucarera. Resaltando que la industria azucarera pertenece al sector económico secundario o sector industrial; de igual manera requiere del sector primario o agropecuario para la obtención de la caña y del sector terciario o de servicios para la comercialización del producto final.

La industria azucarera tiene una historia en nuestro país; en base al esfuerzo y trabajo de sus fundadores aún persisten ofreciendo empleos directos e indirectos a la comunidad en donde se ubican. De igual manera sus productos son de consumo nacional e internacional. En nuestro país, la agroindustria de la caña de azúcar es una de las más importantes debido a su relevancia económica y social en el campo mexicano. Esta agroindustria genera más de 440 mil empleos directos y beneficios indirectos a más de 2.2 millones de personas. Sus actividades productivas se desarrollan en 227 municipios de 15 entidades federativas, donde habitan 12 millones de personas (Olmos y Wilson, 2013).

La congregación de Motzorongo pertenece al municipio de Tezonapa, en la zona centro del estado de Veracruz y se localiza a 40 kilómetros aproximadamente de la ciudad de Córdoba. En este municipio se localiza el Ingenio Motzorongo, el cual tiene una capacidad nominal de molienda de 10,000 toneladas cada 24 horas. Junto con el Ingenio El Refugio localizado en el norte del Estado de Oaxaca a 12 km, con quien comparte el proceso de moledura, alcanzan mil toneladas más en 24 horas.

Este es el caso del ingenio Motzorongo, el cual es fuertemente criticado por la falta de cuidado del agua, aire y suelo.

La industria azucarera por naturaleza es una de las más contaminantes, al utilizar gran cantidad de recursos naturales, materiales, humanos y económicos pero sobre todo agua, genera un impacto negativo a la sociedad y medio ambiente.

El escenario posible que se puede apreciar es la pérdida de vida acuática en los ríos, migración de la población a lugares mejor habitables por falta de agua limpia y el deterioro de la salud pública puede repercutir en la mano de obra. Por otro lado las tierras que hoy producen, pueden perder sus propiedades o alterarse por el uso de fertilizantes, pesticidas o venenos no adecuados.

El medio ambiente cambiara su aspecto y se perderán beneficios a la población. La tierra puede perder sus propiedades y no seguirá siendo productiva, todo cuanto pueda vivir en el agua no será capaz de sobrevivir y si lo hiciera de igual forma estaría contaminada y no se podría consumir. Pero lo más preocupante es la pérdida de

sensibilidad ecológica de los pobladores y empresarios y una crisis ambiental difícil de superar.
Se pretende que en el presente proyecto se lleven a cabo actividades y procesos que integren los aspectos sociales, económicos y ambientales, y que toda acción en el proyecto sea un medio para lograr el cambio integral de los mismos. Por lo tanto tendrá tres tipos de objetivos a cumplir y alcanzar, como son los siguientes: 1) Objetivos a corto plazo: cambios de paradigmas o mejora de actitud; 2) Objetivos a mediano plazo. Desarrollo de habilidades; 3) Objetivos a largo plazo. Evaluación y mejora (LRQA, 2015).
Los alcances y resultados esperados en el presente proyecto se presentan a continuación: 1) Preservar el medio ambiente por medio de un programa integral de concientización ecológica; 2) Implementar un programa permanente de mejora continua de procesos y productos bajo un sistema de gestión de la calidad; 3) La obtención de tecnología verde y moderna por medio de financiamientos más accesibles, que permitan eficientar los procesos de cosecha y producción, que utilicen fuentes de energía que no contaminen, y; 4) Lograr la evolución del pensamiento ecológico fortaleciendo la integridad y forma de gestionar la calidad en la planeación y ejecución de proyectos sustentables.
Los resultados esperados que de igual manera serán los beneficios de la sustentabilidad, se presentan en tres tiempos, ya que dependen de los objetivos establecidos. Estos son: 1) A Corto plazo (Concientización sobre sustentabilidad y cambio de actitud en el cuidado del medio ambiente, Manejo eficiente de los recursos de las oficinas y Compromiso y participación activa de directivos en los planes de sustentabilidad); 2) A Mediano plazo (Desarrollo de habilidades en la creación de planes, Mejora de la comunicación y relaciones interpersonales de la organización, Análisis del impacto de la industria al medio ambiente y creación de planes de sustentabilidad), y; 3) A Largo plazo (Mayor rentabilidad debido a la aplicación de una Economía verde, Mejor calidad de vida al proteger el medio ambiente, Ingenio sustentable y sostenible).

El monto y duración de proyecto tiene que ver con los objetivos planteados inicialmente, los cuales están distribuidos por tipo de objetivo y las acciones a llevar a cabo de cada uno, el tiempo está indicado en días totales en que va a realizarse la acción (521), en cuanto al costo se presenta por cada objetivo y al final se le agrega el impuesto al valor agregado ($215,760.00).

Cabe aclarar que las fechas de inicio y fin de cada acción estarán determinadas por la dirección de la empresa, pudiendo establecer los días de la semana y el horario que mejor les convenga. Solo se sugiere que dichas acciones sean secuenciales. Este plan del proyecto queda sujeto a modificaciones en tiempo de acuerdo a las necesidades de la empresa, considerando que de igual manera el costo puede sufrir modificaciones (Hernández, 2014).

4.3.6. Construcción de Casas en Zonas Tropicales.

Cajiga (2009) menciona que actualmente existen las herramientas y tecnología necesarias para corregir los errores cometidos en el pasado y que lamentablemente aún se siguen cometiendo, pero todo se queda en la teoría o el papel sino hay un compromiso real y efectivo de las personas que están en el gobierno.

El presente trabajo se enfocará al negocio de la construcción de casas en zonas tropicales, a bajo costos y con el uso de materiales reciclados, teniendo como perspectiva principal el cuidado del medio ambiente.

Este proyecto se desarrollará en el sector de la construcción y remodelación de viviendas. La arquitectura sustentable en este proyecto es considerada como una de las alternativas.

La necesidad de una vivienda a bajo costo en zonas selváticas para los investigadores que acuden a esas zonas. En este estudio se pretende dar solución a las necesidades antes mencionadas. El aislamiento de las ventanas y de la unión de los materiales en las zonas selváticas es primordial ante tanta humedad.

Las opciones son numerosas: energía solar fotovoltaica, geotérmica, eólica, calderas de biomasa, generador de biocombustible, energía solar térmica.

El desarrollo industrial, la explotación agropecuaria y la expansión demográfica dan lugar a la aparición de emisiones y residuos que constituyen una creciente amenaza para el medio ambiente. Estos daños se traducen en cambios que afectan la calidad de vida y la salud de los seres que habitan la tierra, debido a alteraciones en el aire, el suelo, las aguas y el conjunto de los ambientes urbanos y rurales (OIT, 2009).

1. Una compañía mejoró una antigua fórmula para hacer pintura casera al mezclar la proteína de la leche, cal, arcilla y pigmentos minerales. La pintura resultante de la formula puede usarse en arte y en la decoración de los interiores, esta tiene las ventajas de ser biodegradable, durable y no es toxica.
2. La empresa Kirei, produce materiales sustentables, ha creado paneles que se pueden reemplazar a la madera a partir de desechos del sorgo y el trigo, también ha diseñado azulejos hechos con cascaras de coco.
3. Un dato muy interesante y motivante para los mexicanos es que científicos de Veracruz, Hidalgo, Chihuahua y Nuevo León, sustituyeron el cemento Portland por cenizas de bagazo de caña de azúcar para hacer más fuerte al concreto. El concreto que contenía desechos de caña resultó ser más resistente a la corrosión.
4. Otro material verde que ha ido ganando popularidad es el vidrio reciclado. Después de haber sido reutilizado y reciclado varias veces, el vidrio considerado inutilizable puede procesarse para ser usado como recubrimiento de muebles y paredes.
5. Un investigador de la UAEH creó ladrillos y tejas a partir de residuos de minería, conocidos como "jales". Los ladrillos pueden durar 250 años, y permitirán aprovechar los más de 100 millones de toneladas de desechos mineros que se han producido en los últimos 450 años.

6. La ecología y el buen diseño no tienen por qué estar peleados. Se han creado paneles y azulejos a partir de botellas de plástico (PET), que además pueden aislar el sonido.
7. Utilizando este mismo material, hace un par de años, un alumno de la UAQ desarrolló un tabique reforzado con PET. Cada construcción realizada con este tipo de material podría permitir aprovechar unas 4 mil botellas de plástico.
8. Otra alternativa al concreto prefabricado es el llamado Hempcrete, que consiste en una mezcla de cáñamo, cal y agua. Su poca densidad favorece la circulación del aire y la humedad.
9. Una empresa norteamericana creó un recubrimiento para paredes a partir de mezclilla. No es muy estético, sin embargo, impide el desarrollo de hongos y puede ayudar a regular la temperatura de una habitación.
10. Como ejemplo se tiene que en Nueva Zelanda recientemente se construyó una catedral de cartón reciclado para sustituir la que se destruyó tras un terremoto. Además, 8 contenedores reutilizados le dan fuerza a la estructura.

Los alcances y resultados esperados en este proyecto son los siguientes:

a.- Optimizar el desarrollo Urbano y Rural.- Enfoque de cada uno de acuerdo a sus propias características y topografía; adecuada viabilidad y ubicación en relación con las personas que la habitan y los centros de trabajo, centros de salud y comercios; equilibrio entre las áreas destinadas a vivienda y comercio en relación con las destinadas a áreas verdes y esparcimiento.

b- Conservación y protección del agua.- Utilizar sistemas de ahorro de consumo de agua como sanitarios de doble descarga; reutilización de las aguas grises para reciclarse en los tanques de inodoro o regado de áreas verdes; orientación y educación en técnicas para el ahorro del agua.

c.- Reducir el consumo de Energía eléctrica.- Uso de energía renovable con paneles solares o maximizar la utilización de la luz natural; utilizar luminaria ahorradora en viviendas como vía pública; otras alternativas de generación de energía como la eólica o hidráulica.

El costo por vivienda deberá de ser menor a $180 mil pesos y la duración en la construcción del proyecto será de seis meses como máximo, después de los trámites administrativos ante el municipio.
A corto plazo es reducir el consumo de energía, el cuidado del agua, la conservación de mares y lagos, también como generarla, un objetivo común, habremos de decidir de qué modo vamos a hacerlo, recurriendo a unas u otras tecnologías en función de las características de la zona. Los benéficos a corto, mediano y largo plazo es prevenir el deterioro del planeta (ONU, 2011b).

4.3.7. Instalación de Pisos para Exterior hechos a base de Escombros

El tipo de negocio al que se enfoca es la creación de una nueva alternativa de negocio (reciclaje), tomando ventaja de las materias primas que podemos usar de los desperdicios de la construcción, persiguiendo al mismo tiempo buscar el aprovechamiento de los recursos materiales
El Sector económico en el que se desarrolla es en el ramo de la Construcción.
Lo que motiva a llevar a cabo la investigación y el desarrollo del proyecto son los temas actuales, tales como que "Al año se generan 900 millones de toneladas de desperdicio de construcción y demolición en el mundo, según datos de la Iniciativa para el Cemento Sustentable." (Vasconcelos, 2010). Con esto logramos ver que está en nuestras manos crear consciencia y mejorar, sin que deje de ser económicamente atractivo y redituable para los inversionistas, constructores y/o usuarios finales.
La importancia deriva en el aumentar y lograr conciencia en las nuevas generaciones, tanto de los que generan las construcciones, como de los que las adquieren para vivir en ellas. Motivados por generar una cultura de construcción y equilibrio ecológico, buscamos generar dentro de una de las constructoras líderes de nuestro estado, una unidad de negocios que potencialice el uso de los residuos renovables generados en las edificaciones, creando

alternativas de uso que contribuyan positivamente a las finanzas de la empresa.

El Objetivo del plan es brindar servicio a las empresas constructoras más importantes de la región principalmente con el fin de que estas empresas puedan aprovechar los desperdicios sólidos y pulverizados de concreto para reutilizarlos para la obtención de productos finales aplicados a la construcción.

Para el desarrollo de este producto estamos tomando en cuenta que la innovación que manejaremos pueda ser vendida y concentrarnos en los factores que nos den ventajas competitivas que pudiéramos estar pasando por alto (PATH, 2002). Debemos tener cuidado al elegir reciclar, tal como aconseja Schendel, D (1998) en su artículo "How to select a portable concrete recycling system". Y no se trata sólo de reciclar, sino también crear conciencia en la gente para el control de sus residuos durante la construcción, controlando sus procesos e integrándolos a sus procesos normales. Además de ver los beneficios que conlleva el reciclar, debemos estar conscientes de que un negocio debe ser viable y contable. Por lo tanto es crucial la integración de los factores de mercado, humano, organización, tal como comentan en su artículo Innovación en tiempos de cambio.

Con las nuevas tecnologías de reciclado debemos estar conscientes de los productos que existen en el mercado, tales como los de trituración, degradación y reciclado de concreto para poder innovar en este ramo. Aunque la compresión del cemento reciclado es un 10% menor al de un concreto hecho con agregados, su efectividad y desarrollo según las nuevas tendencias del reciclaje y cómo las empresas desperdician.

Ya que se está trabajando sobre fechas límite y es claro que tenemos que ajustarnos a esta limitante, en algunos de los casos es por las mismas personas que están realizando el proyecto y por otro lado puede ser el tiempo de atención de la empresa a la que estamos haciendo la propuesta que en este caso es DAVISA, por lo que se considera que dos años, tiempo estándar a considerar.

Ya que se trata de crear una nueva unidad de negocio e implica movimientos organizacionales tales como modificación del organigrama, definir cada uno de los siguientes puntos: Definición del nombre de la unidad de negocio, Logotipo alusivo al servicio, Oferta comercial, Modelo de negocio, Misión, visión, valores, Propuesta de valor, Estrategia competitiva, Logística del servicio, Políticas y procedimientos, Estrategia de mercadotecnia, Definición de la estructura organizacional, Aspectos legales, Diseño de los nuevos puestos y definición de perfiles, Sistema de operación y TI, Capacitación y entrenamiento del personal, Manuales de operación, así como el Lanzamiento de la unidad de negocio al mercado.

Se tendría que generar una partida adicional, en este caso hay que definir los siguientes puntos: Capital de arranque, Elaboración de planes, programas y presupuestos, Pronósticos de ventas, Fijación de precios y determinación del margen de ganancia, Políticas comerciales, descuentos, bonificaciones y crédito, Presupuesto de Ingresos, Presupuesto de egresos, Financiamientos, así como la Negociación de los recursos.

La Percepción del cliente sobre el producto es determinante en el éxito del proyecto, pues puede restringir comercialización final y da la oportunidad de contar con información de primera mano que permita mejorar tanto el desempeño como la apariencia y de ese modo lograr una mayor participación en el mercado.

Ya que implica tomar personal ya existente o en un momento dado contratar personal nuevo. Además de la administración del desarrollo y entrenamiento que pueda resultar del proyecto.

La Resistencia al cambio puede ser una restricción a la hora de la ejecución en campo ya que hay que romper con las costumbres, actualizar los procesos del uso del desperdicio de los materiales y cambiar la idea de los paradigmas de lo que se puede o no hacer con este nuevo proyecto como negocio.

Falta de sensibilización organizacional hacia la cultura de reciclaje: la conciencia acerca de la importancia de la construcción sostenible, y la falta de percepción del personal sobre los recursos no renovables

No existe alguna empresa o particular que este ofreciendo el servicio de instalación de pisos exteriores hechos en base a materiales reciclado (el escombro y merma de blocks que se genera

de una construcción) y este tipo de materiales simplemente se envía a un basurero.
Uno de los beneficios que estamos ofreciendo con nuestra idea es el poder aprovechar estos materiales que ellos ya no utilizan dentro del producto terminado que en este caso es una casa y utilizarlos para sustituir las banquetas que normalmente son hechas de cemento además no sería necesario la contratación de otra empresa para mover los desechos y podrán utilizarlos para sustituir en estas plazas las banquetas de cemento e instalar estos pisos que además darán una mejor vista a las áreas verdes aprovechando las mermas de las casas en construcción.

4.3.8. Elaboración de Tarimas y otros Contenedores de Madera

El proyecto se desarrolla para una empresa que usa recursos de madera para la elaboración de tarimas y otros contenedores de madera. Actualmente un porcentaje mayor al 60% de la materia prima usada por la empresa es madera reciclada y casi el 40% es madera nueva.
Luego de un análisis detallado de su mercado, que exige productos de madera de calidad y sustentablemente desarrollados, la empresa ha decidido seguir las estrategias para incrementar la capacidad productiva de manufactura de tarimas y embalaje de madera: 1) usar más madera reciclada y reducir el uso de madera nueva; 2) no usar productos químicos para la eliminación de plagas, y; 3) usar el tratamiento térmico como un sistema de inocuidad con equipos eficientes, mezcla de energía renovable y tecnología convencional (gas).
Los recursos maderables en el mundo se han visto reducidos dramáticamente en las últimas décadas. De acuerdo a lo indicado en el Plan Nacional Forestal (2014-2018), México cuenta con 138 millones de hectáreas con vegetación forestal, equivalentes al 70% del territorio nacional. Los principales ecosistemas que componen esta superficie son: los matorrales xerófilos (41.2%), los bosques

templados (24.24%), las selvas (21.7%), manglares y otros tipos de asociaciones de vegetación forestal (1.06%) y otras áreas forestales (11.8%). México está en el cuarto lugar entre 17 países denominados megadiversos, que albergan cerca del 70% de las especies conocidas de la Tierra.

La CONAFOR, con información de las Cartas de Uso de Suelo y Vegetación del INEGI, estimó que en el periodo 2000 a 2005, la deforestación neta anual fue de 235 mil ha por año, en tanto que para el periodo 2005 a 2010 fue de 155 mil ha por año. Durante el periodo 2005-2010, la superficie forestal se pierde a una tasa de -0.24% anual (DOF, 2014).

En el comercio internacional los embalajes de madera son esenciales en el transporte, distribución y almacenaje de la mayoría de los productos industriales y de consumo. Se considera que del 70% al 90% de los embalajes son fabricados de madera. Por la gran diversidad de modelos, medidas y aplicaciones, los embalajes de madera no se pueden identificar y caracterizar fácilmente; el tipo de madera a emplear puede ser seca, sazonada o verde. Uno de los riesgos al usar madera en los contendores son las plagas, que puedan tener de origen, adquirir y trasladar entre regiones al estar en contacto con el suelo, expuestos a la lluvia o condiciones insalubres.

La NOM-144-SEMARNAT-2012 menciona que como consecuencia del uso de embalajes de madera se han realizado intercepciones de plagas no nativas de importancia cuarentenaria, las cuales son capaces de sobrevivir, introducirse y dispersarse en cualquier territorio; por lo que el embalaje de madera es considerado una de las principales vías en el movimiento de plagas entre los países.

La NOM indica que es necesario establecer procedimientos para que los embalajes de madera cumplan con la normatividad internacional en materia fitosanitaria, debido a que los embalajes de madera son comúnmente fabricados con madera reciclada, la cual generalmente carece de un procesamiento o tratamiento suficiente para eliminar las plagas vivas presentes en la madera.

Una forma de eliminar plagas es usando un tratamiento con bromuro de metilo a 24 horas de exposición total. El bromuro de metilo es un compuesto altamente volátil y es extremadamente tóxico, clasificado por la Organización Mundial de la Salud (OMS) en el grupo IA y en la categoría I por la Environmental Protection Agency de los Estados Unidos (EPA).

En México se estableció un programa llamado Plan Nacional de Eliminación de Bromuro de Metilo para la reducción y eliminación del consumo de este químico usado en la prevención y destrucción de plagas.

El otro método es tratar la madera mediante un proceso de tratamiento térmico, empleando energía para elevar un horno a la temperatura de 50oC, con algún tipo de combustible, generalmente gas LP o gas natural, que genera un impacto ambiental al producir CO2.; sin embargo el impacto ambiental y de salud es mucho menor que usar madera nueva (deforestación) y tratamiento químico (sustancias químicas agresivas y peligrosas).

Según informes de Greenpeace el 85% de la madera que se procesa en México se destina a la fabricación de tarimas y cada 10 pallets (tarimas) equivalen a un árbol menos. De acuerdo con la FAO (2005), la pérdida anual de cobertura forestal en México en el periodo 1990-2000 fue del 0.5% y bajó a 0.4% para el periodo 2000-2005 (Greenpeace, 2011).

Los bosques en México se desvanecen y con ellos todas las especies que los habitan. El ritmo de deforestación que padece México es uno de los más intensos del planeta: de acuerdo con el Instituto de Geografía de la UNAM, cada año perdemos 500 mil hectáreas de bosques y selvas. Eso coloca en riesgo de extinción a una gran variedad de plantas y animales, así como a muchas comunidades que a lo largo de generaciones han encontrado en este ecosistema un medio de vida, a tal grado que han aprendido a aprovecharlo sin destruirlo. Esto también nos coloca en el quinto lugar de deforestación a nivel mundial. Por lo que de continuar usando madera nueva se seguirá impactando negativamente a los bosques y las consecuencias que esto trae, como se mencionó anteriormente, en México en el periodo 2005-2010 la superficie forestal se perdió a una tasa de - 0.24% anual, tasa que puede continuar incrementándose negativamente (INEGI, 2015).

El proyecto consiste en la adquisición de equipo para contar con capacidades para tratar térmicamente y almacenar la madera y el producto terminado (tarimas y contenedores) reduciendo el potencial de contaminación por plagas. El uso de madera reciclada permite contribuir a la sostenibilidad ya que se evitará el consuno de madera nueva, lo que se traduce en la reducción de la tala de árboles y la deforestación. Con la implementación del tratamiento térmico se podrá mejorar la productividad, la calidad y la confiabilidad en la fabricación de tarimas de madera reciclada para mercados nacionales internacionales.

Los resultados esperados del proyecto son: 1) Ganar más mercado de productos reciclados de madera con el incremento en las capacidades de tratamiento térmico y establecimiento de los procesos de inocuidad de la madera; 2) Contribuir a la reducción de impactos ambientales adversos, usando y reusando madera reciclada y libre de plagas sin emplear productos químicos y reduciendo el uso de madera nueva, y; 3) Cumplimento de la normatividad NOM-144-SEMARNAT-2012.

Los beneficios en sustentabilidad serán: 1) Corto Plazo: no uso de sustancias químicas tóxicas como bromuro de metilo. Incremento en la producción de tarimas de madera reciclada; 2) Mediano Plazo: Incremento del uso y de las ventas de tarimas de madera reciclada. La obtención de dos nuevos clientes por año. Contribuir a la sustentabilidad al cumplir los requerimientos legales NOM-144-SEMARNAT-2012. Evitar trasladar plagas biológicas entre los diversos clientes, y; 3) Largo Plazo: incremento de la producción anual de tarimas de madera reciclada hasta 250,000; cada 10 tarimas equivalen a un árbol, se estima la reducción de la tala de 25,000 árboles por año y el consumo de agua asociado.

El monto del proyecto es de $ 2,000,000.00 (dos millones de pesos), lo que incluye la adquisición e instalación del horno de tratamiento térmico, las instalaciones para su operación y la infraestructura (edificación) para su instalación, además un equipo para la movilidad de las tarimas, y un monto (presupuesto) para la consultoría en la operación y estandarización.

La duración de proyecto es de 10 meses: 1) 0 a 3 meses, defunción de la tecnología, gestión de los recursos, solicitud de apoyos financieros; 2) 3 a 7 meses adquisición, traslado e instalación, y; 3) 7 - 10 meses pruebas iniciales ajustes, evaluación y confirmación de la capacidad para el tratamiento térmico y la eliminación de plagas. Liberación del equipo y el proceso.

La sustentabilidad no es negociable, los daños a la naturaleza se están volviendo irreversibles, como la tala de bosques y el consumo de agua. El consumo de sustancias químicas toxicas impactan adversamente al medio ambiente. Este proyecto se enfoca en la sustentabilidad con el uso de madera reciclada, tratada mediante procesos físicos para eliminación de plagas, eliminando el uso de químicos, lo que apoya a la empresa para insertarse en el comercio internacional y al prevenir que algunos insectos dañinos e introduzcan y afecten el ecosistema local, y finalmente para hacer conciencia del reciclado hacer a la empresa sostenible sin poner en riesgo la sustentabilidad, entrando al sector de empresas de manufactura sustentables (López, 2014).

4.3.9. Turismo Sustentable en Tierra Colorada, Guerrero.

El tipo de negocio al que se enfoca es aprovechar los recursos naturales y rescatarlos para elaborar una propuesta de turismo sustentable. El sector económico en el que se desarrolla es el Turismo Sustentable.

A pesar de la concientización actual sobre el la importancia de cuidar el medio ambiente, aun el ser humano es la causa principal de la contaminación y deterioro del ambiente a su alrededor, de tal manera que aún son importantes los niveles de contaminación de las aguas próximas a los asentamientos humanos e industriales y turísticos (Villaseca, 2015).

Guerrero, posee el 2do. lugar nacional con más personas en pobreza extrema (La Jornada, 2013); además se señala que el 90% de los ríos y lagunas del estado están contaminados (El Informador, 2011), por lo que surge la necesidad imperante de que el cuidado y conservación de los recursos naturales deben de estar orientados hacia un aprovechamiento regional además buscando combatir la pobreza y hambre.

El monitoreo de la sustentabilidad incluye tres etapas: 1) formulación de los temas individuales de análisis empíricos (agenda de investigación); 2) realización de análisis individuales y; 3) realización de síntesis y estudios comparativos en base a análisis individuales. Se deben utilizar tanto contenidos cualitativos de la sustentabilidad del turismo a nivel global, como datos cuantitativos (Macario et. al., 2013).

El uso de indicadores de sustentabilidad del turismo es esencial para un análisis adecuado de la sustentabilidad del desarrollo turístico. A partir de esos indicadores es posible generar un conjunto de información sobre la situación real del desarrollo turístico, en lo que se refiere a los aspectos sustentables e insustentables, lo cual deberá subsidiar la toma de decisiones de los diversos actores involucrados en su planificación para que la definición de las acciones futuras a ser adoptadas estén basadas en prácticas sustentables, se buscara integrar indicadores que nos permitan medir el avance de las estrategias aplicadas sobre la sustentabilidad del proyecto (Quintana et. al., 2011).

El objetivo del presente proyecto es la realización de una propuesta de gestión integral de turismo sustentable en la población de Tierra Colorada, Gro. México, que permita el aprovechamiento indirectamente de los recursos naturales, en este caso en los ríos que pasan por esta población, el río Omitlán y el río Papagayo, como un elemento integrador que facilite la generación de recursos económicos para la población y para el rescate y conservación de los ríos.

La propuesta buscará que tanto la población de Tierra Colorada y comunidades aledañas participen en la planeación, ejecución y generación de recursos económicos (GG, 2015).

Queremos que esta región tenga identidad en el contexto Nacional e Internacional por lo que la misión sería: 1) Obtener identidad propia y diferenciación en el contexto nacional e Internacional como un espacio turístico ambiental, social y económicamente sustentable; 2) Tener una cultura de calidad, recursos humanos capacitados y una actividad generadora de desarrollo local; 3) Que los habitantes de la población y comunidades cercanas reciban beneficios directos e indirectos de la actividad turística que lleve a un aumento en la calidad de vida, y; 4) Saneamiento de los Ríos Papagayo y Omotitlán los cuales pasan por la población

Objetivos: 1) Aumentar el turismo en la zona; 2) Garantizar que el municipio sea un destino turístico sustentable, y; 3) Concientizar al visitante, y obtener su recomendación y regreso.

Estrategias: 1) Fortalecer el equipamiento y servicio turístico en el municipio el cual le permita ofrecer actividades que generen una mayor estancia y por ende un mayor gasto por parte del visitante; 2) Capacitación constante al ayuntamiento, habitantes y prestadores de servicios turísticos en general para una mejor atención al turista y provocar su regreso al destino, y; 3) Mejorar la calidad de vida de los habitantes del municipio mediante la generación de empleos.

Recomendaciones: 1) Dotar de infraestructura y servicios (Señalización, baños, botes de basura, mobiliarios, bancas. Mesas, fuente de sodas, áreas de juegos); 2) Arreglo y mejoramiento de accesos; 3) Identificar y establecer rutas para caminatas, senderismo, paseos a caballo, áreas de campamento; 4) Dotar de servicios médicos para poder proveer primeros auxilios, y; 5) Implementar estrategias de promoción de éstos lugares como sitios de recreación y esparcimiento

La elección de los indicadores de sustentabilidad para el turismo debe ser hecha de acuerdo con los temas prioritarios identificados para cada destino turístico investigado. La OMT sugiere cinco criterios a ser considerados en la selección de los indicadores: relevancia del indicador en la problemática seleccionada; viabilidad de obtención y análisis de la información requerida; credibilidad de la información y confiabilidad para los usuarios de los datos; claridad y facilidad de entendimiento entre los usuarios; y comparación a través del tiempo y en torno de las regiones (Macario et. al., 2013).

En un corto plazo los primeros en beneficiarse serían los habitantes que se encuentran cerca de la zona del rio Papagayo, sin embargo en un mediano plazo con el Saneamiento de las aguas toda la población y comunidades aledañas se verán beneficias, a largo plazo de tener éxito esta primera parte podemos realizar esta misma operación para los ríos vecinos a la comunidad.

Actualmente desarrollar estrategias de sostenibilidad e integrarlas en cualquier empresa es una necesidad imperante, Esta propuesta pretende rescatar estos atractivos naturales y a su vez mejorar la calidad de vida de los habitantes de esta comunidad (Zepeda, 2009).

Debe contar con la participación de habitantes de la comunidad, Empresas privadas y el Estado, debe adecuarse a criterios de eficiencia y competencia en el ámbito productivo, adecuarse también a los estudios ecológicos, sociales, económicos; asegurar el cumplimiento de las políticas ambientales y la estabilidad política del país, es decir, deberá poner énfasis en los derechos sociales y humanos de la comunidad (salud, educación, alimentación, trabajo, libertad y democracia).

4.3.10. Sistema de Gestión Ambiental ISO 14000 en la UO

El tipo de negocio refiere a la Implantación de un sistema de gestión ambiental bajo la norma ISO 14000, en una Universidad Pública del Estado de Sinaloa, la Universidad de Occidente.

La Universidad de Occidente (U de O) es un organismo del gobierno del estado de Sinaloa, con personalidad jurídica y patrimonio propio (SEP, 2012).

A partir de su creación ha expandido su cobertura estatal, además de la diversificación y certificación de su oferta educativa, permitiendo una inserción estructural y más sólida en la vida económica, social y cultural del estado (SEMARNAT, 2013a). El sector económico en el que se desarrolla es el sector de servicios comunales, sociales y personales, conforme la clasificación de actividades económicas de la encuesta nacional de empleo (CAE-ENE-94) del INEGI, y la problemática ecológica identificada es la carencia de un Plan de Desarrollo Sustentable en la Institución.

En su Plan Académico Visión 2016, la U de O, refrenda el compromiso institucional de colocar en el centro de sus prioridades la tarea académica, que rinda cuenta de sus compromisos institucionales a la comunidad universitaria y la sociedad (Bravo, 2013). De esta manera, el sistema de educación superior del país debe ser consciente del rol que juegan dentro de la educación ambiental y sus repercusiones dentro de la sustentabilidad de un país y/o estado; por ello es importante por una parte incrementar la productividad de nuestro capital humano, así como formar líderes comprometidos con el cuidado ambiental y el desarrollo sustentable (SEMARNAT, 2012).

Así, en los últimos años ha sido prioridad institucional impulsar una amplia y permanente gestión ante autoridades federales para lograr el reconocimiento de la U de O como Universidad Pública Estatal (UDEO, 2001). Además de lograr mayor certidumbre financiera, ésta modificación de estatus de la universidad, traería la necesidad de revisar y actualizar el marco legal, que se estará previendo para el mejor tránsito a ese posible escenario futuro (UDEO, 2015). De esta manera, es importante continuar con el fortalecimiento y establecimiento de mecanismos institucionales que informen el cumplimiento de compromisos sociales, la transparencia y rendición de cuentas del manejo adecuado de los recursos asignados a la institución, así como de comunicación interna y a la sociedad, para mantener una comunidad informada (GES, 2014).

Se contemplan además, los procesos de autoevaluación, a los cuales la universidad se someterá por órganos externos, lo que permitirá tener una visión externa del estado que guarda el desarrollo de la función administrativa y de la gestión institucional y de la difusión y extensión de la cultura, con el objetivo de impulsar acciones de mejora continua y lograr la acreditación institucional (Anco, 2013).

El aseguramiento de una gestión institucional competente demanda una administración sustentada en infraestructura física y tecnológica adecuada y de vanguardia que garantice el desarrollo óptimo de las tareas universitarias, además de asegurar servicios de calidad y pertinentes a la labor académica bajo estándares de calidad internacionales (GES, 2013). Así, el Sistema de Gestión de la Calidad fortalecerá su funcionamiento con la finalidad de que continúe desempeñando un rol central en el mantenimiento y ampliación de los procesos certificados bajo estándares de calidad internacional. Su objetivo, incrementar los procesos académicos y administrativos certificados con enfoque en estándares de calidad que propicien la mejora continua y la satisfacción de estudiantes, docentes, trabajadores administrativos y usuarios externos de los servicios educativos que ofrece la institución (Castillo, 2011).

Dado lo anteriormente enunciado, el objetivo general es implementar un sistema de gestión ambiental bajo la norma "ISO 14000" en la Universidad de Occidente, y os objetivos específicos son: Describir los elementos básicos del sistema de gestión medioambiental; elaborar un manual de gestión ambiental; identificar los aspectos ambientales, impactos y riesgos significativos en la U de O, y elaborar un Plan de Desarrollo Sustentable (IHOBE, 2000).

En cuanto a los alcances esperados, la amplitud de aplicación de esta norma dependerá de factores tales como la política ambiental, la naturaleza de las actividades y servicios, y las condiciones en las que opera la U de O, pudiendo aplicar este sistema parcial o totalmente, a todas las unidades académicas y áreas en general, o si así se cree conveniente, implantarlo solamente en algunos servicios que posean una gestión independiente (DGEP, 2012).

Dentro de los resultados esperados, se reúnen en la implementación de un sistema de gestión ambiental bajo estándares de la norma "ISO 14000", además de integrar un Programa Institucional de Gestión Ambiental y seguir siempre por el camino de la "Cultura a la Libertad" (US, 2012).

El costo del proyecto será aproximadamente de $2.5 mdp, correspondiente a la implantación en: rectoría, 6 unidades académicas, áreas de investigación y posgrado, y el centro de estudio de lenguas extranjeras (OVACEN, 2014). Adicionalmente, se tendrán, costos extraordinarios durante la implantación del sistema, los cuales no son determinables, en virtud de que se requiere iniciar el proceso y estarán determinados durante la etapa

de identificación de aspectos ambientales, impactos y riesgos significativos (Ruiz et. al., 2009).
Es importante subrayar la creación de una cultura ambiental dentro de la comunidad universitaria, cumplimiento de las leyes aplicables, y sobre todo el reconocimiento y credibilidad en materia de difusión de aspectos ambientales, por la sociedad y comunidad universitaria (Oriol, 2013).
El proyecto incluye desde la autoevaluación inicial de gestión ambiental hasta la entrega del plan de desarrollo sustentable de la U de O (REAS, 2012).
En tema de beneficios en la sustentabilidad, a corto plazo figuran la implementación de un sistema de gestión ambiental; la promoción de los estándares ISO 14000 en la comunidad universitaria; la mejora de las prácticas en la adquisición y manejo de los diferentes materiales y productos utilizados; y, el fomento de una cultura para el manejo de los desechos materiales (Meza, 2012). A mediano plazo se visualiza mejorar la economía por el uso racional de los recursos; la adopción de una cultura ambiental; el mejoramiento de la infraestructura universitaria; y, la permanencia en el sistema de gestión ambiental.
A largo plazo la expectativa es que el sistema de gestión ambiental implantado en la U de O sea certificado y registrado por una organización externa a nivel mundial; y de manera paralela, mejorar el sistema de gestión ambiental.

4.3.11. Centro de Capacitación para el rescate de las obras contemporáneas edificadas con materiales provenientes de la tierra

El hábitat humano ha pasado, junto con el avance de la civilización, de la utilización armónica de los elementos naturales del entorno, hacia el abuso en la industrialización de los materiales para construcción, el desperdicio del agua y el dispendio energético (CINU, 2014o). Por tanto, el tipo de negocio al que se enfoca este plan refiere a un centro de capacitación para ciudadanos, autoridades locales, obreros de la construcción, estudiantes del hábitat y activistas de Organizaciones no Gubernamentales (ONGs). La esencia de esta propuesta es construir vivienda y equipamientos urbanos utilizando como base la tierra, ya sea cruda o cocida, y el sector económico en el que se desarrolla es el de la Construcción.

Aunque es verdad que los materiales industrializados básicos (cemento, lámina, clavo, varilla y vidrio) se volvieron baratos y fáciles de usar como resultado benéfico de la Revolución Industrial provoca enormes cantidades de desechos (algunos no reciclables), además de consumir enormes cantidades de energía para su fabricación, traslado y colocación. El problema se agravó con la aparición de los plásticos y las fibras de asbesto, no solo en lo ecológico sino en la salud de la población en general (Chávez et. al., 2008). Aunado a esta realidad, el Informe sobre Desarrollo Humano 2014 sostiene que casi 1,500 millones de personas en los 91 países en desarrollo analizados, siguen siendo pobres y cerca de 800 millones sufren el riesgo de regresar de nuevo a esa situación si se producen situaciones de crisis" (CINU, 2014o). Por tanto, la educación, a todos los niveles y de todos los tipos, cobra una importancia fundamental. De manera que, para lograr el desarrollo sostenible, no bastan la tecnología, los reglamentos y los incentivos financieros. Debemos modificar también nuestro modo de pensar y de actuar como individuos y como sociedad, y ese es precisamente el objetivo de la educación para el desarrollo sostenible (ONU, 2015a).

Dado lo anterior, hay que influir en las autoridades y en los formuladores de planes de desarrollo para que las obras públicas y la vivienda se armonicen con el contexto socio-económico-cultural, siempre dentro de los ideales de la sustentabilidad. Por ejemplo, con el uso del suelo sin criterios de zonificación, se han reducido las áreas aptas para el cultivo de alimentos, provocando mayor dependencia alimentaria (Hernández, 2008).

Una vez implementado este plan, los beneficios en un período por lo menos de cinco años de operación son: Incorporar el componente ambiental en los conocimientos que tienen los actuales profesores y estudiantes de las escuelas de arquitectura, ingeniería y urbanismo; formar nuevos profesores, investigadores y facilitadores, que lleven los conocimientos y las habilidades para construir hábitats modernos y sustentables a las comunidades receptivas; y finalmente, difundir por los medios propios, por las redes sociales y por los mass media disponibles, los elementos de la sustentabilidad que les permitan a los ciudadanos y a las autoridades locales concientizarse sobre el hábitat sustentable y canalizar sus esfuerzos hacia su consecución.

4.3.12. Programa de Formación Ecológica en Institución de Educación Media Superior

La propuesta se enfoca en el Colegio de Bachilleres del Estado de Veracruz (COBACHEV, 2015), el cual es un organismo público descentralizado. Se trata, a decir de Guajardo (2006), de una organización económica gubernamental, la cual al igual que una organización con fines de lucro, maneja recursos e información a través de los cuales busca el cumplimiento de objetivos. La problemática detectada es el déficit ecológico a nivel mundial, que impacta a nivel local y la ausencia de una campaña personalizada para difundir esta problemática (ONU, 2011b).

De acuerdo a laSEMARNAT (Lara et. al., 2012), las consecuencias del incremento del déficit ecológico son muchas, entre las que destacan una menor capacidad de satisfacción de las demandas sociales, el aumento en la apropiación y explotación inequitativa de los recursos materiales, existencia de la brecha de la pobreza en más personas y del acumulamiento de la riqueza en menos personas, la dependencia económica, así como la modificación de los diferentes ecosistemas, generando una desestabilización en el clima.

Así, el proyecto cuenta con dos líneas de acción, la primera es desarrollar un programa de formación ecológica y la segunda en reunir permanentemente y por un período de tres años por parte de los estudiantes, el mismo material para acumularlo y comercializar posteriormente en los centros de acopio y así reunir recursos que les permita como grupo organizar un viaje o excursiones a un lugar turístico o de esparcimiento al final de su formación de bachillerato (Wackernagel, 2009). Por tanto, los objetivos de este proyecto son el reunir información impresa para ser difundida en las colonias; que la población y los alumnos participantes obtengan recursos monetarios; el fomento de una cultura de reciclaje para reducir los desechos de plástico PET; el involucramiento de los estudiantes para que reflexionen y sean partícipes del cuidado ambiental a través de su trabajo en campañas comunitarias, y; que los alumnos experimenten un acercamiento a lugares naturales.

Considerar el acopio y venta de plástico PET como un negocio redituable, y el precio de este producto se eleva cuando es separado por colores y se encuentra limpio, de 11 a 12 pesos en 2011. (Mexiplast, 2015). Se considera que proyecto tenga una inversión de siete mil quinientos pesos, cantidad que será de la aportación de cincuenta pesos por año de cada uno de los cincuenta a sesenta participantes a lo largo de la vida del proyecto, el cual se prevé tenga una duración de tres años. Al restar el monto de inversión, se reunirán entre treinta y siete mil y cuarenta y cinco mil pesos, cantidad que bien podría financiar un viaje o excursión a los dos grupos antes de su egreso (ECO Inteligencia, 2015).

En tema de beneficios, se visualiza alcanzar el reconocimiento de la comunidad escolar y de la ciudadanía y poder motivar a otros grupos en este mismo proyecto, además de reunir de seis mil a siete mil doscientos kilos de plástico PET.

CONCLUSIONES Y RECOMENDACIONES

Para la ONU la cuestión del medio ambiente es parte integrante del desarrollo económico y social, los cuales no se podrán alcanzar sin la preservación del medio ambiente. De hecho, garantizar la sostenibilidad del medio ambiente es el 7 Objetivo de Desarrollo del Milenio (ODM).

En la actualidad, la conciencia de que es necesario preservar y mantener el medio ambiente se refleja prácticamente en todos los ámbitos de trabajo de las Naciones Unidas. La colaboración dinámica establecida entre la Organización y los gobiernos, las ONG, la comunidad científica y el sector privado está generando nuevos conocimientos y medidas concretas para solucionar los problemas ambientales globales. Las Naciones Unidas consideran que proteger el medio ambiente debe ser parte de todas las actividades de desarrollo económico y social. Si no se protege el medio ambiente no se podrá alcanzar el desarrollo.

Gracias las conferencias de la ONU sobre temas ambientales y al trabajo del PNUMA se han estudiado temas ambientales de gran importancia tales como: 1. La desertificación; 2. El desarrollo sostenible y los bosques; 3. La protección de la capa de ozono; 4. El cambio climático y el calentamiento de la atmósfera; 5. Agua, energía y recursos naturales; 6. La biodiversidad y la pesca excesiva; 7. El desarrollo sostenible de los pequeños Estados Insulares (islas); 8. El medio marino; 9. La seguridad nuclear y el medio ambiente; 10. Estados Insulares en Desarrollo (Islas), y; 11. Poblaciones de peces altamente migratorias y transzonales

En la actualidad, la conciencia de que es necesario preservar y mantener el medio ambiente se refleja prácticamente en todos los ámbitos de trabajo de las Naciones Unidas. La colaboración dinámica establecida entre la Organización y los gobiernos, las ONG, la comunidad científica y el sector privado está generando nuevos conocimientos y medidas concretas para solucionar los problemas ambientales globales. Las Naciones Unidas consideran que proteger el medio ambiente debe ser parte de todas las

actividades de desarrollo económico y social. Si no se protege el medio ambiente no se podrá alcanzar el desarrollo.
Los costos financieros y ambientales por el agotamiento de los recursos están empezando a afectar al crecimiento económico en todo el mundo. Por ello, los países necesitan encontrar estrategias para manejar unos recursos finitos satisfaciendo al tiempo las necesidades de una población mundial en crecimiento y cada vez más urbana. Si desde las políticas públicas se incorporan unos patrones de consumo y producción sostenibles en la planificación y la implementación nacional del desarrollo, será más fácil y más barato producir bienes y servicios de manera más eficiente, con menores riesgos para la humanidad y el medio ambiente.
El subsecretario general de la ONU y director ejecutivo del PNUMA, Achim Steiner, declaró que "Los últimos 50 años han sido testigo de una rápida transformación de nuestra relación con el mundo natural el uso cada vez mayor de los recursos naturales está llevando a la degradación ambiental. Estamos funcionando aproximadamente con un 40 por ciento por encima del "presupuesto" de la Tierra. De mantenerse las tendencias de población y consumo en el modelo actual, los niveles de extracción anual de recursos del año 2000 podrían triplicarse hasta los 140.000 millones de toneladas para el año 2050."
"Debemos preguntarnos cuáles serán las consecuencias de este ritmo de consumo y de esta trayectoria de crecimiento de la población, que se calcula podría llegar a los 9.000 millones de personas en 2050."
En los países desarrollados, las estrategias para mejorar la eficiencia del uso de los recursos pueden ser muy eficaces, pero debe tenerse en cuenta en qué medida estos países están externalizando la extracción de recursos hacia países en desarrollo; ambos grupos requieren de políticas públicas bien diseñadas.
Existen diferencias significativas entre las distintas regiones del mundo: el consumo doméstico material de África es muy bajo, tan sólo 3,7 toneladas de materiales, lo que refleja un nivel de vida muy bajo en términos materiales. Por su parte, desde el año 2000 Asia y el Pacífico han sido la región más dinámica tanto en lo económico

como en términos de uso de los recursos, sin embargo, ha disminuido su eficiencia de recursos, por ende, el crecimiento de la población es ahora un factor menos importante que el uso de los recursos naturales en la región. El crecimiento de América Latina está vinculado al auge de Asia a través de la exportación de metales y combustibles fósiles para alimentar el desarrollo de infraestructura y manufactura en Asia.

En los países de Asia Central y Oriental, las economías se han recuperado, lo que resulta en un uso de recursos cada vez mayor, mientras que los países de la Unión Europea han sido pioneros en el desarrollo de políticas para el uso sostenible de los recursos, lo cual se refleja en unos niveles comparativamente inferiores de uso de recursos per cápita. Esto es posible, en parte, por la externalización de muchos de los procesos con alto nivel de emisiones y de consumo de recursos a otros países.

Las ciudades ya han demostrado que la protección del medio ambiente puede ser rentable de muy diversas maneras. La Unión Europea, por ejemplo, estima que la ciudad de Viena ahorró 44 millones de euros —y 100,000 de CO_2— entre 2004 y 2007 a través de su programa 'Ecobuy'. La ciudad de Windhoek en Namibia adaptó un sistema de tuberías dobles que permitió reducir entre un 5 y un 7 por ciento la demanda de agua potable. Sus sistemas de recarga artificial de acuíferos permiten a esta ciudad subsahariana sobrevivir durante dos años sin depender de ríos efímeros.

Todo ser humano debería estar comprometido con su entorno, conocer y saber qué hacer con respecto a la sustentabilidad. Esto es una tarea permanente y que evoluciona con el tiempo, cada vez que se implementa una estrategia se debe evaluar y mejorar. No se puede seguir con actitudes obsoletas con respecto a nuestro papel de desempeño en planes y programas que no cambian. Los objetivos a alcanzar sobre la sustentabilidad deben ser diferentes, integrales, alcanzables, adaptables y sobre todo implicar responsabilidad.

Gracias a la ONU es que se ha dado la divulgación de la situación actual de todo el planeta, se han implementado campañas que ha permitido concientizar a la población más afectada y a la que no

tarda en afectar. Si bien es cierto que un país desarrollado consume más que un país en vías de desarrollo, entonces porque no empezar a hacer nuestra parte como individuos conscientes y responsables.
Realmente los trabajos que ha realizado la ONU son de gran impacto, me percaté de que realmente está preocupado específicamente por lo social, sin dejar de lado lo económico y el medio ambiente. De igual forma que podemos pertenecer a ONG´s en apoyo a iniciativas de la ONU, en nuestra comunidad como en nuestro país y de esa manera hacer algo al respecto.
Es necesario subrayar que el desarrollo sostenible y sustentable es una necesidad inmediata como humanidad. Por tanto, debemos encontrar un balance en la forma en que queremos crecer; esto es, urge implementar una forma diferente de hacer las cosas, una que permita crecer las economías de las diferentes naciones que poblamos el mundo, pero que también promueva nuestra sobrevivencia humana.
Dada la situación de emergencia ambiental, las NU han venido trabajando en diversos temas de interés mundial, dentro de los cuales, sintetizando, en tema de sustentabilidad figuran: 1) Cambio climático; 2) Uso de recursos y tecnologías renovables; 3) Reconstrucción de espacios destrozados por causa natural o por guerras; 4) VIH; 5) Educación; 6) Equidad, y; 7) Divulgación del conocimiento
De manera que, precisa cambiar nuestras acciones presentes y que estas sean visualizadas en términos futuros; garantizar que el crecimiento y el progreso que hemos llegado a dar por sentados estén asegurados en los años por venir pues hacer las cosas como hasta ahora no es ni aconsejable ni sostenible. De hacerlo, enfrentaríamos un riesgo tanto humano como económico.
De acuerdo con la Organización para la Cooperación y el Desarrollo Económicos (OCDE), la condición actual de nuestro planeta demanda orientar nuestras prácticas en torno a un "crecimiento verde"; fomentando el crecimiento y el desarrollo económicos y al mismo tiempo asegurar que los bienes naturales continúen proporcionando los recursos y los servicios ambientales de los

cuales depende nuestro bienestar. De manera que, el crecimiento verde debe considerarse no como un reemplazo del desarrollo sostenible, sino su complemento (OCDE, 2012).

El que haya más empresarios interesados en el tema ecológico es un gran paso en tema de sostenibilidad y sustentabilidad; pero aunado a ello, impera un cambio transformacional en múltiples dimensiones; un cambio organizacional e innovación en la cultura empresarial así como de un liderazgo inspiracional y bien sostenido (WEF, 2013). Aquí es donde entra nuestro compromiso como futuros doctores en Dirección e Innovación de Instituciones; como ejemplos y líderes en la promoción de formas naturales de producción, consumo y tratamiento de nuestros deshechos.

La revisión de la operatividad de las ONU, ha permitido acotar cuál es la esencia de su funcionalidad, la cual establece desde su creación cuatro áreas fundamentales en las cuales se aboca siendo la paz y seguridad mundial, los derechos humanos, el desarrollo económico-social y la educación. Dichas áreas se buscan operar a través de organismos internacionales como el Banco Mundial, la OMS, el Fondo Monetario Internacional, la UNESCO, etc.

No se puede objetar, al revisar el portar de dicho organismo denominado Centro de Información de las Naciones Unidas, que la ONU es un organismo que a través de su configuración y apoyo mundial, puede lograr un equilibrio en el desarrollo del planeta, ya que cuenta con líneas de acción estratégicas para poder inhibir o evitar situaciones y problemáticas en el orden nacional, continental o mundial.

Cada una de las cuatro áreas permite hacer frente a problemas de cualquier índole, y el que tiene que ver con el tema de la sustentabilidad es uno de los que actualmente tienen una importancia cada vez mayor. Sin duda al considerar la sustentabilidad como un estado o calidad de vida, implica no solo que pueda disponer de los recursos materiales para sobrevivir, sino que los debe administrar de tal forma que no los agote ni los explote en demasía.

La sustentabilidad es un principio que debe ser incorporado a la administración gubernamental para guiar su desarrollo, pero también debe ser una práctica que la sociedad debe implementar, y ello es posible a través del liderazgo que la ONU ostenta como entidad suprema con atribuciones más allá de las de una nación, sobre todo por poder regular y bloquear acciones que constituyan una amenaza. Las acciones en las cuatro áreas de intervención, hacen posible un desarrollo sustentable a nivel mundial, no obstante, se establece una crítica en la manera en que tiene el respaldo de más de un centenar de países y en la forma en que opera.

En este sentido, se ha revisado que el presupuesto que se asigna a la ONU, y el que se asigna a otros rubros de otras organizaciones, existe una desproporción abismal, lo cual lleva a concluir que el esfuerzo y propuestas como bloque de naciones es justificable, válido y potencialmente seguro de materializar, no obstante cuando se comparan los presupuestos de otros organismos internacionales, queda claro que la voluntad de las naciones que conforman la ONU no es completamente comprometida y que incluso se puede jugar un doble juego y utilizarla para sus intereses particulares, sobre todo en el caso de grandes economías.

Bajo este escenario, los objetivos de la ONU pueden verse afectados y aunque en la teoría la sustentabilidad es un tema que se incluye y se le da una importancia prioritaria para llevarse a la práctica, la realidad establece que es una cuestión que está en riesgo de poder ejecutarse bajo los lineamientos de sus temas prioritarios.

En este sentido, se hace prioritario y evidentemente una urgencia que exista coherencia tanto en el discurso como en la planeación, así como en las acciones que se llevan a cabo dentro de las economías de forma particular, y una forma de lograrlo es elevar el presupuesto que maneja la ONU para verdaderamente ser eficaz en el logro de sus acciones para alcanzar un mundo con un desarrollo sustentable.

El Protocolo de Kioto, que aspira a controlar las emisiones de los llamados gases de invernadero, como el dióxido de carbono, compromete a la acción a la mayor parte de los países. Pero Estados Unidos, el contaminador más grande del mundo, se rehúsa a firmarlo, las economías explosivas como la de China están exentas, y el importante crecimiento en el sector aviación ni siquiera es mencionado.

Como parte de su promesa de reducir las emisiones de carbono, Inglaterra dijo que aumentará a 20 por ciento, en 2020, el porcentaje de electricidad que genera por medios renovables. La electricidad limpia actualmente asciende a 4 por ciento, aun hace mucho por trabajar entre los gobiernos y la sociedad, considero que la mayor necesidad es la conciencia social, que tanto hace falta a los países ricos y pobres ya que todos por igual contaminan cada vez más.

Para que el planeta siga siendo un sitio habitable, tenemos que buscar solución ahora a los problemas de la pobreza generalizada, la inequidad y la destrucción del medio ambiente: 1) Actualmente en el mundo hay 7 mil millones, para 2050, serán 9,000 millones; 2) Una de cada cinco personas, es decir 1,400 millones, actualmente vive con $1.25 dólares diarios o menos; 3) Mil quinientos millones de personas en el mundo no tienen acceso a la electricidad; 4) Dos mil millones y medio de personas carecen de servicios sanitarios; 5) Casi mil millones de personas pasan hambre todos los días, y; 6) Las emisiones de gases de efecto invernadero siguen aumentando, y más de la tercera parte de todas las especies conocidas podrían extinguirse si no se le pone freno al cambio climático.

Nuestro comportamiento ante el medio natural decide el equilibrio del medio ambiente, por lo que debemos ser respetuosos ante la vida y preservar las reservas de energía. Para conseguir nuestro objetivo sólo tomaremos de la naturaleza lo que decidamos como imprescindible de lo que nos puede aportar, respetando así lo que se denomina "equilibrio ecológico", ya que en el momento en el que ese equilibrio se rompa, el ecosistema quedaría tan afectado que muchas de sus plantas y animales podrían desaparecer. Parte de la solución está dentro de cada uno de nosotros: consumir sólo lo necesario.

Si no se protege el medio ambiente no se podrá alcanzar el desarrollo de los seres vivos.

Existe un tema que considero muy importante para desarrollar en todos los países, el "Medio Ambiente", pues el buen uso de los recursos naturales ayudará a mejorarlo en gran medida y en un menor lapso de tiempo.
Cada una de las siguientes estrategias está orientada a la concientización del ser humano sobre el desarrollo del medio ambiente: 1. Incorporar en todos los niveles de la educación temas de sustentabilidad y ecología; 2. Como la mayoría de los proyectos y tratados formulados por la ONU están desarrollados en un lenguaje orientado a nivel gobierno, se requiere que los países implementen programas que traduzcan estas iniciativas en un lenguaje entendible para las personas e incluyan programas de comunicación en todos los niveles; 3. Eliminar todo subsidio de servicios energéticos basados en combustibles fósiles para obligar a las personas y organizaciones al cambio en combustibles renovables; 4. Establecer incentivos fiscales y financieros para invertir en proyectos sustentables; 5. Establecer incentivos fiscales y financieros para cambar la tecnología actual por otra que beneficie al medio ambiente; 6. Que los gobiernos implementen programas de supervisión sobre el punto anterior para que final de un período fiscal exista una reducción de impuestos en caso de haber comprobado un beneficio ambiental; 7. Que los gobiernos implementen políticas para cambiar los automóviles y todo tipo de transporte sobre ruedas por otros de bajas emisiones de carbono, y; 8. Que los gobiernos implementen proyectos de transporte público soportado con tecnologías renovables.
Para concluir y basado en la literatura que refiere a este tema, la diversidad natural y social, aunado a la multidisciplinaridad de la salud ambiental, encara la búsqueda de acciones sistemáticas, por lo cual es imposible pretender que sea interpretación de una sola disciplina científica en particular. Por lo cual la problemática ambiental que actualmente es patente, demanda la incorporación de nuevas aptitudes profesionales, la eliminación de la subordinación de numerosas disciplinas a la racionalidad de una sola, y finalmente que la interdisciplinariedad no es una sumatoria de capacidades sectoriales sino que debe entenderse como una

activa interacción, alrededor de una situación concreta de salud ambiental.
En la actualidad, la conciencia de que es necesario preservar y mantener el medio ambiente se refleja prácticamente en todos los ámbitos de trabajo de las Naciones Unidas. La colaboración dinámica establecida entre la Organización y los gobiernos, la comunidad científica y el sector privado está generando nuevos conocimientos y medidas concretas para solucionar los problemas ambientales globales. Las Naciones Unidas consideran que proteger el medio ambiente debe ser parte de todas las actividades de desarrollo económico y social. Si no se protege el medio ambiente no se podrá alcanzar el desarrollo.
Para dar fin a esta actividad de aprendizaje número uno, quisiera compartir que de cierta manera fácil de definir, es más difícil de explicar y más complicado de aplicar ya que es evidente que involucra a todos los sectores de la organización, por lo que las decisiones deben tomarse a los más altos niveles debido a la repercusión que éstas pueden tener en todos sus procesos. De lo que se trata es de realizar acciones, cambiar políticas e involucrar a todos los participantes de la empresa.
Aquellos líderes que han entendido que la sustentabilidad es un reto para ser más eficientes, y no una molestia, han logrado: reducir costos de producción; diferenciarse de la competencia; mejorar su imagen y reputación; ahorrar materias primas e insumos (incluyendo agua, energía, etc.); capitalizar nuevas oportunidades; cumplir con la legislación; satisfacer las expectativas de los clientes y posicionarse como líderes en su ramo.
El tema ambiental, más allá de conceptos y asuntos científicos, cada día es más crítico para las personas, organizaciones y naciones. Ha ido pasando de ser un tema de laboratorio o de programas académicos, a un asunto de conciencia y efectividad, incluso de seguridad; de otra forma los deterioros ambientales, cada día mayores, pudieran llegar a un colapso y a un punto de irreversibilidad, como por ejemplo la falta de agua, la pérdida de especies naturales, la desertificación y muchos otros elementos como los que se han discutido en este documento. El medio

ambiente se ha convertido para muchos países un asunto de seguridad nacional y de inclusión en sus políticas públicas.
Por supuesto el reto sigue siendo el tema de la conciencia ambiental para el desarrollo, el tema antes comentado, del equilibrio de los factores de desarrollo social, económico y ambiental, tan difíciles de equilibrar, sobre todos cuando las empresas, las naciones e incluso las personas encuentran que la explotación de los recursos naturales les dará una ventaja competitiva contra otros; a pesar de que esa ventaja sea efímera y que tarde o temprano se puede volver en su contra. El reto es cambiar la visión de desarrollo de negocios de corto plazo a largo plazo, con el enfoque de la sustentabilidad.
Es aquí donde la experiencia, la credibilidad y soporte moral de la Organización de las Naciones Unidas (ONU), juega un papel crucial, ya que su voz se sigue escuchando, a pesar de algunos países importantes no se integran o disienten en ocasiones de algunos programas y recomendaciones; la mayoría poco a poco va sumándose a las iniciativas propuestas o participando en la creación de algunas de ellas.
Desde mi perspectiva, los elementos críticos a los que la ONU debería enfocarse, incluso en algunos casos ya lo hace, es a promover y regular el Desarrollo Sustentable: desarrollo social, económico y con impactos favorables al medio ambiente; particularmente sería en los temas o programas de: 1) Cambio Climático y reducción de la huella ecológica; 2) Reducción de contaminantes la aire; 3) Uso y recuperación de las aguas terrestres y marinas; 4) Uso eficiente de los recursos; 5) Protección del medio marino, y; 6) La Desertificación y la promoción de los bosques
En cuanto a las medidas o estrategias que se deben implementar o seguir serían, entre otras, continuar impulsando: 1) Programa de las Naciones Unidas para el Medio Ambiente – PNUMA; 2) Programa del control y buen uso de la Energía Atómica; 3) Protocolos de Kyoto y Montreal para reducir las emisiones de CO2 y otros gases de tipo invernadero; 4) Programas de los fondos económicos para el desarrollo de acciones en favor del medio ambiente, y; 5) Programas de conciencia ambiental a nivel de naciones, regiones,

organizaciones y llegar hasta cada uno de los individuos, siendo este un reto mayor, sobre todo por la diferencia de preparación y conocimiento de las personas en las diversas regiones del mundo.
Concluyo mencionando que cualquier programa podrá ser cuidadosamente desarrollado y planeado, pero sin la conciencia y la capacitación necesarios, no podrán ser llevados exitosamente a cabo. El tema no es fácil, por esa diversidad de conciencia y conocimiento que hay en el mundo; pues por un lado seguirán rigiendo las expectativas de poder de ciertas empresas y naciones, y por otro lado existe un gran diferencial en el conocimiento de asuntos ambientales entre los habitantes de las diversas regiones del mundo. Sin embargo, no podemos doblar la voluntad de actuar a favor del medio ambiente, ya que la subsistencia de nuestra generación y de las generaciones futuras sigue estando en riesgo; y eso a su vez, sin pretender ser catastrófico, pude poner en riesgo la subsistencia de la humanidad, al menos en una forma sustentable y de crecimiento integral.
La sociedad humana no enfrenta, como si fuese un conjunto armónico e integrado, los problemas que la naturaleza le pone enfrente. El hecho de que existan clases sociales obliga a reconocer que las relaciones del hombre con la naturaleza no pueden ser consideradas igual para todos.
Uno de los problemas metodológicos deriva de que, generalmente, tanto "las medidas económicas como las ecológicas no contemplan las desigualdades sociales. Las medidas socio-políticas se acercan más, pero las medidas de sustentabilidad tienen una omisión en común: no relacionan los daños ambientales con las relaciones sociales y no valoran adecuadamente las desigualdades sociales en el marco teórico de la sustentabilidad" (Foladori, 1999). El hecho es que no puede planearse con equidad si los planificadores analizar a la sociedad como si fuese una unidad. Por ende, no pueden medirse con facilidad los efectos de la productividad, a escala local o mundial, si se utilizan indicadores que promedian datos que, involuntariamente, ocultan diferencias sociales.
Como resultado de los dos considerandos anteriores (que la sociedad no puede medirse por igual en todas sus clases y que el

desarrollo económico no siempre es responsable a futuro). Es por ello que deben plantearse nuevas formas de medir la productividad social, que se dediquen a medir todo lo que la sociedad gasta y todo lo que recupera, con indicadores que tomen en cuenta aspectos tan volátiles como el costo-beneficio del transporte público, el costo social de utilizar vehículos particulares de combustión interna o no motorizados, la pérdida de terrenos agrícolas bajo la mancha urbana, la emigración de campesinos y la inmigración de obreros y empleados, los temas psíquicos derivados de la tensión de la vida urbana y las necesidades financieras de las clases bajas para satisfacer necesidades básicas.

Para resolver el problema de la medición de la sustentabilidad, Paul Baran propuso desde 1957 un marco conceptual pionero para medir algunos aspectos: 1) El "excedente efectivo corresponde a los ahorros"; 2) el "excedente potencial es la diferencia entre el producto que puede ser potencialmente producido y el consumo necesario" (Foladori, 1999). En la actualidad, encontraríamos en las mediciones de la huella ecológica y su consecuente déficit, la metodología para aplicar los conceptos anteriores, aderezados con las nuevas teorías que se han desplegado desde la ONU.

En términos muy simples e interpretando las definiciones del párrafo anterior, la discusión entre productividad y sustentabilidad se sintetizaría en una palabra: deseconomía. Es así que la interpretación de "ahorro", "producción" y "consumo necesario", desde una perspectiva social, podrían significar que, dado que la infraestructura es más necesaria que la tierra, la quiebra económica de los agricultores no es tan importante y entonces, al no ser dichos agricultores competitivos, deben abandonar sus tierras para que sean ocupadas por las empresas. Se le llama deseconomía porque, desde una perspectiva capitalista, la pérdida de áreas de sembradía es lógica, debido a su baja rentabilidad. Pero, desde una perspectiva sustentable, la pérdida de capacidad para producir alimentos, la migración inducida, la impermeabilización de los suelos y otros males, no son aún lo suficientemente medidos.

Esa es la razón por lo que es posible afirmar que "este tipo de problemas, por cierto, nunca es incorporado a los criterios de medición de la sustentabilidad" (Ídem).

Para alcanzar la sustentabilidad es obligatorio actuar bajo el concepto de pensamiento estratégico aplicado a la organización empresarial o institucional, lo cual implica realizar planes y acciones que conduzcan hacia cierto fin, bajo una visión integrada y de largo plazo.

Para pasar de las concepciones filosóficas a las acciones cotidianas de las organizaciones, Patricia García Hernández propone "una respuesta en tres bloques" de los que el primero "argumenta que la meta de toda organización es reducir al mínimo la dependencia respecto a otras organizaciones al momento de obtener el suministro de recursos escasos del ambiente"; también "hace referencia a los límites físicos del crecimiento, debido al agotamiento previsible de los recursos naturales y a la incapacidad global de asimilación de los residuos del planeta".

El segundo bloque de respuestas explica los pasos para aplicar el pensamiento estratégico en las organizaciones sustentables: 1) formular planes para aprovechar con eficiencia los recursos disponibles "bajo las condicionantes que impone el entorno a la empresa y la influencia de los distintos actores interesados en su operación"; 2) se le debe otorgar preeminencia al alcance de objetivos y metas "por lo que no debe resultar problemático ajustar la trayectoria de la planeación a los intereses de los diferentes actores interesados en cierta organización específica"; y 3) deben "aprovecharse los conocimientos y recursos disponibles eliminando la brecha entre planes y resultados" (Ídem).

Para Patricia, el tercer bloque cierra el circuito que permitiría implantar el pensamiento estratégico en las organizaciones: "deben integrarse la productividad, y la participación con la ecoeficiencia y la equidad" (Ïdem).

La resiliencia es una palabra que se ha puesto de moda en los últimos años porque, aunque proviene de la psicología, ayuda a entender cómo los seres vivos -sean unicelulares o la Tierra misma-, intentan sobreponerse a situaciones que son adversa o que causan dolores de cualquier índole, con la ganancia adicional de que, al final, si no es derrotado, se sale fortalecido de los problemas.

Una conocida definición de resiliencia permite desarrollar una metáfora aplicada a los problemas biológicos del planeta: "La resiliencia distingue dos componentes: la resistencia frente a la destrucción, es decir, la capacidad de proteger la propia integridad, bajo presión y, por otra parte, más allá de la resistencia, la capacidad de forjar un comportamiento vital positivo pese a las circunstancias difíciles". Para la ecología, se le acepta como la "capacidad de las comunidades y ecosistemas de absorber perturbaciones sin alterar significativamente sus características de estructura y funcionalidad, pudiendo regresar a su estado original una vez que la perturbación ha cesado.

Un sistema o proceso es resiliente "cuando tiene la capacidad de recuperarse luego de una situación o momento traumático o catastrófico, no necesariamente volviendo a su estado anterior. Es recuperar el orden desde el caos. Si un sistema no tiene suficiente resiliencia organizacional ante una catástrofe el camino es la extinción del sistema" (Calvente, 2007)

Para efectos de lo que hacen los países, ya sea en lo individual o bajo los convenios firmados en el seno de la ONU, para que sus ciudades respondan mejor a los efectos negativos que las afectan (sociales, económicos, ambientales, etcétera) y resistan las amenazas, se ejecutan obras y acciones que les permitan adaptarse y recuperarse de sus efectos nocivos de manera oportuna y eficiente. Tales proyectos deben, entonces, "contemplar previsiones para la preservación y la restauración de sus estructuras y funciones básicas" (Ídem).

La razón de mencionar en este ensayo la resiliencia es porque la sustentabilidad es un asunto de largo plazo, de lo que se desprende que, si la humanidad no toma conciencia y realiza las acciones pertinentes, no se estará en posibilidad de salvar a las generaciones futuras, ya que hoy, inevitablemente ingresamos en la era de palpar las consecuencias. La degradación ambiental que sistemáticamente se llevó a cabo durante los decenios pasados,

provocó transformaciones importantes cuyos efectos vemos hoy, los cuales pusieron de manifiesto la vulnerabilidad de nuestro planeta.
Aunque no existe una ciencia del cambio climático ni una ciencia del cambio provocado por las actividades humanas, si se han gestado importantes avances en el entendimiento de cómo funcionan el clima, la geología, el sistema planetario-solar y muchos de los sistemas que sostienen la vida en la Tierra, desarrollados en complejos métodos y modelos que nos han permitido darnos cuenta del impacto que está causando el hombre en su único hábitat. Lo anterior nos convence de que la influencia de la actividad de esta especie (la humana) es ineludible sobre el planeta (Alley, 2015).
La transición de un pensamiento irresponsable sobre la explotación de los recursos naturales y del hombre mismo, hacia un pensamiento con sustento ético y moral que garantice nuestra supervivencia a lo largo de muchos milenios más, se encuentra en proceso de desarrollo.
La ONU, a través de sus organismos y respondiendo a la presión social y de los científicos abocados a cada fragmento del gran problema, realiza una encomiable labor a favor de la planificación y la ejecución sustentables. El recorrido cuasi-diagnóstico y las estrategias que se han plasmado en este ensayo, podrían servir como punta de lanza para que los profesionales de cualquier especialidad y las empresas de cualquier sector, se concientizaran sobre la necesidad de actuar sustentablemente, por el bien de ellos, de sus organismos y de la Tierra en general.
Sin duda existe una preocupación sobre el medio ambiente y el desarrollo sustentable, lo cual resulta complejo porque no está en manos de alguien exclusivamente si no que hay que darle un enfoque interdisciplinario.
La intervención debe darse desde cada una de nuestras trincheras, en educación por ejemplo, cada país necesitará examinar sus programas académicos a todos los niveles (desde preescolar hasta educación superior). Aunque es evidente que es difícil enseñar sobre medio ambiente, economía, o civismo sin conocimientos básicos, también es evidente aumentar los conocimientos básicos,

en la forma en que actualmente se enseña en la mayoría de los países, no mantendrá a una sociedad sostenible.

La educación afecta directamente a los planes de sostenibilidad en las siguientes tres áreas:

1. Implantación: Una ciudadanía educada es vital para la implantación de un desarrollo informado y sostenible. De hecho, un plan nacional de sostenibilidad puede mejorarse o limitarse por el nivel de educación que tengan los ciudadanos. Los países con altos niveles de analfabetismo y una fuerza laboral no calificada tienen menos opciones de desarrollo. En su mayoría, estos países se ven obligados a comprar energía y bienes manufacturados en el mercado internacional necesitando monedas fuertes. Para adquirir estas monedas fuertes, estos países necesitan del comercio internacional; por lo general, esto genera la explotación de recursos naturales o la conversión de tierras de agricultura familiar de autosuficiencia a agricultura comercial. Una fuerza de trabajo educada es clave para ir más allá de una economía extractiva y agrícola.
2. Toma de decisiones: Las buenas decisiones que se toman en forma comunitaria las cuales tendrán un impacto sobre el bienestar social, económico y ambiental, también dependen de los ciudadanos educados. Las opciones de desarrollo, especialmente las opciones de desarrollo “más verde”, aumentan conforme aumenta la educación. Por ejemplo, una comunidad con abundante mano de obra calificada y gente técnicamente capacitada puede convencer a una corporación de que ubique cerca de ahí sus nuevas instalaciones de tecnología de información y desarrollo de software. Los ciudadanos también pueden proteger a sus comunidades analizando los reportes e información sobre temas de interés para la comunidad y ayudando a formular respuestas por parte de la misma. Por ejemplo, los ciudadanos preocupados por la contaminación del agua que se reporta en una cuenca cercana empezaron a monitorear la calidad del agua de los arroyos locales. Con base en sus datos e información que encontraron en internet, pelearon contra el desarrollo de un nuevo campo de golf, que hubiera

utilizado enormes cantidades de fertilizantes y herbicidas para su mantenimiento.

3. Calidad de vida. La educación también es fundamental para mejorar la calidad de vida. La educación eleva el estatus económico de las familias; mejora las condiciones de vida, reduce la mortalidad infantil, e incrementa el aprovechamiento educativo de la siguiente generación, mejorando así sus oportunidades de tener un bienestar económico y social. Una mejor educación tiene implicaciones en lo individual y en lo nacional.

La educación es central para la sostenibilidad. De hecho, la educación y la sostenibilidad están relacionadas inextricablemente, pero muchos encuentran enigmática la diferencia entre la educación como la conocemos y la educación para la sostenibilidad.

Haciendo una reflexión de lo anterior nuestro papel como individuo, como parte integral de la sociedad y aplicando lo aprendido podemos decir que independientemente de nuestra formación, o del campo donde nos desarrollemos nuestro papel es que al iniciar proyectos debemos abordar los factores sociales, culturales, medioambientales, educacionales y de Salud, de tal manera que podamos crecer, expandirnos y dar continuidad a nuestros proyectos a largo plazo, integrando las políticas actuales sobre el desarrollo sustentable.

Actualmente, debemos poner en consideración los problemas ambientales y de los recursos, y optar responsablemente por aquellos comportamientos y acciones individuales y comunitarias que estén motivados no sólo por el deseo de satisfacer las necesidades materiales personales más inmediatas, sino también por un interés genuino ante las posibles consecuencias o efectos adversos colectivos de dichas decisiones.

América Latina es la tercera región del planeta con mayor extensión de tierras dedicadas a la agricultura orgánica, con 19.9%; según datos de IFOAM, Argentina es el país que ocupa el primer lugar con más de tres millones de hectáreas, le sigue, muy a la distanciada y en segundo lugar, Uruguay con casi 700 mil hectáreas. Sin embargo, el primer puesto a nivel mundial lo ocupa Australia, con

más de 10 millones de hectáreas certificadas y Argentina ocupa el segundo.
Si una empresa se reivindica como socialmente responsable (y aunque no lo haga) debe estar sujeta al escrutinio público, a la observación de especialistas ajenos e imparciales, debe estar dispuesta al examen de sus metas, objetivos, estrategias, compromisos, sistemas de gestión, acatamiento de leyes y disposiciones, de sus políticas comerciales, sus alianzas, sus sistemas de protección al ambiente, su respeto irrestricto a los derechos humanos y laborales de los y las trabajadores(as).
En resumen para un cambio toda empresa deberá de proporcionar orientaciones prácticas sobre cómo implantar la RS, identificando a las partes interesadas, estableciendo compromisos con ellas, incrementando la credibilidad de informes y alegatos realizados sobre RS. Resaltar la importancia de resultados en el desempeño y de la mejora. Aumentar la confianza y satisfacción de los clientes y otras partes interesadas en las organizaciones. Ser coherente y no entrar en conflicto con otros documentos existentes, tratados y convenciones internacionales y otras normas ISO. No pretende reducir la autoridad gubernamental para abordar la RS de las organizaciones. Promover una terminología común en el campo de la RS y aumentar la conciencia sobre RS (Stenzel, 2015).
En cuanto a las empresas socialmente responsable (ESR), se consideran todas aquellas que cumplen con un conjunto de normas y principios referentes a la realidad social, económica y ambiental. Dentro de estas normas se encuentran las referentes al cuidado y respeto del medio ambiente. El distintivo ESR, es un reconocimiento otorgado anualmente en México por el Centro Mexicano de Filantropía (CEMEFI) y AliaRSE. Dicho distintivo agrega valor y rentabilidad a la marca o empresa, a la vez que las acredita ante sus empleados, inversionistas, clientes, autoridades y sociedad en general, como una organización comprometida voluntaria y públicamente con una gestión socialmente responsable como parte de su cultura y estrategia de negocio.
El Distintivo ESR no es un compromiso de una sola vez, sino que debe refrendarse año con año para mantener vigente la cultura de

la responsabilidad social. Además de estas razones de carácter directivo y adaptativo, existen dos factores de tipo económico que pueden influir igualmente en el éxito de la implantación de la norma ISO 14001, tales como lograr una mayor eficiencia o alcanzar determinados logros.
Con base a lo anterior se propone que las PYMES, logren retomar dichas prácticas para incrementar su responsabilidad con el ambiente, pero es necesario realizar inversiones que pueden ser más o menos elevadas, lo que dificulta su implantación, sobre todo, en aquellas empresas con escasez de recursos (en lo que corresponde al inicio de las actuaciones medioambientales).
Una vez que se logre superar esta fase, comprobarán cómo a medio plazo disminuyen los costos, tanto los externos (derivado del menor número de sanciones), como los internos (a consecuencia de la optimización de las materias primas y del mejor aprovechamiento de residuos y vertidos) (Porter, 2011).
Algunos autores refieren que las empresas se sentirán más motivadas para implantar la norma si perciben que pueden obtener determinados logros. Esta motivación afecta positivamente al éxito de la norma. Entre los logros percibidos se encuentran los siguientes: cumplir con la legislación aplicable, responder a las demandas de los factores de presión, mejorar la imagen de empresa comprometida con el medio ambiente hacia el exterior y reducir costos.
Otro grupo de elementos que podemos considerar como factores de éxito en la implantación de la norma de carácter externo a la empresa son: el interés de los clientes y el apoyo de las Administraciones Públicas.
Los clientes, al adquirir los denominados productos verdes y/o premiar a las empresas comprometidas con el medio ambiente, contribuyen al éxito en la implantación de un sistema de gestión medioambiental. Se espera que el papel de estos consumidores para potenciar el comportamiento ecológico sea cada vez mayor. Por eso, las empresas que han implantado el sistema reforzarán su aceptación medioambiental o construirán una imagen fiable de

empresa ecológica, lo que le permitirá acceder a este nicho de mercado.
La alta demanda de productos en cualquier mercado obligan a los fabricantes a mantener sus productos a bajo precio de manera consistente, lo que les obliga en muchas ocasiones al abandono de las materias primas ecológicas por sus altos precios (Villalba, 2014).
El marketing ecológico, además de lo antes expuesto, adiciona a los productos y servicios información muy importante para el consumidor, que lo sensibilizará hacia el consumo de productos y servicios ecológicos, creando en él, con el paso del tiempo una conciencia ecológica.
Aunque la Responsabilidad Social Empresarial es inherente a la empresa, debe de convertirse en una forma de gestión y de hacer negocios, en la cual la empresa se ocupe de que sus operaciones sean sustentables en lo económico, lo social y lo ambiental, reconociendo los intereses de los distintos grupos con los que se relaciona y buscando la preservación del medio ambiente y la sustentabilidad de las generaciones futuras. Buscan una visión integral de negocios con respeto por las personas, los valores éticos, la comunidad y el medioambiente con la gestión misma de la empresa, independientemente de los productos o servicios que ésta ofrece, del sector al que pertenece, de su tamaño o nacionalidad.
Reflexionando en torno a cómo las PYMES pueden retomar las mejores prácticas de las veinticinco empresas-ejemplo, esto con el fin de incrementar su responsabilidad con el ambiente, de inicio, deberán aprovechar la reducción de impuestos a los que estarán sujetos por el empleo de tecnología verde; el cual se verá reflejado en el retorno de la inversión realizada.
Asimismo, los "financiamientos verdes" son una opción totalmente viable para cualquier PYME que desee mantenerse en la competitividad de su área.
Aunado a lo anterior, otra sugerencia es servirse de campañas de marketing que aumenten y protejan el comercio local. Un ejemplo de esto es el "Consume lo que Veracruz Produce"; programa con el cual los pequeños empresarios del estado de Veracruz han dado a conocer sus productos y por tanto, han incrementado sus ventas.

La publicidad centrada en la economía verde también es una estrategia válida. Pienso que el respetar las leyes ecológicas y darse a conocer por un producto o servicio comprometido con la preservación de la naturaleza actualmente es una de las mejores recomendaciones que una empresa puede tener. Por mencionar un ejemplo, el compartir abiertamente con la sociedad las medidas sanitarias y fitosanitarias, los ingredientes y recursos utilizados en la producción, el nivel de deshechos generadas, etc., hoy es un tema de interés para muchos.

Grandes y productivas empresas muestran al público su interés en las comunidades y la preservación del ambiente; un valor añadido para toda empresa u organización y una posibilidad de innovación para toda PYME, que indudablemente le impulsa en su éxito y crecimiento económico.

Mediante este análisis se pude percatar que por diversos frentes se han comenzado a plantear esquemas que incentiven la participación de las organizaciones en la responsabilidad ecológica, que la aplicación de buenas prácticas ambientales, no solo con ello colaboran para la preservación del medio ambiente y que son reconocidas por ser empresas sustentables, les de prestigio social o comercial; sino que las empresas están demostrando que también la ecología genera rentabilidad financiera. Es decir las buenas prácticas ambientales llevan a la optimización de costos al reducir desperdicios, multas, consumos de energía y materiales, y además les permite generar utilidades por la venta de productos sustentables en su confección o en su producción. Entonces, por un lado evitando gastos y por otro mejorando las eficacias se puede incrementar los ingresos o reducir sus egresos por pérdidas. Las empresa líderes han ido probado y demostrando que las inversiones ambientales también generar utilidad financiera.

La invitación seguirá siendo a que nos sumemos desde diferentes frentes a la identificación de las mejores prácticas ambientales que permitan a nuestras organizaciones ser sustentables y a su vez les permitan mejorar sus posición económica, mejorar su balance de ingresos contra ingresos, lo que a su vez les permitirá contar con fuentes para seguir invirtiendo y desarrollándose.

De acuerdo a Acosta (2014) los siguientes puntos deben considerarse al momento de buscar ser una empresa ecológicamente responsable:

1. Mirar el panorama de forma integral: Si bien el tema ambiental es muy importante, este no es el único aspecto a considerar dentro de una estrategia de sustentabilidad; la interacción del personal al interior de la organización, el vínculo con la comunidad y la relación con los clientes también constituyen una parte fundamental de ésta, aun cuando los resultados parezcan menos tangibles que cuando hablamos de las prácticas ambientales.
2. Definir el objetivo: El objetivo de implementar una estrategia de sustentabilidad es distinto para cada una de las empresas, por lo que es muy importante tenerlo claro y vincularlo siempre al modelo de negocio de una compañía en particular. La existencia de una razón comercial para integrar la RSE a las actividades de la empresa no hace que las prácticas pierdan valor sino que proporcionan sentido a su realización y las convierten en parte de la identidad corporativa.
3. Todo el mundo a bordo: Los clientes, proveedores, inversionistas y colaboradores constituyen los principales grupos de interés de la empresa, por lo que necesitan conocer las prácticas a implementar y sus objetivos tanto como sus resultados. Mantenerlos informados ayudará a superar la resistencia a los cambios y contribuirá al mejor desarrollo de la estrategia.
4. Pedir ayuda: Procesos de producción, cadena de valor, medio ambiente, vínculo con la comunidad. El tema abarca tantos aspectos que muchas veces es complicado saber por dónde comenzar. Existen muchas organizaciones que colaboran con las empresas en el proceso de implementar la sustentabilidad como parte de su modelo de negocio, por lo que no es necesario abrumarse demasiado, contar con asesoría especializada ayudará a obtener mejores resultados.
5. Establecer responsabilidades: Desde luego que la dirección tiene que estar totalmente convencida de los beneficios de integrar la sustentabilidad a su modelo de negocio, pero asegurarse de que quienes colaboran con la empresa comprendan la importancia de

las buenas prácticas y cómo influirán éstas en sus respectivas áreas de trabajo contribuirá a que casa uno tenga claras sus responsabilidades para poder trabajar por un mismo objetivo y generará mejores resultados.

6. Ir paso a paso: Comerse el pastel completo de un sólo bocado no sólo es un objetivo casi inalcanzable sino que las consecuencias también podrían ser aterradoras. Lo mismo ocurre con la sostenibilidad, buscar un cambio radical desde el principio no sólo resultará demasiado complicado, sino que lejos de tener los resultados esperados podría afectar la productividad, no hay que olvidar que los cambios pequeños pueden hacer una gran diferencia a largo plazo.
7. Predicar con el ejemplo: Probablemente suena trillado, pero es cierto. Una empresa que promueve el cuidado del agua debe contar con prácticas internas que contribuyan con un uso eficiente del recurso; de ahí la importancia de seleccionar prácticas que se encuentren relacionadas directamente con las actividades de la empresa.
8. Pensar en los beneficios: Los negocios sostenibles tienden a ser mucho más eficientes, por lo que considerar los beneficios y la estrategia de sustentabilidad puede contribuir a que los colaboradores comprendan de forma tangible la importancia de las acciones a implementar y lo asuman como parte de su labor cotidiana, agregando valor a las actividades que se realizan día a día.
9. La sustentabilidad no sólo se mide en beneficios: Si bien una empresa sustentable obtiene beneficios tangibles, éste no es el único aspecto a considerar cuando se trata de medir el éxito de sus prácticas responsables. El nivel de confianza que la comunidad tenga en la organización y que tan verde es su cadena de valor, son también indicadores importantes en el proceso y no deben perderse de vista.
10. Pensar a futuro: Uno de los objetivos de la sustentabilidad es sin duda reducir costos, pero encontrar formas de crear valor a largo plazo a través del desarrollo de nuevos proyectos ofrecerá a la empresa nuevas oportunidades de crecimiento a largo plazo,

por lo que para sacar el máximo provecho de una estrategia de sustentabilidad debe tomarse en cuenta siempre la proyección de la empresa en el futuro planteando objetivos alcanzables con regularidad.

Partiendo de una pymes hipotética, donde se trata de un restaurante ubicado en las afueras de Chilpancingo, Gro. Cerca de una comunidad llamada Las petaquillas Gro., y buscando aplicar las estrategias de las empresas "verdes", (basados en que se encuentra ubicado en la capital de estado y es paso obligatorio para visitar el puerto de Acapulco, uno de los lugares con mayor afluencia de turistas) se propone los siguientes objetivos. 1) Fortalecer la conciencia turística de la comunidad y los visitantes; 2) Procurar un desarrollo sustentable de la actividad turística; 3) Revisar los atractivos e impulsarlos (ejemplo, si existen piedras talladas, también existe cercanía con un área arqueológica) disminuir su deterioro y mostrarlo a los turistas; 4) Orientar el desarrollo del turismo, Naturaleza, Ecoturismo y Medio ambiente; 5) Potenciar el desarrollo del turismo sustentable

Para poder llevar a cabo los objetivos, se investigarán las normas ISO 14000 vigentes, se buscará la capacitación por parte de la secretarias de medio ambiente, delimitar y aprovechar los recursos naturales próximos, ejemplo: laguna, flora, tradiciones, comida típica, incluso hacer una pequeña reseña de los sucesos históricos de las comunidades cercanas.

Para poder competir con los grandes o ser grande tenemos que pensar como ellos, los microempresarios deberán tener mayor comunicación interna y externa, conocer la problemática de sustentabilidad y adoptar las medidas acordes a sus actividades económicas, por otro lado el gobierno deberá buscar la igualdad, en la medida de sus posibilidades reales de cada sector y dejar de un lado los paternalismos y concluyo en tres puntos: 1) Las empresas más grandes y con más recursos son las que mejor se comunican y lo hacen más abundantemente para darse a conocer y legitimar su posición; 2) Las grandes compañías, al tener más recursos, más poder y más influencia, realizan más acciones de RSC para legitimar su posición, así como sus estrategias y reputación, y; 3)

Las compañías más grandes y las multinacionales son las más preocupadas por hacer reportes sociales, no sólo ambientales y/o financieros.

En el mundo contemporáneo resulta muy conveniente ser una empresa socialmente responsable y contar con la certificación correspondiente, ya que ésta representa un valor agregado y al mismo tiempo una ventaja competitiva que, aunque por lo pronto responden a decisiones voluntariosas de cada empresa, en el futuro cercano deberán atender alguna normatividad obligatoria dentro del país, así como alinearse con los acuerdos internacionales, ya que serán requisitos indispensables para poder vender en el mercado global.

La construcción paulatina, dentro de cada empresa, de los procesos que le permitan alcanzar una certificación del tipo ISO 9000 en primer lugar e ISO 14000 como meta inmediata, le llevarán, con toda seguridad a contar con herramientas contemporáneas para la competitividad, pero más importante aún, su contribución en la promoción del desarrollo ambiental y humano le granjearán el respeto y el reconocimiento, valores que conforme se aprecien mejor, serán la clave para abonar a favor de la rentabilidad financiera.

Al revisar las implicaciones del término de empresa socialmente responsable (ESR), se tiene que asumir que un desarrollo y funcionalidad bajo esta nueva dimensión, no conlleva a dimitir la capacidad de ser rentable como negocio, financieramente hablando, sino por el contrario, permite que esta rentabilidad sea más integral, ya que permite seguir teniendo y cumpliendo una dimensión económica interna, es decir, seguir siendo una empresa que genera utilidades.

Pero además de esta dimensión, se logra conjuntar una dimensión económica externa, la cual contribuye también a la anterior, por el hecho de que se generan y distribuyen productos y servicios que son comercializables y vendidos, logrando con ello no solo vender, sino brindar a los clientes y usuarios una satisfacción a una necesidad de compra y de un mejoramiento de su calidad de vida.

También se logra la dimensión social interna, la cual se traduce en generar oportunidad de empleos y con ello la obtención de ingresos a todos sus actores que están al interior y exterior de la empresa, como empleados, colaboradores, personal directivo, los dueños y proveedores, quienes ven estable e incluso mejorada su situación económica como producto del crecimiento y expansión de la empresa.

Una de las cuestiones más importantes y que representa el aprendizaje más significativo a nivel personal en este proceso formativo y que es potencialmente aplicable por parte de las PYMES, es el hecho de establecer la tesis de que ingresar al proceso de transición hacia lineamientos sustentables como parte de su desarrollo y crecimiento, no significa un cambio negativo que merme su productividad y rentabilidad, menos aún su fortalecimiento y presencia en el mercado, sino que la inversión que se realice en esta línea brinda los elementos para consolidarla como empresas competitivas y vanguardistas, con la capacidad de no solo conseguir beneficios utilitarios, sino también aportar al contexto donde se desenvuelve soluciones que ayuden a alcanzar una armonía de convivencia.

Dicha tesis puede evidenciarse al comparar por ejemplo los datos de la tabla incluida en esta actividad, donde por ejemplo en el caso de América Móvil, S.A.B. de C.V., señala el portal de Forbes México que en su "...programa de reciclaje recolectó 642,091 unidades de equipos celulares y accesorios en 2012; mientras que una de sus iniciativas para el uso eficiente de energía es la sustitución de motogeneradores por paneles solares".

En su informe de sustentabilidad del año 2014, América Móvil, señala que en materia de cuidado ambiental, se ha enfocado en que las compras realizadas sean productos sustentables o ambientalmente amigables, sobre todo en eficiencia energética, con lo cual se ha disminuido su consumo, y ha podido tener una mayor capacidad de reciclar residuos sólidos.

Dichos esfuerzos no han limitado su margen de crecimiento, ya que de acuerdo a las cifras de CNN Expansión, esta empresa ocupó el lugar número dos en la clasificación por posición en el mercado, el cual de acuerdo al portal Gerencie.com señala que el "...posicionamiento en el mercado de un producto o servicio es la manera en la que los consumidores definen un producto a partir de sus atributos importantes, es decir, el lugar que ocupa el producto en la mente de los clientes en relación de los productos de la competencia.".

Señala CNN Expansión que en el año 2011 América Móvil, tuvo ventas por $ 607,855.68 mdp, de los cuales su utilidad neta fue de $ 98,905.42 mdp, cantidad que representa un margen de utilidad bastante alto. Esta tendencia aplica en otras de las empresas como Nueva Wal-Mart de México, quien ocupó el lugar tres de posicionamiento en el mercado y es una empresa socialmente responsable, y sus ventas se ubicaron en los $ 335,857.40 mdp, y su utilidad neta fue de $194,807.57 mdp.

Esta consideración permite concluir que las empresas pueden alcanzar un crecimiento utilitario en sus ganancias monetarias, pero también pueden ser empresas amigables con el medio ambiente, adecuando o haciendo que sus procesos sean sustentables o ecológicamente diseñados, lo cual conlleva a que puedan desarrollar la capacidad para gestionar sus operaciones sustentablemente en lo económico, social y ambiental, bajo una relación de simbiosis.

Todo proyecto en las empresas surge por la necesidad de lograr impactos positivos dentro y fuera de la misma, de tal manera que en la planeación se debe considerar de igual forma lo negativo y para esto se deben generar planes de contingencia de principalmente en riesgos financieros.

Existen programas de organizaciones gubernamentales y no gubernamentales que apoyan la sustentabilidad, para esto las organizaciones se deben dar a la tarea de analizarlos y tomar las decisiones que sean pertinentes para la misma de acuerdo a sus planes de corto, mediano o largo plazo.

El compromiso de toda la organización debe permanecer y reforzarse ya que en un tiempo esperado se tendrán los resultados de un trabajo colaborativo y el impacto que pueden generar a la sociedad será mayor.

Finalmente la sustentabilidad no es una moda, es un factor clave en la sostenibilidad de un planeta y una sociedad que necesita ayuda.
El caso Nike. Sobre el tema de la innovación, la transparencia y la colaboración en el tratamiento de los temas de sustentabilidad, Nike es evidente su búsqueda de vender productos de calidad, además por el cuidado del medio ambiente, esto lo demuestra al haber obtenido certificaciones LEED en varias de sus tiendas.
Nike ha comprendido que, para seguir en el negocio, tiene que utilizar la innovación y la sustentabilidad como armas claves, no como complementos. Desde finales de los 90 re definió por completo lo que significa ser un líder de su sector, como respuesta a las duras críticas que recibió en esa década, y al hacerlo emergió como una empresa todavía más fuerte, que entiende la importancia de plantearse metas ambiciosas, pero también la de comunicarlas de una forma provechosa, interactiva y atractiva.
Nike se dio cuenta de que al proporcionar soluciones a algunos de los retos sustentables clave, no sólo hace lo correcto sino también asegura su prosperidad futura. El primer paso fue sustituyendo en sus materiales principales el carbono por el nitrógeno. Después vino Nike Better World, diseñado para llevar la sustentabilidad a una línea de productos principales. Posteriormente, aunaron fuerzas con la NASA para el lanzamiento del proyecto 2020, un concurso de innovación abierta para encontrar soluciones a los retos de sustentabilidad en los próximos dos años.
La marca Nike, tienen el potencial de cambiar el sistema entero, no simplemente cambiando pequeñas partes individuales para asegurar un futuro sustentable. Hay tres claves para que las marcas puedan ofrecer soluciones a los problemas de sustentabilidad y crear un cambio duradero.
Todos los avances tecnológicos, científicos y económicos que disfrutamos en la actualidad son el reflejo de la evolución de la especie humana durante miles de años de presencia en su hábitat natural denominado “tierra”. Sin embargo, especialmente a partir de la revolución industrial, esta evolución representa un costo significante en la supervivencia de todo lo que conocemos, tanto de lo natural como de lo creado por el hombre.

Si una sociedad y/o una empresa tiene ambiciones futuras, deberá entender y evaluar cómo ha venido produciendo, consumiendo y desechando sus productos. De otra manera, el déficit ecológico llegará a un punto que superará lo que el planeta puede ofrecer, y consecuentemente la tierra colapsará.

Implementar prácticas sustentables es una necesidad imperante para la sobrevivencia humana, donde es posible encontrar un balance entre sustentabilidad y rentabilidad; así como entre los intereses empresariales y los de la comunidad.

El caso de la empresa Nike es un ejemplo de una iniciativa sustentable que poco a poco ha ido incorporando acciones de sustentabilidad que le han permitido disminuir su impacto ambiental y al mismo tiempo, crecer económicamente e ir logrando sus objetivos de expansión alrededor del mundo. Sin embargo, tal como se mencionó en páginas anteriores, el cambio y compromiso implicado para este nuevo paradigma toma tiempo. Asimismo, es todo un reto influenciar en aquellas empresas e individuos en los que Nike tiene impacto de manera no directa.

Como se subraya en la página oficial de la responsabilidad Nike, el cambio climático, la escasez de recursos, las condiciones de trabajo deficientes, etc. son problemáticas de tal magnitud que ninguna empresa u organización puede enfrentarlas de manera individual; en otras palabras, la sustentabilidad es un deporte de equipo (Nike, 2014b).

No cabe duda que la trayectoria de Nike Inc. está llena de claro-oscuros.

En la década de los noventas, Nike fue blanco de una infinidad de denuncias por la falta de seguridad industrial, por el uso de mano de obra esclava, por el maltrato, el trabajo infantil, por la ubicación de sus fábricas, por el mal uso de sus desechos tóxicos, etc. (Segalis, 2014).

Fue una de las organizaciones globales que empezó tarde con la aparición de la sustentabilidad. Para el 2005 Nike empezaba a dar muestras de cambio, producto de sus nuevas prácticas. Al día de hoy lo persigue el fantasma de la explotación infantil, que lo ha motivado a reforzar sus políticas sobre el compromiso social.

Un cambio significativo sucedió en el año 2008, al implementar el concepto "Considered" en algunos productos (BW, 2008). Nike espera implementar este concepto en todos sus productos para el año 2020, lo que le permitirá un gran avance en el tema sustentable.
Es bueno mencionar que el concepto "Considered" combina los principios de sustentabilidad con la innovación para el deporte, al elaborar productos innovadores de rendimiento deportivo con el menor impacto ambiental, reducción del desperdicio y elaborado con materiales benéficos al medio ambiente sin elementos tóxicos.
Su caída por los eventos en el 2013 en Bangladesh ha permitido que Nike reaccione en el tema de sustentabilidad más efectivamente. Nike ha trabajado en equipo con otras organizaciones, de tal manera que ha demostrado los beneficios de implementar la sustentabilidad, tanto en su propia organización, como en aquellas que colaboran con ella.
Falta mucho camino por recorrer. A pesar de que los reportes de sustentabilidad de Nike están diseñados bajo un riguroso entendimiento científico, se le reconozca sus aciertos y su rentabilidad, queda a deber en este tema, pues no aparecer en las mediciones globales deja una imagen de falta de compromiso.
Para consolidar la sustentabilidad de forma sostenida, tanto para Nike y para muchas empresas similares, les falta provocar un gran cambio en su paradigma de capitalismo, para desarrollarse dentro de un capitalismo que adopte desde su base, la sustentabilidad.
Es necesario mencionar que la Sustentabilidad es la habilidad de lograr una prosperidad económica sostenida en el tiempo protegiendo al mismo tiempo los sistemas naturales del planeta y proveyendo una alta calidad de vida para las personas. "La sustentabilidad es un proyecto a largo plazo. Si tomamos conciencia de la importancia de la sustentabilidad estaremos salvando las generaciones futuras, pero hoy, adicionalmente también vamos a ingresar en la era de las consecuencias".
Sin embargo la continua degradación ambiental que se llevó a cabo durante el último siglo provocó transformaciones importantes y hoy es hora de velar por las consecuencias, esto significa que la

vulnerabilidad de nuestro sistema humano se incrementó como motivo de todas estas degradaciones pasadas. Es por ello que no sólo será importante la sostenibilidad de los procesos sino también la robustez, la resiliencia y la evolucionabilidad de nuestro sistema humano.

Nike ha impulsado su estrategia de utilizar el deporte como un movimiento poderoso para el cambio social. El deporte está menospreciado con respecto a su capacidad de construir redes de emprendedores sociales e innovadores comunitarios y su habilidad de impulsar un cambio social, económico y cultural positivo. Un excelente ejemplo de un programa al cual Nike está asociado es el Grassroot Soccer en África.

Se trata de un programa comunitario que aborda de manera directa una extrema necesidad social a través de la toma de conciencia y la educación sobre el VIH/SIDA. El programa permite a los jóvenes tomar decisiones con fundamento y utiliza el deporte como catalizador para comprometer y comunicar a niños y niñas.

Durante la última década han surgido o se han acelerado diferentes crisis concurrentes de diversa índole: la crisis del clima, de la diversidad biológica, del combustible, alimentaria, del agua y, finalmente, del sistema financiero y del conjunto de la economía. La escalada de las emisiones que cambian el clima sugiere que la amenaza del cambio climático podría descontrolarse, con posibles consecuencias desastrosas para el hombre.

Durante la última década han surgido o se han acelerado diferentes crisis concurrentes de diversa índole: la crisis del clima, de la diversidad biológica, del combustible, alimentaria, del agua y, finalmente, del sistema financiero y del conjunto de la economía. La escalada de las emisiones que cambian el clima sugiere que la amenaza del cambio climático podría descontrolarse, con posibles consecuencias desastrosas para el hombre.

El Informe de Nike se centra en gran medida en el papel de la innovación, la transparencia y la colaboración en el tratamiento de los temas de sostenibilidad. El resumen muestra que Nike ha logrado avances significativos en la mayoría de sus objetivos fijados, incluyendo la reducción de residuos en la fabricación de calzado, aplicación de su índice y directrices de diseño sustentable y la implementación de programas de capacitación para el área de Recursos Humanos en las fábricas contratadas.

La empresa Nike ha interpretado que, para seguir en el negocio, tiene que utilizar la innovación y la sustentabilidad como armas claves, no como complementos. Desde finales de los 90 re definió por completo lo que significa ser un líder de su sector, como respuesta a las duras críticas que recibió en esa década, y al hacerlo emergió como una empresa todavía más fuerte, que entiende la importancia de plantearse metas ambiciosas, pero también la de comunicarlas de una forma cool, interactiva y atractiva para sus stakeholders.

Después del análisis se afirma que los impactos de la disminución de los recursos naturales y la necesidad de avanzar hacia una economía ecológica, Nike también utiliza el informe para compartir su visión de lograr un modelo comercial de círculo cerrado donde la meta sea alcanzar una cadena de suministro libre de residuos y contar con productos y materiales que puedan reutilizarse de manera continua, sin residuos previos ni posteriores al consumo. Esta visión está diseñada para impulsar modelos y procesos comerciales sostenibles e innovadores.

La innovación, la transparencia y la colaboración en el tratamiento de los temas de sustentabilidad que Nike ha realizado le han permitido generar ventajas competitivas palpables que lo han catapultado como una de las empresas referentes en su ramo, integrando un desarrollo económico, ecológico y social, la tecnología, lo emocional y la vinculación con la naturaleza a sido un ejemplo a seguir nos solo por empresas del giro sino a nivel general.

Al estudiar a esta empresa, se observa sorprendente y gratamente como las organizaciones de vanguardia como Nike, Inc. son capaces de desarrollar estrategias innovadoras, no solo innovación en sus productos, sino en sus modelos de negocios. De cómo demuestran que el cuidado al medio ambiente no está peleado con la generación de riqueza económica, solo se necesita hacer un esfuerzo de pensamiento y una voluntad férrea de actuación para

lograr el cambio, como lo demuestran ellos.
De lo anterior, sus acciones y propuestas, no dejan de ser una estrategia de competitividad, de posición en el mercado o para crear u obtener nuevos mercados; pero que mejor que lo logren a través de uno de los aspectos más relevantes de este siglo, que es la sustentabilidad. Como Nike menciona, los recursos naturales son finitos, pero es infinita la capacidad humana para crear nuevas soluciones, no solo de productos, sino de acciones y productos mismos amigables con el medio ambiente, y que al final todo lo que plantean les da ese empuje sobre su competencia, y les mantiene como líderes de su mercado.
Con este análisis, se reafirma la convicción de qué se puede crecer sosteniblemente, como organizaciones y como personas, al mismo tiempo que sustentablemente. Queda muy claro con el ejemplo de Nike, Inc. que la innovación más la sustentabilidad será uno de los modelos de negocios más importantes de este y los siglos venideros; es una forma sumamente responsable de enfrentar el futuro y lograr el crecimiento económico sin poner en riesgo la sustentabilidad, y comprometer la subsistencia de las siguientes generaciones.
De acuerdo a lo anterior, podemos señalar que esta empresa comprendió que al aplicar soluciones a retos sustentables claves, no solo significa hacer "lo correcto" si no también le ayuda en la prosperidad futura. El primer paso en esta dirección fue el sustituir materiales agresivos con el medio ambiente a materiales con menor impacto ecológico, por ejemplo, el carbono por el nitrógeno y hasta aunaron fuerzas con la NASA para el lanzamiento del proyecto 2020, un concurso de innovación abierta para encontrar soluciones a los retos de sustentabilidad en los próximos dos años.
Lo sustentable es una realidad en la actualidad y las grandes marcas pueden hacer cambios que realmente tengan un impacto en el "sistema" actual, ya que pueden ofrecer soluciones a los problemas de sustentabilidad y crear un cambio duradero, retomo lo que señala Uren (2014), que menciona que existen tres maneras en que la sustentabilidad está al servicio de las marcas.

En primer lugar las marcas pueden generar demanda, donde antes no existía. Las marcas tienen la habilidad de darle a las personas lo que quieren antes de que lo sepan. También tienen la habilidad de normalizar comportamientos, expectativas y deseos. En Apple esto es un sello distintivo de la filosofía de la empresa; demuestra empatía con los consumidores antes de que un mercado sea creado para garantizar que sus productos pueden prosperar en el mismo. Por ejemplo: hay muy poca demanda de materiales de limpieza sustentables en envases de diseño moderno, pero Method ha creado este mercado y transformado a la categoría de limpieza.
En segundo lugar, las marcas pueden traer conocimientos e innovaciones de investigación y desarrollo a la vida. Las marcas actúan como un camino hacia la innovación de productos. Tomemos como ejemplo a Pureit de Unilever, un purificador de agua para uso doméstico en aquellos países donde todavía no es seguro tomar agua. La innovación detrás de este simple aparato proviene del laboratorio de R&D de Unilver en Bangalore. La marca trae este dispositivo que puede salvar vidas al mercado.
En tercer lugar, las marcas pueden crear las condiciones para un cambio amplio. Esta es un área emergente. La estrategia comercial de Nike trata de cambiar un modelo de negocio cerrado. ¿Cómo Nike puede crear condiciones para poder realizar estos cambios? Primero su aplicación gratuita alienta a los diseñadores a utilizar la base de datos de los materiales sustentables, proporcionándoles la información que necesitan para poder ver el impacto del material seleccionado. Esto ayuda a que los diseñadores tomen mejores decisiones, impulsando la demanda de materiales sustentables.
Una marca puede adoptar las tres estrategias, o alternar entre ellas dependiendo del mercado y del producto, Las estrategias que ha aplicado la empresa Nike la hace estar a la vanguardia en el área de sustentabilidad incluso podríamos decir que es una pionera en ello puesto que al hacer cambios en sus materiales sin afectar el producto, puede animar a otras empresas a seguir este camino.
La transparencia y rendición de cuentas son fundamentales en el quehacer de NIKE, además de su enfoque de sustentabilidad, su

éxito está directamente a una cultura de la innovación. Esta visualizada como el aspecto más importante, ya que no solo mejoran sus productos, sino que, además de ello genera cadenas de valor entre sus competidores, clientes, proveedores, inversionistas y su recurso humano, logrando la creación de nuevos productos, y de nuevos procesos orientados bajo un esquema de sustentabilidad como oportunidad de innovación a nivel mundial.

El corporativo Nike Inc se ha propuesto, desde su rediseño en 1978, impactar en grandes áreas de quehacer humano mediante la" generación de oportunidades para ayudar a lograr un cambio real" (nikeresponsability.com).

Este tipo de empresas posee una enorme fuerza económica y moral, gracias a que se ubica entre las más ricas del mundo y a que se orienta a actividades sanas y enaltecedoras de la humanidad. Lo primero (el dinero), le permite presionar a los proveedores, los maquiladores y los países que desean beneficiarse con sus inversiones, para que desarrollen políticas internas (públicas y privadas), que coadyuven con los planteamientos filosóficos de Nike, los cuales están totalmente alineados con el informe Brundtland y con los lineamientos del Programa de las Naciones Unidas para el Medio Ambiente (PNUMA).

A continuación destaco los principales méritos de Nike, tomados de sus páginas web oficiales y de la prensa especializada.

La innovación equivale, en palabras de los ejecutivos de Nike, a "diseñar el futuro", es decir, adelantarse a otras empresas y a los gobiernos mismos, en el establecimiento de estándares que demuestren que los componentes de la sustentabilidad (lo social, lo económico y lo ambiental), pueden ser perfectamente armonizados.

Desencadenar la innovación: Nike integra los principios de sostenibilidad en la innovación de procesos, e influye en la gobernanza local y en las carteras de sus aliados estratégicos, para generar innovación que ofrezca productos y servicios que combinen el rendimiento, la innovación y la sostenibilidad.

Revolucionar el producto: Nike se ha propuesto diseñar productos que proporcionen un rendimiento superior, al tiempo que inciden

con un menor impacto ambiental, a través de toda su cadena de valor.
Transformar la manufactura: La aplicación de este concepto permite impulsar la mejora en la orientación hacia la sostenibilidad de cada fábrica, mediante la implementación de sistemas de abastecimiento que incluyen medidas de desempeño, así como las indicadores de rendimiento tradicionales sobre los costos, el control de calidad y la oportunidad de la entrega.
Uno de los factores menos comprendidos en el éxito empresarial es el relativo a la transparencia. De hecho es una palabra a la que se le tiene miedo desde el punto de vista de la insidiosa política gubernamental y de la volubilidad del sistema bancario internacional. Pero también porque los llamados "secretos industriales" deben ser celosamente guardados.
Sin embargo, tres de esos "secretos" de Nike Inc pueden ser conocidos abiertamente, sin que se le produzca algún daño, sino al contrario, eleva su calidad moral. Ellos tienen que ver con el liderazgo, los trabajadores y los procesos.
El liderazgo conduce a la discusión franca de los puntos débiles, para encontrar soluciones y mejores desempeños.
Los trabajadores son motivados y capacitados para que tomen decisiones y para que se sientan comprometidos con el tramo de responsabilidad que les toca. Ello produce ambientes de trabajo más colaborativos.
Los procesos fabriles de Nike son predecibles, lo que no quiere decir que sean fácilmente imitables por cualquiera. En general se basan en la innovación pensando en la ecología, en la reducción de desperdicios, en la agilidad de respuesta y en la captación de nuevas demandas de los clientes.
El resultado puede centrarse en los siguientes dos acápites:
Desatar los nudos a la innovación: Esta política interna le permite desarrollar prototipos con mayor facilidad y crear índices para conducir y medir la sostenibilidad. Si a ello se le agregan las lecciones aprendidas de los demás, se pueden adoptar, a gran escala, nuevos enfoques que enlacen la sostenibilidad con la innovación para impulsar el crecimiento del negocio y el rendimiento

Nike proporciona información actualizada en sus páginas web oficiales, en las que se responden preguntas como: ¿dónde se fabrican mis zapatos? Ello permite al consumidor y a los gobiernos tomar decisiones sobre contratos de compra, de incentivos y de presión social cuando se ubica un establecimiento en áreas en las que se violan los derechos humanos o se persigue por motivos ideológicos, por ejemplo.

Entre las cualidades de Nike son muy reconocidas las que vinculan a esa empresa con la sociedad y con el entorno natural. Hay una explícita orientación hacia el cuidado de la salud del planeta y de las personas, así como una política clara respecto a la mejora de los procesos sustentables en las empresas con quienes contratan cualquier clase de producto o servicio.

En enfoque de Nike en cuanto a espíritu colaborativo se puede sintetizar en tres acápites:

Gente y Cultura. Se refiere a considerar que "nuestra gente y nuestra cultura es nuestra fuente más poderosa para la innovación y el cambio" (Ídem). Por lo tanto, se debe invertir en el desarrollo de cada empleado, de acuerdo al ámbito que le rodea. Con ello se logra involucrar a los trabajadores (propios o inducidos), al inspirar en ellos ideas de innovación y compromiso con la preservación de su cultura.

Para los ejecutivos de Nike, construir la sostenibilidad se ubica en el centro de sus pensamientos... "es el ADN de nuestro modelo de negocio, en nuestras operaciones" (Ídem), y de ahí surge la cultura que desata la innovación, la colaboración y la mejora permanente.

La creación de redes se encuentra en la esencia del modelo de negocios de Nike. Bajo el anglicismo Hardwire se define la forma de medir el valor de cada segmento de la industria en la sostenibilidad. De esa forma, Nike se convierte en un catalizador de la innovación sostenible, que impulsa esfuerzos multisectoriales para cambiar los sistemas vigentes y transformar el mercado.

La revisión del caso de Nike Inc., ha permitido revisar, analizar y reflexionar que el tema de la producción como parámetro primario de una empresa, no se circunscribe en una dicotomía con el cuidado del medio ambiente, sino por el contrario, se haya en una simbiosis a través de la cual es posible alcanzar el mejoramiento no solo cuantitativo sino cualitativo de los índices de calidad.

Muchas empresas, sin ánimo de etiquetar, desarrollan procesos productivos que tienden a mejorar agotando los recursos naturales, ya que lejos de invertir en tecnologías limpias, buscan utilizarlos en mayores proporciones sin importar su deterioro o agotamiento. No obstante, derivado de la dimensión y trascendencia del tema de la conservación del medio ambiente, existen esfuerzos que buscan re direccionar esta tendencia.

Para lograrlo, se han implementado políticas gubernamentales que tratan de establecer las condiciones para que pueda darse un proceso de transición, de un modelo tradicional de producción, a uno en el cual se haga una combinación de las variables motoras de cualquier empresa, en donde se ha venido dando una transformación en los lineamientos de sus prioridades, pasando de centrarse solo y exclusivamente en la obtención de una rentabilidad pura, a una en la cual se establece un compromiso para contribuir al desarrollo social, y que de allí ha pasado a incluir el sostenimiento y cuidado del medio ambiente.

Desde esta evolución en el modelo de negocio, se ha logrado una transformación en la operatividad de muchas empresas que cada día se suman al esfuerzo cuyo interés es colectivo, y que se trata de preservar el resto de la naturaleza y mitigar el déficit ecológico que se ha venido arrastrando desde hace décadas por la falta de una sensibilidad e intuición estratégica comprometida y carente de otorgar la importancia al tema de la sustentabilidad y priorizando más en el de la sostenibilidad.

Revisar y analizar la forma en que se describe el funcionamiento de Nike inc., es un caso que permite intuir y proyectar que la innovación no alude en su proceso de materialización, en la adquisición tajante de tecnología, aunque se reconoce que si es necesaria, sino por el contrario, la innovación va más en el sentido de establecer medidas de cambio y transformación, en donde se de apertura a nuevas y distintas propuestas que al sumarse dan como resultado el fortalecimiento de la empresa, su actualización y vanguardia, evolucionando en proporción a las nuevas demandas, tendencias y sobre todo prioridades que hoy el medio ambiente exige se actué con firme determinación.

Actualmente, existe y se producen planteamientos teóricos y empíricos que ayudan a tener suficientes referentes para explicitar con un grado alto de discurso, que el tema de la sustentabilidad es muy importante para poder seguir siendo sostenible. Existe una clara idea y ello es meritorio de aprendizaje, que los recursos naturales son finitos, que se requiere un cambio de mentalidad, un cambio de paradigma que apueste en prácticas novedosas, y la innovación es el elemento clave que al aplicarse provee de un potencial para alcanzar el equilibrio entre ser sostenible y rentable, pero también en ser sustentable y competitivo.

Las acciones que las empresas llevan a cabo, como en el caso de Nike Inc., van teniendo más difusión y se constituyen en referentes de aprendizaje de otras organizaciones empresariales, quienes visualizan que los cambios y tendencias en la implantación de la biocapacidad y la ecoeficiencia, son cuestiones que se están convirtiendo no en una cuestión de moda, sino de necesidad y de una oportunidad para generar competitividad y rentabilidad en el corto y en el largo plazo.

Desde luego que Nike Inc., como empresa multinacional posee los recursos para incorporar tecnología de punta en sus procesos de producción, pero en este sentido se puede apreciar que la innovación más importante sucede en el terreno de las proposiciones conceptuales y actitudinales que articulan dichos procesos, es decir, priorizan y hacen una realidad práctica los términos que tienen que ver con los problemas de los mercados en los cuales comercializa sus productos.

Esta forma de operar, conjuntando tecnología, disposición, compromiso y valores como la colaboración, son los elementos que han dado a esta empresa la oportunidad de sobresalir como empresa con responsabilidad social empresarial, cuya característica más notable es el hecho de poder remediar los problemas del medio ambiente, y ello lejos de considerarse inversiones de fondo perdido, han resultado una estrategia de negocio que la ha colocado como una empresa vanguardista y comprometida con la naturaleza.

Estos son parte de los aprendizajes que pueden rescatarse dentro de esta cosmovisión verde y aplicarlos al desempeño particular para aportar ideas que puedan ser aplicadas en los procesos de las instituciones o empresas en las cuales se labora. El mecanismo para construir una cultura de remediación y prevención ambiental basada en la sustentabilidad, tiene que comenzar en la imitación de casos que representan un éxito en esta área y aplicar a través de una adecuación objetiva las experiencias, sobre todo en el aspecto actitudinal, ya que es allí donde se detona el cambio hacia este nuevo paradigma.

La sustentabilidad es una manera de cambiar la perspectiva de hacer las cosas en una empresa, requiere inversiones y colaboración en todos los niveles organizacionales. Se debe innovar constantemente, adaptarse al uso moderado de recursos, cuidado del medio ambiente y beneficios a la sociedad.

Los consumidores están inmersos en un mundo de constantes cambios tanto sociales, económicos, políticos y de comercio; al adquirir productos o servicios se identifican aquellos que satisfagan y el costo sea accesible. No todos los pobladores de este planeta se comprometen llevar a cabo un consumo razonable, desperdician, acumulan, no reúsan y esto ocasiona contaminación, desorden urbano en otras palabras déficit ecológico.

Algunas empresas y organizaciones no gubernamentales se han preocupado por el medio ambiente y por trabajar con la sustentabilidad, sus esfuerzos han rendido beneficios a este triángulo sustentable: sociedad-medio ambiente- empresa; ya que por medio de sus servicios o productos se han colocado como ejemplo a seguir y marcado la pauta para que se dé una economía verde, que tanta falta nos hace.

Lo anterior indica que se debe emprender el camino hacia un desarrollo sustentable que consiste en el mejoramiento de la calidad de vida humana sin rebasar la capacidad de carga de los ecosistemas que la sustentan; mantiene la base de los recursos naturales y puede continuar mediante la adaptación y mejores

conocimientos, organización, eficiencia técnica y, sobre todo, una mayor sabiduría.
Finalmente hacer una reflexión sobre lo que indica (Fromartz, 2009): "Una cosa es segura: la sustentabilidad es más un enfoque que una meta, razón por la cual se la perfecciona continuamente. A medida que las empresas la entienden mejor, también consiguen mejores resultados. En síntesis, aprender más sobre lo que hacen ha llevado a las compañías a cambiar como lo hacen".
Este trabajo nos invita a hacer una reflexión sobre el alcance del concepto de sustentabilidad, ya que puede considerársele más como un enfoque que una meta, razón por la cual se le perfecciona continuamente. Por ello, a medida que las empresas lo entienden mejor, conseguirán mejores resultados y a modificar su rumbo en virtud de los logros y beneficios que han alcanzado.
En ese sentido, Nike ha aplicado la innovación hacia la sustentabilidad como estrategia de competitividad y de eficiencia, no solo para hacer frente a un mundo globalizado sino para concientizar que nuestra participación es clave para preservar y alcanzar un mejor planeta.
Como ella, otras empresas han mostrado apertura para incluir dentro de la elaboración de sus proyectos y su planeación, el concepto fundamental que ha emergido como punto de partida de las proyecciones futuras dentro del desarrollo económico: la sustentabilidad, término que viene a revolucionar no solo el aspecto del diseño de propuestas de crecimiento y de trabajo, sino de la operatividad de las organizaciones.
El concepto de sustentabilidad es, sin duda, un nuevo paradigma en el ámbito de la calidad, según el cual no solo se trata de lograr resultados óptimos y acorde a los objetivos que se proyectan, lo cual sin duda es una de las principales aspiraciones de toda empresa y organización, sino que al incorporar la sustentabilidad, se establece una transición hacia el miramiento de la función y repercusión que tienen estas entidades sobre el contexto en el que se desenvuelven.
La sustentabilidad incorporada dentro de la planeación y operatividad organizacional, busca dar continuidad al mejoramiento

y logro de la calidad como un proceso constante y permanente, pero desarrollándolo bajo un esquema de armonía con el contexto que le rodea. Por ello la planeación debe ajustar sus mecanismos para, de esa forma, obtener una rentabilidad sostenible así como elevar y mejorar su producción a través de la optimización de los recursos, logrando alcanzar la calidad pero con una línea decreciente en la utilización de estos.

La sustentabilidad por tanto, conduce a armonizar la operatividad y el desarrollo de las empresas y organizaciones, con el fin de que se constituyan en entidades amigables con el medio ambiente, el cual actualmente está en crisis y requiere que toda esta propuesta se constituya en un nuevo paradigma bajo el cual se delineen las proyecciones de crecimiento, expansión y desarrollo.

Gracias a lo anterior es posible afirmar que es posible -y potencialmente viable- el desarrollar conjuntamente acciones de servicio social y de cuidado del medio ambiente para brindar alternativas que propicien un beneficio monetario que permita financiar cada necesidad planteada, incluyendo en ellas el resarcimiento del daño ecológico, además de dar apertura a actividades que puede constituirse en un negocio sustentable y sostenible.

Como sabemos, la contaminación ha provocado daños en los ecosistemas y por ende en la vida del hombre, de los animales y de las plantas. La acción del hombre, el progreso y la intención de mejorar las condiciones de vida son las causas principales de la contaminación ambiental que está sufriendo el planeta. A su vez, los efectos de esta acción la padece el mismo hombre.

Uno de los retos más importantes que conlleva el desarrollo sostenible es que exige alternativas innovadoras y nuevas formas de pensar. Si bien los avances en conocimientos y tecnologías contribuyen al desarrollo económico, también tienen el potencial de ayudar a resolver los riesgos y amenazas de la sostenibilidad de nuestras relaciones sociales, del medio ambiente y de las economías.

Por un lado, la urgencia y magnitud de los riesgos y amenazas existentes sobre nuestra sostenibilidad colectiva, y por otro lado el

incremento de la gama de alternativas y oportunidades, harán que la transparencia del impacto económico, ambiental y social sea un componente fundamental en toda interacción con los grupos de interés de las organizaciones informantes, en las decisiones de inversión y en la relación con los mercados.
Para atender estas expectativas e informar sobre la sostenibilidad de una forma clara y abierta, se necesita un marco de trabajo común a nivel mundial, con un lenguaje uniforme y parámetros comunes que sirvan para comunicar de una forma transparente todas las cuestiones.
Uno de los caminos correctos es el uso de las tecnologías alternativas, ya que después de cierto tiempo se convierte en un hábito y ya no se puede dejar de ensayar diferentes formas de aprovechar y conservar la energía. El problema es que existen pronósticos muy malos para el planeta que veremos en los próximos 10 ó 15 años, lo que nos obliga a cambiar el discurso de "la herencia que vamos a dejar a nuestros hijos", por el de "estamos cosechando lo que sembramos".
Son muchas las propuestas planteadas, pero lo más importante es la verdadera aplicación en ellas, por parte de las naciones, sus gobernantes y sus habitantes, para el cuidado del medio ambiente, destacando en éste la importantísima decisión del cuidado del agua, el suelo y la energía.
Las PYMES son realmente incubadoras para el crecimiento y el desarrollo económico y social de cualquier país en el mundo. En la actualidad, las actividades y costumbres de las PYMES asumen los cambios y mejoras para ser competitivos y así cubrir las necesidades y calidad de vida de los consumidores y clientes. Incluir las variables de sustentabilidad en los cambios y mejoras dentro y fuera de la organización de cada PYME le beneficiará a corto, mediano y lardo plazo, de tal forma que le genere una ventaja competitiva y por consecuencia, convertirse en una empresa sustentable. El universo de las PYMES oscila por encima del 99% del número total de empresas en prácticamente todos los países, lo que significa que un gran cambio sucedería en el medio ambiente si todas las PYMES se convirtieran en empresas sustentables.

Es posible enunciar algunas reflexiones ante las decisiones minúsculas, a partir de lo plasmado en este documento, como el que los miembros de todos los niveles y departamentos de una empresa entiendan el impacto ambiental que ocasionan por la forma en que conducen sus labores. Así mismo, en la medida en que el planeta se conciba como el hábitat común o el hogar común, entonces los intereses personales se alinearán a los de las empresas, las sociedades, las naciones y el planeta en general.
La sustentabilidad no debe ser negociable, ya que como se ha ido observando en las reacciones de la naturaleza, en algunos casos las consecuencias se están volviendo irreversibles, como es la pérdida de los bosques y el agotamiento del agua limpia. Por otro lado el uso indiscriminado de sustancias químicas, dañinas y toxicas tanto para el ser humano como para otras especies, pone en riesgo el equilibrio ecológico de regiones inmensas. Por ello es de capital importancia conducir proyectos en los que el enfoque de la sustentabilidad, sea en el enfoque en el que las empresas y los países cimienten su competitividad. El desarrollo de procesos más limpios llevará al mundo a tener zonas protegidas dejando atrás la protección del medio ambiente como sólo un formulismo teórico.
Un ejemplo clásico es ahora el ecoturismo, con el que no solo se trata de llevar visitantes a la zona donde se propone aplicar, sino también conocer los múltiples factores políticos, sociológicos, turísticos, psicológicos, administrativos, antropológicos, etc. que constituyen un destino turístico, lo que obliga a contar con la participación de los habitantes de la comunidad, las empresas privadas y el Estado, quienes deben adecuarse a criterios de eficiencia y competencia, lo mismo que subordinarse a los estudios ecológicos, sociales y económicos que aseguren el cumplimiento de las políticas ambientales y el desarrollo de la región, poniendo énfasis en los derechos sociales y humanos de la comunidad (salud, educación, alimentación, trabajo, libertad y democracia).
Para ello se necesita una orientación responsable, una administración cuidadosa, planeación controlada, comercialización creativa y selectiva, así como educación y entrenamiento. Sí bien en un inicio todo esto resulta costoso, es una inversión donde las

comunidades, sobre todo las rurales e indígenas, deberían ser beneficiadas de las utilidades resultantes del uso de sus propios recursos.

A partir de la propuesta realizada por ANUIES-SEMARNAT respecto del Plan de Acción para el Desarrollo Sustentable en las Instituciones de Educación Superior, se reconoce que el sistema de educación superior del país debería ser consciente del rol que juega dentro de la educación ambiental y sus repercusiones hacia la sustentabilidad de un país o estado. Por ello es importante incrementar la productividad del capital humano a través de la generación de habilidades y capacidades, además de formar las nuevas generaciones con plena conciencia en la construcción de un futuro sustentable a través de cambios en actitudes y comportamientos del presente, producto de la normalización del conocimiento y plena conciencia de estos temas, y mediante la formación de líderes comprometidos con este tema.

En los proyectos educativos con orientación ambiental se identifican dos tipos de beneficiarios: los directos y los indirectos, ambos derivados del interés que ha generado en los últimos años el concepto y las virtudes de la sustentabilidad. Los directos se agrupan en dos categorías: los alumnos y sus clientes. Los primeros son las personas que acudirán a tomar los cursos en diplomados, especialidades, licenciaturas y maestrías, así como cursos específicos para ciertos procedimientos constructivos y/o equipamientos para ser integrados tecnológicamente al concepto de *hábitat de tierra*. A ellos se le podrían sumar profesionales y obreros de la construcción, autoridades relacionadas con la obra pública, investigadores de intercambio y facilitadores de la transferencia tecnológica. También como beneficiarios directos, pero en la categoría de clientes, se identifica a las personas u organismos que contraten los servicios de los anteriores para resolver problemas del hábitat en sus viviendas o en los edificios públicos de sus comunidades.

Los beneficiarios indirectos también pueden dividirse en dos categorías: quienes obtienen beneficio económico y quienes obtienen calidad de vida. Los primeros serán los proveedores de materiales, equipos y conocimientos, por lo que recibirán algún pago a cambio. Este tipo de beneficiarios es muy importante, pues debido a que se rescatarían procedimientos constructivos ancestrales, se incentivarían los empleos y las pequeñas empresas en la región. Por otra parte, los beneficiarios indirectos que no reciban dinero, serán los usuarios de los espacios construidos y los vecinos de las zonas que sean preservadas del impacto negativo que se produciría de construir con sistemas contaminantes o irresponsables.

Para cada tipo y categoría de beneficiarios se pueden identificar beneficios en el futuro, los cuales van desde los más inmediatos, relacionados básicamente con la obtención de un conocimiento, una habilidad, un trabajo o un objeto, hasta los de mayor visión, que se vincular a logros a escala social y con satisfacciones personales trascendentes.

Desde la perspectiva de los proyectos ambientales se puede lograr vincular la mejora de la calidad de vida de las generaciones presentes con la de las futuras, comenzando a trabajar desde ya, y ofrecer a los descendientes un mejor planeta, tal como lo propuso el informe Brundtland hace medio siglo.

Toda empresa debe contraer un compromiso indisoluble con el medio ambiente, de modo que genere muchos más beneficios y reduzca los perjuicios en el ambiente, sin afectar los objetivos que como empresa u organización, ni impedir que alcancen sus planes estratégicos de competitividad y productividad.

El camino hacia la sustentabilidad está lleno de incertidumbre, pero a partir de los errores y fracasos, se probarán en la práctica las soluciones que permitan, de manera lo más natural posible, que se avance en el sentido correcto, planeando adecuadamente lo que como especie deseamos que suceda.

FUENTES DE CONSULTA

1. 3M (2015). Sustentabilidad. Recuperado el 1 de Julio de 2015 de http://solutions.3m.com.mx/wps/portal/3M/es_MX/3M-Graphic-Solutions/home/resources/sustainability/
2. AC, Analiza Calidad (2015). ¿Qué es la ISO? Recuperado el 4 de julio de 2015 de http://www.analizacalidad.com/docftp/fi1122iso14.htm
3. Acosta, C. (2014). 10 tips para que las PyMEs potencialicen su estrategia de sustentabilidad. Recuperado el 03 de julio de 2015 de http://www.expoknews.com/10-tips-para-que-las-pymes-potencialicen-su-estrategia-de-sustentabilidad/
4. Adidas (2013). Guía sobre el medio ambiente. Recuperado el 1 de Julio de 2015 de http://www.adidas-group.com/media/filer_public/2013/07/31/environmental_guidelines_spanish.pdf
5. AFP, Más por Más (2014) Déficit ecológico. Consultado el 8 de junio de 2015 en http://www.maspormas.com/noticias/global/deficit-ecologico
6. Aguilera, A. (2012). Crecimiento empresarial basado en la responsabilidad social. Pensamiento y gestión. (32). Recuperado el 18-jun-15 de 2015 en http://rcientificas.uninorte.edu.co/index.php/pensamiento/article/viewFile/3977/2823
7. AkiFrases (2012) Frases y Citas Célebres de Eduardo Galeano, consultada el 10 de junio de 2015 en: http://akifrases.com/autor/eduardo-galeano/
8. Álamo, F., García, M. y Suárez, S. (2002). Estrategias de crecimiento horizontal y vertical: ¿unas a expensas de las otras? En revista Investigaciones Europeas de Dirección y Economía de la Empresa, Vol. 8, N°2, 2002, pp. 181-198. Recuperado el 18-Junio-2015 de - ttp://www.aedem-virtual.com/articulos/iedee/v08/082181.pdf

9. Alfaya A., V. y Blasco V., J. L. (2002). La sostenibilidad y la empresa. Recuperado http://www.conama.es/viconama/ds/pdf/24.pdf
10. Allcot Group (2014). GE, NIKE, BOA, eliminadas del índice de sostenibilidad de Dow Jones. Recuperado el 26 de Junio de 2015, de http://www.allcot.com/2014/10/08/ge-nike-boa-eliminadas-del-indice-de-sostenibilidad-de-dow-jones/
11. Alley, R. (2015). Será difícil vivir sin aire acondicionado, en El País, periódico, 14 junio 2015, España, en: http://elpais.com/elpais/2015/06/12/ciencia/1434137416_848836.html
12. Altamirano, M. (2011). La responsabilidad social y su relación con las pymes en el Perú y su entorno económico. Perú: Escuela de PostGrado de la UPC. Recuperado el 11 de Julio de 2015, de http://www3.upc.edu.pe/bolsongei/bol/29/774/Working%20Paper%20-%20Mar%C3%ADa%20Altamirano_c.pdf
13. Alto Nivel (2015a). Conciencia ambiental, el valor que urge en tu empresa. Recuperado el 1 de Julio de 2015 de www.altonivel.com.mx
14. Alto Nivel (2015b). Directorio de empresas socialmente responsables. Recuperado el 1 de Julio de 2015 de http://www.altonivel.com.mx/11237-directorio-de-empresas-socialmente-responsables.html
15. Amato, C. (2015). Relación entre Sustentabilidad, Responsabilidad Social y Responsabilidad Extendida al Productor. Argentina. Recuperado el 25 de junio de 2015 de https://sustainabledevelopment.un.org/content/documents/639491-Amato-Relacion%20entre%20Sustentabilidad%20Responsabilidad%20Social%20y%20Responsabilidad%20Extendida%20al%20Productor.pdf
16. Ambientum (2013). La economía verde, imprescindible para el desarrollo sostenible. España. Recuperado el 21 de junio de 2015 de

http://www.ambientum.com/boletino/noticias/economia-verde-imprescindible-desarrollo-sostenible.asp
17. América Móvil (2015). Informe anual de sustentabilidad 2014. Recuperado el 04-jul-2015 de http://www.americamovil.com/amx/es/cm/reports/Q/29052015.pdf
18. Anco, I. (2013). Sistema de Gestión Ambiental ISO 14001. Recuperado el 10 de julio de 2015 de: http://es.slideshare.net/preppie83/sistema-de-gestion-ambiental-iso-140012004?related=1
19. Andersen, M. (2003). ¿Qué es la certificación ISO 14001? En Folleto ¿Es la Certificación Algo para Mí? Una Guía Práctica sobre por qué, cómo y con Quién Certificar Productos Agrícolas para la Exportación. Recuperado el 04 de Julio de http://www.fao.org/docrep/007/ad818s/ad818s08.htm
20. APA, American Psychological Association (2010). Citación de las fuentes. En Manual de Publicaciones de la American Psychological Association (3a ed.). México: Manual Moderno. Pp. 169-191.
21. Apple (2015). Creemos que la verdadera innovación es la que piensa en todo. Recuperado el 1 de Julio de 2015 de https://www.apple.com/mx/environment/
22. Arocena, J. (1998). Ejemplar dedicado a: Cultura y cambio en las organizaciones contemporáneas. México. págs. 42-5.
23. Auerbach, M. P. (2009). Environmental Deficit. Research Starters Sociology. AcademicPub. EBSCO. Recuperado el 11 de junio de 2015 de http://www.academicpub.com/map/items/29678.html
24. Ayuso, S. y Mutis, J. (2010). El Pacto Mundial de las Naciones Unidas - ¿una herramienta para asegurar la responsabilidad global de las empresas? En revista Globalización, Competitividad y Gobernabilidad. Universidad Georgetown. Estados Unidos. Recuperado el 09 de Julio de 2015 de http://webcache.googleusercontent.com/search?q=cache:1QECNmSFkVEJ:https://gcg.universia.net/article/download/382/508+&cd=13&hl=es&ct=clnk&gl=mx

25. Azurmendi, L. (2012). El mundo ya entró en déficit ecológico duro impacto global. Chile. Recuperado el 21 de junio de 2015 de http://www.guioteca.com/medio-ambiente/el-mundo-ya-entro-en-deficit-ecologico-duro-impacto-global/ Lorena
26. Badii, M. H. (2008). La huella ecológica y sustentabilidad. En International Journal of Good Conscience (Núm. 3, Vol. 1). Pp. 672-678. Recuperado el 12 de junio de 2015 de http://www.spentamexico.org/v3-n1/3(1)%20672-678.pdf
27. Barrera, J. (1998). ISO 14000: ¿Protección o proteccionismo? México: INE, Instituto Nacional de Ecología. Recuperado el 1-Jul-15 de http://www2.inecc.gob.mx/publicaciones/gacetas/273/14000.html
28. Barta, P. y Otto, B. (2014). Nike aún lucha con las sobras de su mala imagen. Estados Unidos: The Wall Street Journal. Recuperado el 28 de Junio de 2015, de http://lat.wsj.com/articles/SB10001424052702303380004579522211706685256
29. Beato, P., y Poli, F. (2008). Pymes: Una visión estratégica para el desarrollo económico y social. México: SELA, Sistema Económico Latinoamericano y del Caribe. Recuperado el 05 de Julio de 2015, de http://iberpyme.sela.org/Documentos/PYME-VISION-ESTRATEGICA.pdf
30. Berges, G. (2013). Ser sustentable, el futuro de las empresas. Forbes México. Recuperado el 16-jun-15 de http://www.forbes.com.mx/ser-sustentable-el-futuro-de-las-empresas-exitosas/
31. Berkes, F., Colding, J. y Folke, C. (2003). Navigating Social-Ecological Systems: Building Resilience for Complexity and Change. Inglaterra: Cambridge University Press. Recuperado el 07 de Julio de 2015 de http://catdir.loc.gov/catdir/samples/cam033/2002022268.pdf
32. Blanco C., M. (2004). Gestión ambiental: camino al desarrollo sostenible. EUNED. p. 215.

33. Blin, A. y Marín, G. (2008). La ONU y la gobernanza mundial. Foro por una nueva Gobernanza Mundial. Recuperado el 08-jun-15de http://www.world-governance.org/IMG/pdf_La_ONU_y_la_Gobernanza_Mundial.pdf
34. BMV, Bolsa Mexicana de Valores (2015b). Listado de empresas emisoras. Recuperado el 04 de Julio de 2015 de http://www.bmv.com.mx/wb3/wb/BMV/BMV_empresa_emisoras/_rid/177/_mto/3/_url/BMVAPP/emisorasList.jsf
35. BMW (2015). Un futuro libre de emisiones. La sustentabilidad de BMWi. Recuperado el 1 de Julio de 2015 de http://www.bmw.com.mx/mx/es/insights/corporation/bmwi/sustainability.html
36. Bravo M., T. (2013). Educación Superior en México: avances sobre la inclusión de la perspectiva de sustentabilidad. Recuperado el 10 de julio de 2015 de: www.ses.unam.mx/curso2013/materiales/13Sep13.pptx
37. BSI Group (2013). ¿Cuáles son los beneficios de ISO 14001? Gestión Medioambiental ISO 14001. BSI. Recuperado el 3 de julio de 2015 de http://www.bsigroup.com/es-MX/gestion-medioambiental-ISO14001/
38. BSI Group (2014). Guía ISO 26000 sobre Responsabilidad Social. Recuperado el 21 de junio de 2015 de http://www.bsigroup.com/es-ES/Responsabilidad-Social-ISO-26000/
39. BW, Business Wire (2008). Diseño Nike Considered - productos que redefinen el rendimiento deportivo y la sustentabilidad. Recuperado el 28 de Junio de 2015, de http://www.businesswire.com/news/home/20081028006157/es/#.VZCD3_I_Oko
40. Cajiga, C. J. (2009). El concepto de responsabilidad social empresarial. México: Centro Mexicano para la Filantropía. Recuperado el 30-jun-15 de http://www.cemefi.org/esr/images/stories/pdf/esr/concepto_esr.pdf

41. Caldera, L. (2013). Estrategias para la sustentabilidad. México. Recuperado el 8 de junio de 2015 de http://www.academica.mx/sites/default/files/adjuntos/35272/unidad_6_estrategias_para_la_sustentabilidad.pdf
42. Calduch, R. (1991). Relaciones Internacionales. Madrid: Ciencias Sociales. Recuperado el 05-jun-15 de http://pendientedemigracion.ucm.es/info/sdrelint/lib1cap10.pdf
43. Calvente, A. (2007). El concepto moderno de sustentabilidad. Argentina: Universidad Abierta Interamericana. Recuperado 05-jun-15 de http://www.sustentabilidad.uai.edu.ar/pdf/sde/uais-sds-100-002%20-%20sustentabilidad.pdf
44. CARE, Cooperative for Assistance and Relief Everywhere (2015). Documentos sobre Cambio Climático de CARE Internacional. Recuperado el 11 de junio de 2015 de http://www.careclimatechange.org/files/adaptation/Que_es_adaptacion_al_cambio_climatico.pdf
45. Caride, A. (2001). La educación ambiental en el desarrollo humano: horizontes para la sustentabilidad ecológica y la responsabilidad social. España: Universidad de Santiago de Compostela. Recuperado el 5-Jun-15 de http://www.magrama.gob.es/es/ceneam/articulos-de-opinion/2001-10caride_tcm7-141789.pdf
46. Carpizo, J. (2000). La Reforma Constitucional de 1999 a los organismos protectores de los derechos humanos. En Revista Mexicana de Derecho Constitucional. Recuperado el 8 de julio de 2015 de http://www.juridicas.unam.mx/publica/rev/cconst/cont/3/art/art2.htm
47. Castellanos V., M. L. (2009). El desarrollo sustentable y la globalización: Lo que la lógica de mercado no contó. En La Chronique des Amériques. N°08. Recuperado el 20 de Junio de 2015 de http://www.ieim.uqam.ca/IMG/pdf/Maria_Lorena.pdf
48. Castillo, M. (2011). Acciones prioritarias de la política ambiental en Sinaloa. Recuperado el 6 de julio de 2015 de

http://www.inecc.gob.mx/descargas/ord_ecol/2011_taller_dunas3_pon02_mcastillo.pdf
49. Castro, V. (2011). Innovación y el espíritu emprendedor. Escuela de Organización Industrial. Recuperado el 05-jul-2015 de http://api.eoi.es/api_v1_dev.php/fedora/asset/eoi:75425/componente75424.pdf
50. Ceja, A. C. (2013). Indicadores de Derechos Humanos sobre el Derecho al Medio Ambiente en México.
51. CEMEFI, Centro Mexicano para la Filantropía (2015a). Empresas que obtuvieron el Distintivo ESR 2015. Recuperado el 3 de julio de 2015 de http://www.cemefi.org/esr/
52. CEMEFI, Centro Mexicano para la Filantropía (2015b). Guía de participación para el proceso de obtención del Distintivo ESR 2015. CEMEFI. Recuperado el 2 de julio de 2015 de http://www.cemefi.org/esr/images/Guia%20de%20participacion%20Distintivo%20ESR%202015%20y%20manual%20sistema%20Final.pdf
53. CEMEFI, Centro Mexicano para la Filantropía (2015c). Información Institucional. Recuperado el 30 de junio de 2015 de http://www.cemefi.org/cemefi/informacion-institucional.html
54. CEPAL, Comisión Económica para América Latina (2003). Financiamiento para el desarrollo sostenible: visiones y acciones desde la perspectiva de América Latina y el Caribe. Recuperado el 06 de Jun de 2015 de http://www.cepal.org/es/publicaciones/1566-financiamiento-para-el-desarrollo-sostenible-visiones-y-acciones-desde-la
55. CEPAL, Comisión Económica para América Latina (2010). La responsabilidad social empresarial. Una prioridad en el mundo empresarial moderno. Centro Empresarial de Inversión Social. Recuperado el 17-jun-2015 de http://www.cepal.org/celade/noticias/paginas/8/12168/respempresarialglobal.pdf
56. CEPAL, Comisión Económica para América Latina y el Caribe (2014). Innovación Sustentable PYMES. Colombia: DDPE, División de Desarrollo Productivo y Empresarial. Recuperado

el 8 de Junio de 2015 de http://www.giz-cepal.cl/files/Sebasti%C3%A1n%20Rovira%20-%20Innovaci%C3%B3n%20sustentable%20pymes.pdf
57. CFNavarra (2005). Huella ecológica y sostenibilidad. España. Recuperado el 21 de junio de 2015 de http://www.cfnavarra.es/medioambiente/agenda/Huella/EcoSos.htm
58. Chávez D., R. S., Cifuentes L., E., Andrade R., R., Espinoza S., B. M. y Everitt, J. (2008). Huellas ecológicas y sustentabilidad en la costa norte de Jalisco, México. México: Teoría y Praxis 5. Págs. 137-144. Recuperado el 12 de junio de 2015 de www.teoriaypraxis.uqroo.mx.
59. Chávez, M. (2006). Distintas vías para abordar la sustentabilidad: una exploración del camino seguido por el gobierno mexicano. México: Argumentos. 19(51), 173-212. Recuperado el 7-Jun-15 de http://www.scielo.org.mx/scielo.php?script=sci_arttext&pid=S0187-57952006000200007
60. CINU, Centro de información de las Naciones Unidas (2000).Medio ambiente. Recuperado el 3 de junio de 2015 de http://www.cinu.org.mx/ninos/html/onu_n5.htm
61. CINU, Centro de Información de las Naciones Unidas (2005). ¿Por qué participar? Recuperado el 12 de Julio de 2015 de http://www.cinu.org.mx/pactomundial/why_how.htm
62. CINU, Centro de Información de las Naciones Unidas (2010). Introducción a la Carta de las Naciones Unidas. Recuperado el 6 de junio de 2015 de http://www.cinu.mx/onu/documentos/carta-de-las-naciones-unidas/
63. CINU, Centro de información de las Naciones Unidas (2011). Programa de las Naciones Unidas para el Desarrollo. Recuperado el 6 de junio de 2015 de http://www.cinu.mx/minisitio/taller_ModelosONU2011/docs/PNUD_Edgar.pdf
64. CINU, Centro de Información de las Naciones Unidas (2013a). Día mundial del medio ambiente. Recuperado el 21 de junio

de 2015 de http://www.cinu.mx/eventos/observancia/dia-mundial-del-medio-ambiente-4/
65. CINU, Centro de información de las Naciones Unidas (2013b). Río+20 sienta las bases para un mundo más sostenible. Recuperado el 6 de junio de 2015 de http://www.cinu.mx/noticias/mundial/pnud-rio20-sienta-las-bases-pa/
66. CINU, Centro de Información de las Naciones Unidas (2014a). ¿Qué es el CINU? Recuperado el 6 de Junio de 2015 de http://www.cinu.mx/cinu/bienvenidos-a-naciones-unidas/
67. CINU, Centro de Información de las Naciones Unidas (2014b). Asamblea General. Recuperado el 6 de junio de 2015 de http://www.cinu.mx/onu/organos/asamblea-general/
68. CINU, Centro de Información de las Naciones Unidas (2014c). Biodiversidad y pesca excesiva. Recuperado el 21 de junio de 2015 de http://www.cinu.mx/temas/medio-ambiente/biodiversidad-y-pesca-excesiva/
69. CINU, Centro de Información de las Naciones Unidas (2014d). Bosques. Recuperado el 21 de junio de 2015 de http://www.cinu.mx/temas/medio-ambiente/bosques/
70. CINU, Centro de Información de las Naciones Unidas (2014e). Cambio Climático. Recuperado el 21 de junio de 2015 de http://www.cinu.mx/temas/medio-ambiente/cambio-climatico/
71. CINU, Centro de Información de las Naciones Unidas (2014f). Campañas publicitarias de las Naciones Unidas. Recuperado el 21 de junio de 2015 de http://www.cinu.mx/cinu/campanas-publicitarias-de-las/
72. CINU, Centro de Información de las Naciones Unidas (2014h). Cubagua 2015: por un uso sostenible de los recursos hídricos. Recuperado el 6 de junio de 2015 de http://www.cinu.mx/noticias/cuba/cubagua-2015-por-un-uso-sosten/
73. CINU, Centro de Información de las Naciones Unidas (2014i). Desertificación. Recuperado el 21 de junio de 2015 de http://www.cinu.mx/temas/medio-ambiente/desertificacion/

74. CINU, Centro de Información de las Naciones Unidas (2014j). El CINU, Servicios y funciones. Recuperado el 8 de Junio de 2015 de http://www.cinu.mx/cinu/servicios/
75. CINU, Centro de Información de las Naciones Unidas (2014l). Estadísticas mundiales. Recuperado el 21 de junio de 2015 de http://www.cinu.mx/temas/desarrollo-economico/estadisticas-mundiales/
76. CINU, Centro de Información de las Naciones Unidas (2014m). Estado mundial de la investigación sobre el océano. Recuperado el 21 de junio de 2015 de http://www.cinu.mx/comunicados/2014/10/estado-mundial-de-la-investiga/
77. CINU, Centro de Información de las Naciones Unidas (2014n). Financiación del desarrollo sostenible. Recuperado el 8 de Junio de 2015 de http://www.cinu.mx/temas/medio-ambiente/financiacion-del-desarrollo-so/
78. CINU, Centro de Información de las Naciones Unidas (2014o). Inaugurada en Japón la Conferencia Mundial sobre Educación para el Desarrollo Sostenible. Recuperado el 7 de julio de 2015 de http://www.cinu.mx/comunicados/2014/11/inaugurada-en-japon-la-confere/
79. CINU, Centro de Información de las Naciones Unidas (2014p). Medio ambiente y desarrollo sostenible. Recuperado el 21 de junio de 2015 de http://www.cinu.mx/temas/medio-ambiente/medio-ambiente-y-desarrollo-so/
80. CINU, Centro de Información de las Naciones Unidas (2014q). Medio ambiente. Recuperado el 14 de Junio de 2015 de http://www.cinu.mx/temas/medio-ambiente/
81. CINU, Centro de Información de las Naciones Unidas (2014r). Meteorología, Clima y Agua. Recuperado el 21 de junio de 2015 de http://www.cinu.mx/temas/medio-ambiente/meteorologia-clima-y-agua/
82. CINU, Centro de Información de las Naciones Unidas (2014s). Ozono. Recuperado el 21 de junio de 2015 de http://www.cinu.mx/temas/medio-ambiente/ozono/

83. CINU, Centro de Información de las Naciones Unidas (2014t). Pequeños estados insulares. Recuperado el 21 de junio de 2015 de http://www.cinu.mx/temas/medio-ambiente/pequenos-estados-insulares/
84. CINU, Centro de Información de las Naciones Unidas (2014u). Programa 21. Recuperado el 21 de junio de 2015 de http://www.cinu.mx/temas/medio-ambiente/programa-21/
85. CINU, Centro de Información de las Naciones Unidas (2014v). Protección del medio marino. País. Recuperado el 21 de junio de 2015 de http://www.cinu.mx/temas/medio-ambiente/proteccion-del-medio-marino/
86. CINU, Centro de Información de las Naciones Unidas (2014x). Seguridad Nuclear. Recuperado el 21 de junio de 2015 de http://www.cinu.mx/temas/medio-ambiente/seguridad-nuclear/
87. CK, Corporate Knights (2015). 2015 GLOBAL 100. An index of the Global 100 most sustainable corporations in the world. Recuperado el 04 de Julio de 2015, de http://www.corporateknights.com/reports/2015-global-100/#requestReport
88. CM, Comunidad de Madrid (2015). Agenda 21. Recuperado el 13 de Junio de 2015 de http://www.madrid.org/cs/Satellite?c=CM_InfPractica_FA&cid=1114178667893&language=es&pagename=ComunidadMadrid%2FEstructura&pv=1114178692047
89. CNDH, Comisión Nacional de los Derechos Humanos (2012). El papel de las comisiones de derechos humanos en la defensa, protección y difusión de los derechos humanos de las personas migrantes. Recuperado el 8 de julio de 2015 de http://www.dhmigrantes.cide.edu/taller_centroamerica/08_Papel_comisiones_dh%20_CNDH_Batista_26junio12.pdf
90. CNN Expansión (2011). Las 500 empresas más importantes de México 2011. Consultado el 4 de Julio del 2015 de http://www.cnnexpansion.com/tablas/2012/07/10/las-500-empresas-mas-importantes-de-mexico-2011

91. CNN Expansión (2014). Las 500 de CNN Expansión de México, año 2014. Recuperado el 1 de Julio de 2015 de www.cnnexpansion.com/rankings
92. CNS, CanWest New Service (2008). Humanity has moved to ecological deficit: WWF report. Consultado el 13 de Junio del 2015 en http://www.canada.com/topics/news/story.html?id=cf2f1013-a478-44d0-932d-2a80363b52f0#__federated=1
93. COBACH, Colegio de Bachilleres (2008). Reciclaje de papel. Consultado el 12 de Julio del 2015 de http://reciclaje-cobach.blogspot.com/2008/10/ventajas-y-desventajas-del-reciclado.html
94. COBACHEV, Colegio de Bachilleres del Estado de Veracruz (2015). Marco institucional. Recuperado el 08-julio-2015 de http://www.cobaev.edu.mx/misionVision.php
95. Colgate Palmolive (2012). Entrelazando esfuerzos. Recuperado el 1 de Julio de 2015 de http://www.cemefi.org/esr/images/stories/pdf/voluntariado_corp/Colgate-PalmolivePresentacionGiveyGainDay.pdf
96. Comunica RSE (2012). Informe Resumen de Rendimiento de los Negocios Sostenibles FY10-11. Argentina. Recuperado el 26 de junio de 2015 de http://comunicarseweb.com.ar/?page=ampliada&id=8778
97. Comunidad Andina (2009). El poder ecológico de la Naciones. Recuperado el 11 de junio de 2015 de http://www.comunidadandina.org/public/libro_106.htm
98. Cortes, I. (2015). El Pacto Mundial de las Naciones Unidas, a 15 años de su lanzamiento, está impulsando a las empresas mexicanas hacia una nueva Agenda de Desarrollo de alto impacto. Recuperado el 12 de Julio del 2015 de http://www.pactomundial.org.mx/home/?p=1392
99. Cortinas de Nava, C. (2008). Manejo sustentable de los residuos. Recuperado el 12 de Julio del 2015 de http://www.ceja.org.mx/IMG/PyGA_Art_Cristinas_Cortinas.pdf
100. CRAALC, Centro Regional de apoyo para América Latina y el Caribe (2015). Análisis de cumplimiento del Principio 10 del

Pacto Mundial de Naciones Unidas de empresas del sector eléctrico que operan en América Latina. Recuperado el 8 de julio de 2015 de: http://pactoglobal.org.ar/.../2015/.../Analisis_cumplimientoP10_sector-electrico

101. CreceNegocios (2015). Retorno sobre la inversión (ROI). Recuperado el 12 de Julio del 2015 de http://www.crecenegocios.com/retorno-sobre-la-sobre-inversion-roi/
102. CSO, Construcciones Sustentables Orendáin (2014). Nike y su preocupación por el medio ambiente. Consultado el 17 de Junio del 2015 en h tp://tc-s-o.mx/nike-y-su-preocupacion-por-el-medio-ambiente
103. CU, Congreso de la Unión (1988). Ley General del Equilibrio Ecológico y Protección al Ambiente. México: DOF, Diario Oficial de la Federación. Recuperado el 2 de julio de 2015 de http://www.metro.df.gob.mx/transparencia/imagenes/fr1/normaplicable/2014/1/lgeepa14012014.pdf
104. CU, Congreso de la Unión (2013). Ley Federal de Responsabilidad Ambiental. México: DOF 07-06-2013. Recuperado el 8 de Junio de 2015 de http://www.diputados.gob.mx/LeyesBiblio/pdf/LFRA.pdf
105. DAES, Departamento de Asuntos Económicos y Sociales (2015). Bosques. Sobre el Proceso Intergubernamental. ONU. Recuperado el 14 de Junio de 2015 de http://www.un.org/spanish/esa/sustdev/forests.htm
106. Daimler (2010). Econic: el camión que no genera emisiones. Recuperado el 1 de Julio de 2015 de http://www.daimler.com.mx/Documentos/Noticias/2010/BoletinEconic.pdf
107. De Miguel, M. (2011). La responsabilidad social empresarial en la pequeña y mediana empresa. España: Ministerio de Industria, Turismo y Comercio.
108. DeAcero (2012). Los 7 países más ricos y sustentables. México. Recuperado el 21 de junio de 2015 de

http://stbdeacero.com/2012/07/04/los-siete-paises-mas-ricos-y-sustentables/

109. Del Prado, M. (2009). Metodología para aplicar la Responsabilidad Social Empresarial en las pymes. México: Fondo Multilateral de Inversiones y Banco Interamericano de Desarrollo. Recuperado el 12 de Julio de 2015 de http://cepymearagon.blogspot.mx/2009/12/metodologia-para-aplicar-la.html
110. Delgado de Cantú, G. (2003). México. Estructuras política, económica y social (2a ed.). México: Pearson.
111. Deloitte (2011). Sustentabilidad como herramienta para reducir los riesgos. Boletín Gobierno Corporativo. Consultado el 24 de Junio del 2015 en, http://www2.deloitte.com/content/dam/Deloitte/mx/Documents/risk/Gobierno-Corporativo/gc-sustentabilidad-herramienta-reducir-riesgos-verano2011.pdf
112. Deutsche, W. (2007). La UE critica la iniciativa de Bush contra el cambio climático. Recuperado el 6 de junio de 2015 de http://www.cambio-climatico.com/la-ue-critica-la-iniciativa-de-bush-contra-el-cambio-climatico
113. DGEP, Dirección General de Escuelas Preparatorianas (2012). Ecología y educación ambiental. Recuperado el 6 de julio de 2015 de http://uaprepasemi.uas.edu.mx/libros/6to_SEMESTRE/54_Ecologia_y_Educacion_Ambiental.pdf
114. Díaz, M. (2014). Desarrollo sustentable: presente, pasado y futuro. Recuperado 1 de junio de 2015 de http://ingenierias.uanl.mx/25/25_desarrollo.pdf
115. Disney (2013). Ciudadanía corporativa de Disney. Recuperado el 1 de Julio de 2015 de: http://cdn.media.thewaltdisneycompany.com/cdnmedia/corporatecitizenship/reports/FY13PerfSummary_SPC.pdf
116. DNA GL (2015). ISO 14001 - Environmental Management System. Demonstrate your commitment to the environment. Recuperado el 5 de julio de 2015 de

https://www.dnvgl.com/services/iso-14001-environmental-management-system-3360

117. DOF, Diario Oficial de la Federación (2014). Programa Nacional Forestal 2014-2018. México: DOF de 28 de abril de 2014. Recuperado el 10 de julio de 2015 de http://www.dof.gob.mx/nota_detalle.php?codigo=5342498&fecha=28/04/2014
118. ECO Inteligencia (2015). 15 cosas que no sabías sobre el reciclaje. Recuperado el 08-jul-2015 de http://www.ecointeligencia.com/2013/11/15-cosas-reciclaje/
119. ECS, Expok Comunicación de Sustentabilidad (2015). Las empresas 2015 del IPC Sustentable de la BMV. Re Recuperado el 4 de Julio de 2015 de http://www.expoknews.com/las-empresas-2015-del-ipc-sustentable-de-la-bmv/
120. El Economista (2014a). Acciones de Chipotle Mexican Grill serían buena oportunidad. México. Recuperado el 20 de Junio de 2015 de http://eleconomista.com.mx/fondos/2014/04/23/acciones-chipotle-mexican-grill-serian-buena-oportunidad
121. El Economista (2014b). Reporte Ganancias Nike impulsa sus acciones. Recuperado el 4 de Julio de 2015 de http://eleconomista.com.mx/fondos/2014/09/29/reporte-ganancias-nike-impulsa-sus-acciones
122. El Economista (2015). McDonald's reducirá su presencia en EU; primera vez en más de 40 años. México. Recuperado el 20 de Junio de 2015 de http://eleconomista.com.mx/industria-global/2015/06/18/mcdonalds-reducira-su-presencia-eu-primera-vez-mas-40-anos
123. El Financiero (2014). Suecia. Modelo de Sustentabilidad para México. Recuperado el 12 de Julio del 2015 de http://www.elfinanciero.com.mx/opinion/suecia-modelo-de-sustentabilidad-para-mexico.html
124. El Informador (2011). El 90% de los ríos de Guerrero contaminados. Recuperado el 6 de julio de 2015 de

http://www.informador.com.mx/mexico/2011/289462/6/el-90-de-los-rios-de-guerrero-contaminados.htm

125. En tu obra (2009). Sustentabilidad en la obra. Recuperado el 25 de junio de 2015 de http://www.entuobra.com/site/index.php/arqlist/181-sustentabilidad-en-la-obra
126. EPA, Environmental Protection Agency of the United States (2015). Benefit-Cost Analysis. Recuperado el 12 de Julio del 2015 de http://www.epa.gov/sustainability/analytics/benefit-cost.htm
127. Escobar D., J. L. (2007). El desarrollo sustentable en México (1980-2007). En Revista Digital Universitaria (Volumen 9 Número 3). Recuperado el 06 de Junio de 2015 de http://www.revista.unam.mx/vol.9/num3/art14/art14.pdf
128. EV, Ecología Verde (2009). Marketing ecológico. Recuperado el 2 de julio de 2015 de http://www.ecologiaverde.com/marketing-ecologico/
129. EV, Ecología Verde (2015). Contaminación del aceite usado de los coches. Recuperado el 12 de Julio del 2015 de http://www.ecologiaverde.com/contaminacion-del-aceite-usado-de-los-coches
130. ExpokNews (2012). Caso de éxito de RSE: Nike. Recuperado el 26 de Junio de 2015 de http://www.expoknews.com/caso-de-exito-de-rse-nike/
131. F&SEI, Forética y Secretaría de Estado de Igualdad. (2011). Igualdad y RSE. Guía para PYMES. México: F. e Igualdad. Recuperado el 11 de Julio de 2015 de http://www.msssi.gob.es/ssi/igualdadOportunidades/docs/Igualdad_RSE.pdf
132. FAO, Organización de las Naciones Unidas para la Alimentación y la Agricultura (2005). Formulación y Análisis detallado de Proyectos. Recuperado el 27 de junio de 2015 de http://www.fao.org/docrep/008/a0323s/a0323s05.htm
133. FEMSA, Coca-Cola de México (2008). Informe de Responsabilidad Social y Sustentabilidad. México: FEMSA. Recuperado el 4-Jun-15 de http://www.sustentabilidadcoca-

cola.com.mx/descargas/Informe-Responsabilidad-Social-2008.pdf
134. FEMSA, Coca-Cola de México (2012). Sostenibilidad en Coca-Cola FEMSA. Recuperado el 21 de junio de 2015 de http://www.coca-colafemsa.com/arquivos/Sostenibilidad%20en%20Coca%20Cola%20FEMSA.pdf
135. Fernández M., A. (2013). Déficit ecológico. Cada vez mayor. Eroski Consumer. Recuperado el 26 de Junio de 2015 de http://www.consumer.es/web/es/medio_ambiente/urbano/2013/10/14/218311.php
136. FIDA, Fondo Internacional de Desarrollo Agrícola (2010). Desertificación. Recuperado el 14 de Junio de 2015 de http://www.ifad.org/pub/factsheet/desert/s.pdf
137. Flores, J. (2013). México necesita menos Pymes. México: F. México. Recuperado el 10 de Julio de 2015, de http://www.forbes.com.mx/mexico-necesita-menos-pymes/
138. Foladori, G. (1999). Sustentabilidad ambiental y contradicciones sociales. En Ambiente Sociedad (vol. II, No. 5). Recuperado el 14 de Junio de 2015 de http://www.scielo.br/pdf/asoc/n5/n5a03
139. FondoPymes (2012). Descripción General del Programa. Anexo 1. México: F. P. México. Recuperado el 01 de Julio de 2015, de http://www.fondopyme.gob.mx/2012/pdfs/ecr_2011_2012_fpyme_anexos.pdf
140. Forbes (2013). Las empresas más sustentables de México. Consultado el 03 de Julio del 2015 en, http://www.forbes.com.mx/las-empresas-mas-sustentables-de-mexico/
141. Forbes (2014). Las 25 empresas con el mejor equilibrio entre vida y trabajo. Recuperado el 1 de Julio de 2015 de http://www.forbes.com.mx/las-25-empresas-con-el-mejor-equilibrio-entre-vida-y-trabajo/
142. Fromartz, S. (2009). 5 empresas, 5 estrategias, 5 transformaciones. En revista File Sustentabilidad &

Managment. Recuperado el 26 de Junio de 2015 de http://www.wobi.com/sites/default/files/5_empresas.pdf
143. FSA, Fundación Salvemos el Agua (2011). ¿Qué es EER? Empresa Ecológicamente Responsable. Recuperado el 2 de julio de 2015 de http://www.salvemoselagua.org/eer/eer.html
144. García H., P. (2013). El pensamiento estratégico en el modelo de sustentabilidad organizacional: de lo abstracto a la cotidianidad. México: Universidad Autónoma del Estado de México. Recuperado el 26 de Junio de 2015 de http://148.206.107.15/biblioteca_digital/articulos/9-642-9297xud.pdf
145. GBCe, Green Building Council España (2015). Certificación IEED. Recuperado el 26 de Junio de 2015 de http://www.gbce.es/pagina/certificacion-leed
146. GeoMexico (2010). Mexico's ecological footprint compared to that of other countries. Consultado el 13 de Junio del 2015 en http://geo-mexico.com/?p=345
147. GeoMexico (2013). Mexico and the happy planet index. Consultado el 13 de Junio del 2015 en http://geo-mexico.com/?tag=ecological-footprint
148. Geon (2013). Programa de inmersión rápida a la sustentabilidad para Pyme's. Recuperado el 10 de Julio de 2015, de http://geon.mx/wp-content/uploads/2013/01/Folleto-Inmersion-Rapida-PYMES-v-2.1.pdf
149. Gerencie (2015). Posicionamiento en el mercado. Recuperado el 04-jul-2015 de http://www.gerencie.com/posicionamiento-en-el-mercado.html
150. GES, Gobierno del Estado de Sinaloa (2013). Ley ambiental para el desarrollo sustentable del estado de Sinaloa. Recuperado el 6 de julio de 2015. De: 1.- http://www.ordenamientoecologicosinaloa.gob.mx/pdf/LEYAMBIENTAL.pdf
151. GES, Gobierno del Estado de Sinaloa (2014). Ley de educación para el estado de Sinaloa. Recuperado el 6 de julio de 2015 de

http://www.sep.gob.mx/work/models/sep1/Resource/9db15657-4ea9-47fe-9fe6-4a6181040a2c/sinaloaculiacan.pdf

152. GFN, Global Footprint Network (2009). Footprint for nations. México 1961-2008. Recuperado el 26 de Junio de 2015 de www.footprintnetwork.org/en/index.php/GFN/page/footprint_for_nations/

153. GG, Gobierno de Guerreo (2015). Guerrero portal oficial. Recuperado el 6 de julio de 2015 de http://guerrero.gob.mx/municipios/centro/juan-r-escudero/

154. GlobalSTD (2015). GlobalSTD Certification. Recuperado el 01-jul-2015 de http://www.globalstd.com/certificacion

155. GlobeScan (2015). The 2015 Sustainability Leaders. Recuperado el 28 de Junio de 2015 de http://www.globescan.com/component/edocman/?view=document&id=179&Itemid=591

156. Godínez, H., López, B. y Chirino, A. (2012). Organizaciones y sustentabilidad: Un enfoque Latinoamericano. México: Universidad Autónoma Metropolitana. Recuperado el 20 de Junio de 2015 de http://investigacion.izt.uam.mx/cgpg/docs/book_orgs_sust.pdf

157. González R., C. (2011). Empresas Socialmente Responsables y mercado verde internacional. En Economía Informa (núm. 366, Enero-febrero).

158. González, A. (2013). Sustentabilidad y rentabilidad, generan valor al negocio. Recuperado el 27 de junio de 2015 de. http://www.pymempresario.com/destacados/sustentabilidad-y-rentabilidad-generan-valor-al-negocio/

159. González, E. (2015a). Empresas demandarán sustentabilidad rentabilidad. México. Recuperado el 21 de junio de 2015 de http://www.milenio.com/negocios/Empresas-demandaran-sustentabilidad-rentabilidad-Felipe_Pearl_0_413358924.html

160. González, H. (2015b). ISO 9001:2015. Enfoque basado en procesos. En Boletín Calidad y Gestión. Recuperado el 1-Jul-15 de http://campaign.r20.constantcontact.com/render?ca=4f89420d

-9c78-4092-861d-cc1feef871d1&c=f39d10c0-1df8-11e5-b135-d4ae52843d28&ch=f3a0e150-1df8-11e5-b135-d4ae52843d28
161. Greenpeace (2011). La deforestación y sus causas. Recuperado el 9 de julio de 2015 de http://www.greenpeace.org/mexico/es/Campanas/Bosques/La-deforestacion-y-sus-causas/
162. GRI, Global Reporting Initiative (2015). Get Started. Recuperado el 4-Jun-15 de https://www.globalreporting.org/old-subsites/get-started/Pages/default.aspx
163. Guajardo, C. G. (2006). La información financiera para la toma de decisiones. En Contabilidad para no contadores (pp. 1-16). México: McGraw-Hill Interamericana. Consultado el 16 de Junio del 2015 de http://doc.ieu.edu.mx/file.php/371/lecturas/02.pdf
164. Gunter, P. (2012). PYMES, con ventaja para ser sustentables [V. Mendoza, entrevistador].
165. Hale, T. (2014). La reforma silenciosa del Pacto Mundial [Ensayo]. Recuperado el 6 de julio de 2015 de http://unchronicle.un.org/es/article/ensayo-la-reforma-silenciosa-del-pacto-mundial/
166. Hernández M., S. (2008). Introducción al urbanismo sustentable o nuevo urbanismo. Recuperado el 12-Julio-2015 de http://www.redalyc.org/articulo.oa?id=67611217015 ISSN 1665-8140
167. Hernández, E. M. (2014). Sustentabilidad y calidad de vida urbana. Revista de la SEECI, 159-169. Recuperado el 21 de junio de 2015 de link: http://www.seeci.net/revista/index.php/seeci/article/view/304
168. Hernández, J. (2009). Políticas de Apoyo a la Internacionalización de las PYMES Mexicanas. México: Universidad de las Américas Puebla. Recuperado el 12 de Julio de 2015, de http://catarina.udlap.mx/u_dl_a/tales/documentos/lni/hernandez_t_ja/

169. Hewitt R., R. G. (1999). ISO. Recuperado el 1-Jul-15 de https://es.wikipedia.org/wiki/ISO_14001:2004 14001 EMS: manual de sistemas de gestión medioambiental. Paraninfo.
170. Hitt, M., Ireland, R. y Hoskisson, R. (2011). Strategic Management. Competitiveness & Globalization (9a ed.). Estados Unidos: CENGAGE Learning.
171. Huitrón O., J, Beltrán de Paz, R. y Guerrero T., E. (2011). Educar para la sustentabilidad: paradigma de cambio y conservación. En COP 15. ISBN 978-1-4583-7188-1.
172. IADS, Instituto Argentino para el Desarrollo Sustentable (2009). Samsung Electronics anuncia su iniciativa medioambiental Eco-Management 2013. Recuperado el 1 de Julio de 2015 de http://www.iadsargentina.org/ver.php?id=322&item=1
173. IFAI, Instituto Federal para el Acceso a la Información (2004).El derecho de acceso a la información en México: un diagnóstico de la sociedad. Recuperado el 8 de julio de 2014 de http://inicio.ifai.org.mx/Publicaciones/derecho_acceso16.pdf
174. IHOBE, Sociedad Pública Gestión Ambiental (2000). Como implantar un sistema de gestión ambiental. Recuperado el 10 de julio de 2015 de: http://archives.valoryempresa.com/archives3/Parte1.pdf
175. ILAC, American and Caribbean Initiative on Sustainable Development, (2014) Consultado el 19 de Junio del 2015 en, http://www.unep.org/greeneconomy/Portals/88/documents/INDICATORS%20PPT/d2s6.2%20Andrea%20Salinas%20Environmental%20Indicators%20of%20the%20Latin%20American%20and%20Caribbean%20Initiative%20on%20SD%20ILAC.pdf
176. INEGI, Instituto Nacional de Estadística, Geografía e Informática (2015). Sectores Económicos. Recuperado el 10 de julio de 2015 de http://www.inegi.org.mx/inegi/default.aspx?s=est&c=6130
177. Inspiraction (2009). Contaminación por plomo. Recuperado el 6 de julio de 2015 de https://www.inspiraction.org/cambio-climatico/contaminacion/contaminacion-por-plomo

178. Intel (2015). Informe de Responsabilidad Social Corporativa de Intel 2010. Recuperado el 1 de Julio de 2015 de www.intel.com/go/responsibility
179. Investing (2015). Nike. Consultado el 24 de Junio del 2015 en http://www.investing.com/equities/nike
180. Iñaqui, A. (2011). Huella ecológica. En revista Ihitza, España. Recuperado el 08-Jun-2015 de https://www.euskadi.eus/r49-4155/es/contenidos/boletin_revista/ihitza36/es_ihitza/adjuntos/ihitza36.pdf
181. IPADE, Universidad Panamericana (2012). Compitiendo sustentablemente en la industria automotriz: VW. Recuperado el 1 de Julio de 2015 de http://www.ipade.mx/editorial/Pages/compitiendo-sustentablemente-en-la-industria-automotriz-vw.aspx
182. ISO, International Standard Organization (2015). ISO 14000-Environmental management. Consultado el 30 de Junio del 2015 en, http://www.iso.org/iso/home/standards/management-standards/iso14000.htm
183. ISOTools (2015). ISO 14001: Implicaciones económicas de los Sistemas de Gestión Ambiental. 7 octubre, 2014. ISO Tools. Excellence. Recuperado el 4 de julio de 2015 de https://www.isotools.org/2014/10/07/iso-14001-implicacion-economica-sistemas-gestion-ambiental/
184. Jardín Orgánico (2015). Agricultura orgánica al desarrollo sostenible. Argentina. Recuperado el 21 de junio de 2015 de http://www.jardinorganico.com.ar/?pag=noticia&id=113&titulo=agricultura%20org%C3%A1nica%20al%20desarrollo%20sustentable
185. Jiménez, C., Torres, R. y Corcuera, P. (2010). Biodiversidad, una alerta. Recuperado el 14 de Junio de 2015 de http://www.difusioncultural.uam.mx/casadeltiempo/36_iv_oct_2010/casa_del_tiempo_eIV_num36_09_16.pdf
186. Johnson Controls (2015). Creamos soluciones sustentables. Recuperado el 1 de Julio de 2015 de http://www.johnsoncontrols.com.mx/content/mx/es/products/building_efficiency/soluciones_sustentables.html

187. KPMG (2014a) Sustentabilidad y Responsabilidad Social: ¿moda o urgencia del mundo moderno? Recuperado el 13 de Junio del 2015 de https://www.kpmg.com/MX/es/IssuesAndInsights/ArticlesPublications/Documents/Factsheets/Sustentabilidad-y-Responsabilidad-social.pdf
188. KPMG (2014b). Taxes and incentives for renewable energy. Recuperado el 13 de Junio del 2015 de http://www.kpmg.com/Global/en/IssuesAndInsights/ArticlesPublications/taxes-and-incentives-for-renewable-energy/Pages/mexico.aspx
189. La Jornada (2013). Guerrero, 2do. lugar nacional con más personas en pobreza extrema: Coneval. Recuperado el 9 de julio de 2015 de http://www.lajornadaguerrero.com.mx/2013/10/17/index.php?section=sociedad&article=005n1soc
190. Label, W. (2000). ISO 14000: un sistema de administración ambiental con oportunidades para contadores y otros consultores. En revista Contaduría y Administración (Núm. 198, Julio-septiembre 2000). Recuperado el 2 de julio de 2015 de http://www.ejournal.unam.mx/rca/198/RCA19806.pdf
191. Lara, J., Falfán, L. y Villa, A. (2012). Huella ecológica, datos y rostro. En Cuadernos de Divulgación Ambiental. México: Centro de educación y capacitación para el desarrollo sustentable. Recuperado el 08-jul-2015 de http://www.sema.gob.mx/descargas/manuales/HuellaEcologica_SEMARNAT.pdf
192. Leal, J. (2005). Ecoeficiencia: marco de análisis, indicadores y experiencias. CEPAL. División de Desarrollo Sostenible y Asentamientos Humanos. Recuperado el 20-jun-2015 de http://www.oei.es/decada/portadas/105.pdf
193. Leff, E. (2000). Globalización, racionalidad ambiental y desarrollo sustentable. Recuperado el 18-jun-15 de http://www.ambiente.gov.ar/infotecaea/descargas/leff08.pdf
194. López, A. (2014). Deforestación en México: Un análisis preliminar. Recuperado el 9 de julio de 2015 de

http://www.ccmss.org.mx/wp-content/uploads/2014/10/Deforestacion_en_Mexico_un_analisis_preliminar.pdf
195. López, B. R. y Cervantes, B. J. (2002). Unidades del paisaje para el desarrollo sustentable y manejo de los recursos naturales. En Revista de información y análisis (Núm. 20). pp. 43-49.
196. López, C. y Pontet, N. (2011). Ventajas competitivas sustentables a través del capital intelectual integrando las complementariedades entre la teoría institucional y la teoría de recursos. Revista del Instituto Internacional de Costos, ISSN 1646-6896 (Núm. 8, enero/junio 2011). Recuperado el 21 de junio de 2015 de http://www.revistaiic.org/articulos/num8/articulo2_esp.pdf
197. LRQA, Lloyd's Register (2015). LRQA Business Assurance. Recuperado el 01-jul-2015 de http://www.lrqamexico.com/certificaciones/ISO-14001-Gestion-Ambiental/index.aspx
198. Lundy, M. y Ricketts. K. (2011). Inversión para el impacto social y el desarrollo empresarial. Recuperado el 21 de junio de 2015 de www.snvworld.org/download/.../guia_para_ecoempresas-web.pdf
199. Macário de Oliveira, V, Pasa G., C. y Ataide C., G. (2013). Indicadores de sustentabilidad para la actividad turística. En Estudios y Perspectivas en Turismo Volumen (vol. 22). Pp. 177 – 197.
200. Macionis, J. y Plummer, K. (1995). Environmental deficit. Pearson. Recuperado el 11 de junio de 2015 de http://wps.pearsoned.co.uk/ema_uk_he_plummer_sociology_5/205/52632/13473955.cw/content/index.html
201. Maia, C. (2007). Crónica ONU. Recuperado el 9 de julio de 2015 de http://unchronicle.un.org/es/article/no-podemos-perder-el-verde-y-el-azul-el-cambio-clim-tico-amenaza-nuestro-entorno-urbano

202. Mandujano, S. (2011). Ecología de poblaciones aplicada al manejo de fauna silvestre: cuatro conceptos (N, λ, MSY, Pe). México. Recuperado el 08-Jun-2015 de http://habitat.aq.upm.es/boletin/n32/armor.html
203. Maram, L. (2013). Las 50 empresas más responsables del mundo. En Expok Comunicación de sustentabilidad y RSE. Recuperado el 1 de Julio de 2015 de http://www.expoknews.com/la-50-empresas-mas-responsables-del-mundo/
204. Maram, L. (2015). Las 100 empresas más responsables de México... y las 100 más reputadas. Recuperado el 1 de Julio de 2015 de http://www.expoknews.com/las-100-empresas-mas-responsables-de-mexico-y-las-100-mas-reputadas/
205. Mexiplast (2015). Desperdician el negocio del reciclado de PET. Recuperado el 08-jul-2015 de http://www.mexiplast.com.mx/index.php/el-negocio-del-reciclado-de-pet-y-plastico
206. Meza, M. (2012). Resultados de la política pública estatal en cambio climático. Recuperado el 6 de julio de 2015 de http://www.pincc.unam.mx/congresonacional2012/sis_admin_pres/archivos_2012/27.pdf
207. Mongrut, S. (2008). El compromiso medioambiental: ¿paga en Latinoamérica? Recuperado el 03 de julio de 2015 de http://www.ub.edu/iafi/Recerca/Seminaris/Presentancion_Mongrut_y_Fuenzalida.pdf
208. Morales, J. (2014). Evaluación del riesgo de negocio de las empresas que cotizan en el índice sustentable de la Bolsa Mexicana de Valores. En revista Enfoque V.5-N.4, Dic.2014, pp.17-33. Recuperado el 7-Junio-15 dehttp://www.ingenieria.ute.edu.ec/enfoqueute/index.php/revista/article/view/45/49
209. Moreno, R. (2005). La huella ecológica. En revista Ciudades para un Futuro más Sostenible (Núm. 32). España. Recuperado el 08-Junio-2015 de http://habitat.aq.upm.es/boletin/n32/armor.html

210. Muñoz, V. (2013). Marketing Ecológico. Recuperado el 05 de Julio de 2015 de http://www.victoria-andrea-munoz-serra.com/MARKETING/marketing_%20ecologico.pdf
211. NASA, Administración Nacional de la Aeronáutica y del Espacio (2015). Climate change: Vital signs of the planet: Evidence. Recuperado el 7 de Junio del 2015 de http://climate.nasa.gov/evidence/
212. Nestlé (2011). Manual para la evaluación de indicadores de sustentabilidad ambiental en predios lecheros. Recuperado el 1 de Julio de 2015 de https://productoresnestle.cl/.../MANUAL_DE_SUSTENTABILIDAD
213. NIKE (2014a). Company Profile. Recuperado el 22 de junio de 2015 de http://about.nike.com/pages/company-profile
214. NIKE (2014b). Nike responsibility. Recuperado el 01-jul-2015 de http://www.nikeresponsibility.com/report/content/chapter/targets-and-performance
215. NIKE (2014c). Our Sustainability Strategy. Recuperado el 22 de junio de 2015 de http://www.nikeresponsibility.com/report/content/chapter/our-sustainability-strategy
216. NIKE (2015a). Carta del Presidente y CEO. Recuperado el 20 de Junio de 2015 de http://www.nikeresponsibility.com/report/content/chapter/letter-from-the-ceo
217. NIKE (2015b). Innovaciones sostenibles de Nike. Recuperado el 20 de Junio de 2015 de http://www.nikeresponsibility.com/innovations/sourcing-manufacturing-sustainability-index
218. NIKE (2015c). Trabajo en Nike. Recuperado el 20 de Junio de 2015 de http://www.nikeresponsibility.com/report/content/chapter/labor
219. NIKE (2015d). The Nike Foundation. Consultado el 24 de Junio del 2015 en, http://about.nike.com/pages/the-nike-foundation

220. NIKE (2015e). Nike Better World. Consultado el 24 de Junio del 2015 en http://about.nike.com/pages/nike-better-world
221. OCDE, Organización para la Cooperación y el Desarrollo Económicos (2008). Desarrollo sostenible: vincular la economía, la sociedad, el medio. En Revista OECD insights. Recuperado el 13 de Junio de 2015 de http://www.oecd.org/insights/41774475.pdf
222. OCDE, Organización para la Cooperación y el Desarrollo Económicos (2012). Hacia el crecimiento verde. Un resumen para los diseñadores de políticas. Paris: OCDE.
223. OCDE, Organización para la Cooperación y el Desarrollo Económicos (2014). Multilingual summaries. Green Growth Indicators 2014. Recuperado el 17 de Junio del 2015 de http://www.oecd-ilibrary.org/docserver/download/9789264202030-sum-es.pdf?expires=1434575391&id=id&accname=guest&checksum=48E28BDE54139974288061C4E76EF823
224. OIT, Organización Internacional del Trabajo (2009). Para recuperarse de la crisis: Un pacto mundial para el empleo. Suiza: OIT.
225. OIT, Organización Internacional del Trabajo (2010). Principios laborales del Pacto Mundial de las Naciones Unidas. Guía para empresas. Recuperado el 09 de Julio de 2015 de http://www.ilo.org/wcmsp5/groups/public/---ed_emp/---emp_ent/---multi/documents/publication/wcms_146492.pdf
226. OIT, Organización Internacional del Trabajo (2014). Empresas sostenibles: creación de más y mejores empleos. Suiza. Recuperado el 20 de junio de 2015 de http://www.ilo.org/wcmsp5/groups/public/---ed_emp/---ed_emp_msu/documents/publication/wcms_185282.pdf
227. Olmos, M. y Wilson, G. (2013). El valor de la sustentabilidad. Ciencia y Agricultura, 91-100. Recuperado el 20 de junio de 2015 de http://revistas.uptc.edu.co/revistas/index.php/ciencia_agricultura/article/view/2831/2599

228. ONU, Organización de Naciones Unidas (1992). Programa 21. Recuperado el 9 de julio de 2015 de http://www.un.org/spanish/esa/sustdev/agenda21/
229. ONU, Organización de Naciones Unidas (2007). Guía operativa del Pacto Mundial de las Naciones Unidas para las Medianas Empresas. Recuperado el 12 de Julio de 2015 de http://www.centroregionalpmal.org/web-pacto/esp/sites/default/files/GUIA_PYMES_FINAL_0.pdf
230. ONU, Organización de Naciones Unidas (2011a). Aprovechamiento del comercio para un desarrollo sostenible y una economía verde. Recuperado el 19 de junio del 2015 de https://www.wto.org/spanish/res_s/publications_s/brochure_rio_20_s.pdf
231. ONU, Organización de Naciones Unidas (2011b). Pacto Mundial de las Naciones Unidas. ONU. Recuperado el 9 de julio de 2015 de http://www.pactomundial.org
232. ONU, Organización de Naciones Unidas (2013). Código de Conducta para proveedores de las Naciones Unidas. Recuperado el 12 de Julio de 2015 de https://www.un.org/Depts/ptd/sites/www.un.org.Depts.ptd/files/files/attachment/page/2014/February%202014/conduct_spanish.pdf
233. ONU, Organización de Naciones Unidas (2015a) PNUD: el desarrollo humano avanza aunque de forma irregular y a menor ritmo. Consultado el 11 de julio de 2015 en http://www.un.org/spanish/News/story.asp?NewsID=30052#.VaGooPl_Oko
234. ONU, Organización de Naciones Unidas (2015b). Programa 21. Capítulo 8. División de Desarrollo Sustentable. Recuperado el 5 de junio de 2015 de http://www.un.org/spanish/esa/sustdev/agenda21/agenda21spchapter8.htm
235. ONU, Organización de Naciones Unidas (2015c). Desarrollo sostenible. Asamblea General de las Naciones Unidas. Recuperado el 8 de junio de 2015 de http://www.un.org/es/ga/president/65/issues/sustdev.shtml

236. ONU, Organización de Naciones Unidas (2015d). El Índice de Desarrollo Humano (IDH). Recuperado el 11 de junio de 2015 de http://hdr.undp.org/es/content/el-%C3%ADndice-de-desarrollo-humano-idh
237. ONU, Organización de Naciones Unidas (2015e). Global Compact. Recuperado el 08 de Julio del 2015 de https://www.unglobalcompact.org/about/governance
238. ONU, Organización de Naciones Unidas (2015f). Guía de participación en el Pacto Mundial de las Naciones Unidas. Recuperado el 12 de Julio de 2015 de http://www.econ.uba.ar/unai/archivos/pacto_global/ATS_ES.pdf
239. ONU, Organización de Naciones Unidas (2015g). What we do? Consultado el 10 de Junio del 2015 en http://www.un.org/en/sections/what-we-do/index.html
240. ONU, Organización de Naciones Unidas (2015h). Naciones Unidas destaca logros del Pacto Mundial en su 15º aniversario. Recuperado el 6 de julio de 2015 de http://www.un.org/spanish/News/story.asp?newsID=32697#.VZvutYtRFjo
241. ONU, Organización de Naciones Unidas (2015i). Primera Asamblea de las Naciones Unidas para el Medio Ambiente. España. Recuperado el 21 de junio de 2015 de http://www.un.org/es/globalissues/environment/index.shtml
242. ONU-HABITAT (2011). Comunicado No. 11/165 por ONU-HÁBITAT, México, D.F., 29 de junio 2011. Recuperado el 8 de Junio de 2015 de http://www.cinu.mx/temas/medio-ambiente/medio-ambiente-y-desarrollo-so/
243. ONU-HABITAT (2014). Comunicado de prensa emitido por ONU-HÁBITAT, México. Recuperado el 8 de Junio de 2015 de http://www.cinu.mx/comunicados/2014/08/firma-de-acuerdo-de-colaboraci/
244. Oriol, A. (2013). Código de buenas prácticas ambientales. B-Sistema de Gestión Medioambiental. ISO 14001. Recuperado el 10 de junio de 2015 de

http://www.famp.es/recsa/Documentos/2_Agenda_21/B_sistema_de_gest_MA.pdf
245. Orizaba Turismo (2015). Portal de Orizaba Travel. Recuperado el 17 de Junio del 2015 de http://www.orizaba.travel/
246. Oro Azul (2012). Guía para educadores en el manejo sustentable del agua. Kit de herramientas. UNESCO. Recuperado el 17 de Junio del 2015 de http://www.agua.unam.mx/assets/pdfs/eventos/dma13/oroazul_guiaeducadores.pdf
247. OVACEN, Periodismo al Detalle (2014). Desarrollo sustentable. Concepto y ejemplos de proyectos. Recuperado el 11 de julio de 2015 de http://ovacen.com/desarrollo-sustentable-concepto-ejemplos-de-proyectos/
248. Palomo, M. (2005). Los problemas de gestión y la problemática de las Pymes. En Revista Ingenierías (Vol. 8, No. 28). México: UANL. Recuperado el 12 de Julio de 2015 de http://www.nacionmulticultural.unam.mx/empresasindigenas/docs/1810.pdf
249. Philips (2014). Sustentabilidad para nuestros clientes alrededor del mundo. Recuperado el 1 de Julio de 2015 de http://www.medical.philips.com/mx_es/products/refurbished_systems/sustainability/
250. PI, Plano Informativo (2015). Incrementan multas para quien perjudique el desarrollo sustentable de SLP. Recuperado el 3 de Junio de 2015 de http://planoinformativo.com/nota/id/374595
251. Planet Save (2014). 5 ways to prevent global warming that big media won't tell you. Consultado el 07 de Junio del 2015 en, http://planetsave.com/2008/11/28/five-ways-to-prevent-global-warming-that-big-media-wont-tell-you/
252. PM, Pacto Mundial (2015a). Los 10 Principios del Pacto Mundial de las Naciones Unidas. Recuperado el 9 de julio de 2015 de http://www.pactomundial.org/2015/03/10-principios-del-pacto-mundial/

253. PMM, Pacto Mundial México (2015). Portal del PMM. Recuperado el 6 de julio de 2015 de http://www.pactomundial.org.mx/home/
254. PNUMA, Programa de Naciones Unidas para el Medio Ambiente (2011b). Hacia una economía verde: Guía para el desarrollo sostenible y la erradicación de la pobreza - Síntesis para los encargados de la formulación de políticas. Recuperado el 6 de junio de 2015 de http://www.unep.org/greeneconomy/Portals/88/documents/ger/GER_synthesis_sp.pdf
255. PNUMA, Programa de Naciones Unidas para el Medio Ambiente (2015a). Medio Ambiente para el Desarrollo. Recuperado el 5 de junio de 2015 de http://www.pnuma.org/AcercaPNUMA.php
256. PNUMA, Programa de Naciones Unidas para el Medio Ambiente (2015b). Portal de PNUMA. Panama. Recuperado el 21 de junio de 2015 de http://www.pnuma.org/
257. Portales, L. y García, C. (2013). La sustentabilidad empresarial de las Pymes Veracruzanas. Una aproximación desde su competitividad. México: ANFECA. Recuperado el 1 de Julio de 2015, de http://congreso.investiga.fca.unam.mx/es/docs/anteriores/xviii/docs/1.21.pdf
258. Porter, M. E. (2011). ¿Qué es la estrategia? En Hardvard Bussines Review.
259. PROFEPA, Procuraduría Federal de Protección al Ambiente (2013). Acerca de PROFEPA. México. Recuperado el 7 de junio de 2015 de http://www.profepa.gob.mx/innovaportal/v/1161/1/mx/acerca_de_profepa.html
260. ProMéxico (2014a). Desarrollo sustentable. Recuperado el 8 de junio de 2015 de http://www.promexico.gob.mx/desarrollo-sustentable/
261. ProMéxico (2014b). El turismo sustentable en México está presente en Green Solutions. Recuperado de: http://www.promexico.gob.mx/desarrollo-sustentable/el-

turismo-sustentable-en-mexico-esta-presente-en-green-solutions.html
262. PXGP (2015) Información completísima de Nike. Recuperado el 28 de junio de 2015 de http://www.taringa.net/post/info/7193340/Informacion-Completisima-De-Nike.html
263. Pymempresario (2012). Falta de parámetros para medir el retorno de una inversión sustentable. Principal reto de las organizaciones Deloitte México. Recuperado el 01 de Julio de 2015 de http://www.pymempresario.com/medianas-empresas/falta-de-parametros-para-medir-el-retorno-de-una-inversion-sustentable-principal-reto-de-las-organizaciones-deloitte-mexico/
264. Pymempresario (2013). Tips para ser una empresa socialmente responsable Recuperado el 1 de Julio de 2015 de http://www.pymempresario.com/empresarios/tips-para-ser-una-empresa-socialmente-responsable/
265. Quintana J., G., Díaz E., O. G., Salinas C., G., Casas H., M. E., Huitrón O., J. y Beltrán de Paz, R. (2011). Desarrollo Sustentable en el Contexto Actual. ISBN: 978-1-4583-7188-1. Recuperado el 19-jun-15 de http://www.escatep.ipn.mx/Docentes/Documents/DesarrolloSustentable/Libro-DESARROLLO-SUSTENTABLE.pdf
266. Ramos, Q. (2012). Incentivos ambientales: catalizadores de negocios verdes. En Revista Derecho Ambiental y Ecología (Núm. 31-32). Recuperado el 19-jun-15 de http://www.ceja.org.mx/IMG/INCENTIVOS_AMBIENTALES.pdf
267. REAS, Red de Educadores Ambientales de Sinaloa (2012). Foro Estatal de Educación Ambiental. Recuperado el 6 de julio de 2015 de http://reasinaloa.com/reunionesver.php?id=14
268. Rees, E. W. (2011) ¿Qué es la huella ecológica? Blog del colectivo ecointeligencia. Recuperado el 7 de junio de 2015 de http://www.ecointeligencia.com/2011/03/que-es-la-huella-ecologica/

269. Rees, W. E., Wackernagel, M. y Testemale, P. (1998). Our Ecological Footprint: Reducing Human Impact on the Earth.
270. Restrepo, I. (2014). WWF: déficit ecológico. En revista La Jornada. UNAM. Recuperado el 08-Jun-2015 de http://www.jornada.unam.mx/2014/10/13/opinion/022a2pol
271. Reuters (2008). Nike profit up but shares tumble on U.S. concerns. Recuperado el 26 de junio de 2015 de http://uk.reuters.com/article/2008/06/26/business-nike-results-dc-idUKWNAS924120080626
272. Ríos, Z. (2011). La cultura permeable de la Responsabilidad Social Corporativa. En Revista Veritas, Junio-2011. México: Colegio de Contadores Públicos de México. Recuperado el 7-Jun-15 dehttp://www.ccpm.org.mx/veritas/junio2011/images/ensayo.pdf
273. RMIT University (2011). How does the United Nations work? Consultado el 10 de Junio del 2015 en, https://www.youtube.com/watch?v=Qolafzc0k74
274. Rodríguez, J. (2002). Certificación ISO 14000 ¿Por qué? En revista Galega de Economía (Núm. 2, Vol. 11). Pp. 1-12. Recuperado el 02 de julio de 2015 de https://www.usc.es/econo/RGE/Vol%2011_2/Castelan/op5.pdf
275. Rojas E., J. (2002). Modelo de diseño y ejecución de estrategias de negocios. Serie Gestión (No. 35 Mayo). Recuperado el 14 de Junio de 2015 de http://www.dii.uchile.cl/~ceges/publicaciones/ceges35.pdf
276. Rolls Royce (2015). Sustainability. Recuperado el 1 de Julio de 2015 de http://www.rolls-royce.com/sustainability/our-approach-to-sustainability.aspx
277. Romo, D. y Abdel, G. (2005). Sobre el concepto de competitividad. Comercio Exterior. 55(3). 200-214. Recuperado el 17-jun-2015 de http://www.cepal.org/dmaah/noticias/paginas/1/27731/26845597.pdf
278. Roturier, C. (2014). El déficit ecológico anual se adelanta un día y empieza en 2014 el 19 de agosto. Euronews.

Recuperado el 08-Jun-2015 de
http://es.euronews.com/2014/08/19/el-deficit-ecologico-anual-se-adelanta-un-dia-y-empieza-en-2014-el-19-de-agosto/
279. RPME, Red Pacto Mundial España (2015). Global Compact. Visión General. Organización de las Naciones Unidas. Recuperado el 09 de Julio de 2015 de http://www.pactomundial.org/global-compact/
280. RSS, Responsabilidad Social y Sustentabilidad (2015). Lista de empresas que obtuvieron Distintivo ESR 2015. Recuperado el 1 de Julio de 2015 de http://www.responsabilidadsocial.mx/100-noticias/rse/533-lista-de-las-empresas-que-obtuvieron-distintivo-esr-2015.html
281. Rueda, B. y Haviland, K. (2007). Cómo mantener un crecimiento rentable. En revista The journal of high-performance business. Recuperado el 18-Junio-2015 de http://www.cas-americas.com/SiteCollectionDocuments/Local_Spain/PDF/OutlookPDF_FutureGrowth.pdf
282. Ruiz M., I., Barraza, L. y Ceja A., M. P. (2009). La educación para la sustentabilidad: análisis y perspectiva a partir de la experiencia de dos sistemas de bachillerato en comunidades rurales mexicanas. En Revista El Periplo Sustentable (No. 16, Enero-junio). Recuperado el 7 de julio de 2015 de http://www.uaemex.mx/plin/psus/periplo16/articulo_06.pdf
283. Scadi (2014). Desarrollo de negocio con Naciones Unidas. Recuperado el 12 de Julio de 2015 de http://www.icex.es/icex/wcm/idc/groups/public/documents/documento_anexo/mde0/mjg1/~edisp/dax2014285094.pdf
284. SCBR, Subgerencia Cultural del Banco de la República de Colombia (2015). Sectores económicos. Recuperado el 1 de Julio de 2015 de http://www.banrepcultural.org/blaavirtual/ayudadetareas/economia/sectores_economicos
285. Schwartz, J. P. (2010). The World's Top Sports Brands. Estados Unidos: FORBES.

286. SDSM, Secretaría de Desarrollo Sustentable Morelos (2014). Preguntas frecuentes. Recuperado el 12 de Julio del 2015 de http://sustentable.morelos.gob.mx/categoria/temas/calidad-del-aire/preguntas
287. Segalis, C. (2014). El modelo de negocios de Nike y los riesgos de una gestión reactiva de RSE. Recuperado el 27 de Junio de 2015, de http://aguilero.com/el-modelo-de-negocios-de-nike/
288. SEMARNAT, Secretaría del Medio Ambiente y Recursos Naturales (2006). Estrategia Nacional de Educación Ambiental para la sustentabilidad en México. Recuperado el 8 de junio de 2015 de http://www.semarnat.gob.mx/sites/default/files/documentos/educacionambiental/publicaciones/Estrategia%20de%20Educación%20Ambiental%20para%20la%20Sustentabilidad%20-%20SEMARNAT%202006.pdf
289. SEMARNAT, Secretaría del Medio Ambiente y Recursos Naturales (2013a). ¿Qué es la SEMARNAT? Recuperado el 6 de julio de 2015 de http://www.semarnat.gob.mx/conocenos/quienessomos
290. SEMARNAT, Secretaría del Medio Ambiente y Recursos Naturales (2012b). Misión. Recuperado el 6 de junio de 2015 de http://www.semarnat.gob.mx/conocenos/mision-y-vision
291. SEMARNAT, Secretaría del Medio Ambiente y Recursos Naturales (2015). Indicadores Básicos de Desempeño Ambiental. México. Recuperado el 8 de junio de 2015 de http://app1.semarnat.gob.mx/dgeia/indicadores12/conjuntob/00_conjunto/marco_conceptual.html
292. SEMARNAT, Secretaría del Medio Ambiente y Recursos Naturales (2012). Quinta Comunicación Nacional ante la Convención Marco de las Naciones Unidas sobre el Cambio Climático. Recuperado el 7 de julio de 2015 de http://www2.inecc.gob.mx/publicaciones/download/685.pdf
293. SEMARNAT, Secretaría del Medio Ambiente y Recursos Naturales (2013b). PROMARNAT, Programa Sectorial de Medio Ambiente y Recursos Naturales 2013-2018. En Plan

Nacional de Desarrollo 2013-2018. Recuperado el 5 de junio de 2015 de http://www.semarnat.gob.mx/archivosanteriores/Documents/PROMARNAT%202013-2018.pdf
294. SEMARNAT, Secretaría del Medio Ambiente y Recursos Naturales (2012a). Informe de la Situación del Medio Ambiente en México. Recuperado el 11 de junio de 2015 de http://app1.semarnat.gob.mx/dgeia/informe_12/01_poblacion/cap1_3.html
295. Senge, P., Laur, J. Smith, B. y Krushwitz, N. (2008). La Revolución Necesaria. Colombia: Norma.
296. SEP, Secretaría de Educación Pública (2012). Educación ambiental para la sustentabilidad. Recuperado el 6 de julio de 2015. De: 6.- http://www.dgespe.sep.gob.mx/public/rc/programas/lepree/educacion_ambiental_para_la_sustentabilidad_lepree.pdf
297. Sexenio (2014). ¿Qué es el déficit ecológico? México. Recuperado el 21 de junio de 2015 de http://www.sexenio.com.mx/articulo.php?id=36411
298. Shelton, S. (2013). Your most powerful marketing tool? Your sustainability story. Recuperado el 3 de Junio de 2015 de http://www.greenbiz.com/blog/2013/10/17/your-most-powerful-marketing-tool-your-sustainability-story
299. Sierra, V. (2003). Hacia la sostenibilidad a través de otros planteamientos analíticos. Boletín Económico de ICE. (2784). 25-34. Recuperado el 11-jun-15 de http://www.revistasice.com/CachePDF/BICE_2784_25-33__E8BBAB669E802966726D03843C4EA949.pdf
300. Solanas, P. (2013). Documental sobre explotación del petróleo. Argentina. Recuperado el 21 de junio de 2015 de http://revoluciontrespuntocero.com/documental-sobre-explotacion-del-petroleo/
301. Sony (2015). Medio ambiente, tratando de eliminar por completo la huella medioambiental. Recuperado el 1 de Julio de 2015 de http://www.sony.es/hub/eco

302. SoyEntrepreneur (2015). 5 claves de sustentabilidad para las PYMES. Recuperado el 01 de Julio de 2015, de http://www.soyentrepreneur.com/28998-5-claves-de-sustentabilidad-para-las-pymes.html
303. Starr, M. (2015). Ladrillitos a base de petróleo. CNET en español. Recuperado el 1 de Julio de 2015 de http://www.cnet.com/es/noticias/lego-dejara-fabricar-ladrillos-de-base-petroleo/
304. Stenzel P., L. (2015). ISO 14000. Recuperado el 3 de Junio de 2015 de http://www.referenceforbusiness.com/encyclopedia/Int-Jun/ISO-14000.html
305. STPS, Secretaría del Trabajo y Previsión Social (2015). Distintivo Empresa Agrícola Libre de Trabajo Infantil. Recuperado el 8 de julio de 2015 de http://www.stps.gob.mx/bp/secciones/conoce/areas_atencion/areas_atencion/inclusion_laboral/igualdad_laboral/archivos/Diptico_EMPRESA_AGRICOLA.pdf
306. Sumarse (2015). Sumarse. Obtenido de http://www.sumarse.org.pa/category/noticias/casos-de-exito/
307. Sutherland, J. y Gunter K. (2004). A global perspective on the environmental challenges facing the automotive industry: state-of-the-arte and directions for the future. En Int. J. Vehicle Design (Vol. 35, Núm. 1 y 2). Recuperado el 12 de Julio del 2015 de http://www.me.mtu.edu/~jwsuther/Publications/53_ijvd_ebm.pdf
308. Syncforce (2015). Rankigs. Recuperado el 5 de julio de 2015 de http://www.rankingthebrands.com/Brand-detail.aspx?brandID=2851
309. Taylor, J. (1997). Planeación de Mercadotecnia. Libro Interactivo. México: Prentice Hall.
310. Tijerina, E. (2005). Un nuevo paradigma: bienestar social sostenible y sustentable. Aplicación a México. México: UNAM. Recuperado el 04-jul-15 de

http://tesiuami.uam.mx/revistasuam/denarius/include/getdoc.php?id=298&article=92&mode=pdf
311. Tohaira, M. (2014). La sociedad del desperdicio. España: Diaz & Pons.
312. Torrents, J. A. (2004). Eficacia empresarial. Departamento de Organización de Empresas de la Universidad Politécnica de Catalunya. Recuperado el 17-jun-15 de https://upcommons.upc.edu/e-prints/bitstream/2117/500/1/Eficacia%20Empresarial%20.pdf
313. Torres, E. (2014). ¿Preparados para informar? México: G. R. Initiative. Recuperado el 10 de Julio de 2015, de https://www.globalreporting.org/resourcelibrary/Ready-to-Report-SME-booklet-online-Spanish.pdf
314. Toyota (2013). Reporte de sustentabilidad. Recuperado el 1 de Julio de 2015 de http://www.toyotasustentable.com.ar/descargas/Resumen2013.pdf
315. Turmero A., (2012). IV Sistema de Gestión Ambiental ISO 14000. Recuperado el 1-Jul-15 de http://sistema-gestion-ambiental-iso-14000/sistema-gestion-ambiental-iso-140002.shtml
316. UDEO, Universidad de Occidente (2001). Ley orgánica. Recuperado el 11 de julio de 2015 de http://udo.mx/portaludo2/images/archivos/dir_juridico/ley_organica_udeo_2003.pdf
317. UDEO, Universidad de Occidente (2015). Plan Académico Visión 2016. Recuperado el 11 de julio de 2015 de http://udo.mx/portaludo2/images/archivos/PLANACADEMICOVISION_2016
318. UNEP, United Nations Environment Programme (2015a). About UNEP: The Organization. Consultado el 11 de Junio del 2015 en http://www.unep.org/Documents.Multilingual/Default.asp?DocumentID=43
319. UNEP, United Nations Environment Programme (2015c). Guía para el desarrollo sostenible y la erradicación de la pobreza.

Recuperado el 21 de junio de 2015 de http://www.unep.org/greeneconomy/Portals/88/documents/ger/GER_synthesis_sp.pdf
320. UNESCO, Organización de las Naciones Unidas para la Educación, la Ciencia y la Cultura (2007). Decenio de las Naciones Unidas de la Educación para el Desarrollo Sostenible. Recuperado el 14 de junio de 2015 de http://unesdoc.unesco.org/images/0014/001416/141629s.pdf
321. UNGC, United Nations Global Compact (2015a). Be a part of something better. Estados Unidos: ONU. Recuperado el 9 de julio de 2015 de https://www.unglobalcompact.org/participation/join
322. UNGC, United Nations Global Compact (2015b). The Ten Principles. Consultado el 13 de Junio del 2015 en, https://www.unglobalcompact.org/aboutthegc/thetenprinciples
323. UNGC, United Nations Global Compact (2015c). Transforming business,changing the world. Recuperado el 6 de julio de 2015 de https://www.unglobalcompact.org/
324. UNGC, United Nations Global Compact (2015d). What is UN Global Compact? United Nations Global Compact. Recuperado el 9 de julio de 2015 de https://www.unglobalcompact.org/what-is-gc
325. Uren, S. (2014).Tres maneras en la que la sustentabilidad está al servicio de las marcas. Recuperado el 25 de junio de 2015 de http://sustainablebrandsba.com/blog/?p=98
326. US, Universidad de Sonora (2012). Plan de Desarrollo Sustentable. Recuperado el 10 de julio de http://www.sustentabilidad.uson.mx/docs/divulgacion/documentode_divulgacion.pdf
327. Valero, A., Valero, A. y Martínez, A. (2011). A prediction of the energy loss of World's mineral reserves in the 21st century. Chile. Recuperado el 21 de junio de 2015 de http://www.olca.cl/oca/mineras/mineras065.htm
328. Villalba, A. (2014). Tema 8: Marketing Ecológico. Recuperado el 05 de Julio de 2015 de

http://www.uv.es/villalba/politicamed/Tema%2008%20(Marketing%20ecologico).pdf
329. Villalobos, J. (2015) Directorio de organizaciones acreditadas 2015. México: CEMEFI, Centro Mexicano de Filantropía. Recuperado el 1 de Julio de 2015 de http://www.cemefi.org/images/stories/directorios/
330. Villaseca V., M. M. (2015). Contaminación de Aguas. Recuperado de : http://portalsostenibilidad.upc.edu/detall_01.php?numapartat=2&id=30
331. Villegas, M. (2013). Marketing Ecológico: Propuesta para mejorar la sustentabilidad de cuatro Pyme de los sectores industrial, comercio y servicios, de la ciudad de Xalapa, Veracruz. Recuperado el 05 de Julio de 2015, de http://cdigital.uv.mx/bitstream/123456789/34838/1/villegasdiaz.pdf
332. Volkswagen (2013). El Concepto de Sustentabilidad de Volkswagen de México. Recuperado el 4-Jun-15 de http://www.volkswagen.de/content/medialib/vwd4/de/Volkswagen/Nachhaltigkeit/service/download/nachhaltigkeitsberichte/Reporte_de_Sustentabilidad_de_Volkswagen_de_Mexico/_jcr_content/renditions/rendition.file/reporte_sustentabilidad2012.pdf
333. Wackernagel, M. (2009). La visión del buen vivir. En el poder ecológico de las naciones. 20-28. Quito: Mariscal. Recuperado de http://www.footprintnetwork.org/images/uploads/Ecological_Power_of_Nations_ES.pdf
334. Watman, J. (2011). Whose grass is greener? Green marketing: Toward a uniform approach for responsible environmental advertising. Fordham Environmental Law Review. Vol. 3. Article 2, pp. 162-181.
335. WEF, World Economic Forum (2013). Making the change happen. En Sustainable Consumption: stakeholder perspectives (pp. 116-164). Suiza: WEF.
336. Wilson, B. (1965). Planeación y Desarrollo Comercial del Producto. México: Herrero Hermanos. 217 pág.

337. WWF, World Wildlife Fund (2015). Informe Planeta Vivo 2014. Recuperado el 09-Junio-2015 de http://www.wwf.org.mx/quienes_somos/informe_planeta_vivo/
338. Yahoo Finance (2015). Nike, Inc. Income Statement. Recuperado el 20-jun-2015 de http://finance.yahoo.com/q?s=NKE&fr=&type=2button&uhb=uh3_finance_vert
339. Zepeda A., A. (2009). Propuesta de Gestión Integral de Turismo Sustentable en el Campamento Tortuguero "la Gloria" en Tomatlán, Jálisco, México a 23 años del programa Quelonius [Tesis]. Costa Rica: Universidad para la Cooperación Internacional. Recuperado el 10 de julio de 2015 de http://www.uci.ac.cr/Biblioteca/Tesis/PFGMGTS25.pdf

ANEXOS Y APÉNDICES

Apéndice 1. Brevísima descripción de las ESR de México, reportadas en 2015

ADO
Empresa dedicada al transporte de pasajeros y a la renta de autobuses y servicios relacionados. Opera principalmente del centro del México hacia el sur y el oriente. Patrocina la *Fundación ADO* que se enfoca al cuidado del medio ambiente, el desarrollo y educación de mujeres adultas y la seguridad en las carreteras. Sitio web: www.ado.com.mx

Aeromexico
Para el Grupo Aeromexico los objetivos de negocio tienen sentido en la medida que estos se encuentren en armonía con el desarrollo social. Por ello, a través de Fundación Aeroméxico apoyan iniciativas que beneficien a la sociedad, como el patrocinio de Teletón y la promoción de Vuelos Verdes. Aeroméxico es una aerolínea de México y la única de América Latina en volar a Asia Oriental. Tiene como base el Aeropuerto Internacional de la Ciudad de México. En conjunto con su subsidiaria Aeroméxico Connect posee una flota mayor a 100 aeronaves.
Sitio web: www.aereomexico.com

AGCO México
Esta empresa apoya a agricultores profesionales para que trabajen sus tierras en comunidades alrededor del mundo, AGCO también está ayuda a cuidar nuestro planeta. AGCO Corporation, es una empresa de equipamiento agrícola, sucesora de las firmas Deutz, Allis, y con antecedentes en la empresas Fahr y KHD de Alemania. Fundada en 1990, factura anualmente USD 5,4 billones, y posee 12800 empleados. Sitio web: agco.com.mx

ALFA
ALFA es una compañía que administra un portafolio de negocios diversificado. Entre sus empresas, se encuentran: Nemak, un proveedor líder de soluciones innovadoras de aligeramiento para la industria automotriz, especializado en el desarrollo y manufactura de componentes de aluminio para tren motriz y carrocerías de automóviles; Alpek, uno de los más grandes productores mundiales de poliéster (PTA, PET y fibras), que además lidera el mercado mexicano de petroquímicos como polipropileno, poliestireno expandible y caprolactama; Sigma, un importante productor y comercializador de marcas de alimentos altamente reconocidas en México, EE.UU. y Europa; Alestra, compañía líder en servicios de tecnologías de información y telecomunicaciones para el segmento empresarial en México; y Newpek, que realiza operaciones en la industria de hidrocarburos en México y EE.UU. La fundación ALFA opera con recursos obtenidos principalmente de donativos de las empresas de ALFA, así como de donadores independientes. Sitio web: www.alfa.com.mx

Afore Banamex
Afore Banamex es una empresa fundadora del Sistema de Ahorro para el Retiro con más de 16 años de experiencia, de gran solidez y confiabilidad en el mercado, por lo que queremos que obtengas grandes beneficios y juntos logremos alcanzar tus metas. En Banamex se habla de "Compromiso Social", como un concepto que que va más allá de lo que una empresa está obligada a hacer. Responsabilidad para esta empresa significa: obligación, compromiso y vocación. Sitio web: www.banamex.com

Fuente: Elaboración propia, con base en páginas web oficiales.

Apéndice 2. Brevísima descripción de las ESR de México, reportadas en 2015 (continuación)

American Express
American Express Company, comúnmente conocida como Amex o AmEx, es una institución financiera con sede en Nueva York; cuenta con más de 1.700 oficinas en más de 130 países en todo el mundo. Uno de los valores corporativos de American Express es: "Ser buenos ciudadanos en la comunidad donde vivimos y trabajamos", y bajo esta premisa, en 1954 fue creada la Fundación American Express, institución no lucrativa que desarrolla un ambicioso programa filantrópico con el interés de proporcionar fondos a organizaciones culturales, educativas y sociales de los países en los que American Express tiene presencia.
Sitio web: www.americanexpress.com

Apasco
Holcim es una empresa suiza, líder en el suministro de cementos1 y áridos (piedra caliza, arena y grava) así como otros materiales como hormigón premezclado y combustibles alternativos. Holcim Apasco México es una empresa que preocupa por ayudar a la sociedad mexicana, por lo que ha desarrollado programas que maneja desde el interior con sus colaboradores, empleados, socios etc. Así como desde el exterior para ganarse la fiabilidad de toda la comunidad mexicana. Sitio web: www.holcim.com.mx

Audi
Audi es un fabricante alemán de vehículos de alta gama y lujo, con presencia internacional. Su sede central se encuentra en Ingolstadt, Baviera. Audi AG forma parte del Grupo Volkswagen. La empresa automovilística, consciente del mundo en el que vivimos, decidió adoptar una política medioambiental. Sitio web: www.audi.com.mx

Avon
Avon Products, Inc., conocida popularmente como Avon, es una empresa estadounidense de cosméticos, perfumes, juguetes, joyería de fantasía y productos para el hogar. Fue fundada en Nueva York en el año 1886 por David H. McConnell. Durante 16 años esta empresa ha luchado contra el cáncer en su mejor cliente: la mujer. Sitio web: www.mx.avon.com

Axtel
AXTEL S.A.B de C.V. es una empresa mexicana de telecomunicaciones que atiende todos los segmentos de mercado con una oferta de servicios integrales de comunicación. Es propiedad del empresario Tomás Milmo Santos y de Lorenzo Zambrano. Por medio de su fundación, el voluntariado, el cuidado al medio ambiente, entre otros programas; Axtel ha demostrado que la RSE es parte de su política empresarial. Sitio web: www.axtel.mx

Banorte
Banorte o Banco Mercantil del Norte, es uno de los grupos financieros mexicanos más grandes, importantes y sin fusiones con la banca extranjera. Opera en todo el país a través de más de 1,100 sucursales Banorte y 6,200 cajeros automáticos Banorte. La Fundación Banorte cumpliendo con su objetivo de apoyar el fortalecimiento institucional de las Organizaciones de la Sociedad Civil (OSC's), en alianza con "Save the Children" México presenta el programa "Impacto Social Evaluación de Proyectos Sociales" en el que participarán 40 representantes de instituciones filantrópicas mexicanas. Sitio web: www.banorte.com

Fuente: Elaboración propia, con base en páginas web oficiales.

Apéndice 3. Brevísima descripción de las ESR de México, reportadas en 2015 (continuación)

Bayer
Bayer AG es una empresa químico-farmacéutica alemana fundada en Barmen, Alemania en 1863. Hoy en día, tiene su sede en Leverkusen, Renania del Norte-Westfalia, Alemania. Es bien conocida por su marca original de la aspirina. Esta empresa es oficialmente reconocida como líder de protección climática. Sitio web: www.bayer.com.mx

BBVA Bancomer
BBVA Bancomer, S.A., Institución de Banca Múltiple, Grupo Financiero BBVA Bancomer. Es una institución financiera de banca múltiple mexicana, fundada en 1932 como Banco de Comercio. Este banco obtuvo en el 2010 por décimo año consecutivo el distintivo de ESR que otorga el Cemefi, además de merecer el Premio GANAR-GANAR, en la categoría de "Mejor Informe de Responsabilidad Social 2008". Sitio web: www.bancomer.com

Capullo
Alimentos Capullo, S. de R.L. de C.V. Alimentos CAPULLO® es una de las nuevas joyas de la corona del negocio en expansión de Associated British Foods, plc (ABF). Alimentos CAPULLO® representa una nueva e importante adquisición al negocio de ABF, que complementa el negocio en Norteamérica junto con su subsidiaria ACH líder en el sector alimentario en Estados Unidos. Entre las marcas de ACH se incluye MAZOLA®, líder en aceite de maíz en Norteamerica, así como CAPULLO® e INCA®, dos de las más prominentes marcas de aceite y manteca en el mercado mexicano. Capullo es reconocida como una empresa socialmente responsable por el CEMEFI al igual que en el 2010 se le nombro uno de los mejores lugares para trabajar. Sitio web: www.alimentoscapullo.com

Carso Infraestructura y Construcción
Grupo Carso, S.A.B de C.V. es uno de los conglomerados más grandes e importantes de México y Latinoamerica. Controla y opera gran variedad de empresas en el ramo comercial, comunicacional, industrial y de consumo. Tiene su sede en la Ciudad de México, México. Certificada por el CEMEFI en el 2011, Grupo Carso es reconocido por su ayuda a la sociedad. Sitio web: www.carso.com.mx

CEMEX
Cementos Mexicanos. S.A. de C.V. o CEMEX es una compañía global de soluciones para la industria de la construcción, que ofrece productos y servicio a clientes y comunidades en más de 50 países en el mundo. Más de 3.7 millones de personas se han beneficiado con los programas sociales y comunitarios durante los últimos 7 años. Mejorar la calidad de vida e impulsar el desarrollo de comunidades sustentables, productivas y viables ha sido compromiso permanente de CEMEX. Sitio web: www.cemexmexico.com

Central Progreso
Compañía Española de Petróleos S.A.U., es fundada en 1929. Fue la primera compañía petrolera privada española. Con su sede ubicada en Madrid, actualmente está participada al 100% por la empresa International Petroleum Investment Company, IPIC. Esta empresa se distingue por ser responsable en la gestión de sus recursos y en todas sus acciones frente a la sociedad. Sitio web: www.cepsa.com

Fuente: Elaboración propia, con base en páginas web oficiales.

Apéndice 4. Brevísima descripción de las ESR de México, reportadas en 2015 (continuación)

Chedraui
Grupo Comercial Chedraui, S.A.B. de C.V. mejor conocido como Chedraui es una cadena mexicana de supermercados o de tiendas de autoservicio con presencia en gran parte del territorio nacional bajo cinco formatos, Almacenes Chedraui, Tiendas Chedraui, Super Chedraui, Super Che y Selecto Chedraui; con una incipiente presencia en los estados del suroeste de Estados Unidos bajo el nombre de El Super. También cuenta con una División Inmobiliaria encargada de manejar los centros comerciales del grupo, una División logística que son almacenes de distribución ubicados en diferentes partes del país. Chedraui realiza actividades socialmente responsables como la donación de alimentos a bancos alimenticios y otras instituciones autorizadas y programas de redondeo. Sitio web: www.chedraui.com.mx

Ciel
Ciel es una marca de agua embotellada propiedad de The Coca-Cola Company, que se embotella y se vende en México, Angola y Marruecos. Coca-Cola México introdujo Ciel en 1996 en los estados de Aguascalientes, Jalisco, Zacatecas, Durango, San Luis Potosí y Coahuila. Ciel se ha encargado de cuidar el medio ambiente, promoviendo con iniciativas el reciclaje.
Sitio web: www.ciel.com.mx

Cinépolis
Cinépolis es una empresa mexicana dedicada a la exhibición de películas. Es propiedad de Organización Ramírez; con sede en Morelia, Michoacán. Es la cadena de salas cinematográficas más grande de México. Cinépolis es una de las empresas que forman parte del pacto mundial, reconocida como socialmente responsable por el CEMEFI y en el 2010 fue una de las 100 empresas con mejores prácticas sociales. Sitio web: www.cinepolis.com.mx

Citrofrut
Compañía agroindustrial que forma parte del Grupo Proeza. Con más de 50 años en el mercado. Se dedica a la producción y procesamiento de cítricos y frutas tropicales. Citrofrut cuenta con viveros, huertas y plantas procesadoras propias así como centros de distribución logrando una total integración en la cadena de distribución. Esta empresa lleva 50 años ejerciendo como líder en México y sus productos cumplen con los requisitos de sustentabilidad para ofrecer siempre lo mejor a sus clientes.
Sitio web: www.citrofrut.com.mx

Clínica Vitro
Con un inicio como Clínica VITRO, ahora como Hospital Vidriera somos una empresa que desde 1947 ha brindado servicios médicos basados en valores humanos. Esta empresa está muy comprometida con la responsabilidad social, encargándose de formar médicos, apoyando a Universidades y distintas instituciones. Sitio web: www.clinicavitro.com

Clorox de México
The Clorox Company, con sede en Oakland, California, es un fabricante multinacional americana y comercializadora de productos de consumo y profesionales con aproximadamente 7,700 empleados en todo el mundo hasta diciembre de 2014. Esta empresa está certificada por el CEMEFI por sus prácticas de apoyo al medio ambiente y su empatía con la comunidad.
Sitio web: www.clorox.com.mx

Fuente: Elaboración propia, con base en páginas web oficiales.

Apéndice 5. Brevísima descripción de las ESR de México, reportadas en 2015 (continuación)

Colgate Palmolive Colgate-Palmolive Company es una empresa multinacional presente en 222 países y demarcaciones territoriales dedicada a la fabricación, distribución y venta de productos de higiene bucal, higiene personal y limpieza del hogar. Parte fundamental de la misión de la empresa es la protección del ambiente, así como la salud y seguridad de sus consumidores, de su personal y de las comunidades donde opera. Todo ello con el propósito de ser "la mejor compañía global de productos para el consumidor". Sitio web: http://www.colgate.com.mx/
Comisión Federal Electoral La Comisión Federal de Electricidad es una empresa productiva del Estado, encargada de controlar, generar, transmitir y comercializar energía eléctrica en todo el territorio mexicano. Esta dependencia ha recibido el distintivo de Socialmente Responsable por parte de Cemefi y este año buscará obtenerlo al 100% Sitio web: www.cfe.gob.mx

Fuente: Elaboración propia, con base en páginas web oficiales.

Kolibri 360 GmbH
Ferdinand-Jühlke-Straße 7
99095 Erfurt, Deutschland
produktsicherheit@kolibri360.de

Druck:
CPI Druckdienstleistungen GmbH
im Auftrag der
Kolibri 360 GmbH
Ferdinand-Jühlke-Str. 7
99095 Erfurt